JN438874

기초가 탄탄한 식품가공학

FOOD PROCESSING

기초가 탄탄한 식품가공학

박원종 · 이승기 · 강윤한 · 김종국 · 윤광섭
이진만 · 최성희 · 허상선 · 강복희

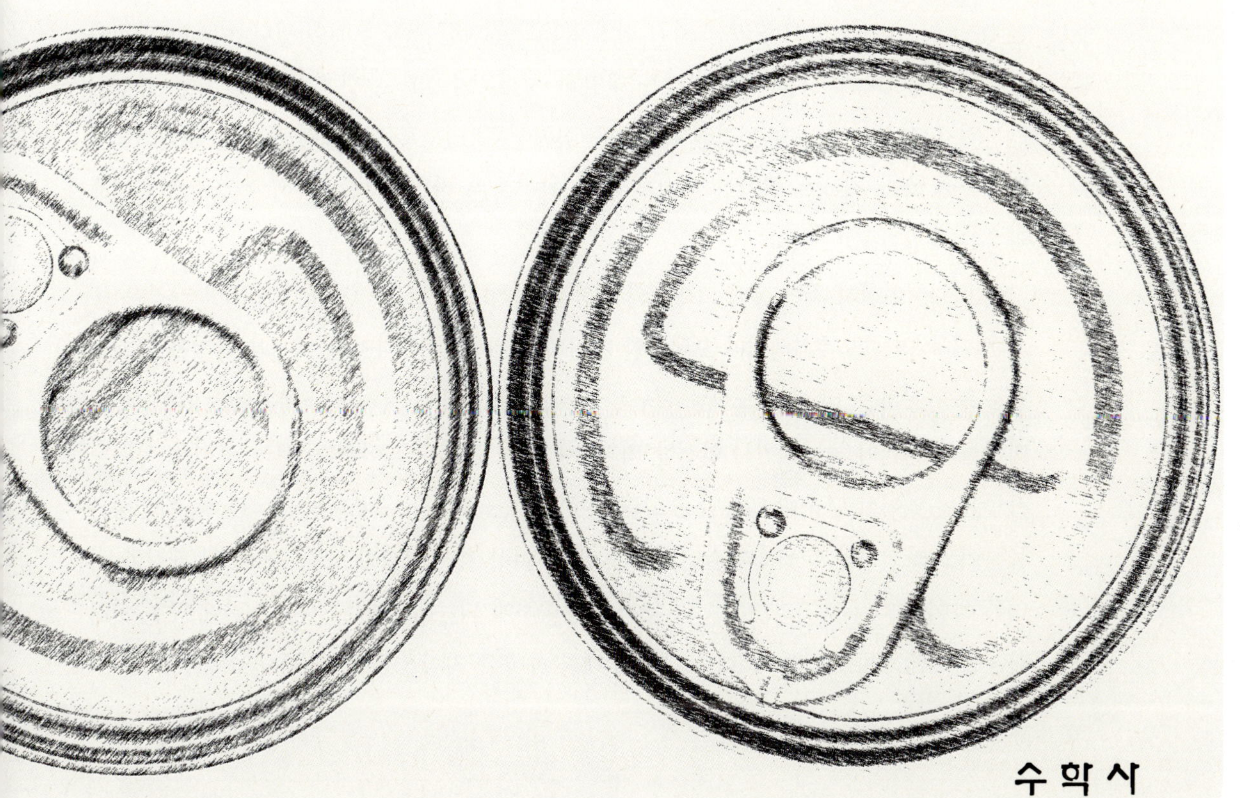

수학사

머리말

사람이 생활을 영위하는 데 있어 없어서는 안 되는 요소들은 많지만, 그중에서도 가장 중요한 것을 하나 꼽는다면 단연코 매일 섭취하는 식품이라고 할 수 있다. 이는 생존과 직결되기 때문이다. 인류가 처음 식품으로 취한 것은 종류가 무엇이었든지 간에 자연 상태 그대로의 것을 채취하여 가공 없이 먹었을 것이다. 그러나 인구가 늘고 사회가 발달하면서 식품은 단순히 생명 유지의 기능에서 벗어나 맛과 형태(멋), 영양의 조화 등을 고려하여야 했을 뿐만 아니라 그 양적 증가는 가히 혁명이라고 할 만한 모습을 보여 왔다. 이러한 과정을 통하여 자연스럽게 사용 목적에 맞는 다양한 형태로의 식품 변형 및 가공에 대한 관심이 높아졌고, 과학의 발달은 이러한 관심들을 실현할 수 있도록 뒷받침해 주었다. 과학기술이 발달함에 따라 식품을 다양한 형태로 변화, 가공하는 방법과 그 기술이 눈부시게 발전해 왔음은 두말할 것도 없다.

현대인은 여전히 천연 상태 그대로의 식품을 섭취하는 것을 즐긴다. 그렇지만 식감을 좋게 하거나 영양을 추가하거나 오랫동안 저장하기 위해서 등 다양한 이유와 목적을 가지고 식품을 가공하는 데 많은 노력과 연구를 아끼지 않고 있다. 특히 최근에는 식품에 대한 소비자들의 인식이 높아지면서 안전한 먹거리에 대한 관심도 높아졌다. 따라서 이제 식품을 가공함에 있어서 단순히 영양만을 고려하여야 하는 것이 아니라 다양성, 기호성, 기능성은 물론이고 안전성의 추구까지 감안하여야 한다. 여러 가지 방법과 조건에 맞추어 적절한 처리를 하여야 식품(먹거리)으로서의 조건을 충족하게 되는데, 이러한 식품 전반에 대한 처리 과정을 이해하여야 식품 및 식품 가공에 대한 올바른 지식을 갖출 수 있다.

이에 저자들은 풍부한 강의 경험과 현장 실무를 바탕으로 하여, 식품 가공에 대한 이해를 높이고 다양한 가공방법 등을 소개하려고 한다. 학생들의 이해를 돕기 위하여 전체를 세 부분으로 나누어 구성하였다. Part 1에서는 식품 가공의 이해와 필요성 등을 서술하였고, part 2에서는 식품의 가공과 저장 공정을 소개하였는데, 가공의 기본 공정과 가공의 응용 공정으로 구분하여 각 공정에 대하여 설명하였다. 새로운 공정으로는 진공, 방사선 조사, 고전압, 옴 및 마이크로파 가열, 초음파, 초고압 등을 소개하였다. Part 3에서는 식품 가공의 실질적 원리와 방법을 식품 소재별로 구분하여 특징과 가공방법 그리고 주요 가공품에 대하여 소개하였다.

세부적인 기술에 있어서는 각 장별로 보다 더 실질적인 가공방법 등을 소개하기 위하여 tip의 형태로 제시하였으며, 학습 내용의 이해를 돕기 위하여 용어 설명과 단원정리, 연습문제 등을 정리하여 식품 가공에 대한 이해를 높였다.

저자들은 여러 문헌과 자료를 참고하여 용어 통일 등 표현에 나름대로 노력하였으며 학생들이 이해하기 쉽도록 구성해 보았지만, 부족한 점이 많고 여전히 미진한 부분들이 눈에 띈다. 이러한 부분들은 앞으로 여러 선배의 조언과 지도를 받아 보완해 나가기로 하겠다.

마지막으로 이 책을 출판하기 위하여 애써주신 수학사 이영호 사장님과 직원 여러분의 노력과 협조에 감사의 뜻을 전한다.

저자 일동

차례

PART I 서론

1장 식품 가공의 이해

PART II 가공과 저장 공정

2장 식품 가공의 기본 공정

PART III 식품 가공

4장 곡류 가공

5장 두류 가공

6장 과일 · 채소류 가공

7장 축산 가공

8장 수산 가공

PART I

서론

CHAPTER 1

식품 가공의 이해

1. 식품 가공의 정의
2. 식품 가공의 필요성
3. 식품 가공의 범위와 분류
4. 앞으로의 식품공업

1. 식품 가공의 정의

식품은 사람이 생명을 유지하고 생활을 지속하기 위해 여러 영양성분과 기호성이 있는 천연물이나 가공한 상태의 먹거리를 일컫는 말이다.

즉, 식품이란 동식물을 직접 이용하거나 조리, 가공, 저장 등을 거쳐 먹을 수 있게 이용하는 모든 물질이나 그 재료를 말하며, 영양성분을 공급하고 생명을 유지시켜 주는 영양 기능과 색, 맛, 향 등의 식욕 증진과 기호를 느끼게 하는 감각 기능, 인체의 리듬, 질병 예방 및 치료, 노화 방지 등을 돕는 생체 조절 기능을 갖춘 물질이다.

이러한 식품은 생활에 활력을 주고 사회의 변화에 따라 다양한 형태로 발전을 거듭하고 있다.

식품 가공은 식품재료를 물리·화학·생물학적 방법으로 가치 있게 이용하는 복합과정으로 처리된 먹거리로 간단히 정의할 수는 없으나 식품의 품질 향상, 이용성 증대, 안전성 제고 등 식생활에 도움이 되도록 만드는 것이다.

식품 가공은 요리, 제조, 가공, 저장, 유통 등을 포괄적으로 포함하며, 과정 중에는 여러 변화가 따르므로 식품재료의 특성, 가공식품의 형태 특성, 영양 특성 그리고 위생 특성 등을 충분히 고려하여 필요에 따른 모든 방법으로 요구를 만족시킬 수 있게 만들어야 한다.

2. 식품 가공의 필요성

식품 가공은 소비자의 욕구, 현대사회에 적응, 경제 변화에 대응 등에 따라 삶의 질을 향상시키고 건강 지향을 충족시킬 수 있게 변화하면서 식품 가치의 향상과 시대 흐름에 따라 독특한 형태로 발전이 이루어져야 한다. 또 자원의 활용, 계절성과 경제성 등의 제한을 극복하여 안전성, 편의성, 상품성 등을 골고루 갖춘 새로운 식품으로 이용하기 위한 고급화, 전문화, 기능화 등이 요구된다.

식품재료 자체와 천연 상태 그대로의 이용에는 한계가 있으므로, 식품 가공은 안전한 먹거리 제공에 가장 중요한 관점이 있고 다양한 조건에 맞춰 소비자에게 전달될 수 있도록 변해 가며 만들어야 한다.

즉, 식품을 가공함으로써 식생활 개선과 안정된 식량 공급에 기여할 수 있도록 식품재료의 안정적 공급과 고부가가치 상품으로의 소비 경향에 대처하여 상품성과 영양성 등을 부여할 수 있다. 가공된 식품의 이용과 유통과정에서 발생할 수 있는 변질, 부패 등을 최소화하여 저장성을 향상시킬 수 있으며, 새로운 식품 형태로의 변화와 편리성을 추구하고 건강기능식품으로의 활용성이 높아진다.

건강기능식품의 제정 배경

건강기능식품의 안전성 확보와 품질 향상 그리고 건전한 유통, 판매를 도모하여 건강 증진과 소비자 보호를 위한 목적으로 「식품위생법」을 적용하던 기준을 2002년 8월 「건강기능식품에 관한 법률」로 제정·공포하고, 그에 따른 시행규칙을 발표하여 시행하고 있다(2004년 1월 31일).

식품의약품안전처에서 주관하며 10장의 법률로 정해져 있다. 건강기능식품의 조건은 제조목표가 명확, 식이효과, 기능성 성분 함유, 식품의 존재 형태 명확, 성분의 작용 메커니즘, 안전, 식품으로 섭취 가능 등의 조건을 만족시켜야 한다.

3. 식품 가공의 범위와 분류

식품 가공의 범위는 너무 광범위하기 때문에 식품재료의 가공 중에 일어나는 물리·화학·생물적 변화, 식품의 물성과 조직 특성, 조리 시 영양 변화와 인체와의 상관관계, 저장성과 유통, 식품위생, 규격 및 상표 확인 등의 분야로 구분할 수 있다. 또한 식품의 기본 처리 공정은 식품 가공의 범위를 이해하는 데 중요하며, 식품재료의 처리와 가공에 알맞은 재료의 주요 공정을 거쳐 포장과 저장을 통하여 소비자에게 전달된다. 이러한 가공공정에는 여러 변화가 나타나기 때문에 관련된 학문이 다양하다.

식품 가공은 동식물을 이용하기 때문에 물리학, 화학, 생물학은 물론이고 의학, 영양학, 독성학과 통계학 등도 1차적으로 필요하고, 2차적으로는 식품에 관련된 모든 학문과 품질관리, 유통학 등을 포함하는 복잡한 학문이다. 이러한 공정과 학문을 중심으로 식품 가공을 분류해 보면, 식품재료로는 동물성 식품과 식물성 식품으로 구분하며, 재료의 종류에 따라서는 농산식품 가공, 축산식품 가공, 수산식품 가공 등으로 나눌 수 있다.

표 1-1 식품 가공의 재료별 분류

농산식품 가공	곡류 가공식품	곡류, 두류, 서류 등을 원료로 하는 것
	원예 가공식품	과일, 채소류 등을 원료로 하는 것
	기호 가공식품	향신료, 음료, 다류, 주류 등을 제조하는 것
	유지 가공식품	식물성 유지류를 가공하는 것
축산식품 가공	육류 가공식품	고기를 이용하여 제조하는 것
	유류 가공식품	우유를 이용하여 제조하는 것
	난류 가공식품	달걀을 이용하여 제조하는 것
	부산물 가공식품	동물성 유지 가공, 성분 추출 가공, 피혁 가공 등
수산식품 가공	어패류 가공식품	어패류를 이용하여 가공하는 식품
	해조류 가공식품	해조류를 이용하여 가공하는 식품
	부산물 가공식품	단백질, 지방질, 기타 등을 이용하는 것
기타	버섯, 죽순 등을 이용하는 가공으로 농산식품 가공에 포함시키기도 함. 임산식품 가공	

가공 수단에 의한 식품 가공을 분류하면 물리적 가공, 화학적 가공, 생물적 가공으로 나누며 그 수단은 다음과 같다.

표 1-2 식품 가공의 가공별 분류

물리적 가공	도정, 마쇄, 압착, 건조, 농축 등의 물리적·기계적 변화를 이용하는 것 예 쌀, 밀가루, 면류, 전분, 식용유지, 잼, 마요네즈 등
화학적 가공	가수분해, 효소, 중화, 산화환원, 표백 등의 화학적 변화를 이용하는 것 예 두부, 맥아엿, 포도당, 치즈, 아미노산 등
생물적 가공	미생물, 효소 등의 작용을 이용하는 것 예 빵, 주류, 식초, 장류, 젓산 음료 등

또한 식품 가공은 제조공정에 따라 다양한 종류로 나눌 수 있으며, 제조기술이나 설비 등에 의해 분류하기도 하고, 가공 정도에 따라서도 1차, 2차, 3차, 4차 가공 등으로 구분한다.

4. 앞으로의 식품공업

식품은 식품재료를 알맞게 처리하여 먹을 수 있도록 만드는 것과 제품을 건전하게 유통하는 등 여러 과정을 거치며 안전한 먹거리로 제공해야 된다.

식품에 관한 용어는 식량, 식품, 식이로 구별할 수 있는데 이는 모두 동식물에서 공급되며, 생육환경과 조건에 따라 생산량의 변동이 큰 편으로 수급과 가격 변동이 불규칙하다. 소득 향상과 생활 패턴의 변화로 식품소비 경향은 가족화(1인 가계 포함), 간편화, 즉석화 등으로 가공식품에 관심이 많으며, 영양의 불규칙과 고급화 등의 변화에 따라 다양한 식품이 요구되고 있다.

식품의 형태 변화와 가공기술의 발전 등에 따라 고부가가치의 식품 가공은 식품 가격의 상승과 에너지 효용, 물류비 등의 부담이 커지고 있는 실정이다. 또한 고령화 시대와 건강에 대한 인식이 높아지면서 로하스(LOHAS), 웰빙(well-being), 힐링(healing) 등의 개념이 식품에 접목되면서 건강기능식품의 비중이 높아지고 있다.

이러한 여러 측면에서 식품공업의 미래도 발전의 여건이 매우 큰 위치를 차지하고 있으며, 식품 가공의 발전은 식량자원의 개발과 여러 여건에 알맞은 가공식품의 연구·개발이 다방면으로 조화를 이루어야 할 것이다.

앞으로의 식품공업은 간편성, 건강성, 특수성 등을 고려하여 규격화된 가공식품, 고부가가치식품, 건강기능식품, 특수식품 등의 개발이 요구되고 있다. 또한 원료와 생산비를 절감하고 영양을 증진시키며, 집단급식 메뉴의 확대 개발, 식품포장의 다양화·고급화 등에 초점을 모아야 할 것이다.

특히 식품공업은 사회 변화에 따른 식생활의 다양화, 한식 세계화에 따른 올바른 조리법 개발, 품질 향상을 위한 새로운 공정 개발, 안전성과 기능성 증진, 저장방법 개선, 환경오염 방지를 위한 공정 개발 그리고 미래 지향적인 가공식품의 개발 등이 필요하다.

우수식품제조기준(good manufacturing practice, GMP)

우수하고 효율적인 식품제조 및 품질관리에 관한 기준으로 보다 높은 위생적 품질을 달성하는 기술조건을 제시한 것이다. 식품제조 단계에서 실수를 최소화하는 대책과 오염 방지 및 품질 변화 등을 방지하기 위한 품질관리 그리고 고도의 품질보증을 위한 체계 등으로 구성되어 있다.

용어정리

식품 가공의 분류
필요 공정에 따라 생산, 제조되는 식품 가공은 재료에 따른 분류, 가공 수단에 따른 분류, 제조공정에 따른 분류 등 여러 가지로 구분할 수 있다.

로하스(LOHAS)
건강한 생활을 지속적으로 가능하게 하는 생활형태로 개인의 육체적·정신적 건강의 조화를 통해 행복한 삶을 추구하는 것이며 모두의 건강과 충만된 삶의 사회적 웰빙이다.

웰빙(well-being)
육체적·정신적 건강의 조화로 행복하고 아름다운 삶을 추구하는 참살이이다.

힐링(healing)
치유 등의 개념으로 건강 지향의 식생활과 연관시켜 식품산업의 방향을 제기함과 동시에 발전에 기여한다.

단원정리

1 식품의 기능은 ① 5대 영양소를 골고루 공급하는 관점에서의 영양 기능과, ② 색, 맛, 향 등의 식욕 증진과 기호성을 느끼게 하는 관능(감각) 기능 그리고, ③ 신체의 리듬 조절, 질병 예방과 치료, 노화 방지 등의 생리활성을 촉진시키는 생체 조절 기능으로 분류한다.

2 식품 가공은 물리·화학·생물적인 방법으로 처리하여 안전한 먹거리를 확보할 수 있게 하고, 식품의 품질 향상, 이용성 증대 등 식생활에 도움이 될 수 있게 하는 것이다.

3 식품 가공은 재료에 따른 분류, 가공 수단에 의한 분류, 가공 정도에 따른 분류 등으로 구분한다.

1. 식품 가공이 산업과 경제 측면에서 중요한 의미를 갖는 이유가 아닌 것은?
   ① 계획 생산과 분배 ② 유통과 저장의 필수
   ③ 가격의 안정 도모 ④ 지역주의 확립

2. 식품의 기능으로 분류할 수 없는 것은?
   ① 영양 공급 ② 시대성 부여
   ③ 관능 만족 ④ 생체 조절

3. 식품 가공별 분류에서 물리적 가공방법에 속하는 식품은?
   ① 두부 ② 빵 ③ 면류 ④ 치즈

4. 식품 가공의 목적에 대하여 설명해 보시오.

5. 식품산업의 전망을 나름대로 피력해 보시오.

정답 및 해설

1. ④ **2.** ② **3.** ③

4. 식품 가공의 목적은 식품의 영양과 관능 등을 개선하고 수송, 저장, 위생성을 갖추게 하며, 새로운 식품소재로 가공식품을 개발하고, 식품의 제한적 요소(지역, 계절 등)를 극복하여 식품원료의 효율적 이용과 식품 가치를 높이는 데 있다.

5. 규격식품, 고부가가치식품, 건강기능식품, 특수식품 등이 요구되고 있다. 또한 집단급식 메뉴의 확대, 식생활의 다양성에 맞춘 식품, 한식의 세계화, 품질 향상을 위한 식품 개발 등과 전통식품의 끊임없는 규격화와 새로운 형태의 가공식품의 개발이 기대된다.

PART II

가공과 저장 공정

CHAPTER 2

식품 가공의 기본 공정

1. 선별
2. 세척
3. 분쇄
4. 혼합
5. 조립
6. 원심분리
7. 여과
8. 추출
9. 이송
10. 포장

1. 선별

수확된 농산물에는 주원료 외에 흙, 잡초 씨, 잔돌 등 이물질이 들어 있어 농산물의 상품 가치를 저하시킬 뿐만 아니라 저장 및 가공 공정에서 주원료 및 가공제품의 품질 저하, 가공기계의 손상 등의 문제를 야기한다. 또한 주원료의 각 개체는 성숙도, 크기, 무게, 모양, 빛깔 등이 서로 다르므로 등급별 분류가 요구된다.

일반적으로 주원료 이외의 물질을 제거하는 작업을 정선, 주원료를 등급별로 분류하는 작업을 선별이라고 하며, 실제 작업에서는 정선과 선별이 동시에 이루어지는 경우가 많으므로 이 용어들은 혼용되기도 한다.

농산물의 선별은 농산물의 기하학적 형상, 기계적 특성, 공기역학적 특성, 광학적 특성, 전기적 특성 등이 이용되며, 선별기에서는 이들 인자 중 하나 또는 그 이상의 인자가 복합적으로 이용되고 있다.

표 2-1 주요 선별인자

재료	주요 인자
곡류	크기, 모양, 비중, 종말속도, 유전율 등
과일류	크기, 모양, 무게, 빛깔 등
근채류와 채소류	크기, 무게, 단면적, 빛깔 등

1) 곡물 선별기

곡물 선별작업에 사용되고 있는 선별기는 대부분 크기 및 형상을 주선별인자로 하는 체 선별기, 종말속도를 주선별인자로 하는 기류 선별기, 길이와 형상을 주선별인자로 하는 홈 선별기, 비중을 주선별인자로 하는 비중 선별기 등이 사용되고 있다.

(1) 스크린 선별기

스크린 선별기는 곡류의 기하학적 특성 중 두께, 폭, 지름, 모양을 이용하는 것으로 원형, 정사각형, 직사각형, 정삼각형 등의 구멍이 뚫려 있는 스크린과 스크린에 일정한 운동을 주는 구동장치, 스크린 경사각 조절장치 등으로 구성되어 있다.

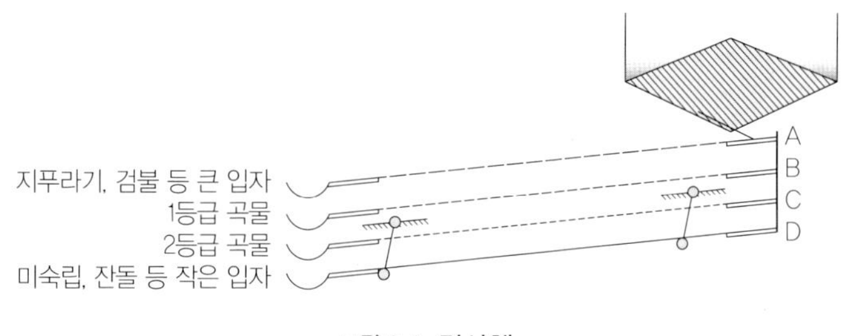

그림 2-1 경사체

(2) 기류 선별기

기류 선별기는 입자의 무게 및 공기역학적 특성 차이로 인한 비행거리의 차이를 이용하는 것으로 가장 오래된 선별기 중 하나이다. 이 선별기는 원료공급장치, 풍량조절장치, 풍선실, 송풍기 등으로 구성되며, 송풍방법에 따라 흡인식과 송풍식이 있다.

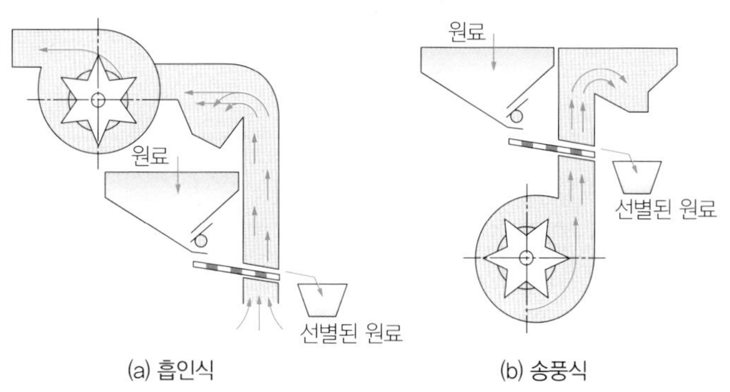

그림 2-2 흡인식과 송풍식 기류 선별기의 개략도

(3) 홈 선별기

홈 선별기는 원통 내벽 또는 원판의 양면에 파여 있는 홈을 이용, 곡립의 길이 차이를 선별인자로 하여 2개의 곡물군으로 분리하는 선별기이다. 홈 선별기는 투입된 곡물 중 홈 길이보다 짧은 곡립은 홈 속에 들어가 집적통으로 옮겨지지만, 길이가 긴 곡립은 홈 속에 완전히 들어가지 못하므로 원통 또는 원판 아래에 남게 되어 곡립은 2개 군으로 분리된다.

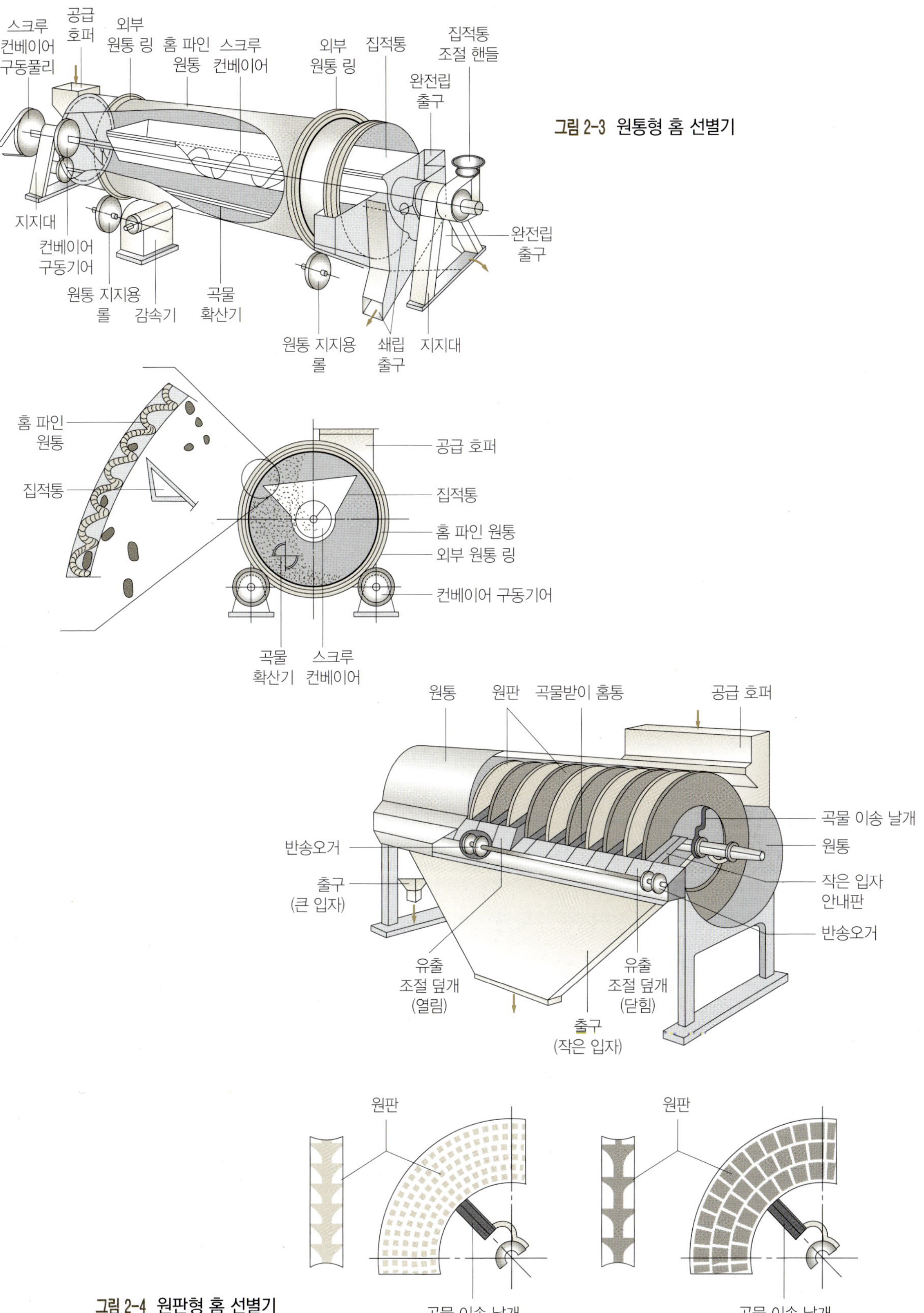

그림 2-3 원통형 홈 선별기

그림 2-4 원판형 홈 선별기

(4) 색채 선별기

색채 선별기는 공급장치에 의해 백미 난알이 광학부로 공급되면 광학부를 구성하는 수광소자에 475 nm 부근의 파장만을 통과시키는 광학필터를 사용하여 건전한 백미와 착색된 백미에 대한 수광소자의 출력이 달라짐을 이용, 공기노즐을 작동시켜 착색립을 분리한다.

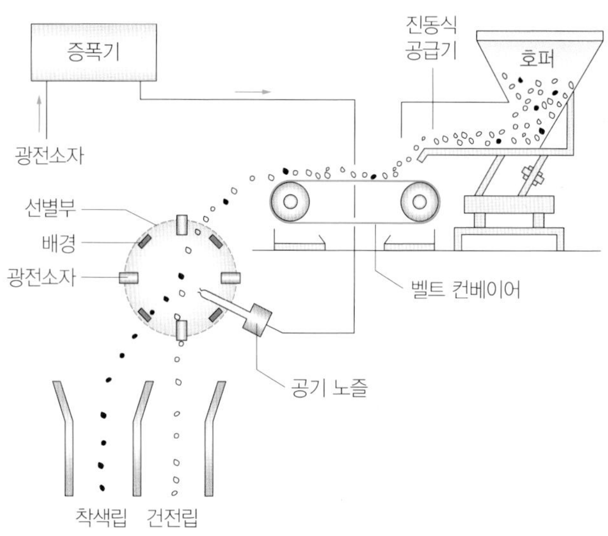

그림 2-5 색채 선별기

2) 청과물 선별

청과물은 같은 포장에서 수확된 것이라도 크기, 모양, 색상, 숙도, 경도, 성분 등이 서로 다르며, 저장·유통 과정 중 변질되거나 손상되는 경우가 있으므로 등급별로 구분하여 포장할 필요가 있다.

청과물의 품질은 외관, 조직감, 영양가, 안전성 등의 인자로 구분할 수 있으나 사용목적, 사용분야, 평가 주체 등에 따라 주관적 개념이 영향을 미칠 수 있다.

(1) 크기 및 형상 선별기

공급되는 재료의 최대 단면 단축치수, 단면 형상, 길이의 차 등을 이용하는 롤러 선별기, 스크린 선별기, 확산V벨트 선별기 등이 있다.

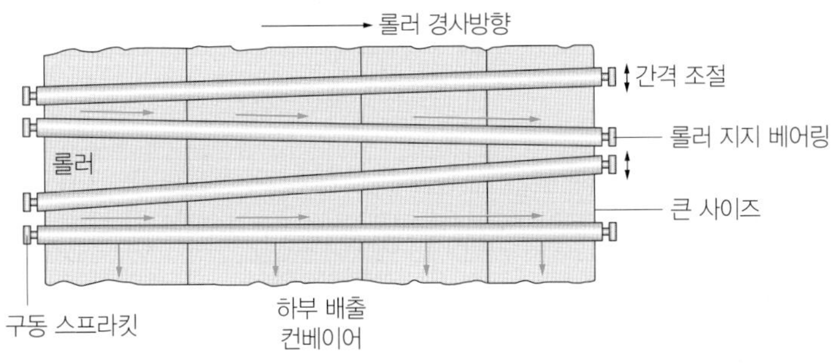

그림 2-6 롤러 선별기

롤러 선별기는 막대 롤러를 서로 평행하게 유지하면서 롤러 사이의 간격을 투입구에서 배출구 쪽으로 갈수록 넓어지도록 한 것과 한 쌍의 롤러 간격을 원료가 이송하는 방향으로 갈수록 넓어지게 한 것이 있다.

크기와 형상이 다른 스크린을 이용하는 선별기로는 평판형, 원통형, 컨베이어형 등이 있다. 평판형은 하층으로 갈수록 작은 구멍을 갖는, 치수가 다른 구멍을 가진 평판을 여러 층으로 경사지게 설치한 것이며, 원통형은 유효치수가 배출단으로 갈수록 증가하는 구멍을 가진 원통형 스크린을 여러 개 설치하여 선별한다.

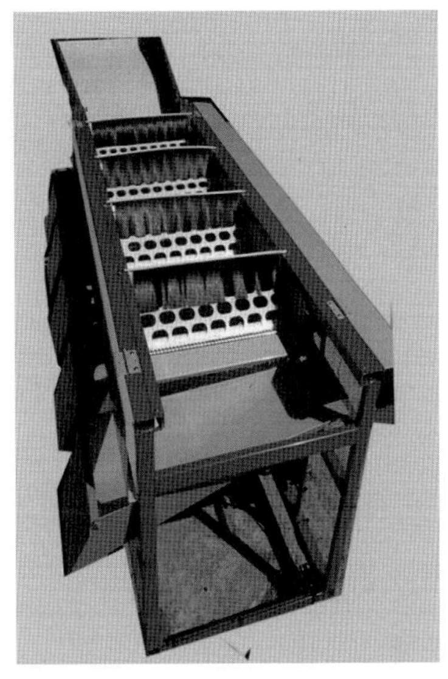

그림 2-7 원통형 스크린 선별기

(2) 중량 선별기

중량 선별은 재료의 무게에 따라 선별하는 장치로 개체 공급장치, 개체 이송장치, 무게 감지장치, 무게별 자동배출장치 등으로 구성된다. 무게 측정원리는 분동과 같은 기준 무게와 비교하는 저울식, 재료 무게에 따른 스프링의 변형량 차이를 이용하는 스프링식, 무게에 따른 트랜듀서의 신호 변화를 이용하는 전자식이 있다.

(3) 외관 선별장치

외관 선별장치는 카메라를 이용한 연상 처리기술을 이용하여 재료의 색상, 모양, 표면 결

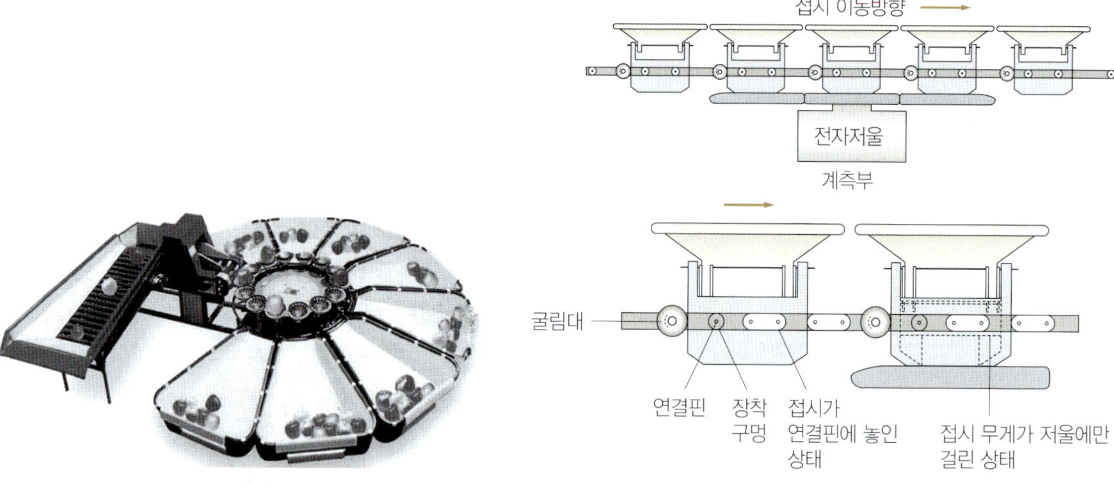

그림 2-8 스프링식 중량 선별기

그림 2-9 전자식 중량 선별기

함의 유무 등을 판별하는 장치로서 개체 공급장치, 영상 처리장치, 영상 분석 소프트웨어, 등급별 배출장치 등으로 구성된다.

카메라에는 CCD(charge couple device) 매트릭스 카메라와 CCD 라인스캔 카메라가 많이 이용된다. 매트릭스 카메라는 필름 대신 모눈판의 CCD 센서가 설치되어 물체의 상이 렌즈를 통해 센서 위에 맺힌다. 영상 처리 보드는 센서를 구성하는 각 화소에서 출력되는 신호를 읽고 메모리에 저장한 후 컴퓨터는 이 영상정보를 이용해 물체의 단면적, 지름, 둘레, 길이, 색상 등을 계산한다.

외관 품질 중 표면 결함은 건전한 면과 결함면의 색상 차이를 이용하거나 근적외선의

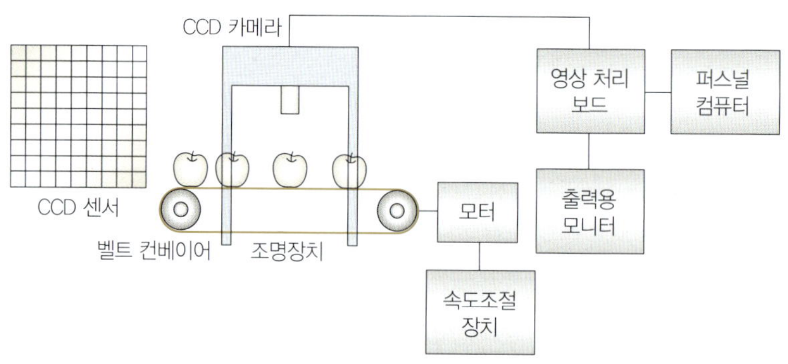

그림 2-10 카메라 선별 시스템

780~2500 nm 파장대에서 흡광도 차이를 이용하여 검출한다.

(4) 내부 품질 판별장치

내부 품질 판별장치는 재료에 따라 다르지만 당, 산, 전분, 수분 등의 성분과 갈변, 부패 등 식품의 내부 품질인자를 자외선, 가시선, 근적외선, 중적외선, 원적외선 등 여러 대역의 전자기 복사선의 흡수원리를 이용하여 구분하는 장치이다.

농산물의 수분, 당, 산, 지방 등은 성분에 따라 특정 파장들을 흡수하는 특징을 가지고 있으므로 이러한 특성을 이용하여 내부 성분이나 결함을 찾을 수 있다.

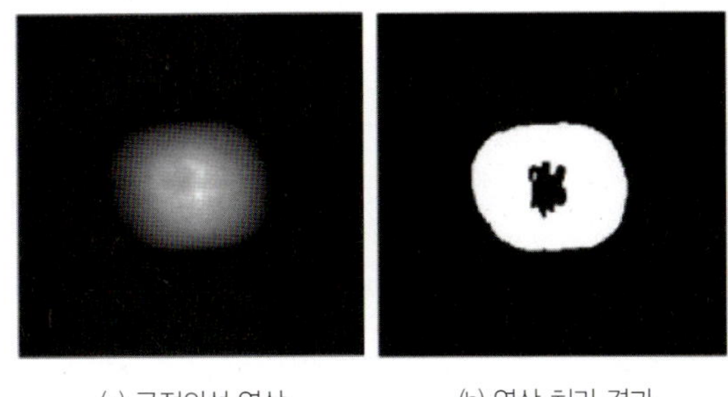

(a) 근적외선 영상 (b) 영상 처리 결과

그림 2-11 근적외선 영상을 이용한 결점 검출 결과

① 분광 스펙트럼에 의한 내부 품질 판별

물체에 빛을 비추면 물체를 투과한 빛의 에너지 스펙트럼을 분석하여 과채류의 당도, 산도, 숙도, 갈변 등을 측정한다.

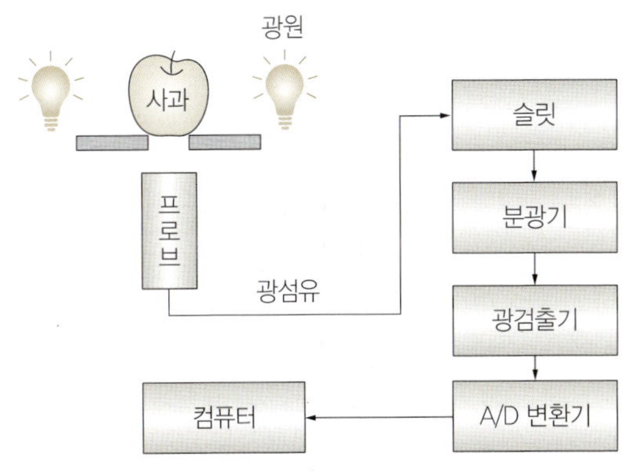

그림 2-12 투광식 내부 품질 판별장치

② 타음에 의한 내부 품질 판별

수박 등 박과의 적도부를 감지하여 해머와 센서부를 적도부까지 하강시킨 뒤 해머로 타격하여 센서로 음파를 감지하고, 컴퓨터로 입력된 파형을 해석하여 공동과, 미숙과, 과숙과, 적숙과를 판정한다.

③ 초음파, X-선, CT 및 MRI에 의한 내부 품질 판별

의료용 진단장치를 농산물, 축산물 등의 내부 품질을 판정하는 데 응용하는 연구가 활발히 진행되고 있다. 이 중 초음파 진단기술은 축산물 품질뿐만 아니라 살아 있는 가축의 피하지방 두께 등 육질 판정에 활용되고 있으나 CT, MRI 기술은 현재 경제성 때문에 실용화하지 못하고 있다.

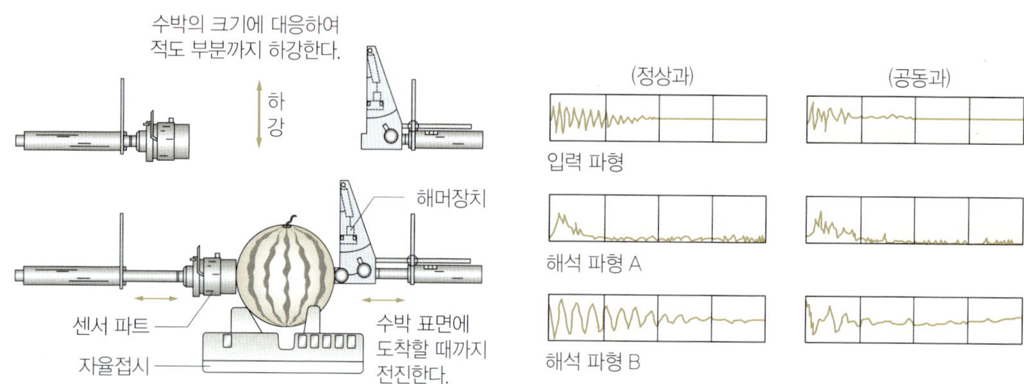

그림 2-13 수박 내부 품질 판별장치

스테인리스 스틸(stainless steel)

강철에 크롬(Cr)과 니켈(Ni) 등을 가해 녹이 없는 강철로 만든 것이다. Cr 12~20 % 함유한 Cr계와 Ni 8~14 %를 가한 Cr-Ni계로 나뉜다. Cr-Ni계는 염산, 황산 등의 부식에도 잘 견뎌 화학공업용 기구, 내수용 기기, 건축용품, 가정용품 등 폭넓게 사용되고 있다.

2. 세척

세척은 식품재료에 붙어 있는 잔류농약이나 이물질 등을 분리·제거하는 공정으로 불순물의 오염 정도, 세적조건과 방법, 재료의 안전성, 경제성 등을 고려하여 세척방법을 선택하여야 한다. 세척 단계는 세척제를 오염물 표면에 담그는 예비세척, 오염물질을 표면에서 분리시키는 중간세척, 재오염을 방지하는 후세척의 3단계로 나눌 수 있다.

1) 건식 세척

건식 세척은 식품재료의 표면이 건조한 상태에서 세척이 이루어지는 경제적인 방식으로 다음과 같은 방식이 있다.

체 분리 세척은 체의 크기에 의해 이물질을 제거하는 가장 일반적인 방식으로 체의 형태에 따라 회전드럼식과 편평식으로 구분한다.

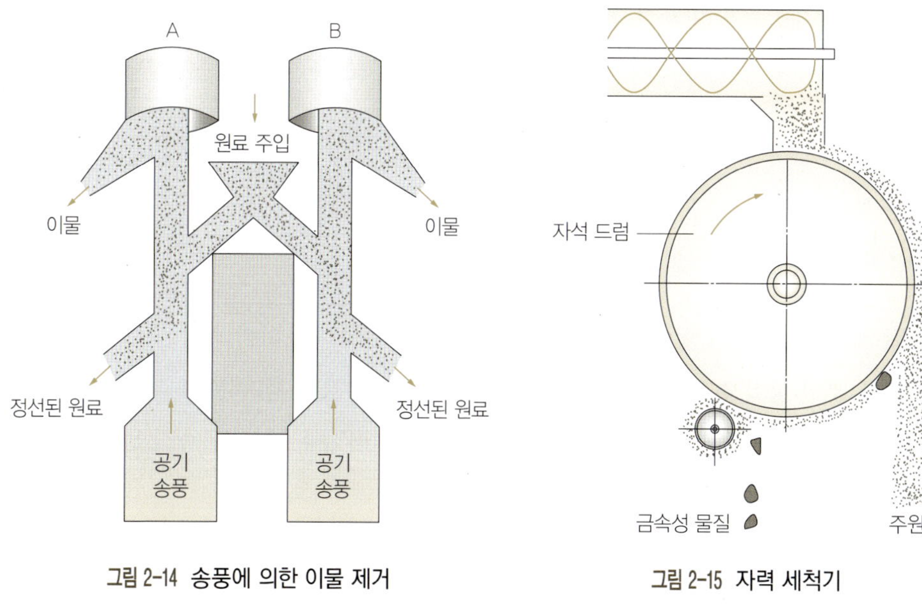

그림 2-14 송풍에 의한 이물 제거

그림 2-15 자력 세척기

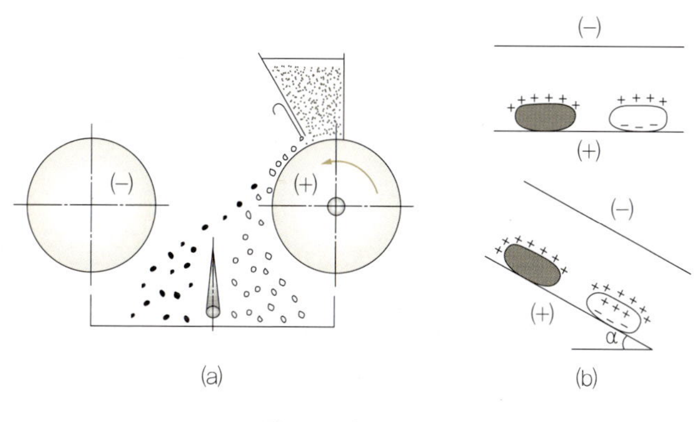

그림 2-16 정전 세척기

마찰 세척은 식품재료 간의 마찰 또는 세척기와 재료와의 마찰에 의해 이물질을 제거하는 방식이다.

기류 세척은 일정한 속도와 압력을 가진 기류에 식품재료를 투입하면 식품재료 속에 포함된 검불과 같은 가벼운 이물질을 흡인하거나 불어 내어 선별 세척하는 방식이다.

자력에 의한 세척은 수확, 탈곡 또는 가공 공정에서 금속성 이물질이 포함되는 경우, 이들 이물질은 자력에 훨씬 민감하므로 자력에 의해 제거하는 방법이다.

정전기 세척은 재료 입자의 전기적 특성, 특히 정전유도에 의한 대전량 차이를 이용하는 방식이다. 접지된 금속성 회전 롤러 +극과 고전압이 걸린 −극 사이에 원료가 투입되면 입자 내에서 양극화 현상이 일어나 전도성이 큰 입자는 +로 대전되어 −극 쪽으로 끌려가고, 그렇지 못한 입자는 +극 가까이에 떨어진다.

2) 습식 세척

식품재료에 부착되어 있는 오염물을 세척제나 세척수를 이용하여 식품 표면에 흡착, 침적, 용해, 분산 등의 화학작용과 확산, 이동 등의 물리작용으로 제거하는 과정을 습식 세척이라고 한다. 습식 세척은 세척효율이 좋아야 할 뿐만 아니라 재오염이 안 되고, 세척과정에서 재료의 부패와 변질 등의 손상이 없어야 한다.

습식 세척방법에는 세척수에 재료를 담가 오염물을 제거하는 침적법, 재료에 세척수를 분사하여 오염물을 제거하는 수류분사법, 회전하는 솔에 의한 세척법 등이 있으며, 대부분 이들 방법 중 하나 또는 몇 가지를 조합하여 세척을 수행한다.

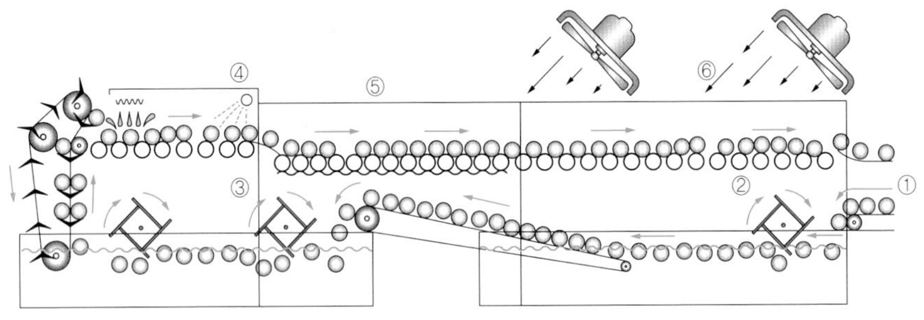

그림 2-17 복합형 세척기

3. 분쇄

분쇄란 고체 물질에 절삭, 압축, 충격, 절단 등의 기계적 힘을 가하여 화학성분의 변화 없이 그 입도를 작게 하는 공정이다. 분쇄는 농수산물, 식품, 사료 가공분야에서 필수적인 작업으로 각 분야별로 용도는 다르지만 다음의 목적을 가진다.

① 농산물의 유효성분 추출을 용이하게 한다.

② 농산물을 용도에 적합한 크기로 만든다.

③ 농산물이 비표면적을 증가시켜 물리적·화학적 반응속도를 촉진한다. 특히 사료의 경우 소화가 잘 되도록 한다.

④ 성분, 재료 간에 혼합과 조작을 용이하게 한다.

분쇄는 압축력, 충격력, 전단력 등의 힘이 작용하여 이루어지는 것으로 대부분 복합적 형태로 작용하면서 이루어진다. 분쇄공정은 원료가 분쇄기를 통과한 후 바로 분출되는 개회로 방식과 분쇄기를 통과한 원료를 체로 걸러 거친 원료는 다시 분쇄기로 공급하는 폐회

표 2-2 분쇄기의 종류

분쇄 조작	분쇄 원료의 크기	분쇄물의 크기	분쇄기의 이름
조분쇄	10~150 cm	1~10 cm	Jaw crusher Gyratory crusher Single roll crusher
중간 분쇄	1~10 cm	5~10 mm	Dogde crusher Cone crusher Double roll crusher Edge runner Hammer mill Rotary crusher Impeller breaker
미분쇄	3~10 mm	0.1 mm 이하	Ball mill Tube mill Tod mill Vibration ball mill Ring roller mill Pin mill Attrition mill Micropulverizer
초미 분쇄	0.5~5 mm	수 μ 이하	Micronizer Automizer Microatomizer Micron mill Colloid mill

로 방식으로 구분된다.

분쇄기는 원료의 분쇄 정도인 분쇄물 입자의 평균 크기에 따라 조분쇄기, 중간 분쇄기, 미분쇄기, 초미 분쇄기 등으로 구분한다.

1) 조분쇄기

원료의 분쇄 크기를 4~5 cm 또는 그 이하로 분쇄하는 기계로 예비 분쇄기라고도 한다.

조분쇄기에는 압축력에 의해 음식물을 씹는 원리로 만들어진 저쇄기(jaw crusher), 회전축의 타원운동으로 분쇄하는 선동 분쇄기 등이 있다.

많이 쓰이는 롤 분쇄기는 역방향으로 회전하는 2개의 롤러 사이에 원료를 투입하면 압착에 의해 분쇄된다. 롤 분쇄기의 성능은 롤러의 지름과 길이, 회전속도에 의해 좌우되며, 롤러의 간격은 압력스프링에 의하여 조절되므로 과부하를 방지할 수 있다.

2) 중간 분쇄기

원료의 분쇄 크기를 1~4 cm 또는 0.2~0.4 mm까지 분쇄하는 기계로 식품 가공에서 가장 일반적으로 쓰이며, 원뿔형 분쇄기와 해머밀(hammer mill) 등이 있다.

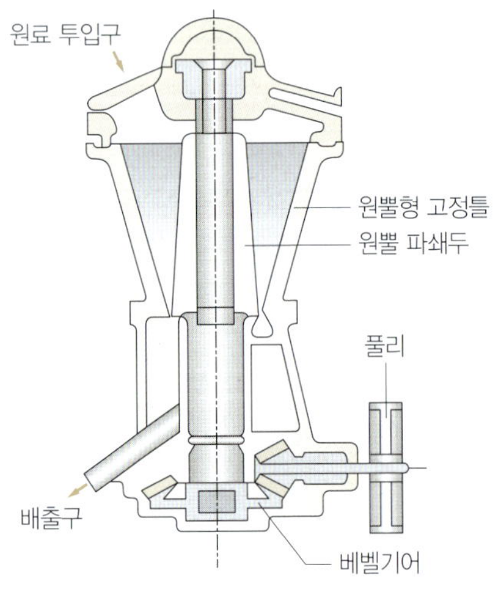

그림 2-18 선동 분쇄기

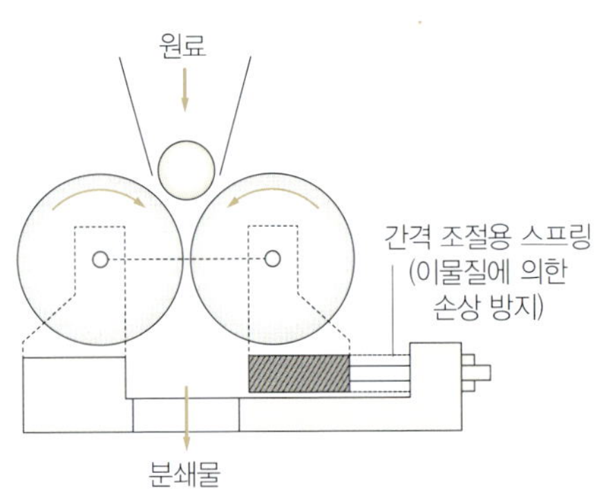

그림 2-19 롤 분쇄기

중간 분쇄기의 대표적인 해머밀은 곡물의 분쇄나 제분작업 등에 이용되며, 석회석, 철광석, 비료 원료, 사료 조제 등에 널리 쓰이고 있다. 해머밀은 해머, 회전판, 충격판, 스크린 등으로 구성되어 있으며, 원료를 투입하면 여러 개의 해머가 2500~4000 rpm으로 회전하여 원료가 충격판 주위의 스크린을 통과할 때까지 분쇄한다. 분쇄물의 균일계수는 스크린 구멍의 크기와 스크린과 해머 끝 틈새에 영향을 받으며 구멍의 크기로 분쇄물의 크기를 조절할 수 있다. 해머밀은 구조가 간단하고 이물질에 의한 손상이 적으며 해머의 마모가 분쇄효율에 영향을 적게 미치는 장점이 있으나, 분쇄물 입도의 균일성이 떨어지고 소요 동력이 크다.

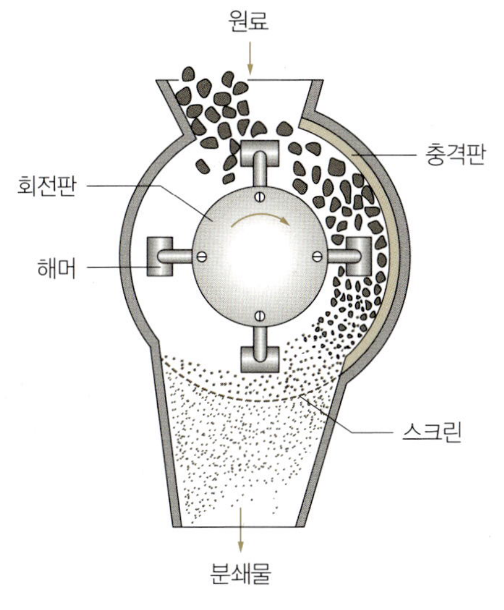

그림 2-20 해머밀의 구조

3) 미분쇄기

원료를 0.1 mm 이하로 분쇄하는 분쇄기로 볼밀, 로드밀, 플레트밀, 진동밀, 버밀 등이 있다.

볼밀(ball mill)은 회전통 속에 볼을 넣어 원료와 볼의 충격력에 의해 분쇄하고, 로드밀(rod mill)은 볼 대신 직경 50~100 mm의 막대봉을 넣어 원료와 같이 회전시켜 분쇄시킨다.

진동밀은 스프링으로 유지되는 용기에 직경 8~20 mm의 볼이나 동을 넣고 고정축과 반대방향으로 회전운동하는 면과의 사이에서 분쇄하며, 자유 분쇄기는 고정축 핀과 회전축

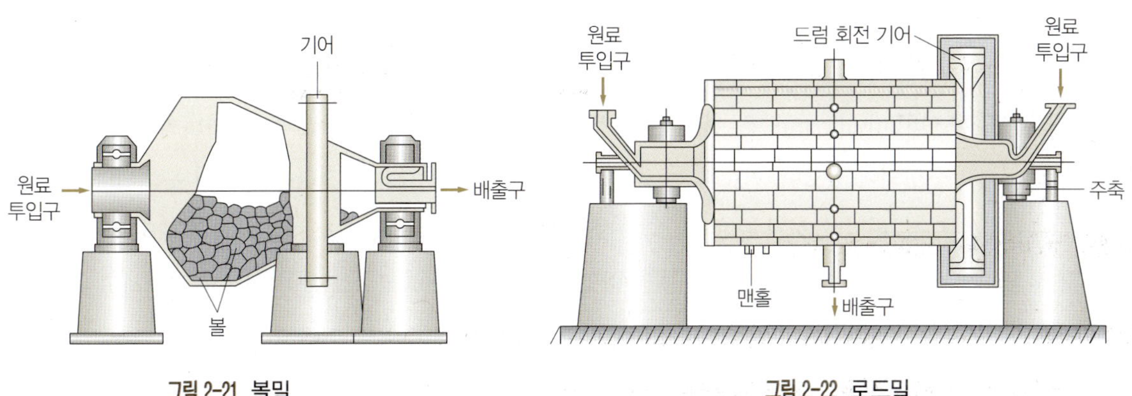

그림 2-21 볼밀

그림 2-22 로드밀

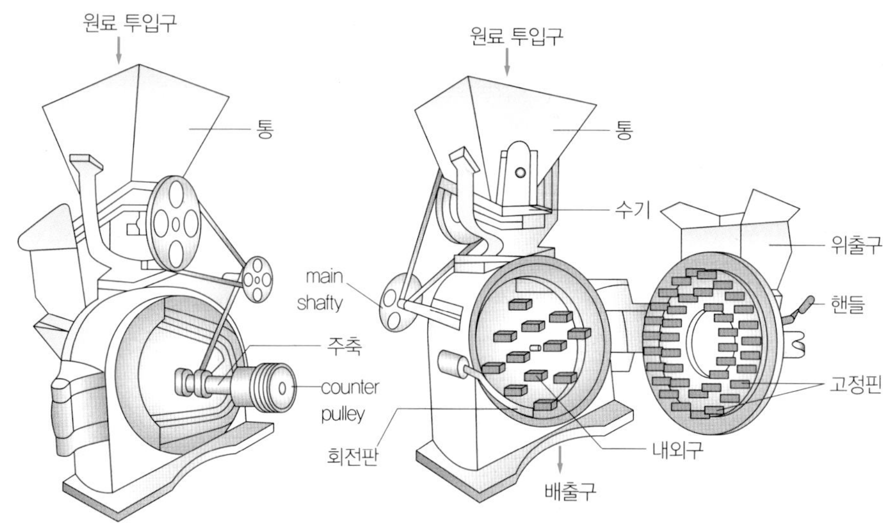

그림 2-23 자유 분쇄기

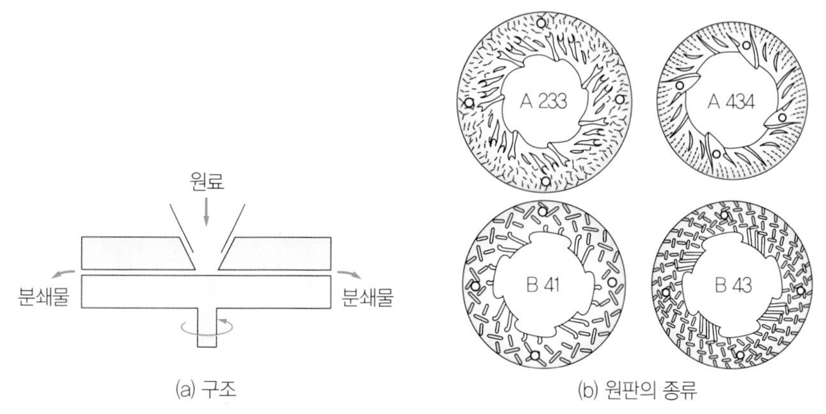

그림 2-24 버밀의 구조와 원판

핀의 간격에 의해 재료를 분쇄한다.

버밀(buhr mill)은 원판 마찰 분쇄기로 하나의 고정된 원판과 또 하나의 회전원판으로 구성되어 있으며, 원료가 두 원판 사이에 공급되면 압쇄와 전단에 의하여 분쇄된다. 일반적으로 버밀의 회전속도는 2,000 rpm 정도이며, 분쇄물의 입도는 원판의 형태와 두 판 사이의 간격에 의해 조절된다. 또한 버밀은 구입가격이 싸고 쇄성물이 비교적 균일하고 소요 동력이 적은 장점이 있으나, 이물질에 의한 고장이 쉽고 판이 마모되면 효율이 크게 떨어지는 단점이 있다.

4) 초미 분쇄기

초미 분쇄기는 원료를 300~수 μm의 크기로 분쇄하는 기계로 콜로이드밀(colloid mill), 오토마이저(automizer), 디스크밀(disk mill) 등이 있다.

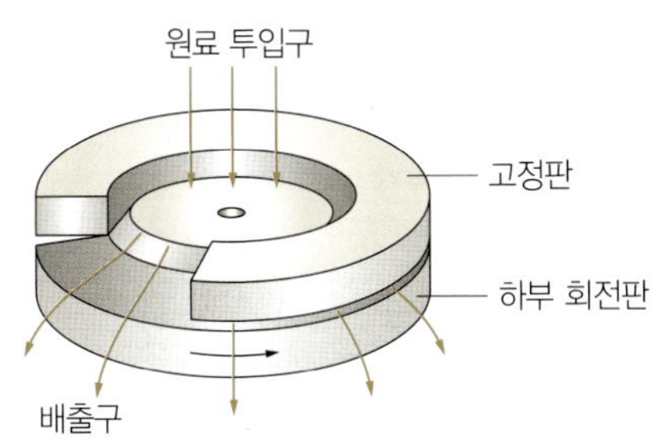

그림 2-25 콜로이드밀

콜로이드밀은 간격이 아주 좁은 고정원판과 회전원판 사이에 원료를 공급하면 두 판과의 마찰력에 의해 분쇄된 후 원심력으로 배출되는 기계로 건식과 습식이 있다.

오토마이저는 해머밀과 같은 형태로 원료를 공급하면 분쇄실 내에서 3,000~10,000 rpm으로 고속회전하는 해머의 충격력과 전단력으로 분쇄한 후 고정체를 통과시켜 일정한 입자를 얻을 수 있다.

디스크밀은 두 개의 마찰원판 사이에 원료를 공급하여 맷돌원리에 의한 마찰력과 전단력으로 분쇄시키는 기계이다.

초미 분쇄기에는 마하 2 이상의 초음속기류 속에 원료를 넣어 입자 상호 간의 충돌력에 의해 분쇄하는 초음속 제트 분쇄기 등이 있다.

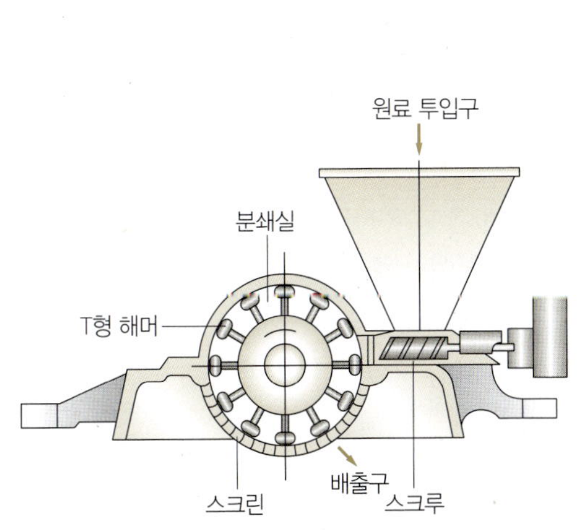

그림 2-26 오토마이저

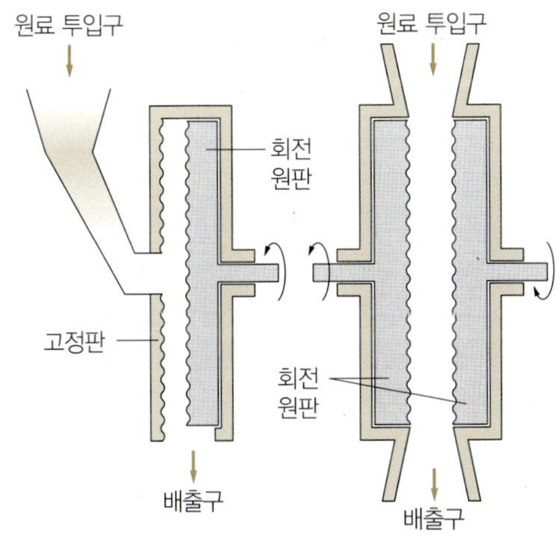

그림 2-27 디스크밀

나노란?

나노(nano)는 '작다'는 뜻으로 고대 그리스의 난장이를 의미하는 'nanos'에서 유래되었다.

10억분의 1을 뜻하며, 나노미터(nm)는 10^{-9} m이다.

나노기술(nano technology)은 원자나 분자의 작은 크기 단위로 물질을 합성하거나 조립, 제어하며 그 성질을 측정, 규명하는 기술이다.

1~10 nm 범위의 재료나 대상에 대한 기술로 전자, 통신, 금속재료와 제조, 의료, 환경, 에너지, 국방, 항공, 우주, 생명과학 등의 다양한 분야에 응용되고 있는 첨단기술이다.

또한 식품 관련 산업에서도 추출, 분쇄, 조합 등에 응용되고 있다.

4. 혼합

혼합(mix)이란 고체와 고체, 고체와 액체, 액체와 액체, 액체와 기체 등 2가지 이상의 물성을 가공하여 균일한 성분을 가진 생성물을 얻고자 하는 조작이다.

혼합기로는 혼합하려는 재료의 물성에 따라 혼합기, 반죽기, 교반기, 유화기 등이 사용되고 있다.

1) 교반기

교반기는 용기에 들어 있는 액체나 유동성 고체를 섞어 주는 장치로 주로 고체를 액체에 녹일 때, 고체 입자를 액체로 세척할 때, 액체 내의 성분을 신속히 균일하게 할 때 사용한다.

교반기의 구조는 탱크 속에 교반하기 위한 장치를 넣은 것으로, 교반용 날개(impeller)의 형식에 따라 프로펠러형, 패들형, 터빈형, 나선축형 등 여러 종류로 분류된다.

(1) 프로펠러형

300~800 rpm 정도로 회전하는 프로펠러형 날개로 점도가 낮은 액체 교반용 또는 고체 입자를 함유하고 있는 액체에도 사용된다. 기포를 말려들게 하는 단점이 있으나 과즙이나 발효공업에 널리 사용된다.

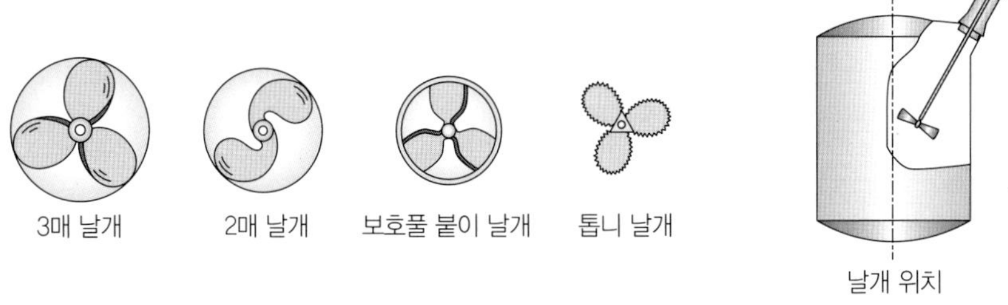

그림 2-28 프로펠라 교반기의 날개 형태

(2) 패들형

낮은 점도용으로 액체를 혼합시킬 때 쓰이는 제일 간단한 것이다.

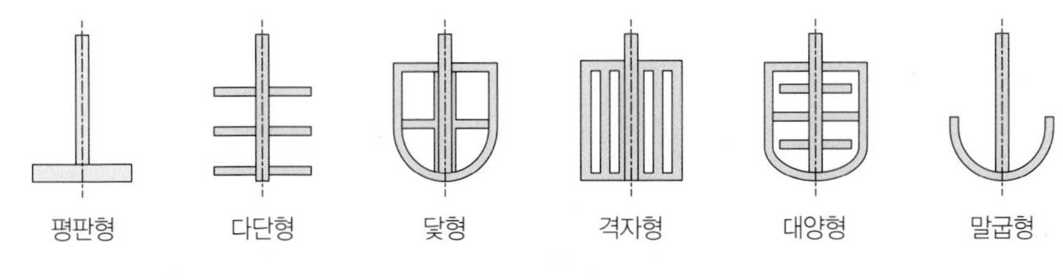

그림 2-29 패들의 종류

(3) 터빈형

4개 이상 날개의 원심력을 이용하는 것인데 모양은 복잡하지만 상당히 능률적이다.

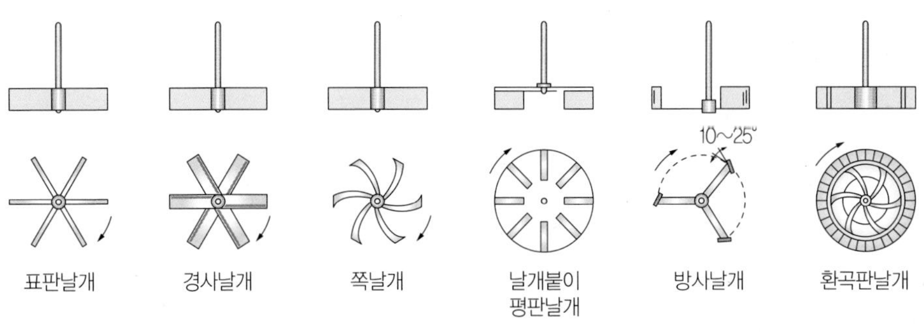

그림 2-30 터빈형 교반기 날개

(4) 나선축형

점도가 높은 대상물의 교반에 사용된다. 교반기의 성능은 교반기 내의 액체 움직임에 따라 교반효과에 큰 영향이 있는데, 이것은 용기의 모양, 교반기의 모양과 그 위치, 방해판의 유무 등에 따라 영향을 받는다. 일반적으로 방해판이 있는 것이 교반효과가 좋다. 가정용 전기세탁기도 교반기의 하나이다.

이 밖에 이동식 교반기라고 하여 펌프에 의해 유체를 압송하여 혼합시키는 것이 있는데, 저점도 액체의 연속혼합에 적합하다.

2) 혼합기

주로 고체와 고체 원료를 균일하게 분산시키는 고체 혼합기로 사용되지만, 식품공업에서는 버터 등 페이스트 물질에도 사용한다.

혼합기에는 회전 용기형과 고정 용기형이 있다.

(1) 회전 용기형 혼합기

원료를 넣은 용기 자체를 회전시켜 혼합하는 기계이다. 혼합성을 좋게 하기 위해서 내부에 볼을 넣거나 방해판을 설치한 것도 있다.

회전 용기형 혼합기의 대표적인 것으로는 용기의 10~30 % 채운 V형의 용기를 6~25 rpm으로 회전시키는 쌍둥이원통형(twin shell), 2개의 원뿔형 용기를 상하로 마주보게 한 이중원뿔형(double cone type), 원통형 용기를 수평 또는 조금 경사시켜 회전시키는 원통형(drum- 또는 rotary-type), 이 밖에 정육면체형(cube type) 등이 있다. 식품공업에서는 용기를 스테인리스강으로 만든다.

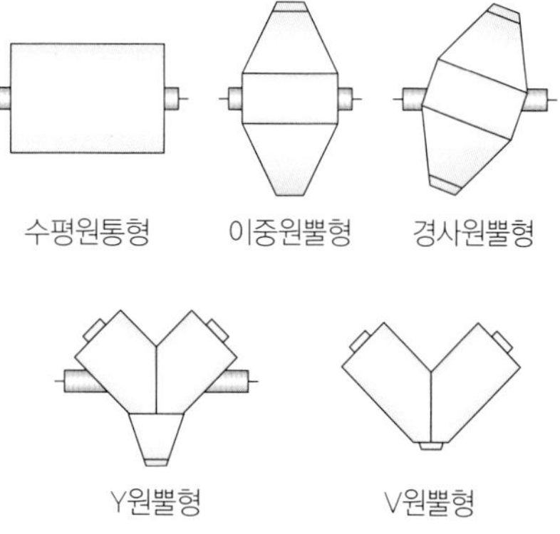

그림 2-31 회전 용기형 혼합기의 예

(2) 고정 용기형 혼합기

고정 용기형은 용기를 고정시키고 내부에 교반날개나 스크루 등을 회전시켜 재료를 혼합시키는 기계로서 인위적 분산, 전단이 가능해 혼합효율이 크고 점도가 높은 재료도 혼합이 잘 된다.

고정 용기형에는 수직 스크루형, 나우타형, 리본형 등이 사용되고 있다.

수직 스크루형은 원통형 용기 속에 수직 또는 경사지게 설치한 스크루가 용기 안을 자전과 공전하며 혼합하는 기계이다. 혼합이 빠르고 혼합효율이 우수하며, 스크루에 의해 대류혼합되므로 대량의 주원료에 소량의 물질을 혼합시키는 데 효과가 높다.

나우타형(nauta type)은 원뿔형 내에 자전과 공전하는 스크루를 경사지게 설치하여 혼합하는 기계로 스크루를 2개 설치하여 반대로 공전시키므로 효율을 높일 수도 있고, 조작 중 냉각과 가열이 가능하기도 하다. 주로 분유, 밀가루, 설탕, 카레 등의 혼합에 많이 사용되고 있다.

리본형(ribbon type)은 동일한 회전축에 서로 방향이 다른 나선운동을 하는 리본을 2~3개 설치하여 혼합시키는 기계이다(그림 2-34). 혼합이 빠르고 연속 배출이 가능하여 라면용 수프와 같이 분리되기 쉬운 고체 재료 혼합에 적당하다.

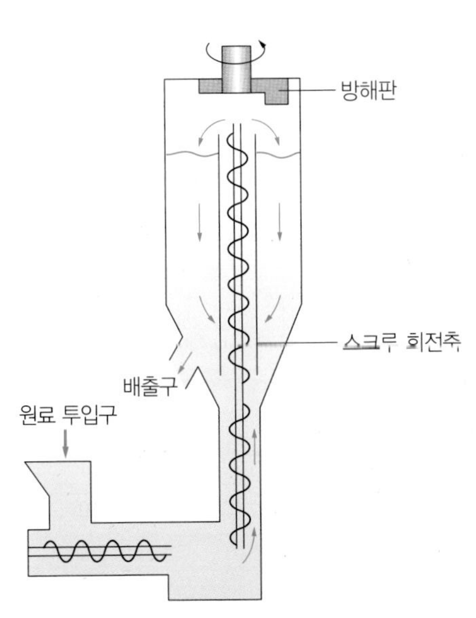

그림 2-32 수직 스크루 혼합기

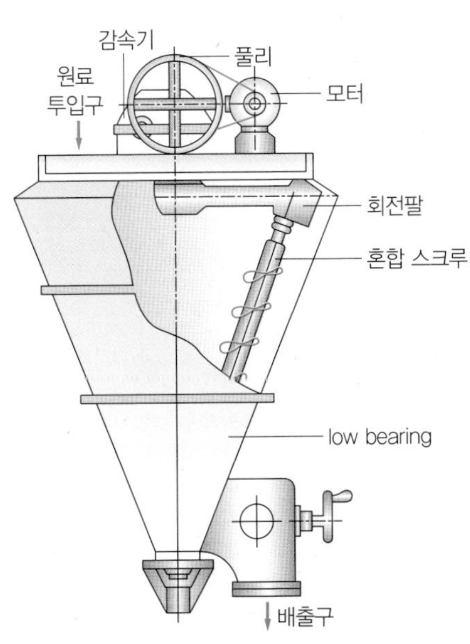

그림 2-33 나우타형 혼합기

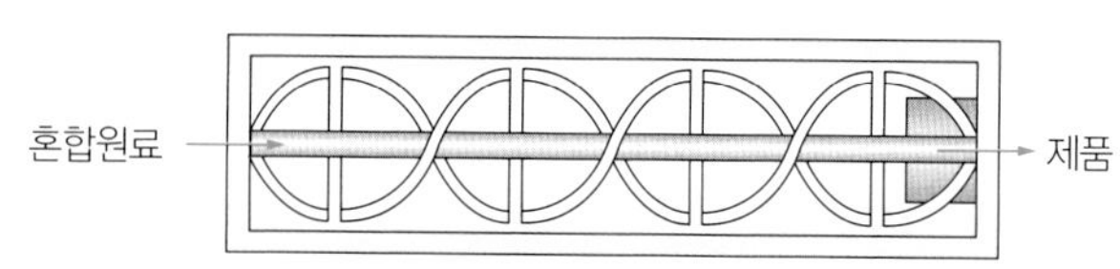

그림 2-34 리본형 혼합기

(3) 반죽기

반죽기는 고점도의 액상물질을 혼합하거나 반죽을 만들 때 이용하는 기계이다. 반죽은 재료를 압축, 전단, 압연 등의 작용에 의하여 조작하므로 혼입되는 물질들의 층류운동으로 큰 응력을 받아 소요 동력이 크고, 혼합시간이 길다.

반죽기에는 팬 혼합기와 반죽기 믹서(kneader mixer) 등이 이용되고 있다.

팬 혼합기는 다양한 형태의 날개가 고정된 용기 내에서 일정 궤도를 공전과 자전하며 혼합하는 고정형과, 용기가 회전하고 날개는 반대방향으로 회전하여 혼합하는 회전형이 있다. 팬 혼합기는 달걀, 크림, 쇼트닝, 과자 및 케이크 원료를 혼합하는 데 많이 사용된다.

반죽기 믹서는 일반적으로 반죽기라고 부르며 한 쌍의 혼합날개를 가진 대표적인 반죽기이다. 하반부는 두 개의 반원통을 합한 것과 같은 형태를 가진 W형의 수평 탱크에 Z형 또는 Σ형의 회전날개 한 쌍이 설치되어 있고, 회전날개는 서로 다른 속도로 반대방향으로 회전하면서 재료에 전단과 압축에 의한 늘어남, 포개짐, 뒤집힘, 이겨짐 작용에 의해 반죽하여 섞는다. 회전날개의 모양 때문에 Z형 반죽기라 부르는 경우도 있다.

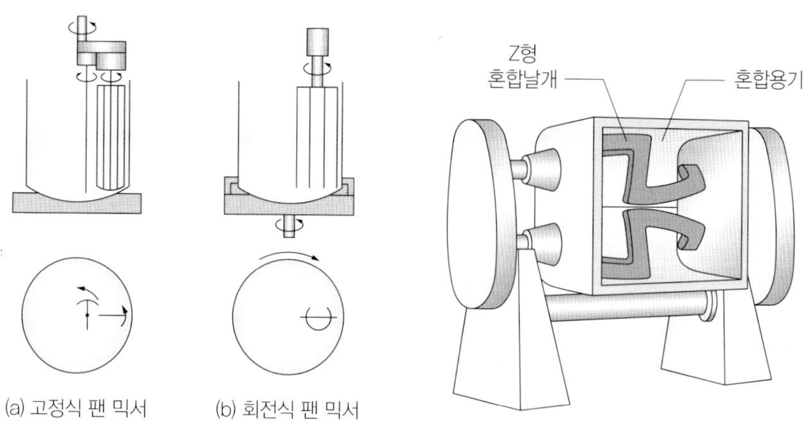

그림 2-35 팬 혼합기

그림 2-36 반죽기 믹서

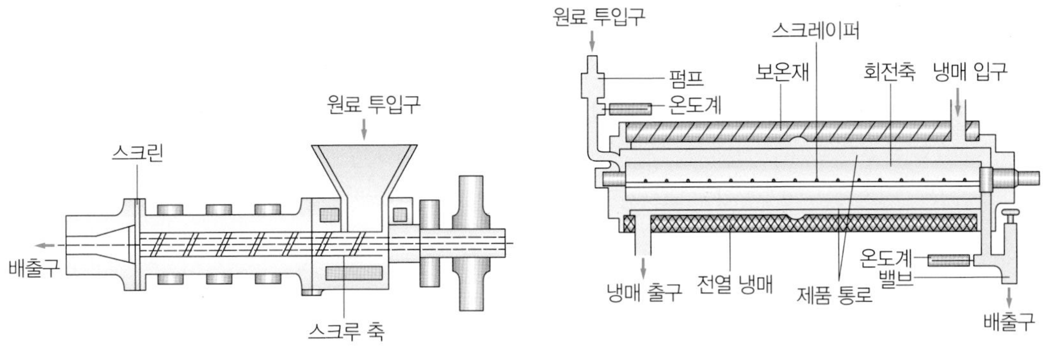

그림 2-37 스크루형 반죽기

그림 2-38 보테이터

연속식 반죽기는 원료를 공급하면 스크루, 로터 등의 회전축에 의해 반죽이나 유화되면서 연속적으로 배출되는 기계로 스크루형 반죽기, 보테이터 등이 있다. 스크루형은 스크루의 회전운동으로 재료가 수평이동하면서 압축 반죽되는 형식으로 초콜릿 등의 제조에 사용된다.

보테이터는 가열이나 냉각이 가능한 재킷식 실린더 안에 원통형 회전축이 회전하면 공급된 재료와 회전축 사이의 마찰과 점성에 의해 가압 유동하면서 배출되는 형식으로 회전축에 재료가 접촉되어 단단한 층이 생기는 것을 방지하기 위해 스크레이퍼를 설치한다. 보테이터는 마가린, 라드 등의 제조에 사용된다.

5. 조립

조립은 가루, 덩어리, 용액으로 된 원료를 μm~mm의 크기를 가진 크기, 형상의 입상체로 만드는 성형과정의 일종으로 입제 제조 또는 압출성형이라고도 한다. 조립은 식품뿐만 아니라 의약품, 촉매제, 세제 등 정량할 수 없는 물질을 계수로 알 수 있고, 성분 간의 분리를 막아 균일하게 할 수 있을 뿐만 아니라 밀도 조성, 덩어리 생성 방지, 외관 개선, 용해 용이 등의 이점을 얻을 수 있다. 최근 커피 등의 인스턴트식품, 분유, 각종 향신료 등의 입제 제조에 조립기(granulating machine granulator)의 이용이 늘고 있다.

조립법으로는 ① 미분을 응집시키는 방식(전동 조립, 유동층 조립, 교반 조립), ② 압축

성형하는 방식(압축롤, 타정), ③ 반죽하여 굳힌 후 쇄해(碎解)하는 방식(회전 나이프 등), ④ 구멍에서 밀어 내는 방식(스크루, 플레이트 등), ⑤ 용융하여 적하, 냉각 고화하는 방식(스프레이 탑, 분류층 등)이 있으며, 각기 그에 맞는 조립기가 개발되어 있다.

1) 압출성형기

압출은 미리 가열된 식품원료가 스크루를 따라 전진하면서 혼합되고, 압착되면서 반고체성 물질을 형성한 후 스크루 끝부분에 있는, 특수하게 고안된 다양한 모양의 사출구(die)로 힘껏 밀어 냄으로써 연속적으로 성형 및 전단하는 것이라고 할 수 있다.

압출성형의 목적은 ① 일정한 식품원료로부터 여러 가지 형태, 조직감, 색, 향미를 가지는 다양한 제품의 생산, ② HTST 공정을 통한 단시간에 고온에서 미생물의 사멸과 효소의 불활성화, ③ 일반적으로 낮은 수분활성도로 보존성이 높은 제품의 생산에 있다.

압출이 식품 가공에 응용된 것은 1930년대이다. 처음에는 단축 압출성형기를 사용하여 파스타(pasta) 등을 성형하였으나, 현재는 1940년대에 개발된 연속식 압출성형기를 대부분 사용하고 있다. 연속식은 혼합, 반죽, 압축, 가열, 살균, 압출, 성형 등의 단위조작이 기기 내부에서 1~2분 내에 일어나므로 매우 다양하게 식품 가공에 이용되고 있다.

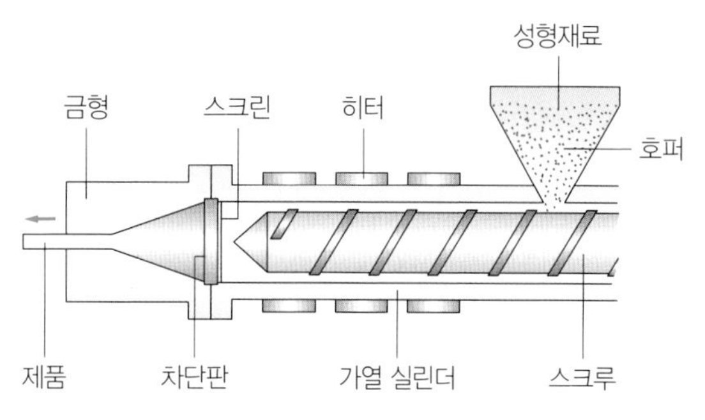

그림 2-39 단축식 압출성형기

압출성형의 과정은 여러 단위 공정이 복합된 가공방법으로 ① 전분의 수화, 팽윤, 호화, 무정형화 및 분해, ② 단백질의 변성, 분자 간 결합 및 조직화, ③ 효소의 불활성화, ④ 미생물의 사멸 및 살균, ⑤ 유해물질의 파괴, ⑥ 향미의 변화, ⑦ 조직 팽창 및 밀도의 조절, ⑧ 갈색화 반응 등의 물리·화학적 변화들이 일어난다.

압출성형의 장점은 다용성(versatility)으로 하나의 기계로 여러 가지 공정과 여러 형태의 제품을 만들 수 있으므로 노동력, 공장면적을 감축할 수 있고, 에너지 효율의 증대로 비용절감과 연속적인 대량생산이 가능하므로 높은 생산성과 자동화, 그리고 폐기물 생성이 적다는 것이다.

압출기(extruder)는 내부온도에 따라 열처리가 없는 cold extruder와 열처리가 있는 압출성형조리(extrusion cooking)로 나눌 수 있고, 압출기의 구조에 따라 단축 압출성형기(single screw extruder)와 이축 압출성형기(twin screw extruder)가 있다.

압출기의 기본구조는 구동부, 원료공급기(feeder), 스크루(screw), 바렐(barrel), 사출구(die)로 구성되어 있다. 가장 중요한 것은 스크루로 공급 부위, 압축 부위, 계량 부위로 나눌 수 있다. 공급 부위의 스크루는 압출기 앞부분에서 원료가 꽉 차도록 날개 깊이가 깊은 부위이며, 압축 부위의 스크루는 날개 깊이가 점차 낮아지거나 날개 간격이 점차 좁아짐으로써 공급 부위에서 밀려오는 원료를 압축, 전진시키는 역할로 전체 길이의 50% 이상을 차지한다. 마지막으로 계량 부위의 스크루는 날개의 높이가 매우 낮아 강한 전단력에 의한 에너지의 소비와 다량의 열을 많이 발생하는 배출구 직전의 부위이다.

과거부터 사용된 단축형은 스크루가 1개인 형식이고, 원료는 스크루와 바렐과의 공간에서 압축되고 고상(solid bed)이 형성되어 충분한 마찰이 생기면 연속 압출이 가능해진다. 이러한 상황 확보를 위해 원료 형상, 조성(예컨대, 수분, 기름성분)에 제약이 생긴다. 수분, 기름성분의 함량이 많은 경우에는 충분한 마찰이 생기지 않고, 원료는 스크루와 함께 회전하여 압출이 불가능한 공회전현상이 발생한다. 또한 과도한 미분말원료이면 전단발열이 지나쳐 과도한 가열 처리가 되며, 원료의 혼합, 혼련 등은 거의 기대할 수 없기 때문에 미리 처리해 놓아야 하는 등 문제점이 많다. 그러나 구조가 간단하고 값이 싸기 때문에 인기가 있다. 최근 활발히 개발되고 있는 이축형은 스크루의 회전방향, 상호의 위치관계로부터, 여러 가지 형식이 있지만, 실제 사용되고 있는 것은 대부분 동방향 회전 완전맞물림형이다. 이 형식은 충분한 혼합, 혼련 기능, 스크루 표면에 원료가 체류하지 않는 자정작용, 압출기 내 압력분포가 비교적 균일한 점 등의 특징이 있다. 스크루는 여러 모양이 준비되어 있고 분할방식에 의해 스크루 축에 필요한 모양을 끼워 넣어 스크루를 구성한다. 이와 같은 방법에 의해서 스크루의 기능을 다양화할 수 있고, 또한 바렐도 일체화되어 있어 필요에 의

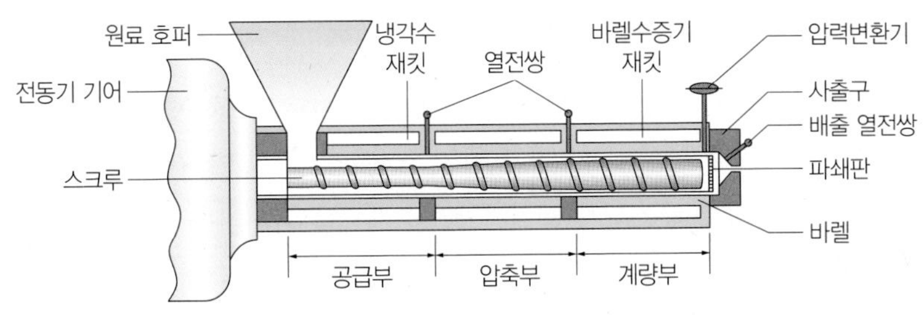

그림 2-40 냉각형 압출기

해서 여러 가지의 형식을 짜 합쳐서 사용한다.

출구는 다이 또는 노즐이라고 부르며, 각종 형식이 고안되어 있다. 최근에 개발된 예로서 냉각 다이가 흥미롭다. 그 기본적인 특징은 원료의 열에너지를 흡수하여 유동성을 적시에 감소시킴으로써 고수분 원료라도 안정하게 운전할 수 있다. 속도분포와 냉각효율을 고려한 원통형 냉각 다이도 고안되어 있다.

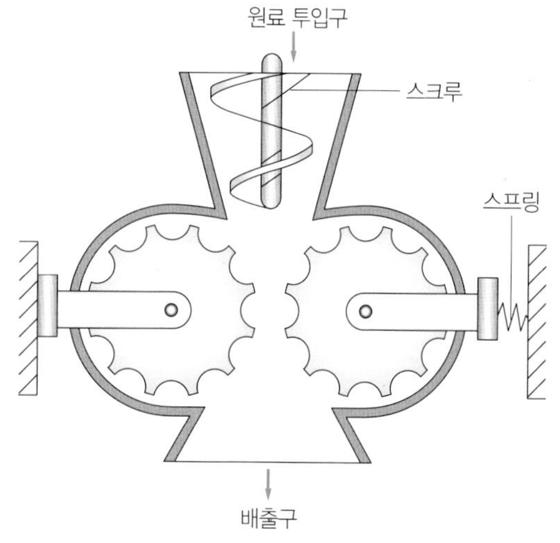

그림 2-41 briquetting

2) 압축조립기

압축조립기는 파스칼의 원리에 따라 물이나 기름을 매개체로 하여 얻거나 스크루 등 기계적 장치에 의해 얻는 높은 압력을 재료에 가하여 가열 가소화하면서 일정한 형틀에 압축 통과시켜 성형품을 만드는 기계이다.

압축조립기에는 스크루에 의해 압축 공급된 원료가 2개의 톱니바퀴 사이를 통과하며 조립되는 briquetting기와 재료를 절구에 공급하고 공기에 의해 압축되며 성형되는 타정기(tabletingrl) 등이 있다.

3) 파쇄형 조립기

파쇄형 조립기는 단단한 원료를 회전하는 칼에 의해 일정한 크기와 모양으로 부수거나 절단하는 기계로 회전하는 칼에 따라 피츠밀(fitz mill)과 스피드밀(speed mill)이 있다.

4) 박편형 조립기

박편형 조립기는 녹아 있는 원료를 가열 또는 냉각하여 굳게 한 뒤 잘게 부수는 조립기로, 드럼 표면에 원료를 붙여 드럼을 회전시키면서 재료를 긁어내는 드럼 회전식과 컨베이어에 재료를 붙여 벨트에서 긁어내는 벨트형이 있다(그림 2-43).

5) 혼합형 조립기

미세한 분말 상태의 건조식품을 알맞은 습도 중에 두면 흡습하여 분말성분이 점착성을 가지게 되어 분말은 응집해서 30~150배의 큰 입자를 형성하는데, 이것을 파쇄시켜 과립형태로 재건조하여 과립화하는 것이다. 과립화된 알맹이는 다공질 구조가 되어 습윤성이 좋

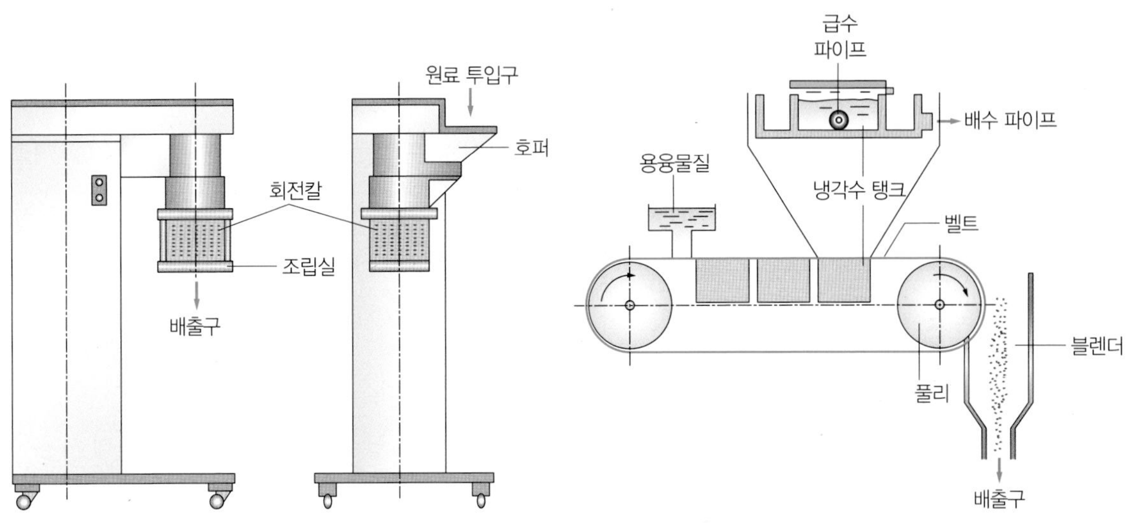

그림 2-42 스피드밀

그림 2-43 벨트형 조립기

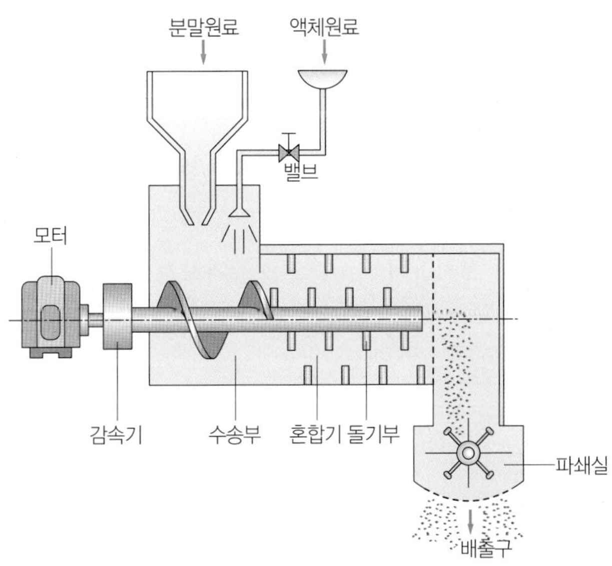

그림 2-44 혼합형 조립기

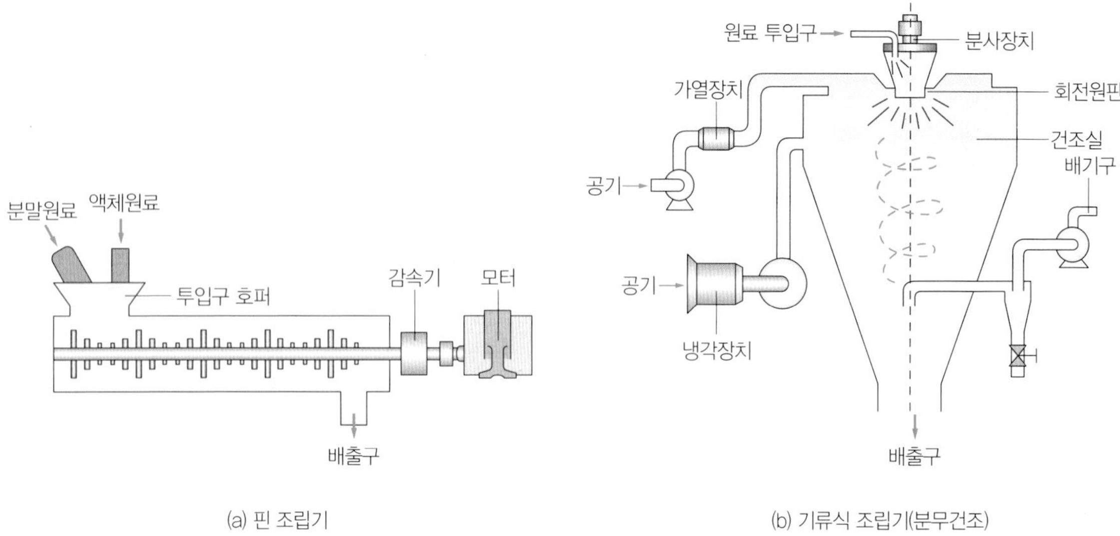

(a) 핀 조립기

(b) 기류식 조립기(분무건조)

그림 2-45 혼합식 조립기

아지고, 동시에 수중에서의 분산, 침강 속도가 증대한다.

이것은 주로 탈지분유의 즉석화, 녹말 제조, 향신료, 달걀 분말 등을 제조하는 데 사용된다. 탈지분유를 즉석분유로 만들기 위해서는 온도 35~60 ℃인 고습도의 가습실에 원료 분유를 넣고, 수분함량이 7~15 %가 되도록 흡습시켜 조립한 것을 열풍으로 기류 건조하여 냉각하고 체질하여 제품으로 한다.

혼합형 조립기에는 블렌더 조립기, 핀 조립기, 구형 조립기, 유동층 조립기, 기류식 조립기 등이 개발되어 있다.

구형 조립기는 회전원판에 재료를 낙하시켜 구형으로 만들며, 유동층 조립기는 회전하는 날개에 원료를 넣고 소량의 액체를 넣어 구형 조립물을 만드는 기계이다. 또 기류식 조립기는 원료를 가열된 공기 중에 분사하여 사이클론을 통과하는 동안 응집시켜 구형 조립물을 만드는 기계이다.

6. 원심분리

원심분리기는 원심력을 이용하여 성분이나 비중이 다른 물질들을 분리·정제·농축하는 기계로, 균질액을 시험관에 넣고 원심분리기를 고속으로 회전시키면 입자의 크기와 밀도에 따라 물질을 분리하는 도구로 사용된다. 서로 용해되지 않는 성분과 비중이 다른 액체를 분리할 때도 쓰인다.

원심분리기의 성능은 중력에 대하여 몇 배의 원심력이 생기는가에 따라 결정되며, 이를 원심효과(원심가속도/중력가속도)라고 한다. 원심력의 크기는 질량×반지름×각속도의 제곱이므로 원심효과는 원심분리기의 반지름과 회전속도에 의하여 정해진다. 회전속도는 보통 매분 1,000회전부터 수만 회전의 것까지 있으며, 회전속도에 따라 다음과 같이 세 종류가 있다.

- 저속 원심분리기(탁상용 원심분리기) : 6,000 rpm(6,000 g) 이하의 속도를 낼 수 있고, 주로 세포나 핵 등과 같이 쉽게 침전되는 시료의 원심분리에 이용된다.
- 고속 원심분리기 : 최고속도가 20,000~25,000 rpm(60,000 g)으로 냉각장치를 갖추고 있다. 주로 세포, 핵, 세포 내 소기관 등의 분리에 이용된다.
- 초원심 분리기 : 최대속도가 40,000~80,000 rpm(600,000 g)으로 냉각기와 진공장치를 갖추고 있으며, 세포 내 소기관, 세포막 구성성분, 거대분자 등을 분리할 수 있다.

또 원심분리기는 서로 용해하지 않는 비중이 다른 액체 상태를 분리할 때도 사용되며, 크게 원심침강기와 원심여과기로 나누기도 한다. 모두 회전식 용기이다. 침강기는 회전원통에 구멍이 없는 것이고 여과기는 구멍이 있는 것이다.

- 분리용 : 비중의 차를 이용하여 미립자·콜로이드 등의 분리에 사용한다. 이 기계는 매분 5,000~1만 회전의 고속회전을 하며 우유의 탈지, 혈장의 분리 등에 응용된다.
- 여과용 : 원심여과기라고도 하며, 예로는 세탁기의 탈수기가 있다. 많은 작은 구멍이 있는 드럼 속에 젖은 의류를 넣고 고속 회전시키면 원심력에 의하여 수분이 작은 구멍을 통해 바깥으로 튕겨져 나온다. 설탕 결성의 분리, 주스 등의 액체를 맑고 깨끗하게 하는 데 이용된다.

1) 액체와 액체 원심분리기

불용성 액체 혼합물을 원심분리하기 위하여 관형 원심분리기와 원판형 원심분리기 등이

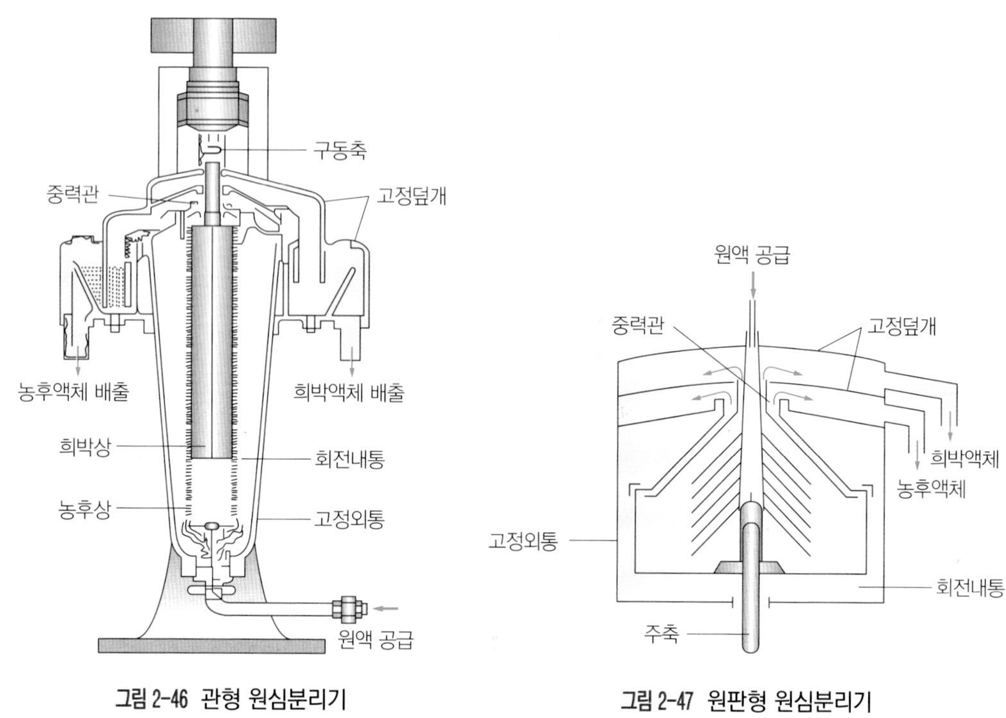

그림 2-46 관형 원심분리기 **그림 2-47 원판형 원심분리기**

사용되고 있다.

관형 원심분리기는 고정외통 속에 가늘고 긴 회전내통이 있고, 원판형 원심분리기는 고정외통 속에 원뿔형의 회전원통이 있으며, 이 회전원통 안에 접시 모양의 금속원판이 일정 간격으로 설치되어 있다. 두 형식 모두 원심력에 의해 가벼운 층은 회전축 주위로 모여 배출되고, 무거운 층은 회전축과 먼 회전통 외벽 쪽으로 배출된다.

관형 원심분리기의 회전속도는 15,000~50,000 rpm이며 주로 식용유의 탈수, 우유지방의 분리, 과일주스나 설탕시럽의 청정 등에 사용된다. 원판형 원심분리기의 회전속도는 2,000~7,000 rpm이며 우유에서 크림 분리 및 농축 식용유 정제, 과일주스의 청정 등에 사용된다.

2) 액체와 고체 원심분리기

액체에 고체 입자가 들어 있는 혼합물을 분리하기 위하여 원심청정기가 사용된다. 원심청정기는 고체의 함유 농도에 따라 다양한 형태가 사용되는데 고체의 농도가 1 % 이하일 때

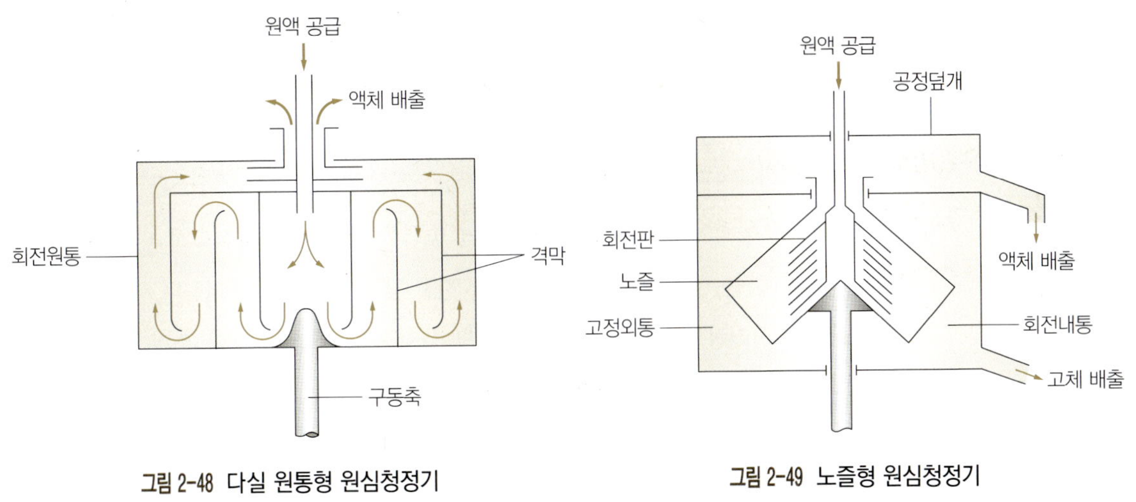

그림 2-48 다실 원통형 원심청정기

그림 2-49 노즐형 원심청정기

는 원통형, 5 % 이하일 때는 노즐형 또는 밸브형, 5 % 이상일 때는 컨베이어형이 사용된다.

원통형은 고체 농도가 낮고 잘 침강될 때 사용되며, 공급된 혼합액은 원심력에 의해 액체는 회전원통의 고정벽을 타고 배출된다. 고체는 회전통이나 고정통의 벽에 달라붙어 케이크를 형성하며, 이는 일정 시간마다 제거한다.

노즐형은 원통형을 개량한 것으로 액체는 원통형과 같은 방법으로 배출되지만, 고체는 회전내통의 노즐을 통해 배출되는 형식이다. 노즐형은 고체와 함께 액체도 함께 배출되므로 이것을 보완하기 위하여 노즐에 밸브를 설치하여 일정 간격으로 밸브를 개폐시켜 액체의 손실을 줄이는 밸브형이 개발·사용되고 있다.

컨베이어형 원심청정기는 원뿔형 회전원통과 회전원통보다 1~2 rpm 빨리 회전하는 스크루 컨베이어로 구성되어 혼합액을 회전원통에 넣으면 회전원통의 경사면을 따라 액체는 배출되고, 고체는 회전원통의 벽면에 퇴적되어 스크루 컨베이어로 배출된다. 이 기계는 청정능력은 떨어지나 고체 농도가 50%가 되어도 사용할 수 있어 전분질 분리나 폐슬러지 처리 등에 이용된다.

7. 여과

고형물에 들어 있는 수분은 여과매체를 통과시키고, 현탁액(고형물)은 막의 표면에 퇴적시켜 현탁액을 분리하는 조작인 여과는 청정, 고체 회수 및 여액과 케이크가 필요할 때 실시한다.

여과하기 위해서는 여과매체(filter medium)의 양쪽, 즉 원료 측과 여과액 측에 적당한 압력차가 필요하다. 여과매체의 재료는 철망·직포·거름종이·유리솜·다공관 등이 사용되며, 액체의 투과구동력이라는 점에서 분류하면 중력식·감압식·가압식으로 나눌 수 있다. 이 여과압력을 가하는 방식에 따라 중력, 가압, 진공 및 원심여과로 분리된다.

여과기 선택은 처리량, 고체 입자의 농도와 크기, 여액의 물성, 여과의 조건, 여과되고 남은 찌꺼기의 성질·함액률 등을 고려하여 결정해야 한다.

1) 중력여과기

중력여과기는 혼합액에 중력을 가하여 여과재를 통과시켜 여과액을 얻고, 고체 입자는 여과재 위에 퇴적하게 하는 방법으로, 운전비가 저렴하여 오랫동안 수돗물의 정화, 용수 처리 등에 사용되었다.

중력여과기로는 모래여과기가 대표적이며, 전분유, 과즙, 당액의 여과에 이용되는 철망을 여과매체로 한 진동, 회전체(40~90 mesh)가 있다.

2) 가압여과기

가압여과기(pressure filter)는 플랜저펌프, 격막펌프, 원심펌프 등 각종 액체펌프 또는 압축공기압을 사용하여 대기압 이상에서 여과액을 유동시키기 위한 여과기이다.

여과 초기를 제외하면 조작압력은 3~5 kg중/cm^2 정도가 많으며, 특수한 것으로는 35 kg중/cm^2 이상 되는 것도 있다. 가압여과기는 1회만 조작되는 것으로 한정되었으나, 최근에는 연속식 가압여과기도 실용화되고 있다. 그러나 케이크의 배출, 여과부에 근접하기 어렵다는 등의 문제점이 있다. 가압여과기는 고압을 이용하기 때문에 여과속도가 빠르고, 단위여과면적당 바닥점유면적이 적다. 또 배치식이 많은 반면, 조작에 융통성이 풍부하며 장치의 값이 싸다. 그러나 배치식에서는 연속 조작계통의 장치로서 채택하기가 어렵고 인건비가 많이 들며, 연속식은 융통성이 부족하고 값이 비싸다.

가압여과에 가장 많이 쓰이는 핀틀형 압축여과기와 잎모양 가압여과기가 대표적이며,

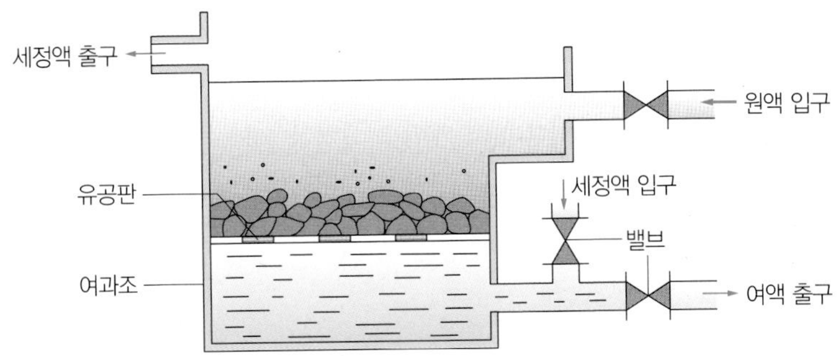

그림 2-50 모래여과기

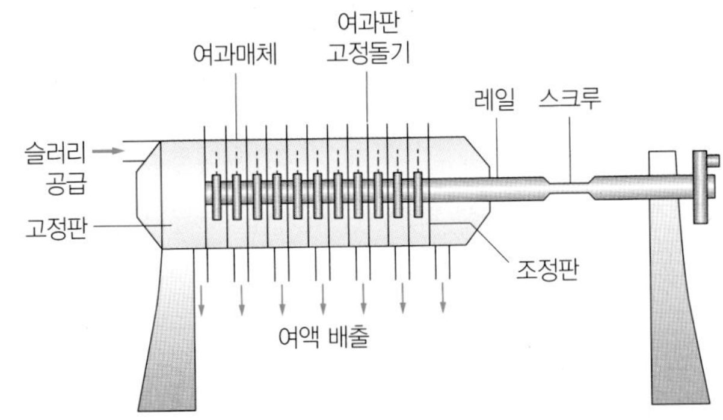

그림 2-51 핀틀형 여과기

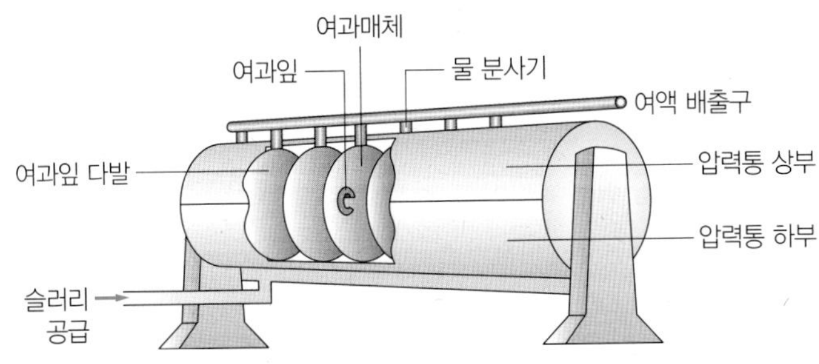

그림 2-52 잎모양 여과기

가온우유로부터 이물을 여과하기 위한 파이프라인 여과기, 초벌구이통, 세라믹통을 이용한 음료수, 당액의 정밀여과기, 여과포 또는 합성수지재의 여재와 여과판을 쓴 필터프레스(filter press)가 있다.

핀틀형 압축여과기는 여러 층의 여과판, 여과포, 여과틀로 구성되어 있으며, 여과판의 양면에 돌기가 있고 이 돌기 사이 홈으로 여액이 흐른다. 이 여과기는 구조와 조작은 용이하나 여과가 끝나면 케이크 제거가 어렵다.

잎모양 가압여과기는 여과포로 싼 잎모양 금속망을 통하여 여과하는 형식으로 핀틀형에 비해 설치비는 비싸지만 여과 능력이 높고 케이크 제거가 쉽다.

3) 진공여과기

진공여과기(vacuum filtration system)는 여과포를 덮은 틀이나 회전원통을 원액 속에 담그고 드럼에 진공을 뒤쪽에서 작용시켜 여과포를 통과한 수분을 흡인하고 여과포에 부착된 케이크는 기구로 제거하는 여과기이다. 연속여과가 용이해서 유지비가 싸고 대량 처리가 가능하지만 휘발성 물질에는 부적당하고 원액의 유량, 점도 등의 변화에 대응하기 힘들다. 부지가 비좁아 오니건조상 등을 설치할 수 없을 때 이용한다(그림 2-53).

올리버 필터로 대표되는 드럼식, 벨트 필터로 대표되는 벨트식으로 나뉜다.

4) 원심여과기

원심여과기(centrifugal filter)는 여과 및 탈수를 함께 하는 원심기를 말하는데, 회전축에 장착한 구멍이 뚫린 원통형 버킷과 이것을 둘러싸는 케이싱으로 이루어져 있다. 원액에 들어 있는 고체 속의 수분을 탈수시키는 방법으로 여과포로 만든 바구니에 광액을 담아 이것을 세게 돌려서 원심력에 의하여 액체가 밖으로 빠져나가도록 하여 케이크를 얻는 탈수기이다.

원심력을 이용한 여과기로 원심분리기의 일종으로 펌프의 압력을 이용하는 보통 여과기는 최고 30 kg/cm^2 정도까지 압력이 제한되지만, 원심력을 이용하면 수 배 또는 수십 배의 압력을 얻을 수 있다. 원심여과기를 사용하면 소형의 장치로 대량의 여과를 할 수 있다.

원심여과기는 회분식과 연속식이 있다. 회분식은 일반적으로 바스켓(basket)형이라고 부르며, 바스켓의 지지방법에 따라 직립형과 매달림형으로 나뉜다. 탈수고체의 배출방법은 수동 또는 자동이 있지만, 전자는 케이크가 일정 두께가 되었을 때 원액 공급을 중지하고 회전시켜 케이크 내 잔류 수분을 충분히 제거한 뒤 칼 등으로 제거한다. 케이크는 압축이나 진공에 의한 여과기보다 건조상태가 좋아 설탕결정의 회수, 주스 추출, 전분 분리, 냉동 농축조작 등에 사용한다.

연속식은 원뿔형의 바스켓 또는 수평형 원통을 갖는 것이 있고, 탈수고체의 배출방법에

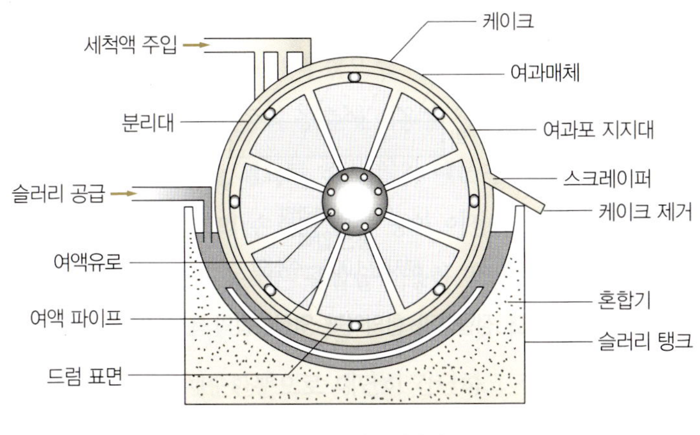

그림 2-53 진공여과기

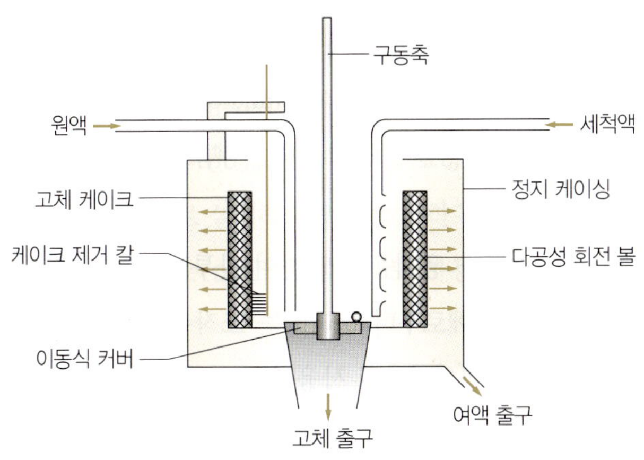

그림 2-54 재래식 원심여과기

따라 다시 분류된다. 원심탈수기는 회전체의 축이 수평인가 수직인가에 따라 가로형과 세로형으로 구별하며, 이 밖에 회전체에 구멍이 뚫려 있지 않은 경사분리기(decanter)형도 있다.

5) 막 분리

막 분리(separation by membrane)는 막의 선택적 투과성에 의해 물질의 상변화 없이 연속적으로 2상을 분리하는 조작으로, 통상 유기 고분자물질의 막이 사용된다. 기체 분리에서 수소는 납(Pd)합금 막이 사용된다.

8. 추출

추출은 식품성분의 특성에 따라 성분을 추출하거나 분리하는 방법으로 기계적 압축력에 의한 압착추출, 휘발성을 이용한 증류추출, 용해성에 의한 용매추출, 초임계 가스를 용매로 하여 추출하는 방법이 이용되고 있다.

1) 압착기

압착기(expressive machine)는 2개의 판 사이에 평지씨·참깨·땅콩 등 함유량(含油量)이 많은 식물의 열매를 넣고, 이 판을 강한 힘으로 눌러서 열매나 씨를 부수어 수분 및 기름 성분을 제거할 목적으로 사용한다. 압착기는 기원전부터 올리브 열매를 짜서 기름을 내는 데 이용되었다.

압력을 가하기 위해서 지렛대 및 나사를 이용하거나 또는 수압을 이용하여 왔는데 현재 지레식은 거의 사용하지 않고 있다. 압착식은 수동식과 동력식으로 나뉜다. 최근 생산 규모가 큰 식용유지나 어분 제조에는 나사프레스(screw press) 또는 익스펠러라고 불리는 연속식 압착기가 사용되고 있다. 이 장치의 기본구조는 미세한 구멍이 많이 뚫린 원통과 그 중심을 회전하면서 가압하는 나사로 되어 있다. 원료는 나사의 나선운동에 의하여 앞으로 진행하면서 압착되고 수분은 원통 벽면의 미세한 구멍을 통해 빠져나간다. 나사피치(screw pitch)는 갈수록 작아지고 반대로 회전축은 굵어져 앞쪽으로 갈수록 압축력이 강해지는 구조로 되어 있다. 이들 압착기는 최대 압력 2 ton/cm^2 정도이며 주스, 착즙, 유지 추출, 포도주 제조 등에 쓰인다.

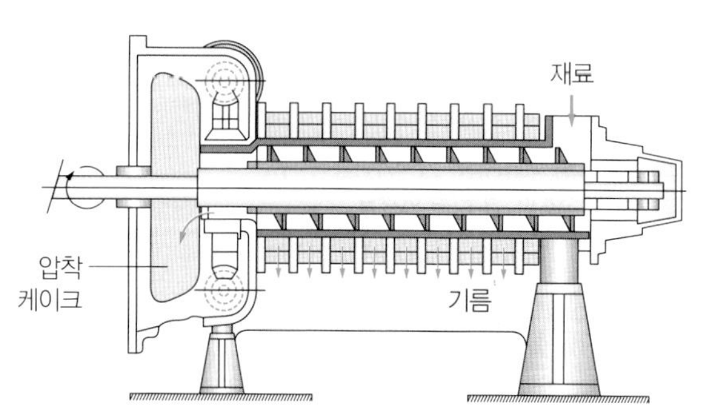

그림 2-57 연속식 압착기

압착과정 중 효율은 원료의 압착에 대한 저항, 파쇄조직의 다공성, 압착액의 점성, 작용하는 힘의 크기 등에 의해 결정되며, 압착식의 원료 추출 효율을 높이기 위해서는 이물질을 제거하고 균일하게 파쇄해야 하며 필요에 따라 열 처리를 한다.

2) 용매추출기

어떤 고체-액체 또는 액체-액체계의 재료성분은 어떤 용매(녹임감)에 잘 녹는데, 다른 성분은 그 용매에 녹지 않는 경우가 있다. 원료 중의 관심 성분을 용매 속으로 이행시킨 후 원료와 용매를 분리하여 관심 성분을 회수한다. 일반적으로 이러한 물질 이동현상은 두 상간의 입자나 액적의 계면면적의 크기에 의해서 결정되기 때문에 미립화 등에 의해서 계면면적을 증대시키거나 액상을 가능한 한 교반하여 새로운 용매를 접촉시켜 물질 이동계수의 증대를 꾀하고 있다. 추출은 이와 같이 고체 혼합물이나 액체 혼합물 속에서 어떤 특정한 물질을 용해·분리할 때 쓰는 물·알코올·에테르·석유에테르·벤젠·아세트산에틸·클로로폼·수은 등 액체의 용매만 사용하기도 하지만, 혼합물 속에서 산·알칼리에 의한 반응 또는 킬레이트 생성과 같은 화학반응에 의해서도 추출한다.

용매추출기는 물, 유기용매 등을 사용하여 추출물을 얻는 기계로서 유지 추출, 주스·설탕·커피 제조 등에 사용되며, 공정 특성에 따라 배치(batch)식, 배터리(battery)식, 연속식 등이 있다.

배치식은 추출기에 용매를 넣고 추출액을 얻은 뒤 여기에 포함된 용매를 증발시켜 추출하는 방식이고, 배터리식은 여러 개의 추출기에 원료를 골고루 넣고 용매를 이동시키며 추

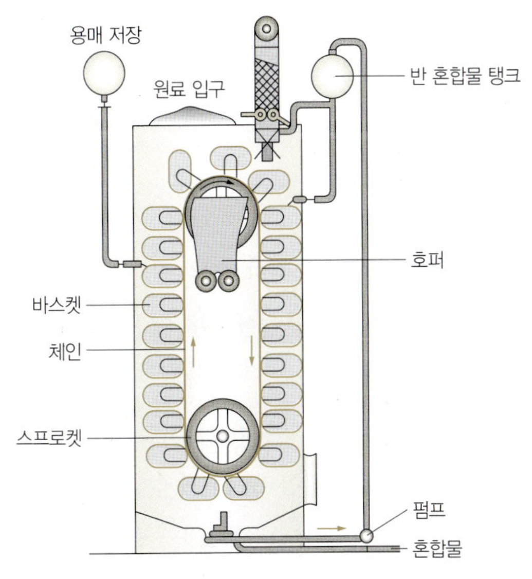

그림 2-58 Ballmann 추출기

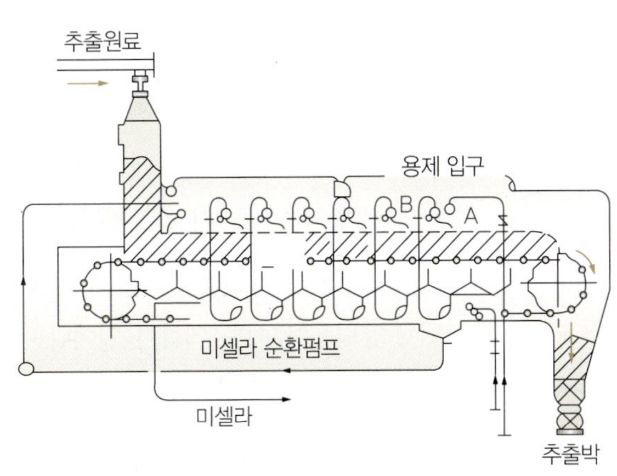

그림 2-59 De Smat 추출기

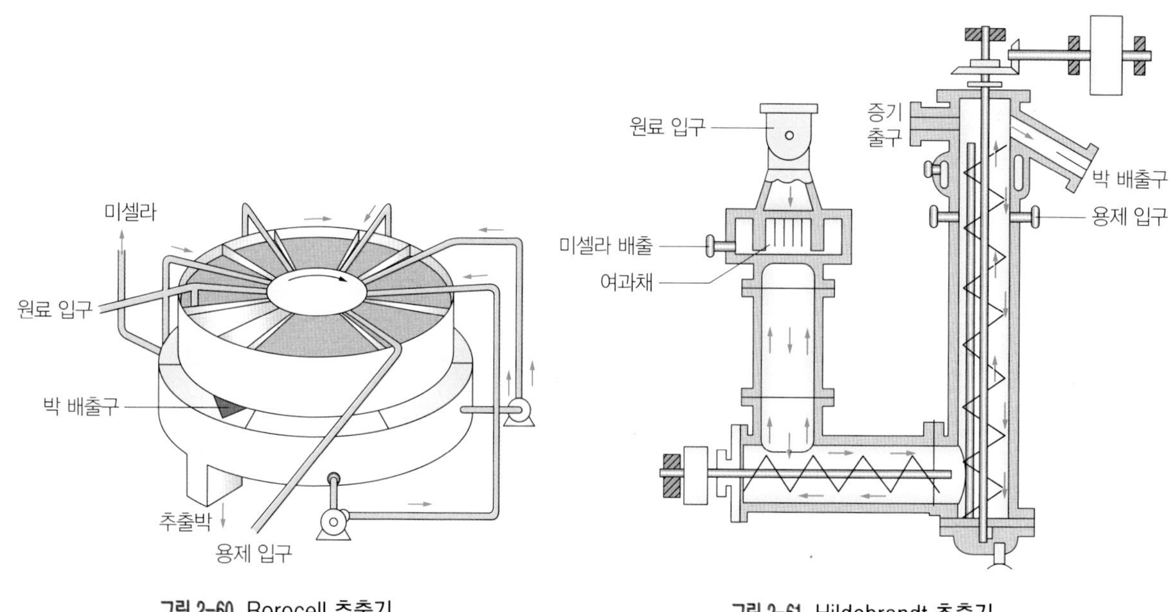

그림 2-60 Rorocell 추출기

그림 2-61 Hildebrandt 추출기

출하는 방식으로 용매를 계속 사용할 수 있다.

연속식은 연속적으로 추출하는 방식으로 금속망이나 구멍이 뚫린 금속판 위에 놓고 용매를 연속적으로 살포하는 삼투식과 원료를 용매에 담가 놓고 추출하는 침지식, 이들 방법을 혼합한 혼합식이 있다. 대표적 연속식 추출기는 Ballmann 추출기, De Smat 추출기, Rorocell 추출기, Kennedy식 등이 있다.

3) 초임계 추출기

단일상의 영역은 두 상(고체–기체, 고체–액체, 액체–기체로 각각 승화, 용융 그리고 증발 평형을 나타냄)이 함께 존재할 수 있는 영역을 나타내는 선분들에 의하여 구분된다. 이 세 개의 선분은 소위 삼중점(triple point, TP)에서 교차된다.

삼중점(TP)이란 고체, 액체, 기체상이 평형을 이루면서 함께 존재하는 지점이다. 그런데 ① 압력을 높여도 액화가 일어나지 않으며(이때의 압력을 임계압력), ② 온도를 올려 주어도 기체가 형성되지 않는(이때의 온도를 임계온도) 특이한 거동을 나타내는 한 개의 점을 임계점(critical point)이라고 한다.

보통 온도·압력에서는 기체와 액체가 되는 물질도 임계점(supercritical point)이라고 불리는 일정한 고온·고압의 한계를 넘으면 증발과정이 일어나지 않아서 기체와 액체의 구별을 할 수 없는 상태, 즉 임계상태가 된다. 이 상태에 있는 물질을 초임계 유체라고 한다.

초임계 추출은 임계점 이상의 유체를 추출체로 사용한 추출법이다. 초임계 유체는 많은 물질에 대하여 용해성이 우수하며, 단순히 온도와 압력의 조절에 의하여 물질의 용해성을 변화시킬 수 있는 특성을 가지고 있기 때문에 분리기술의 한 분야로 주목받고 있다.

이산화탄소는 임계온도가 31 ℃(31.06 ℃)이므로 낮은 온도에서 추출이 가능하고, 추출된 유효성분의 열에 의한 손상을 막을 수 있으며, 공정 중 에너지 비용도 현저히 줄일 수 있는 등 여러 가지 장점이 있기 때문에 초임계 유체용매로 사용되고 있다.

초임계 상태의 이산화탄소를 용제로 쓰는 초임계 가스 추출기술이 개발되어 카페인이 없는 커피의 제조, 향신료로부터 정유의 제조, 달맞이꽃에서부터 γ-리놀렌산의 추출 등에 이용되고 있다.

초임계 가스 추출은 성분의 변화가 거의 없고 용매가 남지 않으며, 특정 성분을 추출, 분

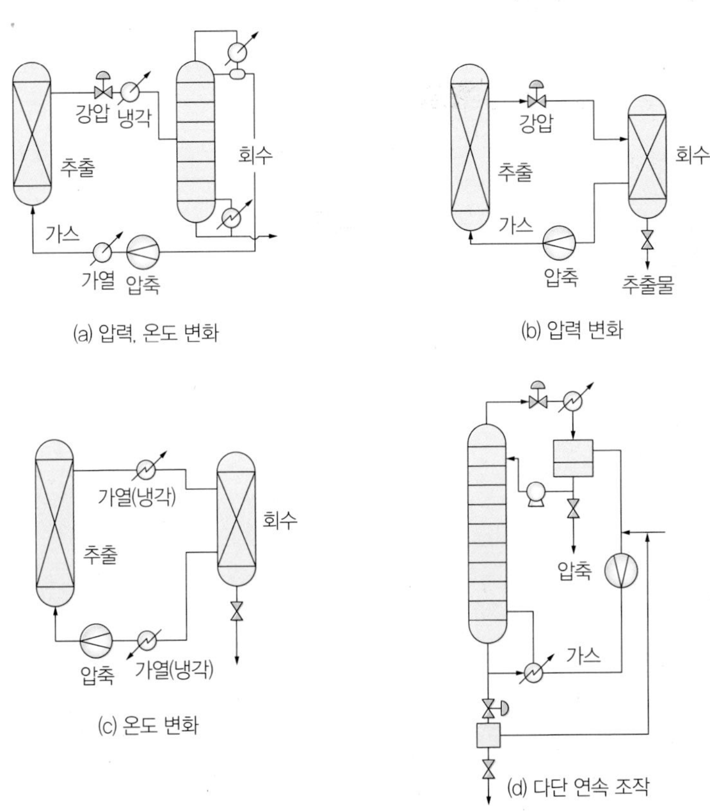

그림 2-62 초임계 가스 추출과정

리하기 용이하여 커피 원두의 카페인 제거, 맥주의 쓴맛을 내는 홉의 주요 성분을 99 %까지 추출, 어유나 간유 같은 동물의 유지 추출, 대두유나 옥배유 등 식물유지의 추출, 식품의 탈지방, 식물 색소의 추출 및 탈색, 천연향료의 추출, 동식물에서의 약효성분의 추출, 약품원료의 농축 및 정제, 효모 및 균체 생성물의 추출, 화장품의 원료인 불포화지방산 및 천연항산화제의 추출 등에 쓰고 있다.

초임계 용매 추출의 기본조작은 추출(extraction stage)과 분리(separation)로 이루어진다.

추출기에서는 원료와 초임계 용매가 접촉하여 용해도의 차이에 의하여 추출물 중의 유효성분인 용질이 초임계 용매로 용해되고, 용질을 함유하고 있는 초임계 용매는 온도나 압력 또는 기타 조업변수에 의하여 분리기에서 용질과 분리되는데 초임계 용매와 용질의 완전한 분리를 위하여 분리 단계를 다단화하는 경우도 있다.

추출 단계에서는 온도와 압력을 조정함으로써 초임계 용매의 용해력을 변경시켜 추출물 중의 특정 성분을 선택적으로 추출할 수 있으며, 분리 단계에서도 조건을 변경하여 추출물의 성분을 분리할 수 있다.

(1) 대표적인 분리 단계의 조작방법

① 압력변화법

초임계 용매와 용질의 혼합물을 추출온도와 같은 온도에서 감압하여 팽창시키면 초임계 용매의 용해력이 감소되면서 용질이 분리된다. 분리되는 용질은 조건에 따라 액체 또는 분말상태로 분리된다. 초임계 용매는 재압축하여 추출 단계로 보내어 재사용된다. 추출된 용질이 목적물일 때 사용된다.

아임계 추출(Subcritical water extraction)

물의 임계점(374 ℃, 2.1 Mpa) 이하 온도와 압력에서 이온화된 물을 이용하여 물질을 분해하고 추출하는 방법이다. 1990년대에는 분석시료의 전처리기술로 활용되었으나 최근에는 천연물로부터 비극성인 색소나 향 등의 추출방법으로 널리 이용되고 있다.

물은 독성이 없고 사용 후 안전하게 폐기할 수 있으며, 압력을 조절하여 비등점을 변화시켜 간단하게 속성이 바뀌는 점을 이용하기 때문이다. 선택성이 있고, 비극성 물질을 추출하는 데 이용된다.

② **온도변화법**

초임계 용매의 온도를 높여서 용해력을 감소시킴으로써 초임계 용매와 용질을 분리한다. 초임계 용매는 냉각되어 추출 단계로 재순환되어 사용된다. 추출된 용질이 목적물일 때 사용된다.

③ **흡착제 사용법**

분리조에 흡착제를 충전하여 추출된 용질을 흡착시켜 분리하고 초임계 용매는 추출 단계로 순환시킨다. 추출하고자 하는 원료에서 특정 성분이 제거된 추출물이 목적물인 경우에 사용한다.

9. 이송

식품 가공 공정은 여러 개의 공정이 연관되어 하나의 작업체계를 이루며, 각 공정을 연결하는 장치가 필요한데 각 공정 간에 원료의 이동, 물질의 상태 이동, 식품의 이동 등에 쓰이는 기계를 이송(transfer)장치라고 한다.

이송기로 사용되는 기기는 기체, 액체, 고체 등 이송되는 물질의 상태에 따라 다양한 기기가 사용되고 있다.

표 2-4 이송기의 종류

물질	이송기기
기체	fan, blower, compressor
액체	원심펌프, 왕복펌프, 회전 펌프
고체	conveyer, thrower

1) 기체 이송기

기체 이송기는 기계적 에너지를 기체에 공급하여 기체의 압력 및 속도에너지로 변환시키는 것으로 송풍기, 압축기가 있다. 송풍기는 압력의 크기에 따라 나뉘는데 팬의 압력한계는 1000 mmAq이고, 블로어는 10 mAq, 압축기는 10 mAq 이상의 것을 말한다.

(1) 송풍기

식품 건조, 고체 이송 등 다량의 공기 이송에 쓰이는 송풍기는 작동원리에 따라 원심송풍기와 축류송풍기로 구분된다. 원심송풍기는 케이싱 안에 장치된 회전차의 회전에 의하여 기체에 주어진 원심력을 받은 기체가 와류실에서 감속되어 속도에너지를 압력에너지로 변환하여 송출구로 유출되는 원심팬(그림 2–63)과, 회전차와 와류실 사이에 디퓨저(diffuser)를 설치하여 회전차에서 나온 흐름을 효율 좋게 감속하는 원심블로어로 나뉜다.

축류송풍기는 회전차의 축 방향으로 들어온 기체는 동익을 지나는 사이 감속되어 압력 상승을 얻고, 안내 깃에서 속도에너지가 압력에너지로 변환되어 축방향으로 유출되는 송풍기로 그 압력 상승 정도에 따라 축류팬(그림 2–64)과 축류블로어로 나뉜다. 축류송풍기는 저압에서 다량의 풍량이 요구될 때 적합하며, 원심송풍기보다 소음이 크고 설계점 이상의 풍량에서 효율이 갑자기 떨어지는 결점이 있다.

(2) 압축기

압축기는 기체에 에너지를 주어 압력이 낮은 곳에서 높은 곳으로 송출하는 기계이다. 압축기에는 기계적 에너지를 기체의 정역학적 힘에 의해 압력에너지로 변환하는 용적형(왕복, 회전형 압축기)과 동력학적 힘에 의한 터보형(원심 및 축류압축기)이 있다.

터보형은 원심형, 축류형 송풍기와 대체로 동일한 구조로 고속회전에 적합하고 원동기와 직결이 가능하므로 소형으로 할 수 있다. 반면 왕복형은 흡입밸브와 송출밸브를 설치한 실

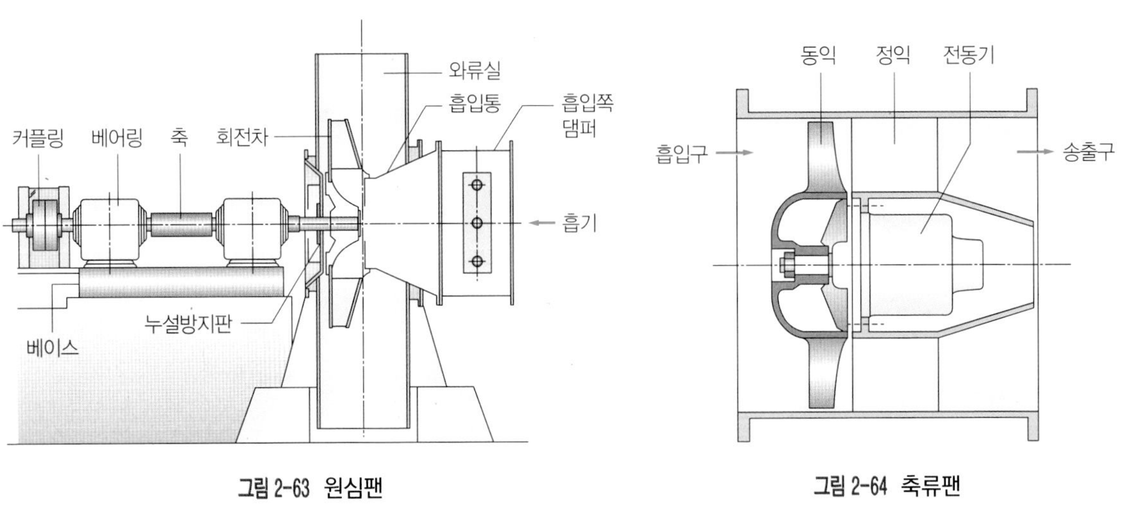

그림 2-63 원심팬

그림 2-64 축류팬

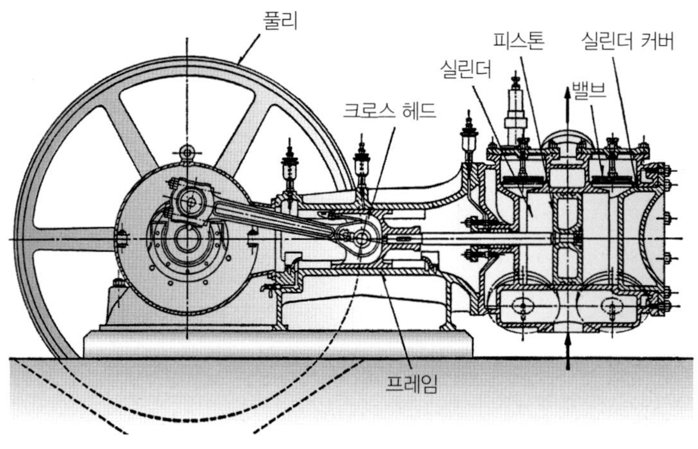

그림 2-65 왕복형 압축기

린더 속에서 피스톤을 왕복 운동시켜 기체를 흡입하고 압축하여 송출하는 압축기로서 밸브 개폐시간을 필요로 하므로 저속회전에 적합하고 압축비가 7 정도로 높아 고압을 요하는 경우에 주로 사용된다. 회전형 압축기는 케이싱 속에 격납된 로우터의 회전에 따라 로우터와 케이싱 사이의 공간이 변화됨으로써 기체를 흡입하고 압축하여 송출하는 기계로 루우츠형, 나사형, 가동익형 등이 있다.

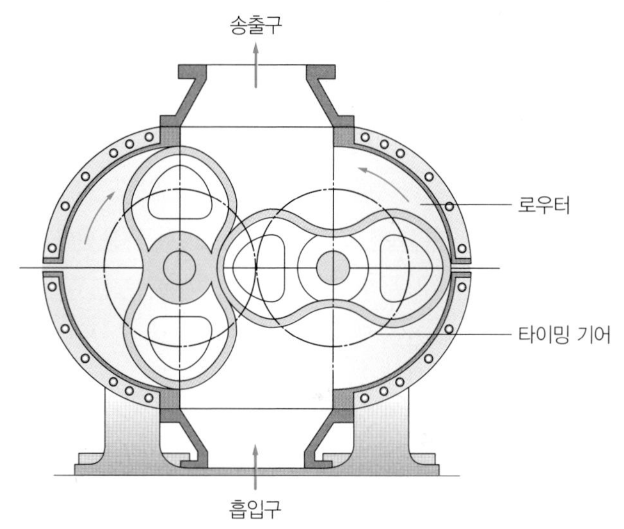

그림 2-66 루우츠형 압축기

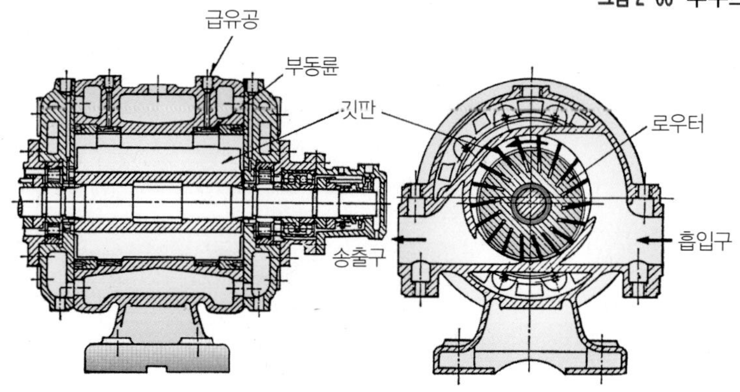

그림 2-67 가동익형 압축기

2) 액체 이송기

동력을 써서 물 또는 액체의 압력을 변화시키는 수력기계를 펌프라고 한다. 펌프에는 회전차의 회전에 의한 동력학적 작용에 의해 압력을 높이는 터보형, 피스톤의 왕복운동을 이용하는 왕복형, 회전체의 회전에 의해 액체를 밀어 내는 회전형과 로터리형, 그 외 특수한 것이 있다.

- 터보형 : 원심형, 사류형, 축류형
- 용적형 : 왕복형, 회전형
- 특수형 : 기어 펌프, 베인 펌프, 나사 펌프

원심펌프는 변곡된 여러 개의 깃이 달린 회전차가 밀폐된 케이싱 내에서 회전하여 발생하는 원심력의 작용에 의해 회전차 중심으로 액체가 흡입되어 반지름방향으로 흐르는 사이 압력과 속도에너지를 얻고, 안내 깃을 지나 와류실을 통과하는 사이 압력에너지로 회수되는 펌프이다. 원심펌프는 안내 깃의 안내 깃의 유무에 따라 벌루트 펌프(volute pump)와 터빈 펌프(turbine pump)로 구분된다.

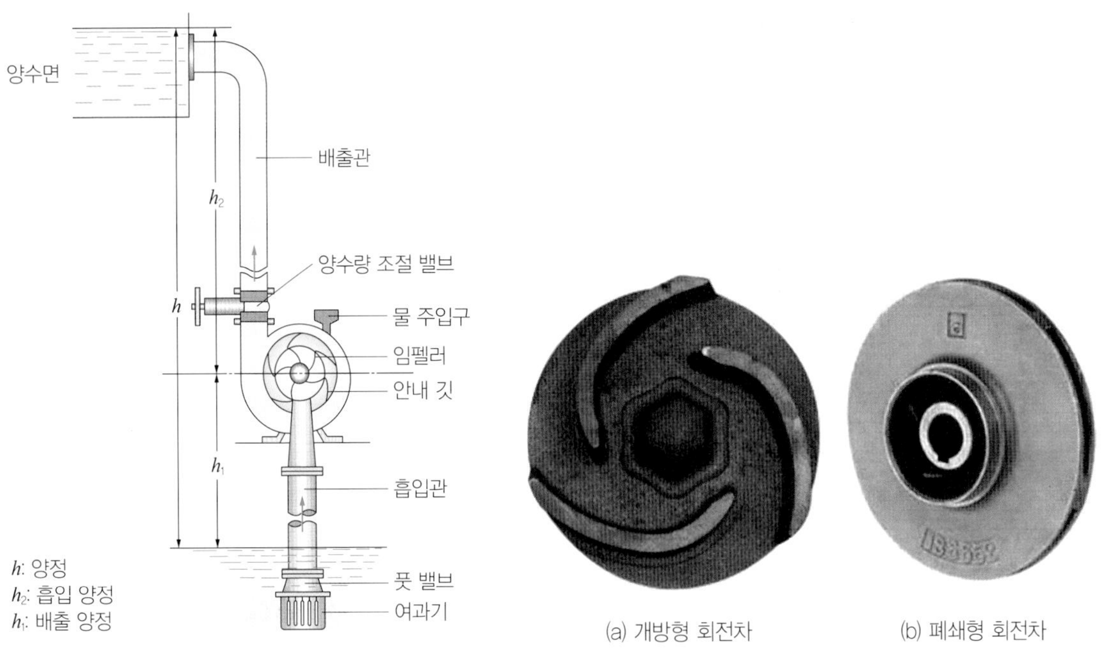

그림 2-68 원심펌프

그림 2-69 회전차

왕복펌프는 흡입, 송출 밸브를 장치한 실린더 속을 피스톤 또는 플런저를 왕복운동시켜 송수하는 펌프로서 유량은 적어도 되나 양정이 원심펌프로 미칠 수 없을 만큼 고압을 요하는 경우에 적합하다.

회전펌프(rotary pump)란 1~3개의 회전자(rotor), 즉 회전하는 기어, 나사, 피스톤류 등을 써서 흡입 송출밸브 없이 액체를 밀어 내는 펌프로서 기어 펌프, 베인 펌프, 나사펌프 등이 있다. 회전펌프는 소유량, 고압을 요하는 경우에 적합하며, 연속적 액체운송이 가능하고 밸브가 없어 구조가 간단하여 취급도 용이하므로 비교적 점도가 높은 액체에 대해서도 좋은 성능을 발휘한다.

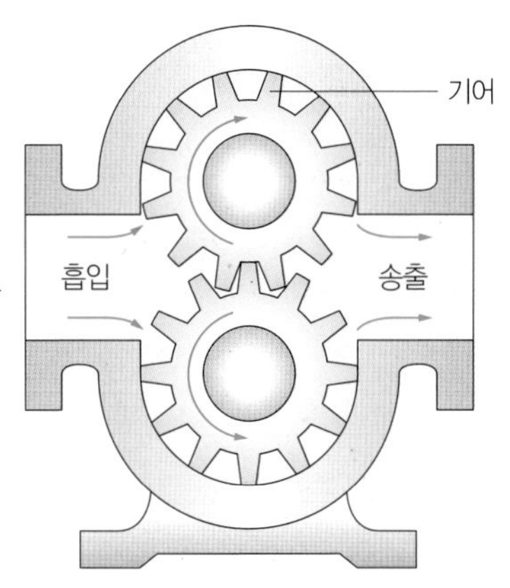

그림 2-70 기어 펌프

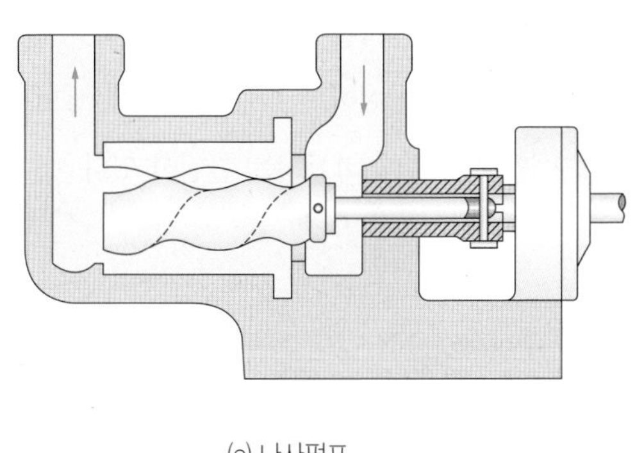

(a) 나사펌프

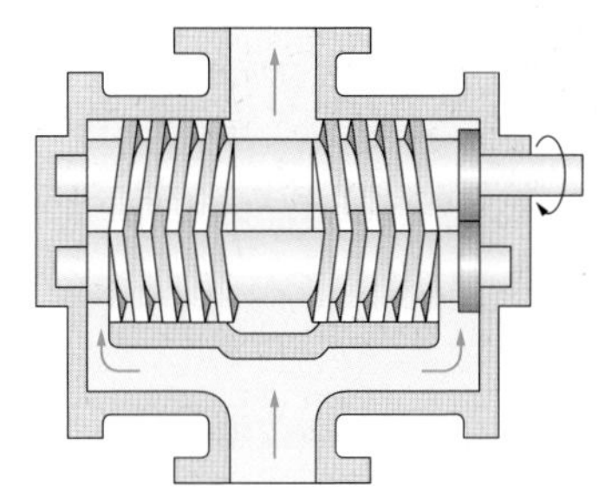

(b) 평형2축형 나사펌프

그림 2-71 나사펌프

3) 고체 이송기

고체 이송기에는 입상재료, 분상재료 등의 식품재료를 이송하는 벌크이송(bulk conveying)과 상자나 포대 등에 포장된 물질을 수송하는 배치이송(batch conveying)이 있다. 식품 가공 공장이나 농산물 가공 공장에서는 〈표 2-5〉와 같은 이송장치가 복합적으로 이용되고 있다.

표 2-5 각종 이송장치

이송장치	이송방향	재료 형태
벨트 컨베이어	수평	입재, 개체, 포대
스크루 컨베이어	수평, 경사	입재
스크레이퍼 컨베이어	수평	입재
체인 컨베이어	수평	입재
버킷 엘리베이터	수직	입제, 개체
공기 컨베이어	수평, 수직, 경사	입제
롤러 컨베이어	수평, 경사	상자
팔레트 리프터	수평, 수직	상자

(1) 벨트 컨베이어

벨트 컨베이어(belt conveyer)는 물질의 수평이송에 가장 많이 이용되며, 경사운송 및 포대이송에도 많이 사용된다. 벨트 컨베이어는 헤드풀리와 테일풀리 사이에 전동기로 구동되는 무한궤도식의 벨트를 연결하여 벨트 위에 운반물을 올려놓고 이송하는 구조로 벨트재료로는 고무, 직물, 강철, 케이블 등이 사용된다. 벨트 컨베이어는 이송재료가 손상되지 않고 대용량 장거리 이송이 가능하지만 밀폐되지 않아 재료가 비산되는 단점이 있다.

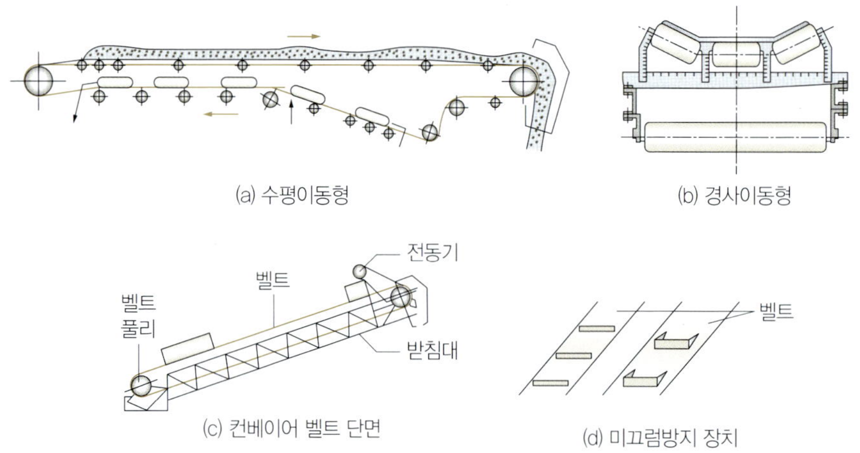

그림 2-72 벨트 컨베이어

(2) 스크루 컨베이어

스크루 컨베이어(screw conveyer)는 관 내에서 스크루를 회전시켜 분재나 입재, 점착성 물질, 크림, 습기가 많은 재료 등을 이송하는 장치이다(그림 2-73). 밀폐된 관 내에서 이송이 이루어지므로 재료가 흩어질 염려가 없고, 관 내에 열풍, 가스, 공기 등을 순환시켜 이송 중 건조 및 냉각 등도 할 수 있는 장점이 있는 반면, 마모성이 큰 재료의 이송에는 적합지 않다. 스크루의 날개는 표준형, 미세한 분말 또는 연한 이송물로 굳어지기 쉬운 물질을 이송하기 위한 커트 플라이트 스크루(cut flight screw), 당밀과 같은 유동성 물질의 수송에서 여분의 마찰을 줄이기 위해 물질을 추진하는 데 필요한 날개부분만 남기고 중앙부분을 생략한 리본 플라이트 스크루(ribbon flight screw) 등이 사용된다(그림 2-74).

(3) 버킷 엘리베이터

버킷 엘리베이터(bucket elevator)는 수직이송에 적합하며, 소요 동력이 적고 이용효율이

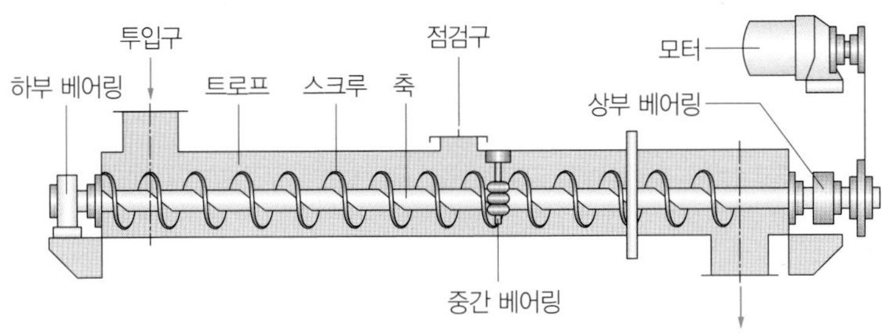

그림 2-73 스크루 컨베이어

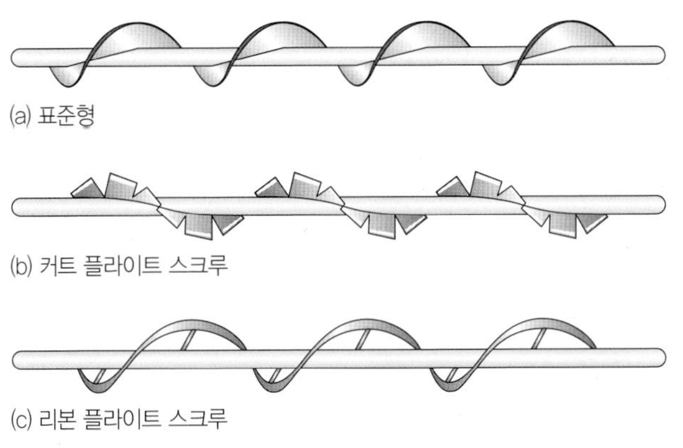

그림 2-74 스크루의 날개

높아 곡물 등의 이송에 많이 쓰인다(그림 2-75). 버킷 엘리베이터는 버킷을 연결하는 재질에 따라 벨트식과 체인식이 있는데 벨트식은 산물밀도 1 t/m^3 이하의 분재와 입재 이송에 이용되고, 체인식은 산물밀도가 큰 덩어리 이송에 쓰인다.

또한 이송물의 배출방식에 따라 버킷이 상부 벨트풀리를 통과할 때 원심력에 의해 재료를 슈트로 배출하는 원심배출식, 버킷이 상부 벨트풀리를 통과할 때 버킷이 완전히 아래로 향하게 하여 배출하는 완전배출식, 배출 시 재료가 앞 버킷의 뒷면에 있는 돌기에 의해 유도되어 배출되는 유도배출형이 있다.

(4) 스로워

스로워(thrower)는 탈곡기, 건조기 등에서와 같이 주로 곡물이송에 쓰이는 장치이다. 스로워는 2~6매의 날개가 부착된 회전차의 회전에 의하여 곡물에 가해진 원심력으로 수직 또는 경사지게 설치된 도관을 따라 재료를 이송하는 장치로서 스크루 컨베이어와 연결하여 수평이송된 재료를 수직이송하는 데 주로 이용된다.

스로워의 양정은 1~7 m이며, 이송효율이 5~20 %로 낮고 소요 동력이 크다. 날개의 원주속도가 크면 재료에 손상이 크게 나타난다.

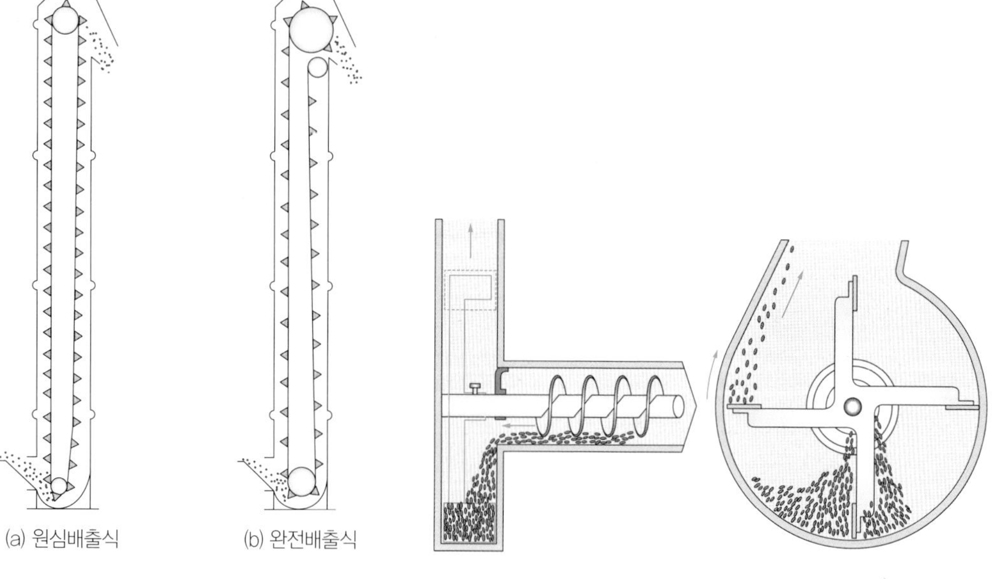

그림 2-75 버킷 엘리베이터

그림 2-76 스로워

(5) 공기 컨베이어

공기 컨베이어(pneumatic conveyer)는 관 내를 흐르는 공기의 유동에너지와 운반물의 부력을 이용하여 분재 또는 입재를 이송하는 장치이다. 공기 컨베이어는 구조가 간단하고, 설치비용이 적게 들며, 관을 설치할 수 있는 장소에는 어디에서나 이용이 가능할 뿐만 아니라 이송경로의 변경이 쉽고, 기류에 의한 자체 청소도 가능한 장점이 있다. 그러나 이송량에 따라 소요 동력이 커서 효율이 20~30 %로 낮으며, 기류에 의한 재료의 응집, 응결 등

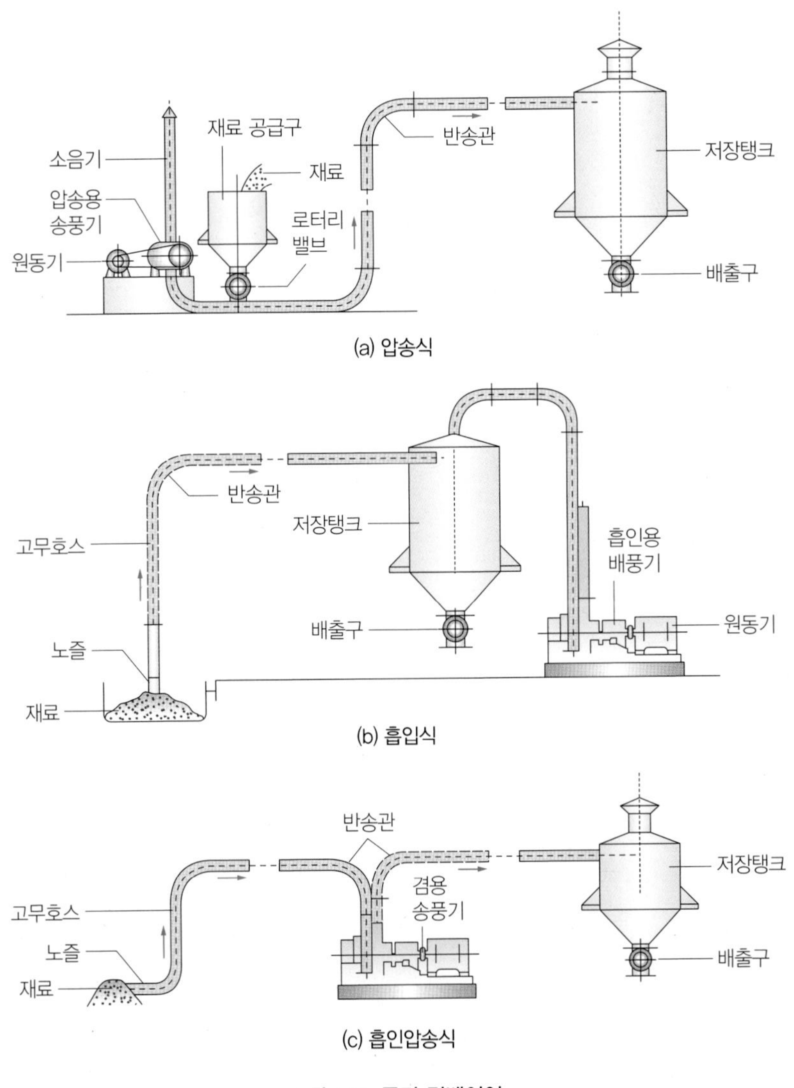

그림 2-77 공기 컨베이어

운반물 손상의 우려가 큰 단점이 있다.

공기 컨베이어는 송풍기, 이송관, 흡인노즐, 분리기 등으로 구성되며, 송풍기의 설치 위치에 따라 압송식, 흡입식, 복합식으로 구별한다.

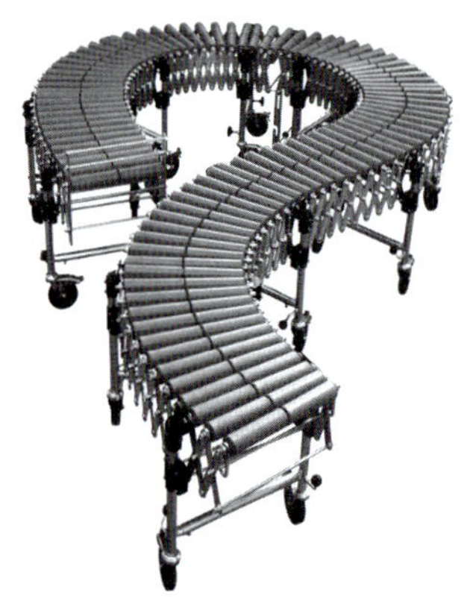

그림 2-78 롤러 컨베이어

(6) 롤러 컨베이어

롤러 컨베이어(roller conveyer)는 가장 일반적인 컨베이어 종류로 조립한 틀에 여러 개의 롤러가 물품이 움직이는 방향과 직각으로 배열되어 있어 롤러가 회전하면 물품이 운반된다. 벨트나 체인에 의한 동력에 의해 롤러가 회전하는 동력형과 경사진 구간에서 물품이 중력에 의해 롤러를 굴리면서 가도록 되어 있는 비동력형으로 구분된다.

테트라팩이란?

스웨덴 테트라팩 사가 1951년 플라스틱이 코팅된 종이를 사용해 롤 모양의 튜브를 만들고, 그 속에 살균한 음료를 채우며 아래·위를 각각 밀봉한 삼각 사면체 패키지인 Tetra Pak Classic을 고안했고, 1969년 직육면체 모양의 Tetra Brick Aseptic으로 발전시켰다.

초고온 살균된 음료를 종이와 알루미늄박과 PE로 이루어진 테트라팩에 무균 충전 포장하면 상온에서 1년 정도까지 저장이 가능하다.

10. 포장

식품의 수송, 보관, 유통이나 이용하는 데 가치 향상과 상태 등을 보호하여 품질을 유지하는 방법을 포장(package)이라고 한다. 즉, 식품의 포장은 운반과 분배의 수단, 식품의 보호성과 보존성 증대, 편의성 제공, 판매 촉진, 변조 방지, 계량의 기능, 환경오염과 에너지 문제 등을 해결하는 목적이 있다. 식품 포장재료는 종이, 금속, 플라스틱, 유리용기 등이 있으며, 필요조건으로 위생성, 보호성, 편리성, 작업성, 상품성, 경제성을 고려하여 알맞게 선택

해야 된다.

식품의 포장은 기능적으로 겉포장, 속포장, 낱개포장으로 구분하며, 포장방식에 따라 일반포장, 진공포장, 수축포장, 스트레치(stretch)포장 등으로 구별한다. 또 식품의 형태, 유통방식, 포장재의 물성 등에 의해 분류하기도 한다.

포장기는 식품의 형태, 원리 및 포장방법 등에 의해 구분한다.

1) 계량계수기

소포장할 때 쓰이는 기계로 숫자, 무게, 길이, 체적 등으로 계량하며, 계량의 취급단위는 계측기를 이용한다. 질량은 중량계량기, 숫자는 계수기, 체적은 정량기, 체적기, 용량계량기 등을 사용한다.

계량계수기는 계량부, 접착 및 이송장치로 구성되어 있으며, 계량할 때는 정밀도가 ±0.1~2 g의 로드 셀을 사용하여 계량 범위는 0.2~20 kg까지 다양하다.

포장능력은 6~10 ea/min 정도이며, 안전장치가 장착되어 있어 사용이 편리하고, 자동식과 반자동식이 있다.

2) 충전기

액체, 점성체, 분말, 입상체 및 캡슐제품 등을 계량하고 일정 용기에 넣어 포장하는 데 사용하는 기계를 충전기라고 한다.

액체제품 충전방식과 제품의 점도, 발포성 등의 요인을 감안하여 직렬이나 회전시켜 포장하는 것이 액체용 충전기이다.

소량 충전에는 직렬형 충전기, 대량이나 고속 충전용에는 회전형 충전기가 쓰이며, 충전방식은 중력, 진공 탱크, 노즐 진공, 피스톤 실린더, 컵 계량, 유량 계량, 중량 계량 등 다양하다.

점성체용 충전기는 초퍼에 들어 있는 점성을 띠는 물질이 밸브의 단면에 의해 실린더와 연결되어 있을 때 피스톤에 의해 정량으로 일정 용기에 충전하는 기계로, 밸브 반전식과 회전 실린더식이 있다.

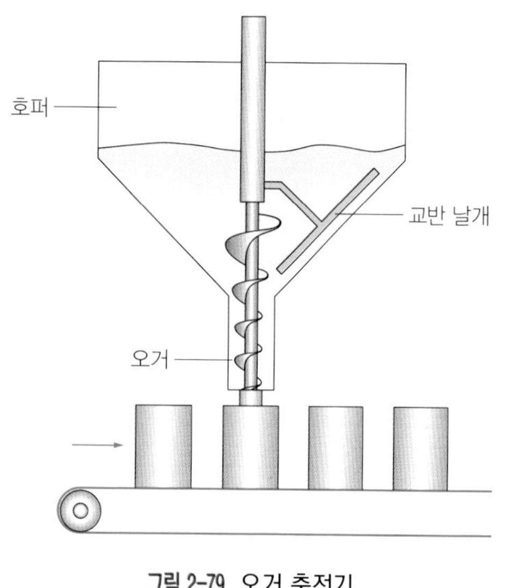

그림 2-79 오거 충전기

분말체용 충전기는 분말상태로 저장된 물질을 반출장치에 연결하고 계량하여 충전하는 것으로, 분말의 상태가 다양한 물성을 가지고 있어 분말의 흐트러짐 없이 정량해야 되고 반출의 정지와 개시가 쉽고 정확해야 된다.

이러한 조건을 갖춰 반출, 충전하는 것을 오거 충전기(auger packager)라고 한다.

직경 10 mm 정도의 알갱이를 물성 안정화 장치가 필요 없는 용적 측정 계량방법의 입체용 충전기가 사용된다.

캡슐에 물질을 충전하여 1개 단위로 가공하는 기계를 캡슐충전기라고 하며, 캡슐의 경도에 따라 연캡슐 충전기, 경캡슐 충전기로 구별한다.

3) 제대기

제대기는 계량기 홀더에 포장지가 자동으로 설정된 정량이 공급되어 접착이나 봉합할 수 있는 포장기이다. 포장능력은 자동식 650~840 ea/h, 수동식 200~300 ea/h이다.

제대기에는 필로 포장기와 명봉함 포장기가 있으며, 필로 포장기는 내용물을 공급하는 실린더 포장재료를 통 모양으로 만드는 성형 금구로 구성된 가로형 필로 포장기와 포장필름을 연속으로 통 모양을 만들어 내용물을 포장하고 중앙 부위를 열 접착시켜 직각방향으로 절단해서 포장하는 세로형 필로 포장기가 있다.

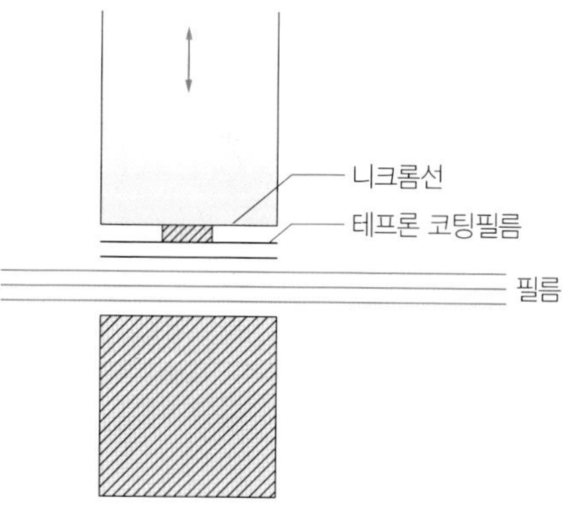

그림 2-80 임펄스 봉함기

면봉함 포장기는 포장지를 반으로 접으면서 접는 안쪽에 내용물을 공급하여 충전하는 기계로 포장지의 접은 면을 제외한 3면을 열 봉합하는 것을 3면 봉합 포장식이라고 하며, 포장지 4면을 열 봉합시키는 것을 4면 봉합 포장식이라고 한다. 포장지의 개방 부위를 봉합하는 기계를 봉합기라고 하고 기계식 봉합기와 열 봉합기로 나뉜다. 열 봉합기에는 열판 봉합, 밴드 봉합, 임펄스 봉합, 열풍 봉합, 프레임 봉합, 고주파 봉합, 초음파 봉합기 등이 있다.

4) 용기 성형기

완성된 식품을 일정 형태로 하여 포장하는 기계를 용기 성형기라고 하며, 성형방법이나 포장방법에 따라 구별한다. 대표적으로 블리스터 포장기는 성형, 충전, 봉합, 이동 순으로 작동하며 각 기능은 능률과 내용물에 따라 선택된다. 성형방법으로는 평판 동시가열성형, 평판 예열성형, 평판 예열 플러그 어시스트 성형, 간접가열 롤성형, 직접가열 롤성형 등이 있다.

PTP(press through pack) 포장기는 블리스터 포장기의 포장재료에서 덮개 필름으로 알미늄박(15~20 μm)을 사용하여 내용물을 용기 필름 쪽에서 눌러 포장하는 것으로 정제나 캡슐제품의 포장에 쓰인다.

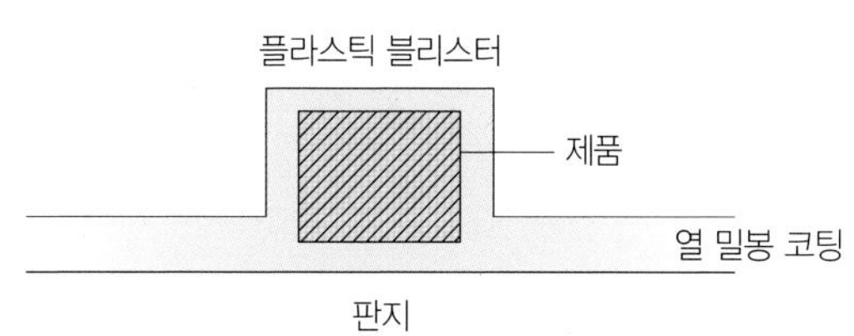

그림 2-81 블리스터 포장기

스트립 포장기는 투명한 포장지 필름 사이에 내용물을 넣고 내용물 주위를 가열 봉합하는 기계로 4면 봉합 포장과 비슷하지만 봉합되는 면적이 넓고 내용물이 작을 때도 포장이 가능하며, 포장에서 접착 부분은 넓고 내용물의 공간을 적게 할 때 알맞은 포장이다.

일정 형태로 성형된 금속관에 뚜껑을 접착하여 밀봉시키는 것을 권체기라고 한다. 종류는 다양하며 주로 통조림 산업에서 시머(seamer) 또는 시밍 머신(seaming machine)이라고 한다.

병 충전기는 병의 재질, 크기, 형태 및 내용물의 종류에 따라 밀봉 포장하는 기계로, 넓은 의미에서는 공업적으로 하나의 라인화시키는 공정으로 연속적으로 이루어지는 생산 라인을 말한다.

액체용 종이 포장기는 우유, 음료, 주류 등의 액체 음료를 담는 종이 포장지로 종이의 종류에 따라 다양한 충전기가 개발, 보급되고 있다. 포장지에 따라 다양하지만 프리커트용과 포스트 폼드용이 널리 쓰이고 있다.

5) 수축 포장기

수축 포장은 PE, PP, PVC 등의 열 수축성이 있는 플라스틱 필름을 사용하여 내용물을 포장하고 가열시키면 필름 자체의 수축력에 의해 내용물을 밀착 포장하는 방법이다.

포장방식에 따라 올라운드 랩(all round wrap)과 슬리브 랩(sleev wrap)이 있으며, L형 봉

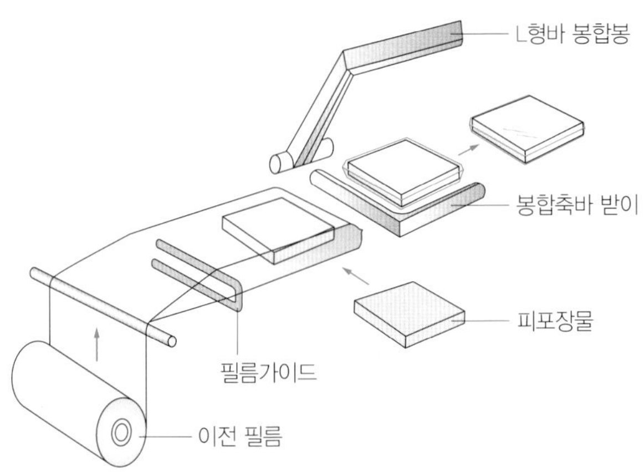

그림 2-82 L형 봉합기

합 수축 포장기는 2개의 필름을 필림 가이드로 뽑아내 필름 사이에 내용물을 넣고 통과시켜 L형 수축 포장기의 바(bar)를 I형으로 하여 상하방향에서 열봉합 접촉시키는 포장기이다.

대형의 내용물 수축 포장에도 3면 또는 4면 봉합기를 사용하여 열 수축 터널을 통과하여 포장을 실시한다. 방법이 비슷하지만 진공상태로 포장하는 것을 스킨 포장이라고 하며, 필름으로 덮은 후 가열하여 진공상태로 열접착 코팅으로 밀착하는 방법이다.

6) 스트레치 포장기

스트레치 포장(stretch wrapping)은 제품 주위에 필름을 잡아당겨 씌운 후 열로 가열하는 방법으로 필름을 잡아당길 때 남아 있는 응력을 이용해 포장을 팽팽하게 하는 것이다. 포장방법에 따라 다음과 같이 구분한다.

스트레치 포장기는 수축, 팽창을 하며 복원성이 있는 필름에 내용물을 넣고 인장력으로 포장하는 기계로 수축 포장과 비슷하지만 내용물을 고정하는 포장이 가능하고, 포장할 때 열풍 포장이나 속 포장에 여러 방법으로 쓰이며, 프리팩용으로 사용하는 것이 대표적이다.

스킨팩 포장기는 통기성이 있는 판지, 골판지 등의 포장지 위에 내용물을 넣고 그 위에서 가열로 연화된 플라스틱 필름을 씌운 후 포장지 밑에서부터 필름과 포장지 사이의 공기를 뽑아내어 밀착 포장시키는 기계이다.

랩핑기는 내용물의 상태, 포장방법, 포장 후의 처리 등에 따라 구별하며 수축 포장기, 필

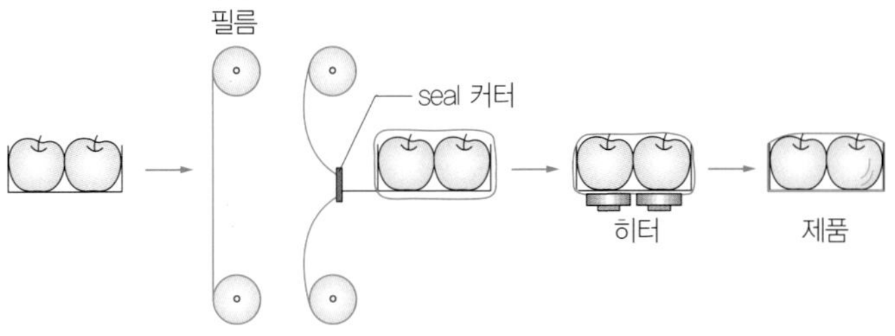

그림 2-83 스트레치 포장

로 포장기 등도 이에 속한다.

절첩 랩핑기는 절첩방법으로 내용물을 포장하는 기계로 내용물을 공급부, 포장재료 공급부, 랩핑부, 접착부, 배출구로 구성되어 있다.

트위스트 랩핑기는 내용물을 통 모양으로 둘러싸고 끝 부분에서 트위스트하여 포장하는 기계이다.

용어정리

초음파

주파수가 초당 20 kHz 이상이고, 사람의 귀에는 들리지 않는 음파로 바다의 깊이를 측정하는 음파측정기, 어군 탐지기, 고체 내부의 결함검사, 세척, 살균 등에 이용한다.

대전(electrification)

물질은 보통 전기적으로 중성상태, 즉 (+)전하량과 (−)전하량이 같은 상태에 있는데 여기에 외부 힘이 작용하면 전하량의 평형이 깨지면서 물체는 (+)전기 또는 (−)전기를 띠게 된다. 이러한 전기를 띠게 되는 현상을 대전이라고 하고, 대전된 물체를 대전체라고 한다.

비표면적(specific surface area)

산물상태에서 공극을 포함한 단위부피당 입자의 표면적을 말한다.

분쇄비

어떤 물질의 분쇄하기 전 입자의 크기와 분쇄 후 입자 크기의 비이다.

분쇄율

분쇄를 목적으로 공급된 원료에 대한 분쇄된 원료의 비율을 말한다.

점성

유체를 이루는 분자들 간의 운동과 분자들 간의 인력에 유체 입자들 간에 속도 차이가 있을 때 마찰을 나타내는 유체의 물리적 성질이다. 유체의 점성을 나타내는 방법의 하나로 동점도가 있으며 동점도의 단위는 스토크(St)나 센티스토크(cSt)가 사용된다.

사이클론(cyclone)

선회기류를 이용하여 공기 중에 혼합되어 있는 비중이 작은 입자를 분리하여 수집하는 장치이다.

안내 깃(guide vane)

펌프의 케이싱 둘레에 고정되어 유체의 속도에너지를 압력에너지로 바꾸는 역할을 하는 날개이다. 안내 깃이 있는 펌프를 터빈 펌프, 없는 것을 벌루트 펌프라고 한다.

단원정리

1 농산물의 선별은 농산물의 기하학적 형상, 기계적 특성, 공기역학적 특성, 광학적 특성, 전기적 특성 등이 이용되며, 선별기에서는 이들 인자 중 하나 또는 그 이상의 인자가 복합적으로 이용되고 있다.

2 세척은 식품재료에 붙어 있는 잔류농약이나 이물질 등을 분리 제거하는 공정으로 세척 단계는 세척제를 오염물 표면에 담그는 예비세척, 오염물질을 표면에서 분리시키는 중간세척, 재오염을 방지하는 후세척의 3단계로 나뉜다.

3 분쇄란 고체 물질에 절삭, 압축, 충격, 절단 등의 기계적 힘을 가하여 화학성분의 변화 없이 그 입도를 작게 하는 공정이다. 분쇄공정은 개회로방식과 폐회로방식으로 구분되며. 분쇄기는 원료의 분쇄 정도인 분쇄물 입자의 평균 크기에 따라 조분쇄기, 중간 분쇄기, 미분쇄기, 초미 분쇄기 등으로 구분한다.

4 혼합이란 고체와 고체, 고체와 액체, 액체와 액체, 액체와 기체 등 2가지 이상의 물성을 가공하여 균일한 성분을 가진 생성물을 얻고자 하는 조작이다. 혼합기는 혼합하고자 하는 재료의 물성에 따라 혼합기, 반죽기, 교반기, 유화기 등이 사용되고 있다.

5 조립법으로는 ① 미분을 응집시키는(전동 조립, 유동층 조립, 교반 조립), ② 압축 성형하는(압축롤, 타정), ③ 반죽하여 굳힌 후 쇄해(碎解)하는(회전 나이프 등), ④ 구멍에서 밀어내는(스크루, 플레이트 등), ⑤ 용융하여 냉각하는(스프레이 탑, 분류층 등) 방식이 있으며, 각각 그에 적합한 조립기가 개발되어 있다.

6 원심분리기는 원심력을 이용하여 성분이나 비중이 다른 물질들을 분리·정제·농축하는 기계로서 서로 용해하지 않는 성분과 비중이 다른 액체를 분리할 때도 쓰인다.

7 여과는 고형물에 들어 있는 수분은 여과매체를 통과시키고, 현탁액은 막의 표면에 퇴적시켜 현탁액을 분리하는 조작이며 중력식·감압식·가압식으로 나눌 수 있다. 이 여과압력을 가하는 방식에 따라 중력, 가압, 진공 및 원심여과로 분리한다.

8 추출은 식품 성분의 특성에 따라 성분을 추출하거나 분리하는 방법으로 기계적 압축력에 의한 압착추출, 휘발성을 이용한 증류추출, 용해성에 의한 용매추출, 초임계 가스를 용매로 하여 추출하는 방법이 이용되고 있다.

9 이송은 각 공정 간에 원료의 이동, 물질의 상태이동, 식품의 이동 등의 공정으로 쓰이는 기계로 기체, 액체, 고체 등 이송되는 물질의 상태에 따라 다양한 기기가 사용되고 있다.

10 포장은 식품의 수송, 보관, 유통 등에 이용하는 데 가치 향상, 상품 보호, 품질유지 기한을 위해 사용되는 것으로 포장기기에는 각 제품의 특성에 맞추어 계량계수기, 충전기, 제대기, 용기 성형기, 수축 포장기, 스트레치 포장기 등이 있다.

1. 과일류 선별에서 중요인자와 장치로 적정하지 않은 것은?

① 크기 : 롤러식 ② 외관 : 초음파식
③ 비중 : 수류회전식 ④ 중량 : 전자식

2. 친환경 토마토를 세척하는 방법이 아닌 것은?

① 자력세척 ② 컨베이어형 분무세척
③ 회전드럼형 세척 ④ 초음파세척

3. 동결 건조된 커피농축액을 분쇄하는 데 가장 적합한 것은?

① 해머밀 ② 볼밀
③ 커팅밀 ④ 디스크밀

4. 초미 분쇄기로 적합한 것은?

① disc mill ② fluidized bed air mill
③ micropulverizer ④ vibration ball mill

5. 점성이 낮은 용액을 제조할 때 사용하는 가장 보편적인 교반기는?

① 터빈 교반기 ② 패들 교반기
③ 스크루 교반기 ④ 프로펠러 교반기

6. 압출성형 제품의 특성이 아닌 것은?

① 크리밍성이 부여된 에멀션 ② 수분의 상변화에 따른 팽화
③ 다공질의 부드러운 촉감 ④ 단시간의 호화

7. 가장 낮은 원심분리속도에서 침전되는 것은?

① 세균 ② 대장균 ③ 효모 ④ 효소

8. 점성이 높은 액체식품을 고압으로 대량 이송할 수 있는 펌프는?

① set pump ② piston pump
③ centrifuged pump ④ progressing cavity pump

9. 식품 중 유화의 형태를 설명해 보시오.

10. 포장재의 종류를 열거해 보시오.

정답 및 해설

1. ④ **2.** ① **3.** ③ **4.** ②

5. ② **6.** ① **7.** ③ **8.** ④

9. 식품에서 유화는 물과 기름을 혼합시키는 것으로 w/o형과 o/w형으로 나뉘며, 식품의 형태에 따라 여러 종류의 유화제가 필요하고 대표적 유화제로는 레시틴이 다용도로 많이 쓰인다. w/o형 식품으로는 버터, 마가린 등이 있으며, o/w형은 마요네즈, 소스류 등이 있다.

10. 포장재의 종류로는 종이, 나무, 금속, 유리, 플라스틱 제품 등이 있고, 금속과 플라스틱 제품은 여러 방식으로 가공하여 이용하고 있다.

CHAPTER 3

식품 가공·저장 공정

1. 수분 조절공정
2. 온도 조절공정
3. 삼투압 이용공정
4. 진공 이용
5. 방사선 조사
6. 새로운 공정

1. 수분 조절공정

식품에서 수분은 영양소, 효소, 화학물질 등을 용해나 분산시키는 역할과, 가수분해작용을 하며 미생물 생육에도 큰 역할을 하기 때문에 변질과 관계가 깊다. 그러므로 식품을 가공이나 저장할 때 수분함량의 적절한 조절은 필수적이다.

식품에서의 수분 조절은 건조와 농축으로 구분되며, 수분의 평형상태의 변화는 식품의 품질에 많은 영향을 끼치는데 수분 조절의 단계는 가열, 상변화 그리고 수분 제거과정으로 나뉜다.

1) 건조

식품 중의 수분은 미생물이나 효소에 의해 부패나 변질을 일으키므로 식품의 수분활성도(water activity, A_w)를 낮춰 이를 방지해야 한다. 식품의 수분을 감소시키면 식품성분의 변화를 최소화시키고 저장성을 향상시키며 이송의 편리성 등의 장점이 있으나, 건조에 의한 풍미의 변화, 색의 퇴조, 영양분의 손실, 식감과 형태의 변화 등을 일으킬 수 있다.

(1) 수분활성도와 등온흡(탈)습곡선

식품 중에 들어 있는 수분은 자유수(free water)와 결합수(bound water)의 형태로 존재한다. 자유수는 유리수라고도 하며 미생물이 이용할 수 있는 수분으로 0℃ 이하에서 잘 어는 성질이 있으며, 각종 염류, 당류, 단백질 등 수용성 물질의 용매작용을 하거나 탄수화물, 단백질 등의 분산매작용을 한다. 결합수는 수화수라고도 하며 각 성분의 특징기(radical)와 수소결합이나 이온결합의 형태로 결합된 수분으로 증발되거나 -18℃에서도 잘 얼지 않는 물로 단층수와 다층수로 구별한다.

미생물이 식품 중에 수분을 이용할 수 있는가는 수분활성도로 알 수 있으며, 식품의 수분함량은 환경조건에 따라 항상 변하기 때문에 수분함량은 %로 나타내지 않고 상대습도(relative humidity, RH)와 비교하여 나타낸다.

$$A_w = \frac{P}{P_0} = \frac{\%\mathrm{MRH}}{100}$$

P : 식품 속의 수증기압 = 용액의 증기압
P_0 : 순수한 물의 수증기압 = 용매의 증기압
%MRH : 환경 대기에서 수분의 증가나 손실로 인한 식품 중의 평형 상대습도

따라서 한 식품의 수분활성도는 임의의 온도에서 그 식품이 나타내는 수증기압(P)에 대한 그 온도에서 순수한 물의 수증기압(P_0)의 비율로 정의된다. 즉, 수용액 중에서 구속을 받지 않고 자유롭게 열운동이 되는 물분자의 비율이다.

한편 한 식품의 수증기압은 그 식품에 녹아 있는 용매의 종류와 양에 영향을 받으며 N_1을 물의 mole 수, N_2를 용질의 mole 수로 표시하면 다음과 같은 식이 된다.

$$\frac{P}{P_0} = \frac{N_1}{N_1 + N_2}$$

N_1 : 용매의 mole 수, N_2 : 용질의 mole 수

이상적인 1.0 mole 수용액의 증기압은 순수한 증기압의 98.23 %로 강하한다. 그러므로 1,000 mL의 물은 1,000/18.016 = 55.51 mole이 되고, 1 mole 수용액에서는 P/P_0 = 55.51/56.51 = 0.9823이 된다.

대기의 상대습도로 표시해 보면 어느 온도에 있어서의 포화수증기압(P_0)과 현재의 수증기압(P)과의 비를 %로 나타내면 다음과 같다.

$$\mathrm{RH} = \frac{P}{P_0} \times 100 = \mathrm{A_w} \times 100$$

A_w가 X인 수용액과 RH가 100X인 대기에서는 이들의 수증기압이 같으므로 수분의 증발도 응축도 일어나지 않는다.

미생물은 각각의 생육에 적합한 수분활성도를 가지게 되는데, 일반적으로 세균은 생육최저 수분활성도가 0.98, 효모는 0.85, 곰팡이는 0.80 정도이나 미생물의 종류에 따라 호염성 세균은 0.75 정도, 내건성 곰팡이는 0.65 정도, 내삼투압성 효모는 0.60 정도에서도 생육이 가능하다.

또한 식품 속의 효소작용도 수분활성도에 크게 좌우되며, 수분이 식품 속에서 용매나 반

표 3-1 미생물 생육과 식품의 최저 수분활성도

미생물	최저 수분활성도	식품	최저 수분활성도
세균	0.93	채소, 과일, 어패류	0.98~0.99
호염성 세균	0.75	잼	0.82~0.386
효모	0.85	건조과일	0.72~0.86
내삼투압성 효모	0.60	곡류	0.60~0.64
곰팡이	0.80	밀가루	0.61
내건성 곰팡이	0.65	탈지분유	0.11

응물질 등으로 작용할 때도 수분활성도에 의해 결정된다.

수분활성도는 식품이 수분을 흡수하는 힘의 표시로도 쓰이며 식품의 건조속도와 식품 중에 들어 있는 염류, 당류 등의 농도에도 관계가 깊다.

식품의 수분활성도를 낮추는 방법으로는 건조에 의해 용매 제거, 당류나 염류 등의 용질 첨가, 수분의 상태 변화 등이 있다. 식품을 공기 중에 노출시키면 수분이 많은 식품은 탈수가 되고, 수분이 적은 식품은 흡수되어 일정한 수분함량이 되면 평형을 이루게 되는데 이때 수분함량을 평형수분함량이라고 한다.

온도가 높으면 대기 중에 수증기가 많고 온도가 낮으면 수증기 함량이 적기 때문에 평형을 이룬 식품에 포함된 수분함량도 온도에 따라 다르다. 따라서 어떤 일정 온도에 있어서 식품이 함유하는 평형수분함량(x축)과 그 식품 주위의 상대습도(y축) 사이의 관계를 표시한 곡선을 〈그림 3-1〉과 같이 등온흡습곡선(moisture sorption isotherm) 또는 등온탈습곡선(moisture desorption isotherm)이라고 한다. 즉, 식품의 수분함량과 수분활성과의 관계를 나타낸 곡선이다.

흡습과정과 탈습과정은 일치하여야 하지만 실제에 있어서는 반드시 일치하지 않고 곡선이 다른데 이와 같은 현상을 이력현상(hystersis)이라고 하며, 이는 식품 조직의 변화나 성분의 변성에 따른 것이다. 등온흡습곡선의 모양은 늘어뜨린 역S자형을 하고 있는데, 이것은 식품의 수분 상태를 잘 나타내 주고 있다. 곡선의 시작 부분으로 극히 저습도의 굴곡점까지의 수분(A)은 결합수로 존재하는 영역으로 수분이 식품의 성분과 단단히 결합하여 단분자층을 이루고 있는 것을 나타낸다.

단분자층의 수분(monomolecular layer of water)은 단백질이나 탄수화물 등의 활성기에 물분자가 결합하고 있다. 단분자층의 수분은 활성기에 산소가 흡착하는 것을 저지하고,

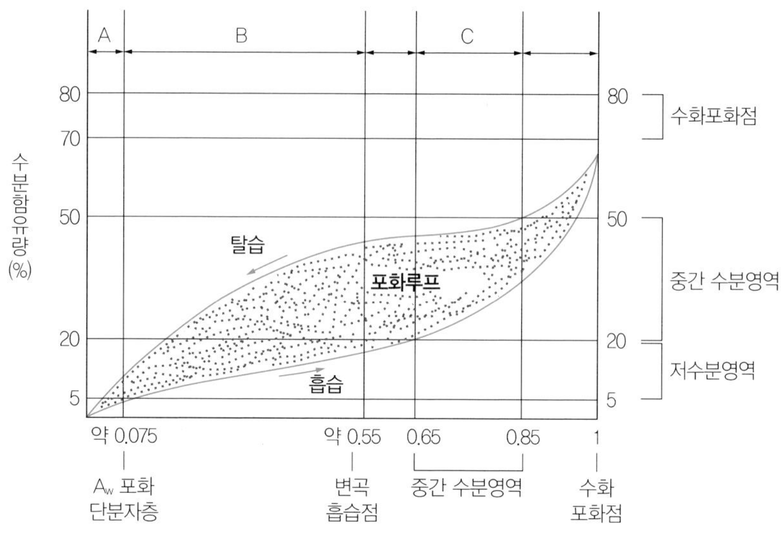

그림 3-1 등온흡탈습곡선

촉매적으로 작용하는 미량 금속을 봉쇄하여 그 작용을 약화시키며, 식품의 흡수성이나 복원성을 떨어뜨리지 않도록 한다. 식품의 수분을 극단적으로 낮추면 유리기가 생성되어 지방이나 카로틴 등의 산화 또는 비효소적 갈변 등의 악변이 일어나기 쉽다.

고습도의 굴곡점까지의 곡선부분(B)은 친수성기 위에 형성된 이른바 다분자층 흡착을 하고 있어 점차 액화되고 있는 상태를 나타낸다.

고습도의 굴곡점 이상의 부분(C)은 자유수의 형태로 식품 조직의 미세한 공극에 모세관 응축을 하여 존재하는 결합도가 약한 물로서 자유로이 이동할 수 있는 상태의 물(freely mobile water), 즉 자유수이다. 이러한 등온흡습곡선은 안전하게 저장할 수 있는 최대의 수분함량을 결정하는 경우에 이용된다.

(2) 식품의 건조과정

식품의 건조과정은 먼저 표면에서 증발이 일어나고 계속해서 내부 수분이 표면으로 이동하면서 건조가 이루어진다. 내부의 수분 이동은 모세관 이동(capillary movement)과 확산(diffusion)에 의해 이루어지며 표면 증발(surface evaporation)로 건조속도가 결정된다. 일반적으로 수분의 상태와 함량은 〈표 3-2〉에서와 같이 식품의 종류에 따라 다르며, 식품의 수분활성 감소는 수분의 상태에 따라 변하기 때문에 수분활성도와 수분함량은 차이를

표 3-2 식품의 수분활성도와 수분함량

식품	A_w	수분(%)	식품	A_w	수분(%)
우유	0.994	87	밀가루	0.72	14.5
식육	0.985	70	마카로니	0.45	10
빵	0.96	40	비스킷	0.20	5.1
소시지	0.89	42	탈지분유	0.11	3.5
가당연유	0.83	28	감자칩	0.08	1.5

나타낸다.

식품건조에서 표면 증발에 비하여 내부 확산이 빠르면 건조속도는 표면 증발속도에 의해 결정되고, 반대로 표면 증발에 비하여 내부 확산이 느릴 때는 내부 확산속도에 의하여 결정된다.

이상적인 건조를 위해서는 이들 표면 증발속도와 내부 확산속도와의 균형이 잘 잡히도록 건조온도, 습도, 공기속도 및 흐름방향과 같은 외적인 건조조건과 두께, 형상, 배열 등의 내적인 조건을 잘 정비하여 짧은 시간 내에 건조를 완료시키는 것이 좋다. 그러나 공기의 온도가 높고 공기의 상대습도가 낮을 때에는 수분함량이 큰 식품의 내부에서 외부 쪽으로 확산하는 수분의 양보다 더 많은 수분이 식품의 표면에서 증발하여 제거될 위험이 있으며, 이때 겉마르기 또는 표면 경화가 일어나게 된다. 즉, 두께가 두껍고 내부 확산이 느린 식품을 급격히 건조시키면 표면만 과도하게 건조되는 겉마르기현상이 일어나는 것이다.

수분을 통과시키지 않는 층이나 경계는 수분의 자유로운 확산을 막는데 이와 같은 상태를 표피 피막경화(case hardening or hard casing)라고 하며, 그 이후의 건조가 어렵게 된다. 이 현상은 순환되고 있는 공기의 상대습도와 공기의 온도를 조절함으로써 방지할 수 있다. 건조 단계를 건조경과시간과 건조특성곡선에 의해 구분하여 보면 〈그림 3-2〉와 같이 건조 초기의 표면 증발은 건조물의 표면에 유리 수분이 충분하여 큰 저항 없이 시간이 경과됨에 따라 거의 일정한 건조 비율로 건조가 진행된다. 이 기간을 항률건조(constant rate period of drying) 또는 항속건조기간이라고 하며, 이때의 건조속도는 크고 식품의 온도는 거의 일정하다.

항률건조 후는 건조가 진행될수록 표면의 수분은 점차 감소하므로 건조물의 중심부로부터 수분이 모세관을 통하여 표면층으로 이동하는 내부 확산이 일어나는데 따른 저항으로 시간이 경과됨에 따라 건조속도가 떨어지며 식품의 온도도 상승한다. 이 기간을 감률건조

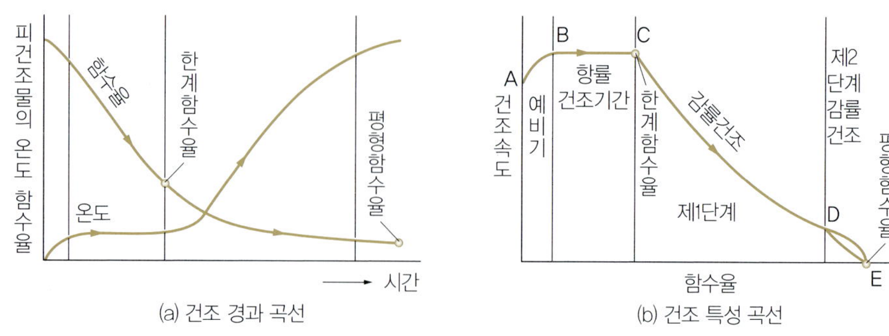

그림 3-2 건조 곡선

(falling rate period of drying) 또는 감속건조기간이라고 한다.

일반적으로 항률건조기간은 감률건조기간에 비하여 짧다. 〈그림 3-2 (b)〉의 A→B는 예열기간, B→C는 항률건조기간, C→D는 감률건조 제1 단계, D→E는 감률건조 제2 단계이다. 감률건조 제2 단계에서는 위쪽으로 요철형이 되는 경우도 있다.

항률건조에서 감률건조로 옮겨가는 시점의 함수율을 한계함수율이라고 한다. 건조속도에 영향을 미치는 요인으로는 온도, 습도, 기압, 공기속도, 공기의 방향 등 외적 조건들과 식품의 크기, 모양, 성질, 성분, 수분함량 등의 내적 조건이 영향을 미친다.

또한 건조과정 중의 변화로는 형태의 변화로 형태 축소현상, 조직 연화현상, 고결(caking)과 조해 현상 등이, 물리적 변화는 식품 물성의 변화 등으로 조직 변화, 복원성 상실, 신선감 저하 등으로 품질이 떨어질 수가 있다. 화학적 변화로는 단분자층(Brenauer Emmell Teller, BET) 수분함량에 의해 산화, 갈변, 비타민 손실, 색소 변화가 일어날 수 있다(그림 3-3).

(3) 건조방법

건조식품은 종류가 많으므로 건조 중 식품 내의 변화도 다양하다. 따라서 식품의 조직 상태, 성분 조성 및 농도에 알맞은 건조방법과 조건을 갖추어야 하며, 특히 건조 후 이용방법에 대하여는 적합한 방법을 선택하여야 한다.

건조과일과 같이 직접 식용하는 경우가 있는가 하면 독특한 풍미를 갖는 곡류, 감자류와 같이 적당한 수분을 가하여 가공 또는 조리로 하는 것과 건조채소, 분유, 난분과 같이 물을 가하여 본래의 상태에 가까운 것으로 하는 것 등이다.

이러한 점을 고려하여 식품의 건조방법을 채택하는데 그 방법들은 다음과 같다.

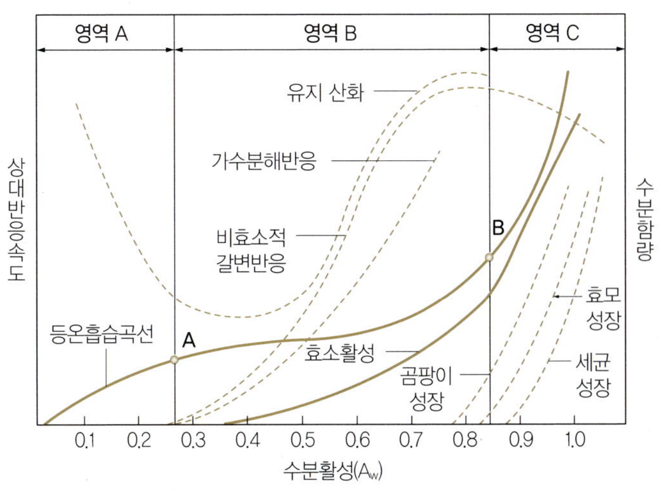

그림 3-3 수분활성과 식품 중에 일어나는 변화과정의 반응속도

① 자연건조

태양열, 한기, 기류 등 자연환경을 이용하는 방법으로 특별한 기술이나 설비를 필요로 하지 않아서 인공건조방법에 비해 간단하고 비용이 적게 든다. 그러나 자연조건의 영향을 많이 받으므로 건조시간이 짧을 때도 있고 장시간이 필요할 때도 있어서 건조기간에 변질을 일으키고 오염되기도 쉬워 균일한 제품을 얻기가 어렵다.

어패류나 해조류의 건조에 많이 이용되며 곡류, 과일류, 채소류 등에도 이용되고 있다.

자연건조에는 양건법과 음건법이 있으며, 자연동건법은 겨울철 해변가나 고산지대에서 밤낮의 온도 변화에 의하여 얼었다, 녹았다를 반복하면서 자연상태의 바람으로 수분을 증발시켜 건조하는 방법으로 북어(노랑태)나 한천 등의 건조에 이용한다. 이러한 동건제품은 스펀지 상태의 연조직이 된다.

② 인공건조

가압건조는 수분함량이 비교적 적은 15~40 %의 식품을 밀봉건조 용기에 약 1/3가량 넣고 외부로부터 회전 가열시키거나 직접 가열 공기를 주입하여 20~60 lb/ft^{2}의 압력에서 120~150 °C까지 가열한 후 건조 용기를 개방하여 상압에 식품을 분출시켜 가열 중 과열상태로 된 조직 중의 수분을 순간적으로 증발시켜 건조하는 것이다.

건조와 함께 조직은 팽창되어 다공질 구조를 갖게 되므로 팽화 건조(puffing drying)라고도 하며, 쌀튀김, 보리튀김, 옥수수튀김 등의 곡류뿐만 아니라 채소, 과일, 축육, 어패류 등에도 이용된다. 수분함량이 크거나 조직이 연한 것은 예비건조시킨 다음 가압건조를 한다.

상압건조는 열 전달방법, 건조장치, 건조매체의 접촉방법 등에 따라 분류한다. 열풍건조(hot airdrying)는 식품의 종류나 상태에 따라 온도, 풍속, 풍향 등을 잘 조절해야 한다. 열풍건조기는 상자식, 터널식, 벨트식, 회전식, 캐비닛식 등이 있으며 각종 식품에 적용할 수 있다. 분무건조(spray drying)는 분유, 커피, 분말과즙 등을 분무하여 건조시키는 방법으로 분무방식에 따라 압력노즐(pressure nozzle)과 원심분무기(centrifugal atomizer)로 나뉘며, 분무건조기로 건조한 제품은 색, 향, 재수화성 등이 우수하다.

또한 죽상태나 고형분이 있는 액체식품을 건조시켜 분말로 하는 건조방법인 피막건조(drum drying)는 드럼 설치에 따라 단식과 복식 그리고 쌍드럼의 3가지가 있다.

건조표면적을 최대로 넓혀 건조시키는 포말건조(거품), 약품건조라고 하는 건조제 건조에는 실리카겔(silicagel), 진한 황산(H_2SO_4), 무수염화칼슘($CaCl_2$) 등을 사용하며, 기타 전자파, 초음파, 적외선, 복사열 등을 이용하는 건조방법 등이 있다.

감압건조(vacuum drying)는 식품을 감압상태로 하여 열 전달이 상압에 비해 효율성이 있어 건조가 빠르고 성분의 변화를 적게 하여 건조하는 방법으로 진공건조라고도 한다. 주로 상압건조의 방법이 적용되며, 산업에는 효율적으로 진공동결건조방법이 이용되고 있다.

표 3-3 식품의 건조방법

구분		건조방법		적용 예
자연건조		양건, 음건, 자연동결		건포도, 건어류, 북어 등
인공건조	가압	가열 → 가압 → 분출		팽화식품 등
		자연환기	배건, 훈연	각종 식품
	상압	열풍	터널, 로터리, 캐비닛, 기류, 벨트식	각종 식품
		분무	노즐, 원심분리식	분유, 커피, 향신료 등
		피막	드럼, 벨트식	전분, α화 전분
		포말	크래커, 스파게티식	페이스트식품 건조
		건조제	건조약품에 의해	각종 식품
		전자파, 초음파	각종 전자파 등	비교적 수분이 적은 식품
		기타	적외선, 복사열 등	
	감압	진공	선반, 피막, 벨트식 등	
		동결	탈수, 진공 등	

2) 농축

농축(concentration)은 식품의 끓는점(boiling point)을 이용하여 식품 중의 일부 수분 등을 제거, 농도를 높이는 방법으로 수분 제거에서는 건조와 비슷하나 최종물이 고체상태가 아니라 액체상태인 점이 다르다. 분리와 정제 수단으로 이용되는 농축은 건조의 앞 단계로 건조에 필요한 에너지를 감소시키는 예비공정이기도 하다.

결정화를 하기 위한 방법 등으로 쓰이며, 농축을 하면 무게와 부피가 줄어들기 때문에 포장, 수송 등이 쉽고 수분활성도(A_w)가 낮아지므로 저장성은 향상된다.

농축방법은 증발, 동결농축과 막농축으로 구분한다.

(1) 증발농축

증발농축(evaporation)은 점도가 높은 제품을 생산하기 위해 젤리, 캔디류, 연유 등의 제조에 이용된다. 이 농축과정에서 가장 중요한 것은 열의 공급과 이동이며, 농축을 저해하는 것은 점도, 거품 생성, 관의 치석 등이다.

증발농축은 수분 제거 관점에서는 증류(distillation)와 같으나, 증류는 증기성분을 응축하여 제품을 제조하는 차이가 있다.

증발기의 형태는 수직형과 수평형으로 구별되며, 구조는 스팀을 공급하는 열교환기, 농축액에서 수증기를 분리하는 분리기, 수증기를 농축 및 제거하는 응축기로 나눈다.

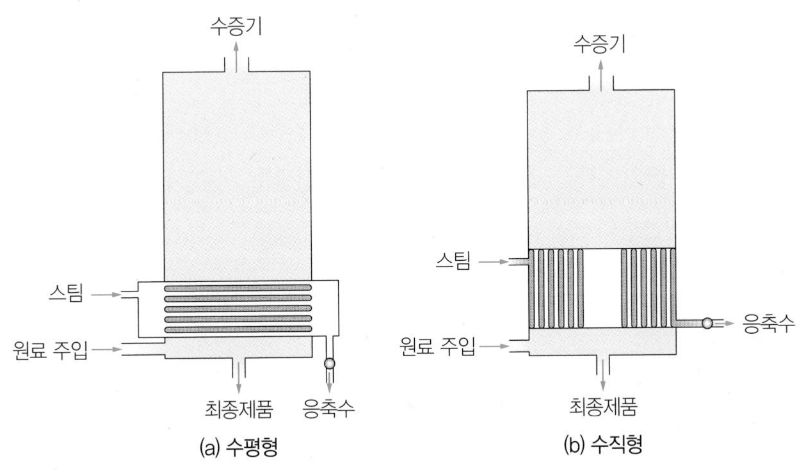

그림 3-4 증발기의 형태

(2) 동결농축

동결농축(freezing concentration)은 동결점을 이용하여 수분 일부를 얼음결정으로 만든 후 액체상으로부터 분리하여 용액을 농축하는 방법이다.

저온으로 조작하기 때문에 미생물 오염, 용질의 열화, 휘발성분의 억제 등으로 고급품을 제조할 수 있으며, 증발농축에 비해 에너지 효율이 높다. 그러나 설비, 조작 비용 등이 많이 들고 조작도 복잡한 편이다.

동결농축은 냉각, 결정 석출, 분리 공정으로 구분되며 가능한 한 얼음결정의 비표면적(specific surface area)이 적은 큰 얼음결정으로 만들어야 분리가 잘 되므로 동결할 때는 최적의 얼음 크기를 생성시키는 조작조건이 필요하다.

(3) 막농축

막농축(membrain fillter)은 상의 변화없이 막의 선택투과성을 이용하여 물질을 분리, 농축하는 방법으로, 연속농축이 가능하며 열이나 pH에 민감한 물질도 이용이 가능하다. 막농축은 미세한 막에 흐름속도를 유지하기 위해 생기는 삼투압을 이용하는 방법으로, 삼투압은 용질의 분자량에 반비례하므로 낮은 분자량의 용질에 의해 형성된 삼투압은 용매의 통과를 촉진시켜 농축한다.

막농축방법에는 막필터를 이용하여 음료수의 세균여과와 주류의 청정 등에 이용하는 정밀여과가 있다.

또 투석의 원리를 이용하는 확산투석과, 전류에 의한 이온교환을 이용하는 자기투석은 효소의 정제, 탈염 공정, 산미 조정 등에 이용한다.

압력 차이나 용질의 분자량에 따라 물만 투석시키는 역삼투와, 물과 염류 등의 저분자 물질을 투석시키는 한외여과는 유가공, 음료 가공, 천연색소 회수, 유지 정제, 양조산업 및 폐기물 처리 등에 이용한다.

또한 정밀여과, 한외여과 및 역삼투에 생물반응기(bioreactor)를 조합한 다이나믹 여과 등의 방법이 있다.

2. 온도 조절공정

식품의 변질은 여러 가지 요인에 의해 발생하지만 수분과 미생물에 의한 변질이 가장 크다고 할 수 있다. 특히 미생물, 효소, 성분 변화 등의 조절로 변질을 막아 주는 역할을 하는 가공공정인 온도 변화에 따른 방법에는 가열공정과 저온 처리공정이 있다.

1) 가열공정

수분을 제거하지 않고 미생물을 사멸시킬 수 있는 방법으로 50℃ 이상의 온도에서 식품의 저장성을 높일 수 있다. 가열 처리는 식품의 특성에 따라 여러 가지 변화를 나타내지만 미생물의 억제와 품질의 변화를 최소화시키는 방법으로 많이 이용되고 있다. 열전달은 가열, 건조, 농축, 냉각, 냉동 등 공정에서의 기본공정으로 식품의 가공, 조리, 살균 등에 쓰인다.

(1) 열 전달

식품 가공에서 열 전달방법은 직화, 열수, 수증기, 열풍, 전자파, 고주파, 저항 가열 등의 열원으로 구별한다. 식품을 가열하는 방법으로는 열의 전도(conduction), 대류(convection), 복사(convergence)에 의해 외부에서 내부로 열을 전달하는 방법과 내부의 파장을 이용하는 방법이 있으며, 기타 원적외선, 압출성형에 의한 방법 등이 있다. 열 전달속도는 대류가 전도보다 빠르며, 통조림 식품류에서는 복사가 광속도와 같으나 쓰이지 않는 것으로 알려져 있다. 맥주, 과즙류 등의 액체식품은 주로 대류에 의해 열이 전달되어 짧은 시간에 중심온도까지 도달된다.

즙액에 고형물이 있는 식품이나 전분질이 함유된 식품류는 대류에 의해 열이 전달되지만 속도가 매우 느리다. 젤(gel) 상태나 점성이 강한 퓌레류 같은 액체상의 식품은 대류보다 전도에 의해 열이 전달된다. 액즙이 거의 없는 식품이나 고체류 식품은 전도에 의해 외부로부터 중심온도로 서서히 전달된다. 식품의 열 전달에 있어 열이

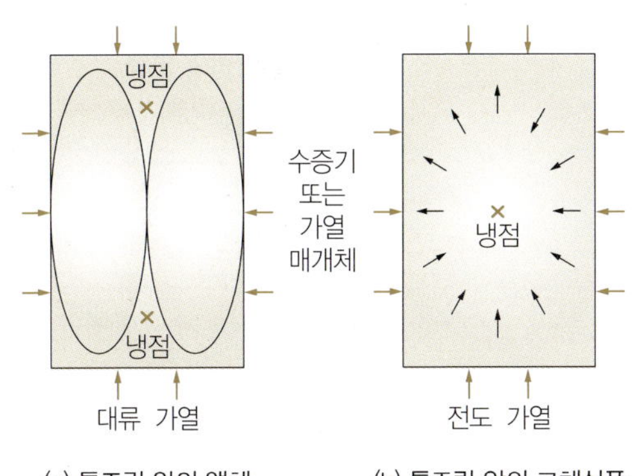

그림 3-5 통조림의 열 전달과 냉점

가장 늦게 도달되는 점을 냉점(cold point)이라고 하며, 통조림류 식품 중에서는 냉점이 살균시키는 시간 측정단위로 쓰인다. 이를 측정할 때는 열전대(thermo electic couple)가 사용된다.

(2) 열 처리방법

식품에 열 처리를 하면 일반적으로 식감을 좋게 해준다. 열 처리는 미생물을 사멸시키거나 해로운 물질을 제거하여 품질을 향상시킬 목적 등으로 실시한다.

열 처리방법에는 기름, 고체연료, 가스, 적외선, 유전 가열(dielectric heating), 마이크로파 등을 열 전달매체로 이용하여 열에너지를 식품에 직접 전달하는 직접법과 수증기, 액체, 가스, 전기 등 열교환기에 의해 열을 식품에 전달하는 간접법이 있다.

데치기(blanching)는 식품을 건조, 냉동 또는 통조림 등으로 가공하기 전에 열 처리하여 식품의 색, 향, 영양가의 변화를 막고 효소를 불활성화시키는 방법이다. 식품의 손실을 최소화하고 열 처리를 균일하게 해야 하며, 식품의 종류, 크기, 방법 등에 따라 효과가 다르게 나타난다. 데치기방법으로는 뜨거운 물에 담그는 담금 데치기와 수증기를 분무하는 증기 데치기가 있다. 예를 들어 채소류의 경우 80~100 ℃에서 1~5분간 데치면 과산화효소(peroxidase)와 카탈라아제(catalase) 등의 효소를 불활성화시키고, 비타민류의 손실 방지, 색소의 고정, 향기의 손실 등을 막으며 조직감 등도 향상시킨다.

조리(cooking)는 식품에 열을 전달시켜 식품의 기본 특성에 맞추어 먹기 알맞게 하는 과정으로 미생물의 생육 억제 및 살균, 효소의 불활성화, 유해물질의 파괴, 색·향·맛 및 조직

표 3-4 가열방법의 분류

구분	방법	열전달 매체
습식 가열	끓임 삶음 밥짓기	열 전달매체로 액체상태의 물을 이용
	찜	열 전달매체로 기체상태의 물을 이용
건식 가열	구이 볶음	열 전달매체로 물을 사용하지 않음
	튀김	열 전달매체로 액체상태의 기름을 사용
전자레인지 가열		열 전달매체는 없고, 물은 발열체가 됨

감 향상 등으로 위생적으로 안전하게 해주며, 영양성분의 파괴와 손실, 관능 특성의 변화 등이 발생된다.

조리방법으로는 〈표 3-4〉와 같이 습식 가열, 건식 가열 및 마이크로파를 식품에 조사하여 식품에 진동으로 열에너지를 단시간에 전파시켜 조리하는 레인지 가열이 있다.

(3) 살균

식품에 열 처리하는 방법으로 가장 많이 이용되는 것이 살균이며, 가열살균과 비가열살균으로 구분한다.

식품의 살균조건은 식품의 특성, 요구되는 보존성, 미생물의 종류, 형태, 산소, pH 등에 의해 정해지며, 특히 pH가 매우 중요하다.

가열살균은 식품에 들어 있는 미생물이나 효소를 사멸시키는 것으로 보존성은 높아지지만 관능이나 영양의 변화가 따르게 된다. 가열살균의 방법은 열 저항성이 약한 미생물을 살균하는 저온살균(pasteurization)과 내열성이 강한 미생물까지 살균하는 고온살균(sterilization)이 있다. 또한 식품에 따라 포장이나 저온 저장 등을 할 경우 가공식품의 조건에 따라 살균하는 상업적 살균(commercial sterilization)이 있다.

표 3-5 살균방법별 장점과 단점

살균방법		장점	단점
가열살균		• 식품 내부까지 살균이 가능하다. • 간단히 적용하면 경제적이다.	• 식품 변질, 변색, 영양가, 품질 저하의 우려가 있다. • 공기살균보다 비경제적이다.
비가열살균	약제살균	• 식품에 첨가하면 효과가 지속적이다.	• 사용 후 처리가 어렵다. • 인체에 영향을 미칠 가능성이 많다. • 환경오염의 가능성이 있다.
	자외선살균	• 살균 후 식품에 거의 변화가 없다. • 간단히 적용할 수 있다. • 공기살균에 적합하다.	• 공기, 물 이외는 직접 조사된 표면 부분의 살균에 국한한다. • 안전상 다소 주의를 요한다.
	방사선살균	• γ선, X선 내부까지의 살균이 가능하다. • 살균효과가 양호하다. • 포장 후 살균으로 2차오염이 없다.	• 설비비가 비싸다. • 안전 대책이 어렵다.
	전자선살균	• 고속 라인 처리가 가능하다. • 조사가 제어될 수 있다. • 포장 후 살균으로 2차오염이 없다.	• 투과에 한도가 있다. • 설비비가 비싸다.

그 밖에 조건에 따라 시간과 온도 등을 고려하여 살균처리하는 방법으로 고온순간살균(high temperature short time), 초고온살균(ultra high temperatuer), 열탕살균, 간헐살균, 증기살균, 건열살균, 전기살균 등이 이용되고 있다. 또한 고압이나 가열수증기를 이용하는 방법과 파장을 이용하는 전자기 가열방법 등이 있다.

2) 저온공정

예로부터 자연의 기후(동굴, 얼음 등의 저온)에서 식품을 저장하였으며, 19세기에 냉동기가 발명되면서 식품의 저장에 획기적인 발전이 이루어졌다.

식품의 저온 처리는 미생물 및 효소 작용, 성분 변화 및 생리작용 등을 막아 주는 온도 변화에 따른 식품 가공방법 중 하나이다.

저온공정에서 냉장과 냉동의 구분은 어렵지만 상온은 15~25 ℃, 냉장은 0~15 ℃, 냉동은 식품을 종결점 이하로 저장하는 것을 말하며, 일반적으로 -15~-30 ℃로 처리한다.

신선식품이나 일반식품은 생산에서 소비까지 저온에서 취급하면 상온에서보다 좋은 품질을 유지할 수 있도록 저온 유통체계(cold chain system)를 갖춰야 한다.

(1) 저온 원리

저온으로 하는 것은 열을 제거해야 되는데 이는 융해잠열, 승화잠열, 증발잠열 등을 이용하여 특정 식품의 온도를 낮추는 것이다.

산업적으로 가장 많이 이용하는 방법은 증발잠열을 냉매(refrigerant)로 하여 냉동장치 내에서 압축→액화→기화→압축을 되풀이하면서 열 처리하는 냉동사이클을 형성시켜 열을 제거한다. 이때 주요 부분은 압축기(compressor), 응축기(condenser), 팽창밸브(expansion valve), 증발기(evaporator)이다.

즉, 기체상태의 냉매가 압축기에서 압축되어 응축기로 보내면 냉매의 열을 제거하여 액체 냉매로 응축된다. 이것이 수액기에 모인 다음 이를 팽창밸브에 통과시키면 압력이 낮아져 액체-기체-혼합물로 되면서 증발기로 보낸다. 증발기에서 액체냉매는 기화되는데 이때 증발잠열을 주위에서 흡수하여 냉장이나 냉동이 되는 원리이다.

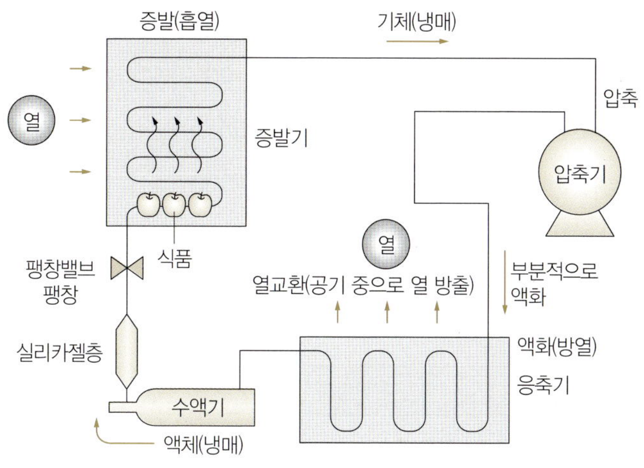

그림 3-6 냉동기의 원리

(2) 냉동곡선

식품을 냉각하면 어는점 이하에서 얼음결정이 형성되는데 임의의 한 점에서 시간이 경과하면 온도의 변화에 따라 빙결잠열이 제거되는 곡선을 형성한다. 이를 그 식품의 냉동곡선이라고 하고 〈그림 3-7〉과 같이 나타난다. 식품이 얼기 시작하는 시점을 빙결점이라고 하고 식품의 종류에 따라 차이가 있으나 대부분 -1~-2 ℃이다. 그러나 빙결점에 도달한 식품의 수분이 모두 동결되는 것은 아니며, 완전히 동결되는 데는 환경의 온도와 시간, 식품의

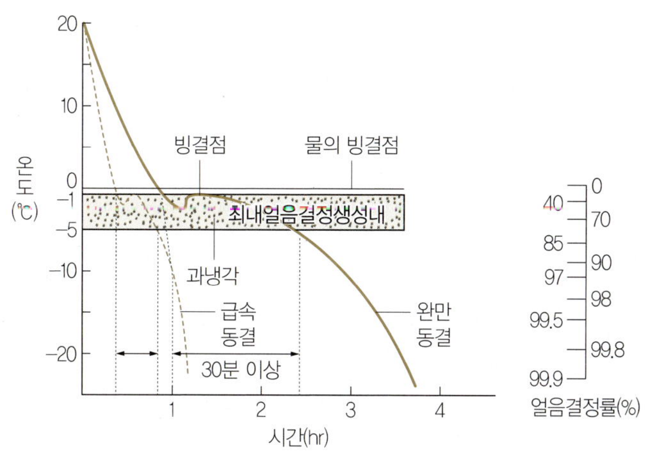

그림 3-7 식품의 동결곡선

종류와 특성에 따라 다르다.

이때 얼음결정의 형성에 시간이 길어지면 크기가 커져 기계적 손상을 입게 되는데 최대 얼음결정생성대(zone of maximum ice crystal formation)는 -1~-5 ℃이다.

이 최대얼음결정생성대를 통과하는 시간이 30분 이내이면 급속동결(quick freezing)이고, 그 이상은 완만동결(slow freezing)이라고 한다.

표 3-6 완만동결과 급속동결의 차이점

구분	완만동결	급속동결
최대얼음결정생성대 통과시간	35분 이상	35분 이하
얼음결정 위치	세포 외부	세포 내부
동결속도	1 ℃/min 이하	1 ℃/min 이상
얼음결정의 크기 형태	결정이 크고(70 ㎛ 이상), 모양도 다양	결정이 작고(70 ㎛ 이하), 모양이 균일
식품(세포) 형태	찌그러진 모양의 냉동상태 (세포의 형태 파손)	냉동 시 모양 변화 최소 (세포의 원형 유지 가능)
전반적 특징	냉각속도 늦음 얼음 크기 큼 얼음 수 적음	냉각속도 빠름 얼음 크기 작음 얼음 수 많음

(3) 냉장과 냉동 방법

식품의 저온 처리는 가급적 빠르게 냉각시켜야 하며, 건조가 되지 않고 냉장 최종온도는 그 식품의 빙결점 전으로 해야 하며, 저장실 내의 상대습도를 조절하는 것이 중요하고 저장실과 식품의 온도차를 적게 해야 한다.

식품을 저온 처리할 때는 생산 직후, 수송 또는 저온 전에 가능한 한 빠르게 일정 온도로 내려 주어 품온을 처리온도에 가깝게 해주어야 하는데 이를 예냉(precooling)이라고 한다. 식품의 냉장 처리는 예냉 후에 한다.

냉장 처리에는 송풍냉각, 냉수냉각, 해수냉각, 감압냉각, 빙장법(일반얼음, 염수얼음, 드라이아이스) 등이 있다.

식품을 -18 ℃ 이하로 동결시켜 저장하는 방법에는 공기동결, 염수동결, 접촉동결, 침지동결, 분무동결(액체질소동결법) 등이 있다.

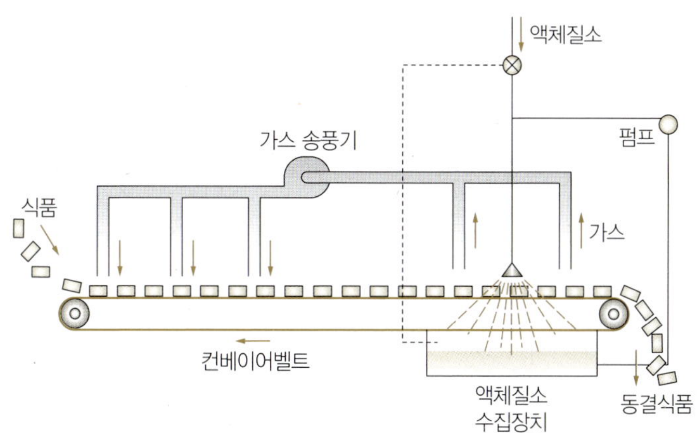

그림 3-8 분무동결법

(4) 저장과 유통

저온 처리식품의 저장과 유통은 물리·화학 반응을 최소화시켜 품질 유지에 최선을 다해야 한다. 특히 냉동식품은 저장온도와 저장기간이 중요하며, 가능한 한 온도 변화(Q_{10}의 변화) 없이 소비시킬 수 있도록 노력해야 한다.

상품 가치를 허용하는(tolerance) 저장시간(time)과 저장온도(temperature)와의 관계식을 시간온도 허용한도(Time-Temperature Tolerance, T.T.T.)라고 하며, 여러 온도에 따른

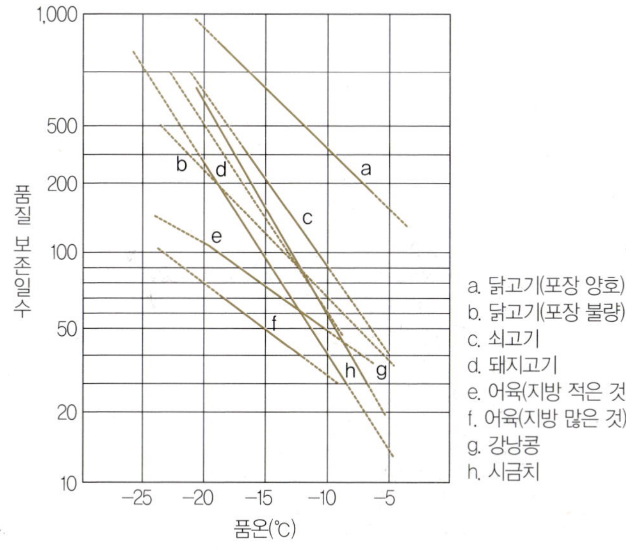

그림 3-9 품질보존 특성 곡선

저장 제품의 품질보존기간을 계산할 수 있다.

(5) 해동

냉동식품을 식용하거나 가공하기 위해서는 동결 전 상태로 녹이는 과정을 해동(thawing)이라고 한다.

해동은 단순히 빙결점 이하로 하는 목적뿐만 아니라 식품 본래의 상태로 복원시키는 것으로 해동 온도와 속도, 방법 등에 의해 결정되며, 해동식품의 품온 변화는 냉동곡선의 반대 모양으로 해동곡선을 나타낸다.

일반적으로 해동과정 중에 수분 등이 식품에 유출되는 드립(drip)현상에 의해 상품 가치를 손상시키는 경우가 많다.

냉동식품의 해동은 성분, 조직감 등의 변화, 드립 감소, 선도 저하, 미생물 오염 방지 등을 고려하여 실시해야 하며, 공기해동, 액체해동, 가열해동, 조리해동, 접촉해동, 고주파해동, 저온고압해동 등 여러 방법이 사용되고 있다.

표 3-7 소고기 냉동기간 중 품질 저하량 계산 예

저장 구분	품온(℃)	일수(t)	1일당 품질 저하량(d)	총 품질 저하량(D)
생산지 동결 저장	-20	100	0.002	0.002×100=0.200
수송 중	-10	30	0.010	0.010×30=0.300
소비자 동결 저장	-15	95	0.005	0.005×95=0.475
225일 경과한 시점의 품질 저하량(D)		225		0.200+0.300+0.475=0.975

3. 삼투압 이용공정

삼투작용을 하는 소금, 당, 산 등을 이용하여 유해 미생물의 생육을 억제하여 식품을 가공하는 방법이다.

삼투압을 이용하는 식품의 종류는 다양하며 침채류·염장류·육가공품은 소금, 잼·젤리류 등은 당류, 피클·초절임류는 식초 등을 이용한다.

1) 소금

식품에 소금을 넣으면 삼투작용과 확산작용에 의해 미생물의 생육 억제, 맛 부여, 위생성 등의 효과가 있으며, 사용이 간편하기 때문에 채소류·어류·육류 등에 소금절임이 널리 이용된다.

소금 사용은 10 % 이상을 기본으로 하나 미생물의 종류, pH, 온도, 식품의 특성 등에 따라 다르다. 삼투작용 이외에 탈수작용에 의한 미생물이나 효소의 생육 및 작용 억제, 소금 농도에 의한 산소용해도 감소, 소금 해리에 의한 염소이온의 살균작용 등이 식품의 보존성을 높인다.

절임에 쓰이는 소금은 천일염, 암염, 정제염 등이 있는데 가급적 오염되지 않은 소금이나 불순물, 내염성 미생물이 함유되지 않은 것을 사용해야 한다.

식품에 소금을 넣는 방법으로는 마른간법, 물간법, 개량법이 이용되며 특수한 방법도 있다.

마른간법(dry salting)은 식품에 직접 소금을 뿌려 염장하는 방법으로 일반적으로 식품 무게의 20~30 %를 식품의 종류 등 상황을 고려하여 조절해서 사용한다. 특히 마른간법은 소금 사용량에 비해 탈수량이 많고 삼투속도가 빠르기 때문에 초기 부패는 적고 염장에 특별한 용기가 필요없으며 염장이 잘못되었을 때 피해를 부분적으로 처리할 수 있다. 그러나 소금이 균일하게 침투하지 않으므로 품질이 고르지 못하고 염장식품의 표면이 공기와 접촉하여 유지성분 등이 쉽게 산화될 수 있으며 수율이 낮은 단점이 있다.

물간법(brine salting)은 적당한 농도의 소금물에 식품을 침지하는 방법으로 소금의 삼투가 균일하여 제품의 품질이 일정하고 공기와 직접적인 접촉이 없어 유지성분 등의 산패가 적고 과도한 탈수가 안 되며 외관, 풍미, 수율 등이 좋다. 그러나 염지 중에 자주 교반하여 초기 부패를 막아야 하며, 농도에 따라 탈수가 되지 않고 물이 재흡수되는 경우도 있다.

마른간법과 물간법의 장단점을 보완한 방법을 개량법이라 하는데 개량마른간법은 소금물로 염지를 하고 마른간법으로 본염지를 실시하는 방법이며, 개량물간법은 마른간법을 하고 가압을 하면서 물간법을 하여 염장효과를 높인다.

특수 염장법으로는 소금물을 주사하는 근육주사법(Stich method)과 맥관주사법(Morgan method), 공기가 밀폐된 용기 내에서 감압하여 염장하는 변압염지법, 압착염지법 등이 있다.

또한 염지 후 건조한 식품을 활엽수 목재를 불완전연소시켜 생기는 연기를 식품에 처리하면 연기성분 중의 살균과 보존 효과와 더불어 훈제품의 독특한 향을 식품에 부여하여 풍미를 향상시키는 방법을 훈제 또는 훈연(smoking)이라고 한다.

2) 당류

소금과 같은 삼투작용을 이용하는 방법으로 당류를 식품에 첨가하면 수분활성도가 낮아져 미생물의 생육은 억제시키고 풍미를 높이는 당장(sugaring)이 있다.

당류는 소금보다 삼투압이 낮아 식품 내부로 삼투가 잘 안 되므로 원료를 물이나 묽은 당액에 끓여서 조직을 연화시킨 후 짙은 농도의 당액에 침지해야 한다.

일반적으로 미생물은 당의 농도가 50 % 이상이면 생육이 억제되지만, 내삼투압성 효모 등은 80 % 농도에서도 생육이 가능하다. 산류와 혼합하면 저장성의 향상 효과가 크다.

당류로는 과당, 포도당과 같은 단당류는 설탕보다 삼투작용이 수분활성도를 증가시키므로 저장성 효과가 떨어지고 전화당이 약간 높다. 당류를 이용하는 식품 가공품으로는 잼류, 가당연유, 과일버터, 과일 설탕절임류 등이 있다.

3) 산류

수소이온 농도가 낮은 초산, 젖산, 구연산 등이나 무기산 등으로 식품을 가공, 저장하는 방법을 산장법(초절임, 피클)이라고 한다.

미생물의 생육 억제는 수소이온에 의해 세포단백질이 응고되기 때문이며, 일반적으로 세균은 pH 4.5 이하, 효모는 pH 4.0 이하, 곰팡이는 pH 3.0 이하에서 생육이 억제되지만 종

신선편이식품

식품 원료를 구입하여 다듬거나 세척하여 바로 먹을 수(ready to eat) 있거나 조리에 사용할 수(ready to cook) 있는 식품을 신선편이식품이라고 하며, fresh-cut 또는 cut vegetable이라는 용어로도 쓰인다.

신선편이식품은 생산량이 매년 증가하고 있으며, 위생과 안정성 확보로 소비자의 신뢰 구축과 신선도 유지, 보존 기술의 확보 그리고 다양한 상품 개발 등이 요구된다.

류에 따라 달라진다.

또한 같은 pH에서도 산의 종류에 따라 다른데 많이 이용되는 산은 초산, 젖산, 구연산 등의 유기산이며, 황산, 염산 등의 무기산보다 효과가 크다. 산과 소금, 산과 당, 산과 식품첨가물 또는 이들 혼합물 등을 사용하면 더 효과를 높일 수 있다.

산류를 이용한 식품 가공품으로는 오이, 마늘, 김치, 토마토, 양배추 등 채소의 초절임류와 칼피스(calpis) 등의 젖산음료, 어육의 초절임류 그리고 탄산음료 등이며, 이러한 제품은 신맛과 풍미가 향상되고 pH가 낮으며 장기간 저장할 수 있다.

4. 진공 이용

진공기술은 정상 대기압 이하의 조건에서 이루어지는 처리와 물리적 특징을 대신 이용하는 것으로 진공상태에서 일어나는 특이한 현상들 때문에 식품공업뿐만 아니라 원자력, 전자, 광학, 화학, 의약품 등 널리 이용되고 있는 최근 기술이다.

식품 가공에서 진공을 이용하면 특정 물질의 정제와 제거, 첨가 등으로 식품 내부의 구조 변화가 쉽고 안정화시킬 수 있는 효과가 있다. 식품에서는 식품의 품질 변화가 없고 안전한 식품을 소비자에게 공급하며 저장기간을 늘릴 수 있도록 조작하는 것으로, 에너지 소비가 높은 편이지만 꾸준히 발전해 가고 있다.

식품 가공에서 진공기술의 이용은 냉각, 저장, 증류, 동결건조, 해동, 농축 및 튀김 등 다양하다.

1) 진공 냉각

진공 냉각은 농산물의 수확 후 생리작용을 일으키는 식품이 장애가 최소화되는 온도까지 신속하게 냉각시켜 선도를 유지하는 것이다.

수확 후 냉각을 시키는 방법으로는 강제통풍, 냉수, 진공 등이 있으며, 과일·채소류의 상품 가치 향상, 선도 유지, 안정성 등의 목적으로 실시한다.

진공 냉각의 원리는 낮은 압력에서 식품 중의 수분을 증발시켜 증발잠열을 빼앗는 방법

표 3-8 진공 예냉식과 강제통풍 예냉식의 비교

항목	진공 예냉	강제통풍 예냉
냉각시간	20~30분	5~20시간
냉각온도의 균일성	중심부까지 균일하다.	불균일 용기의 구멍, 틈, 풍향, 쌓는 방법, 창고 내의 장소에 따라 차이가 크게 난다.
국부동결, 건조	전혀 생기지 않는다.	냉풍에 직접 닿기 때문에 일어나기 쉽다.
적용	엽채류가 최적, 근·과채류도 운전방법을 조절하면 가능하다.	거의 대부분 적용 가능하다.
비용	싸다(운전시간 짧다).	비싸다(운전시간 길다).
설비비 및 면적(하루당 처리량을 똑같이 한 경우)	싸다. 설치면적이 좁아서 집하장을 넓게 사용할 수 있다.	비싸다. 설치면적이 몇 배나 되기 때문에 집하장이 좁아진다.
보냉고	별도의 보냉고가 필요하다.	겸용이 가능하다.

으로 다른 예냉보다 냉각속도가 빠르다.

진공 냉각의 효율은 식품의 종류, 포장용기, 양, 압력, 냉각 속도 및 시간, 수분 손실 등에 따라 다르다.

2) 진공 저장

일반적으로 곡류의 저장법은 수확 후 건조한 장소에서 저온으로 저장하며, 신선한 과일이나 채소류는 저온 및 가스 저장 등의 방법을 병행하여 사용한다. 최근에는 진공 저장을 저온, 감압(진공), 고습, 일정의 환기 조건에서 실시하므로 채소류 및 과일을 신선하게 보존

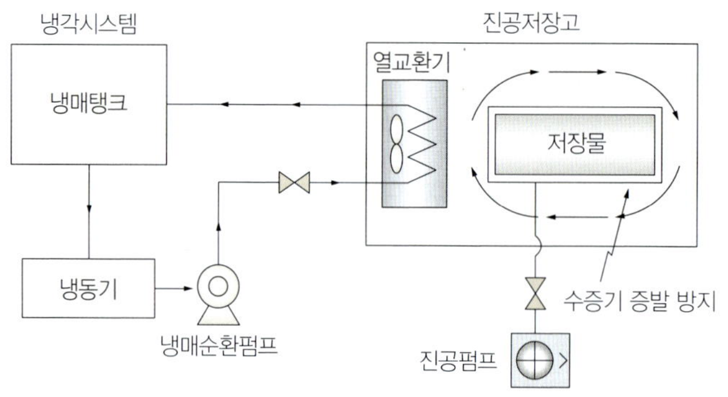

그림 3-10 진공 저장의 원리

하는데 냉장 저장 능력을 증가시키는 효과를 나타낼 수 있다.

이와 같이 진공 저장은 저장기간이 길고 냉장·가스 저장보다 수 배의 저장 능력을 가지고 있는데 영양분 파괴도 없고 냉장에 비해서 무게 감소도 없이 저장할 수 있다.

특히 고습도에서 저장하면 저장 후 변색이 없을 뿐만 아니라 저장 설비비도 적게 든다.

3) 진공 동결건조

식품을 진공건조시키는 방법은 여러 가지가 있으나, 진공 동결건조는 식품을 -30~-4℃까지 급속히 동결시킨 후 1.0~0.1 mmHg 정도의 진공을 유지하는 건조기 내에서 얼음으로 승화시켜 건조하는 방법이다.

진공 동결건조의 일반 원리는 진공상태에서 냉동의 원리와 같이 압축→응축→증발→

표 3-9 진공 동결건조품의 이용

식품	두께(mm)	건조판 온도(℃)	진공도(mmHg)	건조시간(hr)
쇠고기(찐 것)	8~10	55	1	6
굴(생)	10~15	40	0.5~0.01	14
게(찐 것)	10~20	40	0.5~0.01	8
새우(절반으로 잘라 삶은 것)	8~10	45	0.5~0.01	6
달걀(전체, 날 것)	5	40	0.5~0.01	3~4
백도	10~20	45	0.5~0.01	14
바나나(썬 것)	5	45	0.5~0.01	6
토마토주스	5	50	0.5~0.01	4~5
피망(날 것)	4	50	1	5
양배추	1~2	50	1	2~3
양파(썬 것)	3~4	50	1	5
당근(썬 것)	4	50	1	5
감자(데친 것)	10	55	1	5
고추냉이(썬 것)	2~3	50	1	3
송이	10	45	0.5~0.01	5
간장	3	45	0.5~0.01	3
된장	4	45	1	4~5
홍차(진한 침출액)	4	40	0.5~0.01	3
커피(진한 침출액)	4	40	0.5~0.01	3

유분리→팽창으로 순환시켜 동결하는 것으로 건조실, 진공장치, 탈수장치, 가열장치, 제어장치의 다섯 부분으로 구분한다.

진공 동결건조에 필요한 열 전달은 복식 가열, 단식 가열, 복사 가열 방식에 의해 이루어지며, 건조속도는 건조실의 진공도와 열량 공급방법, 식품의 두께 등에 의해 결정된다.

진공 중의 건조에서 식품은 항상 저온으로 유지되기 때문에 건조 중 열변성이나 산소, 효소 등에 의한 화학적 성분 변화는 일어나지 않으나, 제품의 수분함량이 낮고(3~4 %) 다공질 상태가 되므로 복원성은 좋으나 산화 표면적이 매우 커져서 저장 중 변색, 지방의 산화, 향기의 소실 등의 변화가 일어나므로 원료를 데치기(blanching)하거나 황 훈증 등의 전처리를 한다.

4) 진공 해동

진공 냉각은 식품을 진공에서 내부의 물을 증발시킬 때 증발잠열을 빼앗는 것을 이용하는 냉각이며, 진공 해동은 동결된 식품을 진공에서 가열한 수증기를 동결품의 표면에 응축시켜 해동하는 방법이다.

냉동식품을 해동할 때는 본래 식품의 맛, 향, 색, 조직의 변화를 막아야 하기 때문에 해동시간의 단축과 위생적인 고려 등이 요구된다.

이를 해결하기 위하여 진공 해동은 동결식품을 진공에서 저온의 수증기를 접촉시켜 물을 증발시키면 해동 중의 품질 변화 억제, 미생물 혼입 등이 적으며 해동시간을 짧게 할 수 있다.

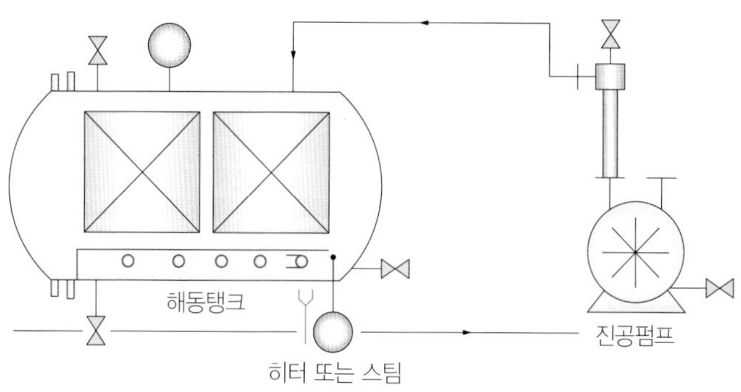

그림 3-11 진공 해동의 개념

또한 해동시키기 어려운 것들은 마이크로파나 열풍 등을 병행, 이용하면 더 효과적이다.

5) 진공 튀김

식품의 건조방법으로 식용유지를 이용하여 식품을 튀김으로써 수분을 제거하는 방법이 있는데 진공에서 식용유지와 식품을 가열하면 수분을 2~3 %까지 조절시킬 수 있다.

일반적으로 대기압에서 식품을 튀기려면 식용유지의 온도가 120~200 ℃가 되어야 하지만, 진공에서는 100 ℃ 정도에서도 튀김이 가능하다.

이처럼 진공 튀김은 낮은 온도에서 튀기기 때문에 원료의 맛, 색, 향 등이 그대로 유지되며, 진공에서 물의 증발속도가 커져 튀기는 동안에 탈수와 증발이 빨리 일어나 조직이 다공질화가 되어 식감이 좋아진다.

또한 일반 튀김은 튀길 때 식용유지의 산화가 잘 일어나는 반면, 진공 튀김은 온도가 낮고 산소의 접촉이 적기 때문에 산화 억제효과도 있다.

진공 튀김은 여러 조건에 알맞게 맞춰야 하며, 다공질의 조직감은 좋으나 유지성분이 있어 포장에 신경을 써야 한다.

6) 기타

열에 불안정한 물질이나 일반 종류가 어려운 물질 등을 증류하는 진공 증류, 건조나 튀김 전후에 물질을 첨가하거나 무균 처리 등을 하기 위해 실시하는 진공 첨가, 발효조에서 미생물과 원료를 교반하거나 발효시키는 진공 교반과 진공 발효 등 진공을 이용한 여러 가지 방법이 식품산업에서 발달하고 있다.

진공 이용 효과

- 식품에서 특정 물질의 제거(정제) : 고온 조작은 처리물의 가공이 목적이지만, 저온 조작은 처리물의 보존, 변질 방지가 주목적이다.
- 식품에 특정 물질 첨가 : 진공 첨가, 진공 훈증, 진공 해동
- 식품 내부의 구조 변화 : 진공 발포, 진공 발효, 진공 교반

5. 방사선 조사

식품 방사선 조사(food irradiation)는 방사능물질에서 나오는 에너지(방사선에너지)를 식품에 쪼이는 것으로 식품의 성질 변화가 없으면서 발아 억제, 미생물 및 해충 사멸 등을 유도하는 비가열 처리에 의한 살균법 중의 하나이다.

방사선 조사는 식품 이외에도 의료용 기구나 포장용기의 살균 등에 널리 이용되고 있다.

1) 방사선 종류

방사선은 종류가 다양하나 식품 조사나 방사선 살균에 이용되는 방사선은 Co-60이나 Se-137에서 방출되는 γ선, 에너지 10 MeV 이하의 전자선, 에너지 5 MeV 이하의 X선으로 한정되어 있다.

X선과 γ선은 단파장의 전자파로 일상생활에 쉽게 이용되고 있는 마이크로파, 라디오파, 자외선, 적외선, 가시광선 등과 같은 에너지이다. 특히 γ선은 투과력이 강해 포장상태의 식품에 처리할 수 있어 2차 오염을 방지할 수 있고, 식품의 품온 변화가 없어 성분 변화나 형태 변화를 방지하며, 잔류성이 없고 환경조건에 영향을 받지 않는다.

전자선은 γ선에 비해 투과력이 약하고 활용범위가 제한되어 있어 곡류의 살충, 표면살균, 의료품 및 제약품 등의 분야에 일부 사용되며, γ선보다 많은 원료를 처리할 수 있는 장점이 있다.

표 3-10 방사선 조사원(Co-60, Se-137)의 장단점

구분	장점	단점
Co-60	• 침투력이 좋고 균일하게 조사 • 쉽게 이용 가능 • 환경 유해 위험도 낮음	• 짧은 반감기(5.3년) • 식품 가공 속도 느림
Se-137	• 긴 반감기(30년) • 방출에너지가 적어 폐기물이 작아도 됨	• 침투력이 약하고 균일 조사가 안 됨 • 공정속도 느림 • 수용성, 낮은 녹는점→환경에 유해함 • 연료 보급이 핵폐기물에 의존하므로 공급의 한정성

2) 방사선의 단위

식품 방사선 조사에 대한 에너지 단위는 국제단위(SI)를 사용하고 있다. 식품에 조사된 방사선을 얼마만큼 받았는지, 받은 조사량은 그 식품이 받은 에너지로 표시할 수 있으며, 방사선이 물질을 투과할 때 그 물질의 분자를 이온화시켜 에너지를 받게 된다. 기본단위는 전자볼트(electron volt, ev)로 표시하고 단위질량에 대한 방사선에 의해 부여된 에너지의 양을 흡수선량이라 한다.

조사선량(C/kg)은 공기 1 kg에 1 C(coulomb)의 이온을 만드는 γ선량을 나타낸다. 물체에 대한 방사선의 흡수선량(absorbed dose) 단위는 그레이(Gy)가 사용되며, 1 Gy는 100 rad, 1 joule/kg에 해당된다. 또한 1초당 1개의 원자가 변환 또는 붕괴되는 방사선물질의 양은 Bq(becquerel)로 표기한다.

표 3-11 방사선의 단위

구분	단위	정의
조사선량	C/kg	공기 1 kg 중에 1 C에 이온을 만드는 감마선량
	R(roentgen)	공기 1 kg 중에 2.58×10^{-4} C의 에너지를 흡수할 때의 선량 1 C/kg = 3876 R
흡수선량	Gy(gray)	1 kg당 1 J의 에너지 흡수가 있을 때의 선량
	rad	1 kg당 1/100 J의 에너지 흡수가 있을 때의 선량
방사능량	Bq(becquerel)	1초당 1개의 원자가 변환 또는 붕괴되는 방사성물질의 양
	Ci(curie)	1초당 3.7×10^{10}개의 핵 붕괴하는 방사능의 양 1 Bq = 3.7×10^{-10} Ci
방사선에너지	ev(electron volt)	전자가 1 volt의 전기장을 통과할 때 얻는 운동에너지

3) 방사선 조사

식품 방사선 조사와 관련된 생물학적 작용은 직접작용이론과 간접작용이론으로 크게 나뉜다.

직접작용이론(hit theory, target theory)은 생체의 세포나 표준물질에서 방사선 감수성이 강한 부분(핵, DNA 등)에 방사선에너지가 직접 작용하면 전리(물질을 이온화시키는 것)가 일어나 생물학적 변화를 일으킨다는 것이다. 식품성분들의 변화도 이온화 방사선이 이들에 직접 충돌하기 때문에 기인된다고 설명할 수 있다.

간접작용이론(indirect action theory, diffusion theory)은 생체 내의 수분이나 세포 등이 전리작용에 의해 자유기(free radical)나 이온을 생성하며 화학작용을 일으켜 간접적으로 영향을 미친다는 것이다. 즉, H^+, OH^-, O_2^-, H_2O_2 등이 생성되어 강한 산화나 환원제로 작용하면서 미생물에 영향을 줌으로써 기능이 치명상을 입어 사멸하게 된다.

방사선 조사는 식품의 안전성과 영양 적격성, 품질성을 높이거나 유통기간을 연장시키는 목적에 따라 여러 조사선량이 이용된다. 발아 억제, 해충 제거, 보존성 연장, 과일·채소류의 숙도 지연, 식중독 억제 및 살균, 물리적 특성 향상 등에 이용되며, 각 목적에 맞는 조사선량의 크기에 따라 저선량 조사, 중선량 조사, 고선량 조사로 나뉜다(표 3-12).

저선량 조사는 1 kGy 이하로 감자, 양파, 마늘 등의 발아 억제와 쌀, 밀, 돼지고기, 향신료, 건조식품 등의 기생충이나 해충의 살충에 이용한다.

중선량 조사는 1~10 kGy의 선량으로 처리하여 과일, 채소, 어패류, 육류 등의 부착 미생물을 살균하며 저장성을 높인다. 또한 냉장, 진공, 질소 충전이나 가벼운 열 처리를 하면 선량은 줄이고 저장성은 연장시키는 효과가 있다.

고선량 조사는 50 kGy까지 높은 조사선량으로 미생물뿐만 아니라 효소의 불활성화까지 가능하나 방사선의 부반응에 의한 품질 변화가 일어날 수 있다. 따라서 조사선량을 높일수록 부반응 방지법을 확립해야 된다.

물리·화학적 방법의 부반응 방지는 낮은 선량 조사, 탈산소, 유리기 수용체의 첨가, 감수성의 향상, 조사하여 증류, 가열 등을 병행하여 식품의 품질을 향상시켜야 된다.

표 3-12 방사선 처리법

처리법	처리 용도	조사선량[kGy(Mrad)]
저선량 조사(1kGy 이하)	근채류의 발아 억제	0.05~0.1(0.005~0.01)
	기생충, 곤충의 살멸	0.1~0.5(0.01~0.05)
	곡류, 건조과일의 살충	0.1~0.5(0.01~0.05)
	육류 중의 기생충 살멸	0.1~0.5(0.01~0.05)
	종자의 발아 억제	0.01~1(0.001~0.1)
중선량 조사(1~10kGy) : 냉장과 병용 시 저장성 연장	표면에 부착된 미생물의 발아 억제	1~10(0.1~1.0)
	식품(동결란 등) 및 사료 중 살모넬라의 제거	2~5(0.2~0.5)
	어패류의 저선량 조사	5 이하(0.5 이하)
	과일·채소류의 저선량 조사	5 이하(0.5 이하)
고선량 조사(10~50kGy)	과일·채소류의 완전살균	10~30(1.0~3.0)
	육·어패류의 완전살균	30~50(3.0~5.0)

또한 방사선 조사로 인한 안전성은 정부가 조사식품 또는 식품 조사에 관한 법을 제정하고 있으며, 조사 품목과 목적을 정하여 각 식품 조사목적에 정확한 조사선량을 결정하여 국제규격(Codex)에 맞게 규정, 관리 감독을 실시하고 있다.

방사선 조사식품의 주요 대상은 향신료, 건초, 해초류, 근채류, 가금류, 과일류 등이며, 방사선 조사식품을 허용하고 있는 나라는 약 56개국이고, 250여 종의 식품품목이 조사 처리되고 있다. 앞으로 세계 각국에서 주요 식품산업 기술로 방사선 조사 기술의 사용이 날로 늘어날 전망이다.

6. 새로운 공정

1) 고전압 펄스장 이용

고전압 펄스장(high voltage pulsed electric field, PEF)은 짧은 2개의 전극 사이에 처리식품을 넣고 10 KV/cm 이상의 고전압을 짧은 시간(1초 미만) 방전하여 저온살균의 효과를 나타내는 기술로, 고전압이 미생물 세포에 순간적으로 전달되어 세포막 사이의 전위차를 유도하고 전하를 띤 분자 사이의 반발력에 의해 비가역적 세포막 파괴를 일으켜 미생물을 사멸하는 방법이다.

장치는 직류 전원기, 충전기, 방전 스위치, 처리용기로 구성되며, 방전시간은 ms나 μs로 아주 짧다. 방전곡선은 지수형(expential decay wave)과 각형(square wave)이 있고 각형이 더 효율성이 있다.

PEF가 미생물 불활성화에 영향을 미치는 요인으로는 압력의 폭, 처리시간, 처리온도, 압력파형의 모형, 미생물 종류, 농도와 성장 단계, pH, 살균 유무와 이온 복합체, 매개체 전도

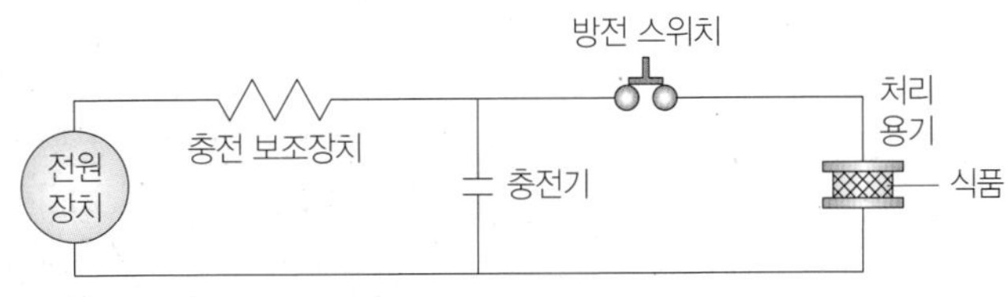

그림 3-12 고전압 펄스장 처리장치

표 3-13 고전압 펄스장의 특징

장점	단점
• 처리시간이 매우 짧음 • 연속 처리 가능 • 영양 손실 최소(고품질 제품 생산) • 모든 식품에 적용 가능 • 구조가 간단 • 최소한의 온도 상승	• 입자 크기가 매우 작아야 함 • pumping 가능한 식품 적용 • 충분한 수분이 있는 식품 • 고체식품은 두께가 30 mm 이하의 균일 크기 • 고형분은 액체식품에 골고루 분산되어야 함 • 재래식 처리만 가능

성, 매개체의 이온 견고성 등이 있다.

식품에는 살균, 주스의 착즙, 유효성분 추출, 각종 세포로부터 대사산물의 추출 수율 향상 등 적용범위가 매우 광범위하다.

2) 옴 가열 이용

옴 가열(ohmic heating)은 마이크로파 가열과 같이 내부 가열방식으로 일반 외부 가열방식에 비해 빠르고 균일하게 가열할 수 있으므로 식품 외부의 과열로 인한 품질 저하를 막을 수 있다.

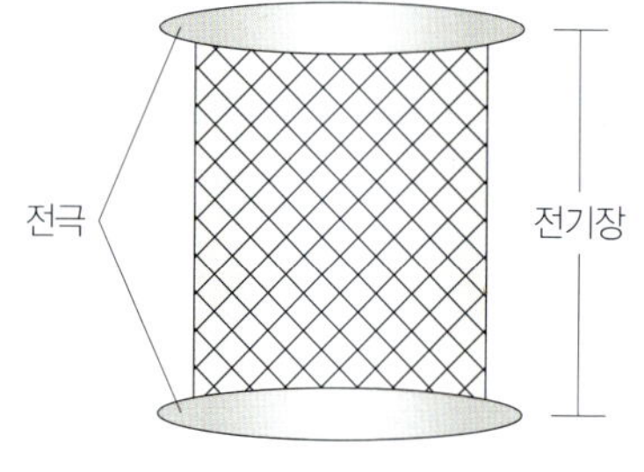

그림 3-13 옴 가열의 원리

옴 가열은 식품의 전기저항을 이용한 가열로 저항 가열이라고도 하는데, 식품에 교류전류를 통과시켜 전기에너지를 열에너지로 바꿔 식품 내부에서 급속히 열이 발생되는 원리를 이용하는 것이다.

옴 가열은 50~60 Hz의 100~200 V 교류 또는 1~100 KHz의 20~80 V의 교류를 사용하여 가열이 빠르고 균일하며 침투 깊이 제한이 없기 때문에 교반이 필요없다.

가열방식에는 직접저항 가열과 간접저항 가열이 있으며, 액체보다 고체물질이 더 빨리 가열될 수 있다.

식품 가공에서는 고기풀의 제조, 쌀겨기름 추출, 젓갈 제조 시 고춧가루 살균, 탈수와 건조, 냉동식품의 해동, 무균 충전 포장 및 고형물 함유 식품의 연속 살균 등에 활용할 수 있다.

표 3-14 옴 가열의 특징

장점	단점
• 깨끗한 열원(소음 발생 없음) • 온도 이용범위 넓음(~3000 ℃) • 에너지 관리 용이 • 열 효율 높음 • 온도관리 및 제어 용이 • 특별 전원 필요 없고 안정성 높음	• 수분 낮은 식품에 적용 힘듦 • 전기분해가 일어날 수 있음 • 전극과 식품 접촉이 균일해야 함 • 국지적 과열과 전극분해도 식품 변질 우려 • 무균 충전 필요 • 고가의 전극

3) 마이크로파 가열 이용

마이크로파(microwave) 가열은 유전 가열의 일종으로 식품 내부에 복사열을 이용하여 주파수 300 MHz~300 GHz 영역에서 진공관장치로 발생된 마이크로파를 반사, 흡수, 통과함으로써 열을 발생시킨다.

식품에 이용하는 주파수는 1450 MHz와 914 MHz이며, 전기전도성 물질은 마이크로파를 반사하고, 전기 절연체는 투과하며, 극성 물질이나 이온성을 함유한 물질은 흡수한다.

즉, 물과 같은 극성 물질은 교류하는 전기장에 정렬을 반복하며 회전하면서 마찰에 의해 극성 회전(Polar orientation)으로 열을 발생시키며, 이온성 물질은 교류하는 전기장의 운동으로 이온성 전도(ionic conduction)로 열을 발생시킨다. 또한 기름과 같은 비극성 물질은 교류하는 전기장에 의해 극성을 유도하여 극성회전을 하며 열을 발생시킨다.

기본구성은 마이크로파 발생 진공관장치와 가열 부분에 발생된 마이크로파를 전달하는 절연체(isolator), 반사되는 마이크로파를 조정하여 일정하게 흡수시키는 조정기와 분배기

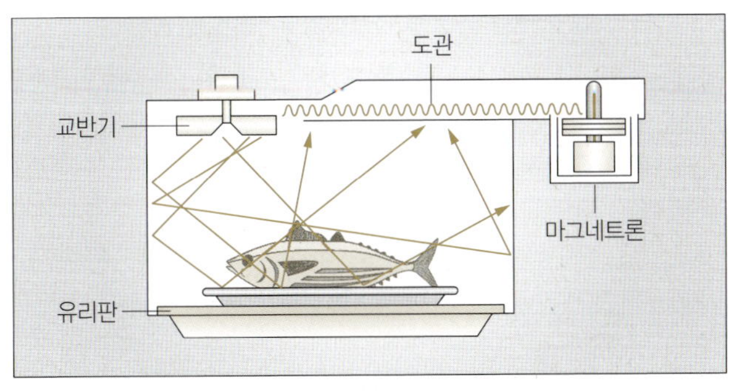

그림 3-14 전자레인지에서의 마이크로파 이용

표 3-15 마이크로파의 특징

장점	단점
• 급속 가열 및 균일 가열	• 단면 효과 및 과열 현상
• 에너지 절약-선택 가열	• 금속 등이 존재하면 방전 발생
• 수분건조 균일	• run-away 가열기에 의한 국부 가열
• 밀폐 및 진공 가열 용이	• 정확한 온도나 전기장 강도 측정 곤란
• 재가열이나 해동에 적합	• 고가의 설치비용

로 되어 있다.

식품의 마이크로파 가열은 살균이나 보존을 위한 가열, 냉동식품의 해동, 건조식품, 보존식품, 인스턴트식품 등 광범위하게 이용되고 있다.

4) 초고압 이용

식품에 이용하는 초고압(high hydrostatic pressure, HHP)은 액체나 고체 식품에 100~900 MPa의 압력을 가해 보존성을 높이는 가공방법이다. 상업적으로는 400~600 MPa의 압력에서 20 ℃ 정도의 실온으로 10~30분간 실시한다.

초고압 처리는 압력용기, 가압기, 온도근절기로 이루어지며, 기존의 기체나 열을 사용하는 방식이 아닌 물을 압력 매개체로 하여 건강기능식품, 액상 한방재료, 의약품류나 화장품류 등의 초저분자화, 추출, 살균 등이 가능한 최첨단방법이다.

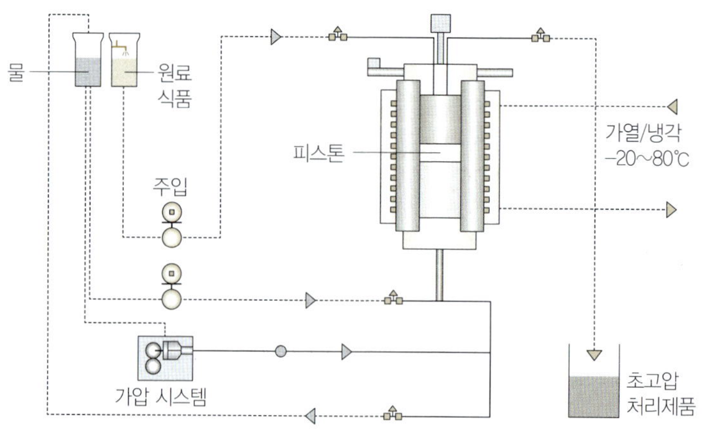

그림 3-15 초고압 처리 시스템

초고압은 식품 중의 미생물, 포자, 효소를 불활성화시키며 단백질 변성, 전분의 호화 등 물성을 변화시켜 새로운 조직감을 부여하기도 한다.

초고압으로 처리한 식품은 영양적·관능적 품질, 조직감이 우수하며, 편의성과 안정성이 높고 저장기간이 연장된다.

미생물 살균, 효소반응 조절, 효소의 불활성화, 발효식품의 제어, 잼류의 활용, 주스류의 살균 등에 이용되며, 처리 시에는 다른 방법과 병행 처리하면 효과가 증대된다.

표 3-16 초고압 처리의 특징

장점	단점
• 식품 조직의 손상 없음 • 보존성의 증대 • 자연상태의 품질 유지 • 이상물질의 생성 방지	• 초기 설비비 고가 • 무기질의 유출

5) 초음파의 이용

초음파(ultrasound) 처리는 16 kHz 이상의 높은 진동에 의해 다량의 기포 또는 공간이 형성되고 이들이 파괴되면서 압력이 변화하며 생성되는 에너지를 이용하는 방법이다.

식품산업에 이용되는 초음파는 진동수가 16~100 kHz인 저주파로 식품의 품질 및 성분 검사(비파괴검사)와 식품의 경도, 숙성도, 당 함량 및 산도 등의 분석에 쓰이며, 100 kHz 이상인 고주파는 식품의 물리·화학적 성질 변화에 쓰인다.

주로 액상식품의 공기 및 거품 제거, 고체 세포에서의 액상물질 추출, 유화 및 균질화, 점도와 조직의 변화 및 조직 개선, 건조 및 동결, 세척 효과에 이용되고 있다.

식품산업에서 초음파 이용의 역사는 짧으나 원료나 용기 등의 세척, 단백질이나 지방질의 추출, 맥주나 탄산음료의 거품 조절, 초콜릿의 제조, 술이나 음료의 숙성, 건조 등에 이용되며, 육류의 조직검사, 액체식품의 점도 측정, 저장 및 반응기에서의 액체 측정, 품질 평가 등에도 응용되고 있는 등 앞으로 더욱 발전할 것으로 기대가 된다.

실제 식품산업에서 인삼의 초음파 세척, 해조류의 성분 추출, 마늘의 유효성분 추출 및 진공농축 등에 이용되고 있다.

초음파 처리기술은 추출물 상층 분리 및 시간 단축의 효과가 있으며, 일정한 품질의 제품을 생산할 수 있고, 에너지 비용이나 유지비가 적게 들어 상업적 이용이 가능하다.

그러나 단독 처리하면 효과가 낮으므로 다른 방법과 병행해야 하며, 구체적인 화학적 효과가 규명되지 않았다.

식품산업에 도입되고 있는 몇 가지 다른 산업 관련 기술들은 단순한 기술 간의 연결이 아니라 산업 간의 연결까지도 이어질 것으로 보인다. 이미 제약업과 식품업이 공동으로 제품 개발 및 연구를 하여 의약품에 가까운 효능을 보이는 미용식품(cosmetic food)이라는 새로운 분야의 창출을 시도하고 있다.

이러한 기술 융합, 산업 융합의 이면에는 정체되어 있는 시장 성장, 기업 성장의 돌파구를 찾기 위한 또 다른 전략이라는 측면이 있겠지만, 소비자의 편리성, 즐거움, 건강 지향이라는 요구를 반영함으로써 향후 식품산업뿐만 아니라 다른 산업에서도 타 산업과의 기술 융합이나 제품의 융합 등 수많은 융합기술 및 융합제품이 등장할 것으로 보인다.

따라서 기존의 자기 산업 내의 기술뿐만 아니라 다른 산업의 유용한 기술을, 현재 종사하고 있는 산업 속에 적용할 수 있는지 여부를 잘 살펴보고 기회를 찾아내야 할 것으로 보인다.

식품성분의 변화, 인체 유해물질의 생성 여부 등에 대한 보다 확실한 자료가 축적되면 머지않아 새로운 식품 가공기술로서 광범위한 분야에 응용될 것으로 기대된다.

허들기술(hurdle technology)

식품의 가공·저장 과정 중 식품의 영양성분이나 생리활성물질의 파괴 등이 일어나는데 이를 최소화시킬 수 있는 방법들이 요구되고 있다.

기존의 여러 방법을 이용한 식품 가공과정은 한계점이 있으므로 이를 극복하기 위해 여러 방법을 한꺼번에 도입하여 열 처리를 최소화하거나 첨가물의 사용을 자제할 수 있는 기술을 도입하여 보다 안전한 식품으로 만들 수 있는 방법을 모색해야 된다.

즉, 식품의 여러 장애요인들을 극복할 수 있는 복합기술을 적용하는 것을 허들기술이라고 한다.

용어정리

수분 조절

내부 확산과 외부 증발에 의한 수분 조절은 건조, 농축으로 구분하여 식품의 저장성을 부여하는 방법이다.

냉동곡선

품질을 유지할 수 있는 특성을 식품의 어는점을 이용하여 얼음 결정형성대, 얼음결정의 위치, 크기, 형태, 동결속도 등을 알 수 있는 그래프로 냉동식품의 관리에 주요 요건이 된다.

진공 이용 공정

감압상태를 이용하는 식품 가공기술로 특정 물질의 정제, 제거, 첨가 등으로 변화를 쉽게하고 안정화시킬 수 있는 효과가 큰 기술로 기대되고 있다.

비가열 처리공정

방사선 조사, 고전압 펄스장, 옴 가열, 마이크로파 가열, 초고압, 초음파 가열 등이 이용 또는 연구되고 있는 공정으로 신기술 도입 개념에 새로운 발전방향이 제시되고 있다.

단원정리

1. 수분활성도는 미생물이 식품 중에 수분을 이용하는 지표로 식품이 나타내는 수증기압에 대해 순수한 물의 수증기압의 비율로 나타낸다.
2. 식품의 건조는 표면 증발과 내부 확산에 의해 일어나며, 건조온도, 습도, 공기속도 및 흐름방향 간의 외부 조건과 두께, 형상, 배열 등의 내부 조건을 고려하여 짧은 시간 내에 건조를 끝내야 한다.
3. 온도 조절공정은 가온과 감온에 의해 미생물의 살균과 성장 억제를 목적으로 실시하는 방법이다. 살균은 비가열 살균과 가열살균으로 구별되며, 살균조건은 식품의 특성, 보존성, 미생물의 종류와 형태, 산소, pH 등에 의해 정해진다. 저온의 원리는 냉동장치의 냉매가 압축·액화·기화·압축으로 열을 제거하는 방법이다.
4. 삼투압 이용 공정은 삼투작용이 있는 소금, 당류, 산류 등과 이들 혼합물에 의해 미생물의 생육을 억제시키는 방법으로 침채류, 잼류, 피클류 등 다양한 식품 가공·저장을 할 수 있다.
5. 식품 가공에서 진공을 이용하면 특정 물질의 정제와 제거, 첨가 등으로 내부 구조의 변화가 쉽고 안정화시킬 수 있는 효과가 있다.
6. 식품의 방사선 조사는 방사선에너지에 의해 발아 억제, 숙도 지연, 해충과 미생물의 사멸 등의 효과가 있으며, 균일한 처리, 신선상태로 안전한 섭취, 검역, 에너지 소모 감소 등의 장점이 있는 비살균 처리기술이다.
7. 새로운 식품 가공·저장의 공정으로 고전압 펄스장 이용, 옴 가열과 마이크로파 가열, 초고압, 초음파 이용 등이 있으며, 앞으로 식품산업에 큰 이바지를 할 것으로 기대된다.

1. 수분활성도에 대한 설명 중 옳은 것은?
   ① 식품 속에 수분함량을 % 함량으로 표시한 것이다.
   ② 식품 속의 물 몰분율을 식품 중의 모든 성분의 몰분율로 나눈 값이다.
   ③ 식품의 수증기압을 순수한 물의 최대 수증기압으로 나눈 것이다.
   ④ 미생물이 활발히 증식할 수 있는 수분함량을 나타낸 것이다.

2. 통풍건조방법으로 농산물을 건조할 때 수분함량 속도 조절에 영향을 미치는 인자가 아닌 것은?
   ① 건조 공기의 비용적
   ② 건조실 내의 상대습도
   ③ 표면 열전달계수
   ④ 공급되는 건조용기의 엔탈피

3. 식품을 냉동시켰을 때 품질 변화에 대한 설명 중 틀린 것은?
   ① 냉동속도가 느리면 비액체성분이 비동결수에 최대한 농축된다.
   ② 냉동 시 냉매는 응고점과 응축압력이 낮아야 하고 점도가 커야 한다.
   ③ 냉동 중 저장에 의해 지방의 산화, 효소적 갈변, 단백질의 불용화 등이 발생할 수 있다.
   ④ 냉동에 의한 세포 조직의 기계적 손실이 발생할 수 있다.

4. 프레온계 냉매제를 대체하는 물질이 개발되고 있는 실정으로 냉매제의 기본 요건이 아닌 것은?
   ① 인화성이 없어야 한다.
   ② 증발잠열이 커야 한다.
   ③ 끓는점이 낮고 쉽게 증발되어야 한다.
   ④ 기체상태에서 밀도가 낮아야 한다.

5. 우유의 살균방법 중 가장 적합한 것은?
   ① 간헐살균
   ② 열탕살균
   ③ 증기살균
   ④ 초고온살균

6. 식품 가공에서 방사선 조사의 목적이 아닌 것은?
   ① 발아 촉진
   ② 곰팡이 생장 억제
   ③ 훈증효과
   ④ 기생충의 살멸

7. 소금을 이용하는 삼투압 이용 공정의 원리를 설명해 보시오.

8. 식품의 처리공정 중 새로운 방법으로 이용되는 기술에는 어떤 것이 있는지 설명해 보시오.

9. 식품 가공기술의 개발 동향을 설명해 보시오.

정답 및 해설

1. ③ **2.** ① **3.** ② **4.** ④ **5.** ④ **6.** ①

7. 식품에 소금을 첨가하여 가공하는 원리는 삼투압으로 식품 중의 자유수를 용출시켜 미생물의 성장과 번식을 막아 보존성을 높이며, 또한 맛을 부여하고 위생성 등의 효과를 높이기 위한 방법이다.

8. 실용화되고 있는 방사선 조사 그리고 고전압을 이용한 고전압 펄스장 이용, 옴 가열과 마이크로파 가열의 이용, 초고압을 이용한 보존성 증대, 초음파를 이용한 품질검사, 분석 및 살균 등이 있다.

9. 식품 가공기술은 품질 향상과 안전성 확보를 위한 폭넓은 연구 개발이 필요하다. 따라서 기존 기술의 개선, 신기술의 도입으로 공정을 개선, 에너지 절감 기술 개발, 소재 개발과 가공 시스템의 확립, 원료의 안정적 확보, 오염 방지 및 유효성분 이용 기술 개발, 생물공학의 도입과 응용, 포장재와 방법 개선, 생산비 절감을 위한 수율 향상 모색, 운영의 합리화를 위한 공정의 최적화 및 자동화 시스템의 개발 등에 더욱 증진할 수 있어야 한다.

PART III

식품 가공

CHAPTER 4

곡류 가공

1. 곡류의 특징
2. 곡류 가공
3. 전분 가공
4. 곡류 가공법

1. 곡류의 특징

곡류(cereals, cereal grains)는 화본과(벼과, *Gramineae*)의 종자로 기원전 7000년 무렵부터 재배되기 시작하였으며, 현재에도 전 세계에서 가장 널리 재배, 이용되고 있는 식물작물이다. 곡류는 미곡(쌀), 맥류(보리, 밀, 호밀, 귀리 등), 잡곡(조, 피, 기장, 옥수수, 메밀 등)으로 분류하며, 인류에게 생명의 양식으로 이용되어 왔다. 이 작물들은 환경 적응성이 뛰어나고 다른 식품보다 단위면적당 생산량이 많으며, 당질의 함량이 높고, 맛이 담백하여 식

표 4-1 쌀, 밀 이외 여러 가지 곡류의 특징

곡류	특성
보리	• 주성분 : 당질(60~70 %) • 비타민 B 함유 • 발아시킨 보리는 가수분해효소(아밀라아제)의 활성이 높고 강한 당화력을 가지고 있기 때문에 맥주, 물엿의 제조에 이용
호밀	• 호밀가루는 독특한 맛이 있으며 밀가루에 비하여 글루텐은 적지만 산에 의해 점성을 내는 성질이 있어 젖산 발효를 통한 빵 제조에 이용
귀리	• 귀리의 현곡은 다른 곡류에 비하여 단백질, 지질, 무기질이 풍부하고 섬유질도 많음 • 보통 오트밀로 식용함
조	• 종류 : 조와 차조 • 제한 아미노산은 라이신이고 아미노산가는 33으로 낮음
옥수수	• 밀 다음으로 세계 2위의 생산량 • 옥수수는 껍질부, 배아, 배유의 각 조직으로 되어 있지만 배아가 다른 곡류보다 커서 12~14 %를 차지 • 주성분은 탄수화물(71 %)이며, 그중 당질 69 %, 섬유질 2 % • 당질의 주성분은 전분으로 콘스타치(cornstarch)라고 부르며 아밀로스 약 27 %, 아밀로펙틴 약 73 %(찰옥수수는 전분의 100 %가 아밀로펙틴으로 구성) • 단백질은 약 9 %로 주요 단백질은 제인(zein)이라고 부르는 프롤라민이며, 지질은 배아에 30~40 %, 그중에 리놀산이 약 40 % 함유하고 있어 옥수수기름 추출에 이용 • 무기질 및 비타민의 함량은 쌀이나 밀과 비슷하나 카로틴(180 mg%) 함유
수수	• 단백질, 지질은 쌀보다 많지만 타닌을 함유하여 떫은 맛이 있으며 소화율이 떨어짐 • 제과, 양조용(마오타이주)의 원료로 사용
메밀	• 제분은 먼저 거칠게 빻아 겉껍질을 제거한 다음 분쇄함 • 수율 : 70~75 % • 메밀가루는 밀가루에 비하여 지질, 무기질, 비타민 B군이 풍부 • 메밀가루 전층분의 아미노산가는 100(도정, 건조 과정에서 아미노산가 약 61로 낮아짐) • 메밀의 단백질은 글로불린이 주성분, 입자 서로 간의 점성이 적음(국수 만들 때는 접착제로 밀가루, 갈분, 달걀흰자위 등이 사용) • 효소 활성이 강하기 때문에 가루로 만들면 저장성이 낮아 반드시 사용하기 직전에 빻아야 함

량으로 이용된다. 전 세계에서 주식으로 이용되는 곡류는 기후와 토양 등의 재배조건에 따라 이용 양상이 조금씩 차이를 보인다. 쌀은 동남아시아·남부 극동지방에서 주요 곡물로, 기후가 온난 건조한 유럽에서는 밀을, 남아메리카는 옥수수를, 북유럽·러시아 등 한랭한 지역에서는 호밀을 이용한다.

곡류가 지니는 식품학적 가치는 첫째, 열량 영양소인 탄수화물이 많으며 단백질의 함량도 높은 편이고, 둘째는 대량생산이 가능하며 성분 자체가 주식으로 적합하다. 셋째, 수송 중 부패 변질이 적고 1차 가공만으로도 식량으로 사용할 수 있다. 넷째, 간접적으로 동물 단백질원을 획득할 수 있어 가축 사료로 이용되고, 다섯째는 대부분의 곡류는 전분당 공업의 원료로서 가치가 있다는 점이다. 특히 한국인에게 곡류는 하루 필요 열량의 약 56 %를 제공하고 있는데, 이는 열량의 우수한 공급원이고 소화 흡수가 쉬우며 담백한 맛이 주식으로 적합하기 때문이다.

1) 곡류의 조직과 구조

곡류 입자의 구조는 3개의 주요 부분인 외피, 배아, 배유로 되어 있다. 외피는 왕겨(껍질 부분)로 둘러싸여 있고, 내부는 과피와 종피로 구성된 피부·배유·배아로 되어 있다. 곡류의 조직은 곡물의 종류에 따라 구조적으로 다소 차이가 있으나 큰 차이는 없다(그림 4-1).

피부는 배유와 배아를 보호하는 조직으로 과피와 종피로 구성되어 있다. 과피는 외과피, 중과피, 내과피로 되어 있고, 종피는 관상세포 안쪽에 있는 부분으로 내종피와 외배유로 구성되어 있다. 피부는 조섬유, 회분, 지방분의 함량이 높고, 이들 섬유는 묽은 산이나 알칼리

표 4-2 곡류의 특징

구분	구성 조직	특성
과피	외과피+중과피+내과피(엽록층+관상세포)	• 왕겨는 최종 외부에 있는 보호조직이다. • 배아 및 배유를 보호하는 조직으로 조섬유, 회분, 조지방의 함량이 높다.
종피	종피+외배유	• 관상세포 안쪽에 있는 내부 보호조직으로 소화하기 어렵다.
배유	호분층+전분 저장세포	• 곡류의 대부분을 차지하는 가식 부분이다. • 발아 후 싹이나 뿌리에 영양분을 공급하는 곳으로 영양소가 많이 저장되어 있다. • 도정 시 제거되는 호분층은 단백질, 지방이 많으나 세포막이 두껍다. • 전분 저장세포는 세포막이 얇으며 전분이 대부분이다.
배아		• 번식기관으로 발아할 때 잎이나 새로운 식물체를 형성하는 부분이다.

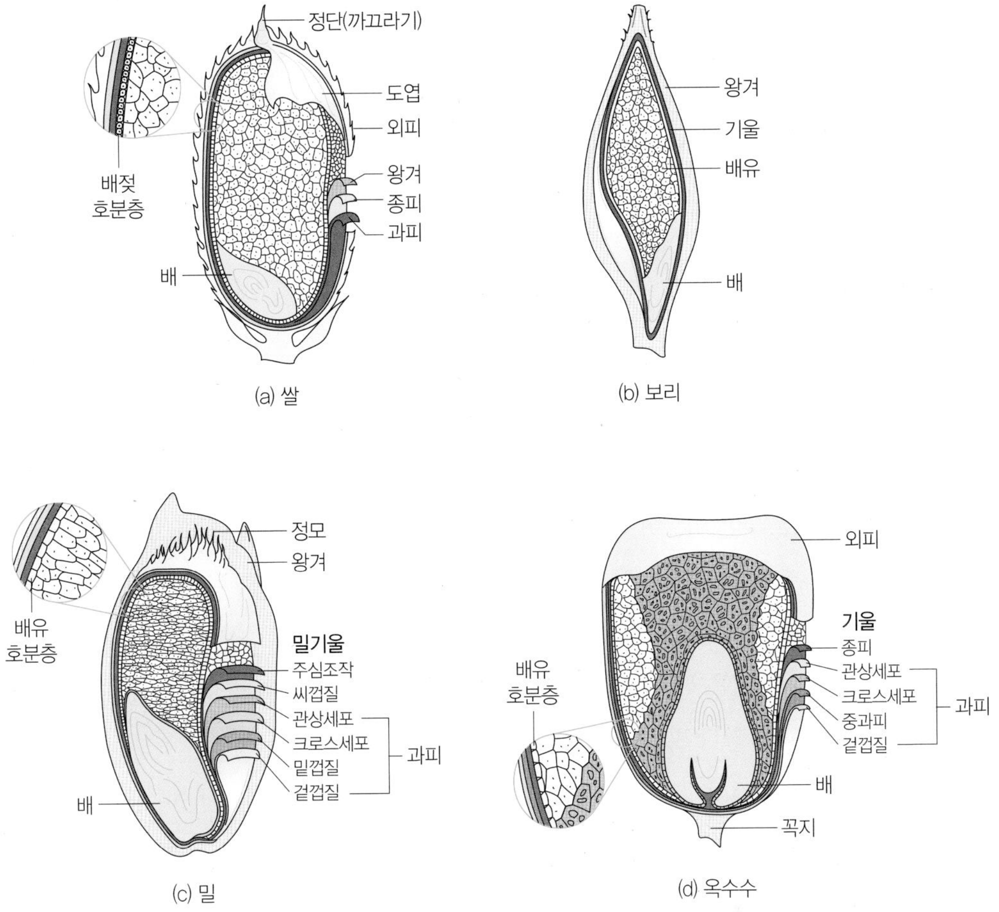

(a) 쌀

(b) 보리

(c) 밀

(d) 옥수수

그림 4-1 곡류의 외층과 내부 구조

에 용해하기 어려운 세포막으로 구성되어 있다. 이 부위에는 단백질, 지방, 비타민 B_1이나 무기질을 많이 함유하고 있다. 하지만 2차 도정과정에서 이들 대부분이 제거된다. 배아는 새로운 식물체인 뿌리나 잎을 형성하는 번식기관으로 지방, 질소 및 무기질 함량이 높으나 피부와 마찬가지로 도정할 때 제거된다. 배유는 발아 후 싹이나 뿌리에 영양분을 공급할 영양소가 저장되어 있는 부분으로 호분층과 전분 저장세포로 구성되어 있다. 이 부분은 전분이 많으며 그 외 단백질, 기타 성분이 들어 있는 주요 가식부이다(그림 4-2).

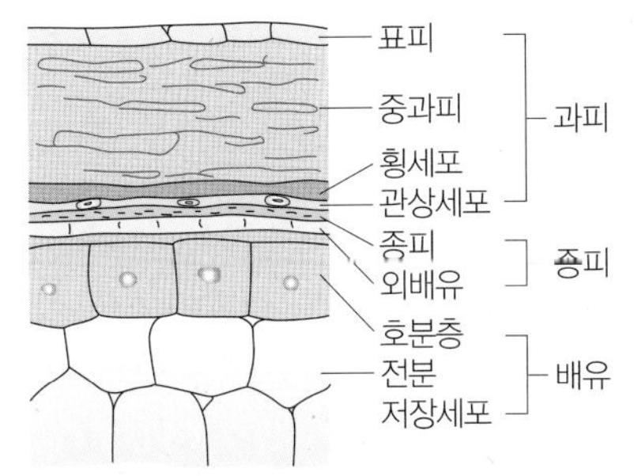

그림 4-2 곡류의 단면 구조

(1) 쌀

쌀은 껍질 부분인 왕겨와 쌀알로 되어 있는데 왕겨를 제거하면 현미가 된다. 현미는 과피–종피–호분층–배유–배아로 되어 있다. 현미를 도정하게 되면 과피–종피–호분층은 쌀겨로 떨어져 나가고 전분층인 쌀만 남게 된다.

(2) 보리

보리(대맥)는 성숙할 때 껍질이 낟알에 강하게 밀착되어 껍질을 제거하기가 매우 어려운 구조를 가지고 있는데, 껍질이 잘 분리되지 않는 겉보리(대맥, 보통 보리)와 분리가 다소 쉬운 쌀보리가 있다. 보통 보리인 겉보리는 과피(두꺼운 각질조직으로 구성), 종피, 호분층, 배유 순으로 되어 있으며 배유 70~80 %, 배아 2 %, 종피 11 %, 외피 10~14 %의 비율로 구성되어 있다. 외피(겉껍질)는 두꺼운 각질조직으로 되어 있다. 배유 부분은 밀처럼 경질과 연질이 있는데 연질보리는 전분이 많고 단백질이 적은 반면, 경질은 단백질이 많고 전분은 상대적으로 적은 편이다. 성숙 후 껍질이 종실에서 잘 분리되는 쌀보리는 배유 79 %, 배아 4 %, 종피 18 %의 비율로 구성되어 있다.

한편 보리는 줄기에 이삭이 달라붙는 배열 형태에 따라 육조 대맥, 사조 대맥, 이조 대맥 및 부제조 대맥으로 분류한다. 육조대맥은 북동아프리카의 에티오피아가 원산지로서 이삭이 여섯 줄로 붙은 보리이다. 이 보리는 전분함량이 75 % 이하, 단백질함량이 12 % 이상으로 식용 및 사료용으로 이용되고 있다. 사조대맥은 이삭이 네 줄로 붙어 있는 것이며, 이조대맥은 이삭이 두 줄로 붙은 보리로 전분 75 % 이상, 단백질 10 % 정도로 남동아시아가 원산지이며 맥주, 양조용 등으로 이용되고 있다. 이삭이 두 둘 또는 여섯 줄로 불규칙하게 배열된 보리를 부제조 대맥이라고 한다. 보리는 파종시기에 따라서 가을보리(가을에 뿌리면 이듬해에 출수하나 이듬해 봄 늦게 파종하면 잎만 자라다가 출수하지 못하고 주저앉는 것)와 봄보리(늦은 봄에 파종해도 정상적으로 이삭이 나오는 것. 가을보리와 봄보리의 수확시기는 동일)로 구분하기도 한다.

(3) 밀

밀은 쌀과 비슷한 구조로 배아 이외에 과피-종피-호분층-배유 순으로 되어 있다. 밀의 종류는 파종시기에 따라 겨울에 파종하여 초여름에 수확하는 겨울밀(winter wheat)과 봄에 파종하여 초가을에 수확하는 봄밀(spring wheat)로 나누고 있다. 또한 색에 따라 붉은 밀, 흰 밀, 보라색 밀, 듀럼 밀 등으로 나누고 있으며, 단백질의 함량, 전분-단백질의 결합 정도, 세포벽의 두께 등과 연관한 텍스처에 따라 경질밀(단백질함량 13 % 이상), 연질밀(단백질함량 9 % 이하) 및 중간질밀(단백질함량 10~13 %)로 분류하기도 한다.

(4) 옥수수

옥수수는 다른 곡류와 달리 배아부가 매우 크며 과피-종피-배유 순으로 되어 있다. 과피는 종피에 강하게 밀착되어 있고, 딱딱하고 투명한 껍질의 얇은 층으로 되어 있다. 배유 부분은 가식부로 중심 쪽에 위치한 전분질 배유 부분과 바깥쪽으로 있는 각질 배유 부분으로 구성되어 있다. 옥수수는 종자의 모양과 성질에 따라 다음과 같이 나누고 있다.

① **마치종**(dent corn)

종자의 측면은 유리질이고 중앙의 윗부분은 분상질로 성숙한 씨알의 표면이 움푹하게 들어가 말의 이[馬齒] 같은 모양이다. 과피가 두꺼워서 식용으로 적당하지 않으나, 수확량이 많아 사료 및 공업용으로 이용된다. 미국에서 가장 많이 재배한다.

② **경립종**(flint corn)

유럽, 아시아, 중남미에서 주로 재배되며 hard and smooth kernel 종자의 외부가 유리질로 둘러싸여 비교적 충해를 덜 받으며 저장이 용이하다. 씨알 윗부분이 둥글고 대부분 각질이며, 이삭과 씨알이 마치종보다 작고 수량은 떨어지나 맛이 좋아서 식용으로 재배되어 왔다. 주로 분말로 만들어 이용하고, 미숙한 것은 그대로 식용하기도 한다. 사료공업용으로 이용한다.

③ **감미종**(sweet corn)

종자는 반투명의 각질로 되어 있다. 외부는 유리질이고 배유 조직은 치밀하지 않고 조생이며, 전분의 일부가 포도당이나 서당으로 변해 감미가 강하다. 주로 식용이나 통조림용으로 이용되고 있다.

④ **폭립종**(pop corn)

씨알이 거의 각질이고 작으며, 식용으로는 품질이 우수하지 못하다. 배유의 대부분은 유리질 전분이며 분상질 전분은 내부에 있다. 가열(150~230 ℃)하면 수분(13.5 %)의 팽창에 의해 폭열하여 배유의 내부가 노출되고 용적이 15~35배로 증가한다. 주로 간식용(팝콘, 과자용)으로 사용한다.

⑤ **연립종**(soft corn, floury corn)

주로 남미 안데스 산맥 지역에서 재배되는 연질로서 각질은 배젖 주위에 극히 얇은 층이 있거나 전혀 없는 경우도 있다. 분상질 전분이 대부분으로 건조하면 표면에 주름이 생긴다. 경립종과 형태가 비슷하고 대부분 전분 제조에 이용한다.

⑥ **연감종**(starchy-sweet corn)

연립종과 감미종의 중간 성질을 가진 것으로 아메리카의 일부에서 재배된다.

⑦ **나종**(waxy corn)

납질종이라고도 한다. 흔히 찰옥수수라고 하는 것으로 배유의 조직은 납상으로 반투명에 가깝고 찰기가 있어 떡을 만들기에 알맞다. 전분의 98 %가 아밀로펙틴으로 요오드 반응 시 적갈색을 나타낸다. 주로 식용으로 이용되며 아시아에 널리 분포되어 있다.

⑧ **유부종**(pod corn)

낟알 하나하나가 모두 껍질에 싸여 있는 것으로, 거의 재배되지 않는다.

2) 곡류의 일반성분

곡류는 일반적으로 전분이 60~70 %, 단백질이 10 % 내외, 지방질은 2~3 % 이하 함유되어있고, 무기질로는 인의 함량이 높다. 껍질층에는 섬유질·단백질·지방이 많으며, 배유 부분에는 전분이 많고, 배아에는 단백질·지방·비타민이 함유되어 있다. 곡류의 종류는 매우 다양하나 함유된 일반성분은 비슷한 분포를 보이고 있다.

(1) 탄수화물

곡류는 중요한 에너지 공급원인 탄수화물을 75 % 함유하고 있다. 따라서 곡류는 전분질 식품으로 전분공업의 주요한 원료로 이용되고 있다.

(2) 단백질

곡류에 함유된 단백질 양은 10~14 % 정도이나 주식으로 가장 많은 양을 섭취하고 있기 때문에 총단백질 섭취량의 약 24~40 %를 차지할 만큼 영양적으로 매우 중요한 양질의 단백질 공급원이다. 하지만 아미노산 조성 중 필수아미노산인 라이신, 메티오닌, 트레오닌 등이 부족하므로 다른 동물성 식품으로 보충해야 한다.

(3) 지방

곡류의 지방함량은 2~3 % 이하로 그 이용 가치는 낮은 편이다. 특히 지방은 배아 부분에 많이 들어 있는데 불포화지방산 함량이 높은 편이다.

(4) 무기질과 비타민

곡류의 무기질함량은 대체로 인함량이 많고 칼슘과 철이 부족하다. 따라서 곡류를 주식으로 하는 경우 빵, 우유, 치즈나 동물성 식품과 함께 섭취하는 것이 좋다.

표 4-3 곡류의 일반성분

	조단백 (%)	조지방 (%)	유효탄수화물(%)	조섬유 (%)	조회분 (%)	티아민 (mg/100 g)	리보플라빈 (mg/100 g)	니아신 (mg/100 g)	철 (mg/100 g)	아연 (mg/100 g)	에너지 (kJ/100 g)
현미	7.3	2.2	64.3	0.8	1.4	0.29	0.04	4.0	3	2	1,610
밀	10.6	1.9	69.7	1.0	1.4	0.45	0.10	3.7	4	3	1,570
옥수수	9.8	4.9	63.6	2.0	1.4	0.32	0.10	1.9	3	3	1,660
보리	11.0	3.4	55.8	3.7	1.9	0.10	0.04	2.7	6	3	1,630
기장	11.5	4.7	63.4	1.5	1.5	0.63	0.33	2.0	7	3	1,650
수수	8.3	3.9	58.0	4.1	2.6	0.33	0.13	3.4	9	2	1,610
호밀	8.7	1.5	71.8	2.2	1.8	0.66	0.25	1.3	9	3	1,570
귀리	9.3	5.9	62.9	5.6	2.3	0.60	0.14	1.3	4	3	1,640

표 4-4 곡류의 특수성분

성분	특징	
색	• 밀가루 : 플라보노이드계와 카로티노이드계 • 옥수수 : 잔토필	
맛	• 보리 : 타닌을 미량 함유하고 있어 약간 떫은 맛을 냄	
효소	• α-아밀라아제	• 전분을 무작위로 가수분해하여 묽은 액체로 만드는 액화효소로 발아 중인 식품의 종자에 많이 들어 있음
	• β-아밀라아제	• 전분을 엿당의 단위로 가수분해하여 단맛을 만드는 당화효소로 엿기름에 들어 있음 • 식혜와 물엿을 엿기름에 있는 β-아밀라아제를 이용하여 만든 것임
	• 리파아제	• 지방을 분해하는 효소로 지방을 분해시켜 곡류의 품질을 저하시킴
	• 프로테아제	• 단백질을 분해시킴
독성성분	• 곰팡이가 생겨 형성한 독성물질인 곰팡이 독을 생성할 수 있음	

2. 곡류 가공

일반적으로 곡류의 가공 또는 전처리방법은 가공 목적 및 최종제품의 특성에 의해 결정된다. 곡류를 가공하는 주된 이유는 곡류를 가공하지 않고 사용할 경우 소화성 및 관능적 가치가 저하되고, 이로 인해 곡류재료의 이용 가치가 떨어지기 때문이다. 따라서 어떤 형태로든 적당한 가공 처리 후 식품재료로 이용되고 있다.

일반적인 곡류의 주요 기본 가공은 원료의 도정, 제분, 껍질 벗기기 등이며, 이를 통해 곡류의 2차 가공을 수행하여 떡, 술, 빵, 포도당, 변성전분, 오일 등 곡류의 1차 가공품으로 가공한다. 우선 곡류는 수확 후 건조, 저장하고 도정하기 전 재료의 균일성을 얻기 위해 정선공정을 수행한다. 정선은 보통 물리적 특성을 이용하여 이루어진다. 정선이 끝난 곡류는 껍질 부분을 제거하는 도정공정을 거친다. 이러한 도정공정을 통해 표피의 제거(백미, 보리), 성분의 분리(옥수수 전분) 및 크기의 감소(밀가루 제분 등) 등 도정 목적의 특성에 맞는 최종 제품을 얻을 수 있다.

1) 쌀 가공

(1) 쌀의 도정

도정의 진정한 의미는 왕겨를 제거한 현미를 깎아서 과피, 종피, 호분층 등을 제거하는 것으로 전분층을 노출시키는 과정이다. 우선 벼로부터 모래, 흙, 밀짚 등 이물을 제거하는 정선공정을 거친 후 제현기(sheller, 탈각기)를 이용하여 왕겨를 제거하는데, 왕겨를 제거한 상태를 현미라고 부른다. 현미는 정미기에 의해 도정되어 정백미가 된다. 도정을 통해 쌀의 소화 흡수율을 높일 수 있다. 소화율은 현미가 90 %, 백미가 98 %이다.

과거에는 절구·디딜방아·연자매·물방아 등을 이용하여 도정을 하였으나, 현재는 현미의 표면을 고속회전으로 깎는 연삭식 도정기, 미립 상호 간 또는 금속망 등과 마찰시켜 현미 표면을 제거하는 마찰식 도정기, 이들을 조합한 콤파스식 정미기를 이용하여 효율적인 도정이 이루어지고 있다. 즉, 현미의 도정방법은 크게 기계적 도정(건식 도정)과 화학적 도정(습식 도정)으로 나뉜다. 건식 도정(dry milling)은 건조곡류를 그대로 도정하여 겨층을 제거하는 방법으로 최종제품의 크기에 따라 밀, 그릿트, 분말 등으로 분류한다. 습식 도정(wet milling)은 건식 도정의 경우 싸라기와 쌀겨가 많이 생겨 손실이 크므로 침지하여 도정하는 방법으로, 주로 배유를 단백질과 전분으로 분리할 경우에 사용된다.

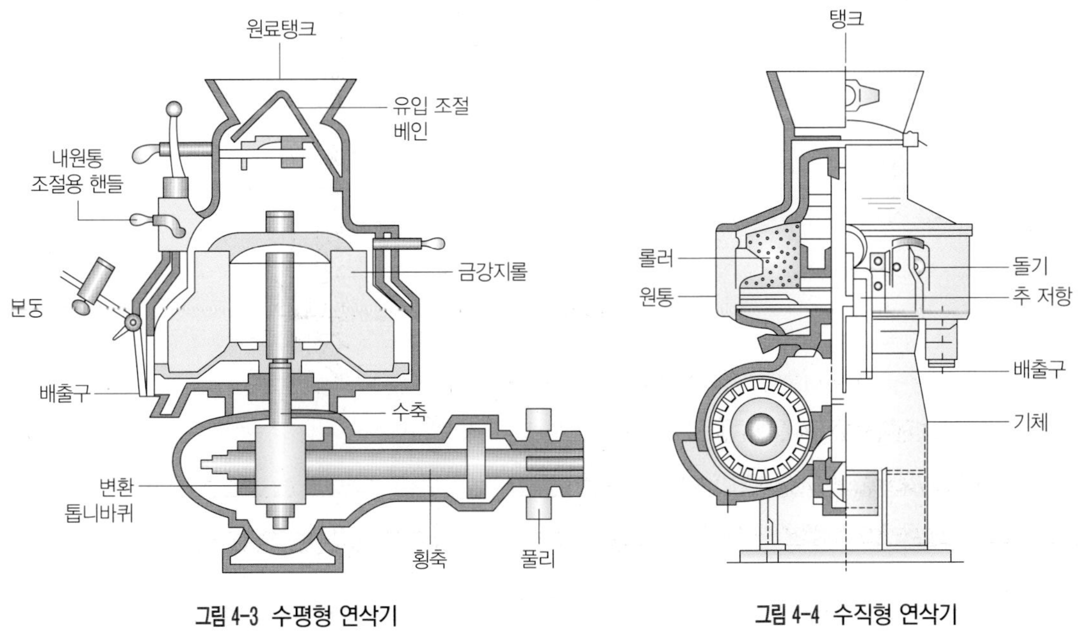

그림 4-3 수평형 연삭기

그림 4-4 수직형 연삭기

연삭기는 용도에 따라 식용미에 주로 사용되는 수평형 연삭기(그림 4-3)와 주조미 도정에 사용되는 수직형 연삭기(그림 4-4)로 나눈다. 도정력이 크고 싸라기가 적어서 정미, 정맥은 물론 그밖의 모든 도정에 사용이 가능하며, 연삭기 내부 롤러의 회전으로 생기는 연삭과 충격 작용에 의해 도정이 되는 방식이다.

현재 식용 백미의 정미기로 가장 널리 쓰이고 있는 원통마찰식 정미기는 압력계 정미기인데 추의 저항으로 쌀이 서로 마찰작용을 일으켜 도정하는 기기이다. 도정부, 제강장치, 승강기, 원료탱크의 네 부분으로 구성되어 있다(그림 4-5). 한편 원통마찰식 정미기와 유사하지

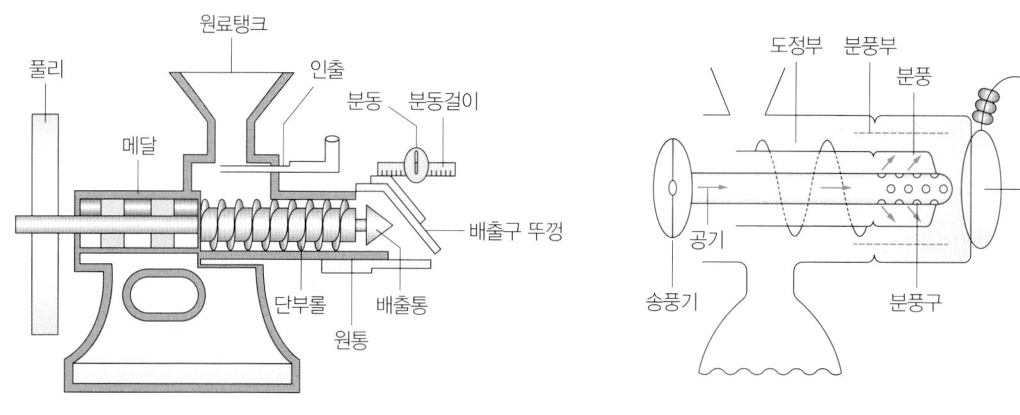

그림 4-5 수평형 원통마찰식 정미기

그림 4-6 분풍식 정미기

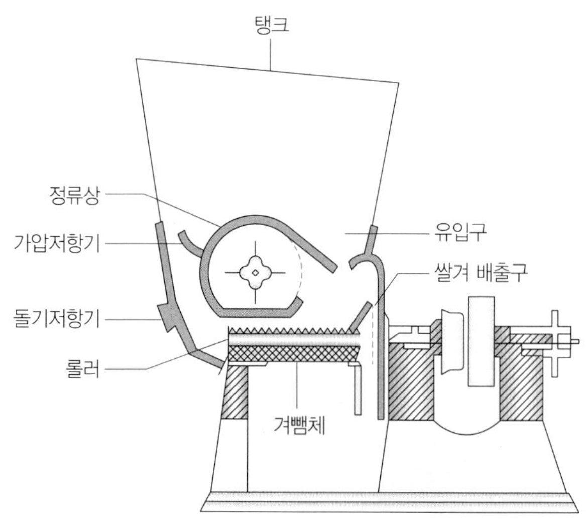

그림 4-7 자동순환식 정미기의 단면도

만 강철 롤러 추축의 속에 강제 송풍하여 정미공정 중 발생하는 쌀겨를 제거하는 정미기인 분풍식 정미기는 일반적으로 도정 효율이 높아 원통마찰식 정미기와 함께 식용 백미도정에 널리 이용되고 있다(그림 4-6).

한편, 쌀알과 쌀알의 마찰작용에 의해 쌀알이 도정되는 자동순환식 정미기는 환류식 또는 자동식 정미기라고도 한다(그림 4-7). 이 정미기는 내부의 롤러 끝에 있는 곡면부가 도정부이며, 탱크 속에서 쌀의 무게와 배출구의 저항에 의한 마찰작용에 의해서 도정이 된다.

도정수율은 원료 벼의 조건이 미숙립이나 피해립의 비율은 낮으면서 현미의 충실도가 높고 동할립이 낮을수록 제현율이 증가하며, 피해립 또는 착색립의 혼입이 없어야 한다. 특히 미상의 두께가 얇으며 현미 표면에 굴곡이 없고 적당한 경도를 가지고 있어 도정 중 싸라기 발생률이 낮을수록 도정수율은 높다.

벼에서 왕겨층이 제거된 현미는 배아(3 %), 피부(5 %), 전분 저장세포(92 %)로 되어 있는데 도정과정에서 배아와 피부 부분(과피, 종피, 호분층)이 제거된다(그림 4-9). 쌀의 도정도란 쌀겨층이 벗겨지는 정도를 말하는데 쌀겨층이 완전히 벗겨진 것을 10분도미, 쌀겨층의 절반이 벗겨지면 5분도미로 표시한다.

예를 들면, 5분도미의 경우 쌀겨층과 배아 부분의 전체 8 % 중 약 50 %가 제거된 것으로 제거되는 바깥부분은 8×50/100 = 4이므로 잔류 부분은 4 %가 된다. 따라서 전체 현미

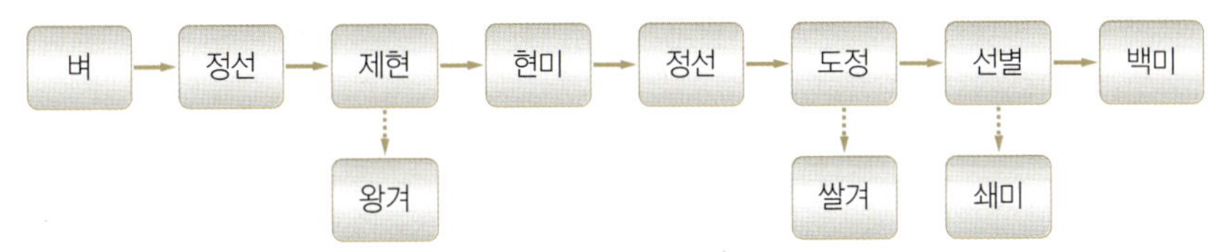

그림 4-8 쌀 도정

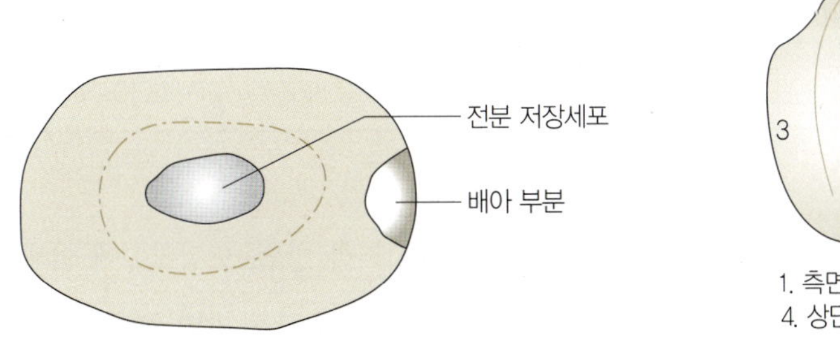

그림 4-9 도정과정에서 제거되는 부분

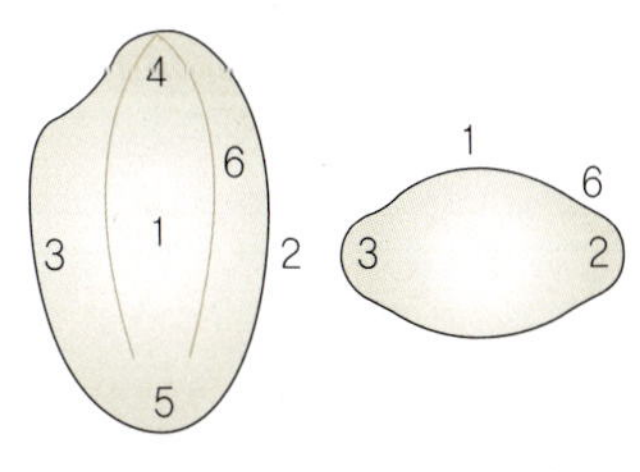

그림 4-10 쌀알 각부의 명칭

표 4-5 쌀겨층이 벗겨진 정도와 도정도

도정도	도정률(%)	산출근거	겨층 박리 정도
12분도미	90.4	100-(8×1.2)	고랑의 겨층이 완전히 벗겨진 정도
10분도미	92.0	100-(8×1.0)	고랑의 겨층이 완전히 벗겨진 정도
9분도미	92.8	100-(8×0.9)	등부와 상단부의 겨층이 완전히 벗겨진 정도
8분도미	93.6	100-(8×0.8)	하단부 겨층이 완전히 벗겨진 정도
7분도미	94.4	100-(8×0.7)	배부 겨층이 완전히 벗겨진 정도
6분도미	95.2	100-(8×0.6)	측면부의 겨층이 완전히 벗겨진 정도
5분도미	96	100-(8×0.5)	측변부의 겨층이 어느 정도 벗겨진 정도

100 % 중 4 %가 제거되고 96 %만 남게 된다. 10분도미는 8×100/100 = 8 %가 제거되므로 결국 92 %에 해당되는 배유 부분(전분 저장세포)만 남게 된다. 이 상태의 쌀을 정백미라고 부른다.

정백률 또는 도정률(milling ratio)은 도정된 정미량이 현미량의 몇 %에 해당되는가를 나타내며, 도감률은 도정에 의해서 줄어든 양을 말한다. 도정도수가 높을수록 도감률은 높아지나 도정률은 저하된다.

$$\text{도정률} = \frac{\text{도정된 정미량}}{\text{현미량}} \times 100$$

$$\text{도감률} = \frac{\text{도감량(쌀겨, 씨눈 등이 제거된 양)}}{\text{현미량}} \times 100$$

표 4-6 도정도, 도정률, 도감률과의 관계

도정도	도정률(%)	도감률(%)
현미	-	0
5분도미	96	4
7분도미	94	6
백미(10분도미)	92	8

도정도를 결정하는 방법에는 착색에 의한 방법, 도정시간에 의한 방법, 도정횟수에 의해서 결정하는 방법, 전력 소비량에 의한 방법, 쌀겨층의 벗겨진 정도에 따른 방법, MG염색법, ME시약법 등이 있다. 착색에 의한 방법은 소량의 쌀을 육안으로 보고 쌀겨층의 제거 정도

를 판단하는 방법이며, 겨층의 벗겨진 정도에 따른 결정법은 〈표 4-5〉에서와 같이 쌀겨층의 벗겨진 정도를 보고 판단하는 방법이다. 도정시간에 의한 방법은 10분도미에 소요되는 도정시간에 비례하여 도정을 결정하는 방법이며, 도정횟수에 의한 방법은 10분도미에 소요되는 도정횟수에 비례하여 도정을 결정하는 방법이다. 전력의 소비량에 의한 방법은 10분도미에 소요되는 전력 소비량에 비례하여 도정을 결정하는 방법이며, 생성되는 쌀겨량에 의한 방법은 10분도미에서 발생하는 쌀겨량에 비례하여 도정을 결정하는 방법이다. 한편 염색법에 의한 도정도를 결정하는 방법은 에오신(eosin)과 메틸렌블루(methylene blue) 용액을 메탄올에 녹인 시약인 MG염색액을 이용하여 쌀알의 부위별 염색 정도에 따라 도정을 결정하는 방법으로 과종피는 청색, 배유부는 엷은 청홍색 내지 엷은 홍색, 호분층은 엷은 녹색 내지 엷은 청색, 배아(씨눈)는 엷은 황록색으로 색깔 정도를 보고 도정도를 판단한다.

현미를 도정하면 도정도가 높아짐에 따라 단백질, 지방, 섬유, 회분, 비타민, 칼슘, 인 등이 적어지고 상대적으로 탄수화물이 증가하는 화학적 성분의 변화가 발생한다. 또한 도정 시 쌀알의 길이는 크게 변하고 폭 또는 두께가 비교적 적게 변하며, 표면이 점차 매끄러워지면서 단위부피당 무게가 증가하는 물리적 성분의 변화도가 일어난다.

표 4-7 도정도에 따른 영양분의 변화

	수분 (%)	단백질 (%)	지방 (%)	탄수화물 (%)	회분 (%)	비타민 B_1 (μg/g)	리보플라빈 (μg/g)
현미	13.25	7.63	2.33	75.73	1.60	5.35	0.78
5분도미	14.05	7.50	1.50	76.16	0.79	3.96	0.58
7분도미	14.06	7.27	1.32	76.64	0.71	3.06	0.52
10분도미	14.39	7.11	0.97	77.09	0.54	1.67	0.38

(2) 쌀을 이용한 가공제품

국내 쌀 소비 형태는 전체 쌀 생산의 95 % 이상이 밥으로 소비되고 있으며 4~5 % 정도가 주류, 장류, 병과류, 스낵류, 기타 등의 용도로 사용되고 있으며, 근래 들어 제면이나 제과, 제빵 등에 쌀을 이용하고 현미를 원료로 한 건강기능식품류도 판매되고 있다. 최근 들어 외식산업의 증가, 학교급식 및 도시락 산업 등의 영향으로 레토르트밥, 무균포장밥, 냉동밥, 칠드밥, 통조림밥, 건조밥과 같은 형태의 제품이 소비되고 있다. 쌀의 영양 강화 제품은 다음과 같다.

① 파보일드(parboied) 쌀

벼를 물에 불려 고온·고압으로 찐 후 건조해 도정한 쌀로서, 벼를 증자하는 과정에서 현미층에 있는 영양물질이 쌀 내부로 흡수되어 ① 배아나 미강유의 비타민 B_1, 아미노산 등이 대부분 배유로 이동하여 영양분이 증가하고, ② 해충의 피해가 적어 저장성이 좋아지며, ③ 고온·고압 처리되어 도정수율이 높아지고, ④ 전분 호화가 용이하여 조리하기 쉽고, 수분 흡수 시 쌀이 팽창하여 쌀알 모양을 잘 유지한다는 특징이 있다.

파보일드 쌀의 공정은 벼를 약 65 ℃에서 4~6시간 침지하는데, 이때 수분함량을 30 % 이내로 유지하는 것이 중요하다. 침지된 쌀은 약 100 ℃에서 40~60분간의 증자공정을 거친다. 이때 쌀은 호화작용을 일으키며 영양성분이 배유로 이동하는 작용을 한다. 증자된 쌀은 약 18~35 ℃에서 건조공정을 거치게 되며 이 건조공정을 통해 쌀의 저장성 및 도정수율 향상에 도움이 된다. 이때 쌀의 임계 수분함량은 12~14 %로 유지해야 한다. 건조공정을 거친 건조된 쌀은 백미 도정을 통해 최종적으로 파보일드 쌀로 가공한다.

② 팽화(puffed) 쌀

쌀을 고온·고압으로 가열하여 급히 상온·상압으로 분출시킴으로써 α화된 전분이 원래의 β전분으로 되돌아가는 것을 방지할 목적으로 가공된 쌀이다. 즉, 쌀의 수분을 급속하게 제거시킴으로써 팽창 중 전분의 상당량이 호화되어 소화가 용이하고 쌀의 조직감이 바삭바삭한 특징이 있다. 하지만 쌀의 흡습성이 강해 저장 및 보관상의 주의가 필요하다.

③ 알파(α)화 미

압출성형을 통해 수분함량을 10 % 내외로 가공한 쌀로서 소화성이 좋고 가공 특성이 우수하도록 제조된 쌀 중간제품이다. 먹기 전 끓는 물을 쌀의 양만큼 첨가하면 밥과 같아 인스턴트식품으로 편리하다.

④ 코팅(coating) 쌀

백미에 부족한 영양소를 백미 외부에 코팅하여 영양을 높인 기능성 쌀의 일종이다. 가공공정은 쌀 표면에 직접 코팅할 성분을 분사하거나 침지한 후 건조시킨다. 코팅 물질은 다양한 성분을 코팅하며 성분에 따라 기능을 가진 쌀을 가공할 수 있다. 코팅 쌀은 기능성 쌀의 70~80 %를 차지하고 있으나, 최근에는 벼 자체에 건강 기능성을 함유한 품종이 개발되고 있어 점차 감소하는 추세이다.

⑤ 프리믹스(premixed) 쌀

피로인산철($Fe_2P_2O_7$), 비타민 B_1, 비타민 B_2 및 젤라틴 등을 용해시킨 용액에 쌀을 침지시켜 쌀 표면에 피막을 형성시켜 건조한 쌀로, 비타민의 유출 방지를 통해 하루에 필요한 비타민을 섭취할 수 있도록 한 비타민 강화 쌀제품이다.

2) 보리의 가공

보리는 쌀, 밀, 옥수수 다음으로 많이 생산되는 곡류로 원산지는 중앙아시아 근방으로 알려져 있으며, 우리나라에서는 삼한시대 이전부터 재배되었다.

도정방법은 쌀과 비슷하나 골이 있어 과피가 밀접되어 있어서 겉껍질(왕겨층)이 잘 벗겨지지 않으며, 쌀과는 달리 도정도에 따른 영양분의 차이는 없다. 보리는 두꺼운 껍질이 존재하는데 여기에는 섬유질, 회분, 펙틴 성분 등이 많아 보리 구조를 강하게 만들어 주고 있다. 따라서 보리 가공에 있어서는 우선 두꺼운 껍질을 제거한 후 고열 증기로 부드럽게 하여 기계로 눌러 건조시켜 만든 납작보리(압맥)를 식용 및 가공원료로 사용하고 있다. 보리의 도정방식은 과거에는 원통마찰식으로 물에 적셔 왕겨와 과피를 부드럽게 하여 도정하였으나 현재에는 도정력이 큰 수평 연삭식을 사용하고 있다.

보리를 도정하는 방식으로 혼수도정, 무수도정, 할맥도정 방법을 사용하고 있다. 혼수도정은 도정하면서 혹은 도정 전에 물을 섞어서 도정하는 방식으로 부피만을 제거하는 도정방식이다. 이와 달리 무수도정은 물의 첨가 없이 보리의 부피와 외피를 제거하는 방식으로 혼수도정보다 흰 보리를 얻을 수 있으나 도감률이 큰 편이다. 보리의 경우 가운데 홈이 파여 있기 때문에 껍질을 분리하기가 어렵다. 따라서 고랑을 따라서 절단하여 도정하는 방법을 이용하기도 하는데 이를 할맥도정이라고 한다. 이러한 할맥도정은 보리의 깊은 고랑을 완전히 제거할 목적으로 보리의 중심부를 기계로 2등분하는 공정으로 섬유소의 함량이 낮아지고, 밥을 지었을 때 모양과 색뿐만이 아니라 입안 느낌이 쌀과 비슷해지고 소화율이 높아지는 이점이 있다. 도정한 보리는 희고 홈이 제거되었지만 일부 등겨층이 남아 있는 상태이다.

납작보리, 즉 압맥은 보리를 정한 후 보리의 수분함량을 14~16 %로 조절하고, 60~80 ℃의 증기로 간접적으로 가열한 후 260~300 ℃의 고열 증기로 열 처리하여 수분함량을 25~30 %로 조절하여 압편기로 눌러 단단한 조직을 파괴하여 맛과 소화가 좋도록 가공한 보리이다. 도정 정도는 요오드액을 반응시켜 나타나는 전분층의 색깔을 보고 판단한다. 보리의 도정률을 보면 겉보리에서 보리쌀을 약 80 %, 쌀보리에서는 약 85 % 정도 얻을 수 있다.

3) 밀의 가공

곡류를 분쇄하여 만든 곡분(grain power)은 가장 일반적인 곡류의 가공 형태로 이 과정을 제분이라고 한다. 제분은 넓은 의미로는 쌀, 보리, 밀, 콩, 옥수수 등의 모든 곡류를 분쇄하여 껍질 부분, 섬유 등을 분리한 후 만든 쌀가루, 보리가루, 밀가루, 콩가루, 옥수수가루, 메밀가루 등을 제조하는 과정을 언급하나, 좁은 의미로는 보통 밀가루를 만드는 과정을 의미한다.

밀을 가루로 제조하는 이유는 밀가루의 특별한 성질인 점탄성, 팽창성 등이 증가하고, 소화율이 98 % 이상 증가하여 면류 및 빵류 등을 만들 수 있는 원료로 적합하기 때문이다. 밀의 배유는 단단한 과피와 종피로 둘러싸여 있으며, 백색으로 부스러지기 쉽고 전분과 글루텐의 함량이 많으며, 비타민 B_1을 상당량 함유하고 있다. 밀의 제분공정은 〈그림 4-11〉과 같다.

(1) 밀의 제분공정

① 정선

원료 밀의 분쇄와 분리 과정을 거치기 전에 진행되는 공정으로 원맥에 일부 섞여 있는 왕겨, 지푸라기, 돌 등을 제거하고, 밀 표면에 붙어 있는 미세한 먼지 등을 제거하기 위한 과정이다. 정선(cleaning)공정은 예비정선(흙, 모래, 왕겨 등과 가벼운 이물질의 분리 및 제거)과 본정선(협잡물의 완전한 제거)으로 나뉘어 진행된다.

② 조질

원료 밀은 수분함량이 10% 전후로 매우 건조한 상태이므로, 건조한 밀을 바로 제분하면 밀의 껍질 부위가 부서져서 밀가루에 혼합되어 회분함량을 높이는 원인이 된다. 따라서 원

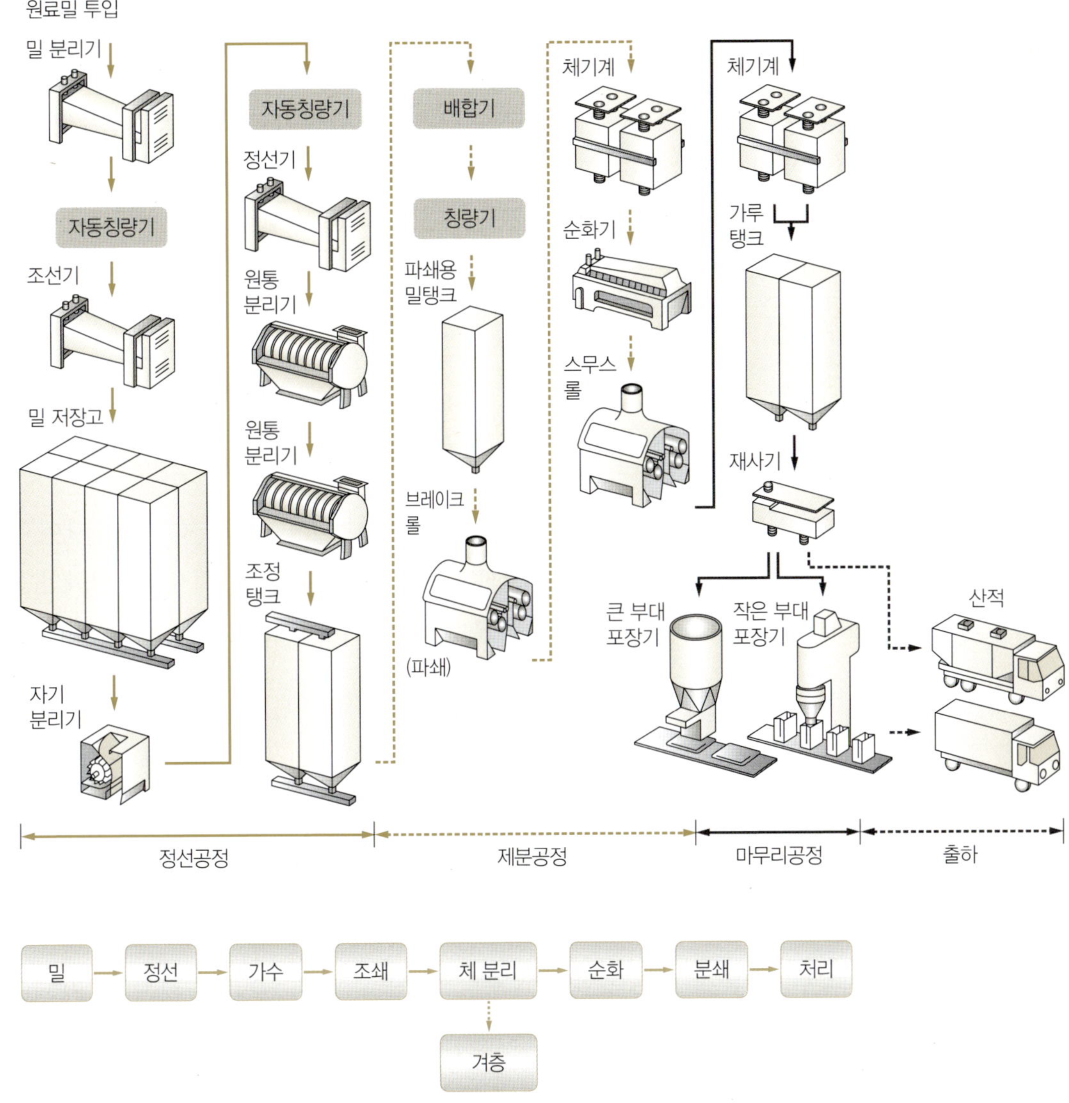

그림 4-11 밀의 제분공정

료 밀을 수분함량이 15~16.5 % 정도가 되도록 물을 혼합하여 밀의 껍질을 질기게 함과 동시에 밀의 내부를 부드럽게 하는 과정이다. 이 과정을 통해 밀의 껍질과 내배유를 쉽게 분리하여 양질의 제품을 생산할 수 있게 된다.

밀 가공에서 조질(condition)은 단순한 가수 처리인 템퍼링(tempering)을 의미하는 것이 아니라 템퍼링과 함께 가열을 수반하는 conditioning까지의 공정을 말한다. 따라서 조질을 통해 밀의 겨(밀기울) 조직을 강화시켜 부서져서 밀가루에 섞이는 것을 방지하고, 배유를 겨로부터 쉽게 분리하고 부드럽게 하여 분쇄가 쉽도록 한다. 또한 분쇄를 마친 후 최적의 체 분리 조건을 갖추고 분쇄공정 중 전분조직에 적절한 손상을 주기 위함이다. 만약 조질이 불충분하면 제분과정에서 겨가 분쇄되어 밀가루에 혼입되므로 밀가루의 질이 나빠지고, 반대로 조질이 과도하면 배유가 엉켜서 체를 통과하기 힘들기 때문에 적절하게 이루어져야 한다. 연질밀은 물을 15~15.5 % 가해 4~6시간, 경질밀의 경우에는 물을 16.5 % 가해 후 10~36시간 방치한다. 이때 물의 온도는 단백질의 변성을 방지하기 위해 약 45 ℃ 이하로 한다.

③ 조쇄

여러 대의 브레이크 롤(break roll)이라는 기계를 거치면서 밀 표면에 자국을 내어 누르고 비벼서 배유 부분이 가루가 되도록 하는 것을 조쇄라고 한다(그림 4-12). 조쇄의 목적은 낟알의 파쇄, 배유를 겨로부터 최대한 분리 및 밀가루로 분쇄하기 위한 공정이다.

④ 체 분리

조쇄과정에서 부서진 것에는 배유를 포함해 여러 부분의 것이 혼합되어 있다. 따라서 순수 배유만을 얻기 위해 체 분리(sifter, 200 μm 이하)공정을 수행한다. 이러한 체 분리공정에 의해 체로 구분한 것의 명칭은 체 위에 남은 것을 오버테일(overtail), 체를 통과한 것은

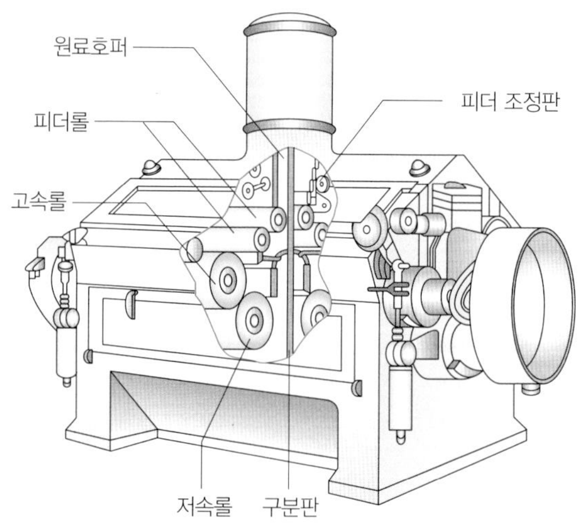

그림 4-12 조쇄기(break roll)

throughs, 조쇄된 배유 중 가장 큰 것을 세몰리나(semolina), 세몰리나 다음으로 큰 것으로 40~80 mesh 통과한 것을 미들링(middlings)이라고 하며, 80~106 mesh 체를 통과한 것을 던스트(dunst), 94~156 mesh을 통과한 것을 포어(four)라고 칭한다. 또한 분쇄공정을 거친 후 체에 남은 주로 겨를 포함한 가루를 말분(shorts)이라고 한다.

⑤ 순화

순화(purification)는 배유로부터 밀겨를 제거하는 공정이다.

⑥ 분쇄

조쇄에서 거칠게 가루가 된 배유 입자(middlings)를 누르고 비벼서 더욱 부드러운 가루로 만드는 과정을 분쇄라고 하며 분쇄 롤(reduction roll)이라는 기계를 이용한다. 분쇄공정을 통해 배아 및 겨가 압착되어 플레이크(flake)가 되어 체 분리가 쉽게 되도록 하며, 배유는 밀가루의 크기로 입도가 작아지게 한다.

⑦ 처리

제분이 끝난 밀가루는 hot flour 혹은 green flour라고 하며, 카로티노이드계 황색과 잔토필 색소가 어울려 누런 황색을 띠고 있어 색택과 성질이 좋지 못하고 생리적·화학적으로 매우 불안정한 상태이다. 따라서 밀가루 특유의 색소나 환원성 물질을 공기의 산소로 산화시키기 위하여 일정 기간 대기 중에 방치하여 밀가루의 성질을 안정시키는 숙성과정을 거쳐야 한다.

(2) 밀가루의 품질

밀가루의 품질을 좌우하는 가장 중요한 인자는 글루텐 단백질의 함량과 질이며, 그 외 밀가루 조직, 입자의 크기와 색깔, 흡수율, 회분함량 등이다. 단백질함량은 유전적 인자 및 재배조건에 영향을 받으며, 단백질의 질은 글루텐과 관련이 있다. 단백질을 구성하고 있는 수용성 단백질(15 %)과 글루텐 단백질(85 %)이 밀가루의 가공 특성을 결정하게 된다. 특히 글루텐 단백질인 글리아딘(gliadin)과 글루테닌(glutenin)은 물과 혼합하면 점착성과 신전성이 강한 글루텐을 형성하여 빵 부피, 반죽시간 및 반죽 형성에 영향을 미치고 있다.

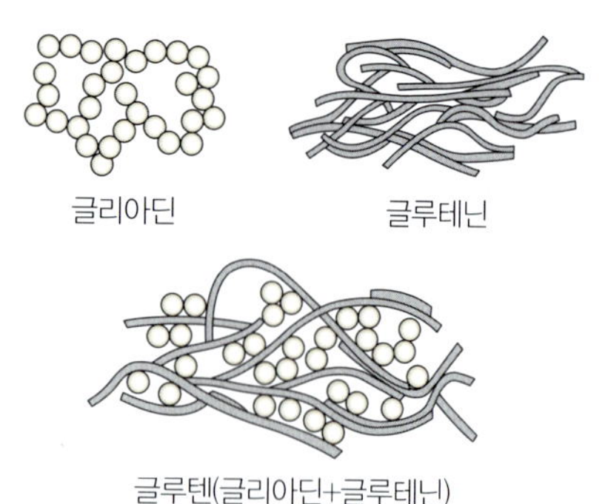

그림 4-13 밀 단백의 종류와 품질에 미치는 영향

표 4-8 글루텐과 관련된 밀가루 단백질의 질

단백질의 종류	성분	특성
글루텐 단백질(약 85%)	글리아딘	저분자(25,000~100,000), 신전성(extensibility, stickiness)
	글루테닌	고분자(>100,000), 탄성(elasticity, mixing time)
수용성 단백질(약 15%)	알부민	저분자(12,000~26,000)
	글루불린	<40,000
	효소, 기타	

표 4-9 단백질 양과 성질에 따른 밀가루 분류

	박력분	중력분	강력분
단백질의 함유량	8.0~8.8 %	9.0~9.7 %	11.7~12.4 %
	약 ------------	(점성 & 단백질의 관계)	------------→ 강
사용 용도	케이크, 튀김, 어묵	면류	식빵, 마카로니

밀가루는 단백질의 양과 성질에 따라 강력분, 중력분, 박력분으로 나뉜다(표 4-9).

밀가루에 물을 첨가하는 것은 일정한 점조도의 반죽을 얻는 데 필요한 것으로 물의 흡수율이 높을수록 제빵 및 제과의 수율이 높다. 한편, 가수된 밀가루는 점성이 생겨 원료와 물이 혼합되어 혼합체를 형성하는데, 이는 글루텐이 수화되어 밀가루 반죽이 가소성과 점착성을 나타내며 계속 반죽을 하면 응집성과 탄성이 증가한다. 이러한 현상을 반죽 형성(dough development)이라고 한다. 반죽이 계속 이루어지면 탄성은 점차 감소하고 신장성은 커지면서 다소 액체적 성질을 보이게 되는데, 이 현상을 반죽의 파괴(breakdown)라고 한다. 반죽 형성에 이른 반죽은 반죽의 성질에 영향을 미치는 전분 입자가 그 특성을 유지하면서 팽윤된 단백질의 연속상에 위치하여 단백질 구조를 얇은 필름으로 존재하게 한다.

밀가루 품질을 좌우하는 또 다른 인자는 밀가루의 입도와 색깔이다. 밀가루 입도는 제분조건이 일정하다면 배유의 강도를 나타내는 지표이며 이는 흡수율과 밀접한 관계가 있다. 즉, 입자의 크기가 작을수록 흡수속도가 빨라지고 가공량을 증가시키며, 밀가루의 가공적성은 좋아진다.

밀가루의 색상은 입도와 색소함량의 영향을 받는다. 즉, 밀가루가 고울수록 밝은 흰색을 띠며, 잘 제분된 밀가루의 경우에는 색깔을 거의 띠지 않는다. 일반적으로 밀가루의 색상은 원료 밀의 종자, 밀가루 입자의 분포, 제분율, 배아유의 색소, 겨층의 혼입 등에 따라 결정된다.

밀단백질의 질을 평가하는 방법에는 여러 가지가 있는데, 반죽의 굳기는 패리노그래프(farinograph), 신장도와 신장 저항력은 엑스텐소그래프(extensograph), 전분의 성질은 아밀로그래프(amylograph)로 측정한다.

표 4-10 빵 제조 3단계별 해석

	1단계	2단계	3단계
기능	반죽의 혼합	발효 및 숙성에 의한 반죽의 구조적 변화	오븐 내에서 빵의 호화
측정방법	패리노그래프	엑스텐소그래프	아밀로그래프
그래프 모양			
수집 가능한 밀가루 특성 자료	흡수율 안정도 반죽시간, 반죽 저항도 연화도	저항도 신장도	오븐 내에서 호화 특성

(3) 밀가루 가공품

① 빵

- 빵의 원료 : 『식품공전』에 의하면 빵이란 "밀가루 또는 기타 곡분을 주원료로 하여 이에 달걀, 효모 등을 가하여 발효시킨 후 그대로 냉동시킨 것이나 구운 것으로 대용

식을 주목적으로 하는 것을 말한다."라고 정의하고 있다. 이처럼 대용식을 주목적으로 하는 빵은 주원료로는 밀가루, 효모, 소금, 물을 첨가하여 반죽을 만든 후 이를 발효 및 비발효에 의해 제조된다. 이때 빵의 부원료로는 지방, 설탕, 효소, 유화제, 산화제, 보존료 등이 사용된다. 일반적으로 빵의 종류는 발효빵과 비발효빵으로 나뉘는데, 발효빵은 반죽 시 효모를 넣어 발효로 생성되는 이산화탄소가 부푼 것으로 틀을 사용하여 굽는 식빵류(pan bread), 설탕함량이 다른 종류의 빵보다 높은 과자빵(단팥빵, 크림빵), 철판에 굽은 프랑스빵(hearth bread), 이스트 도넛류 등이 있다. 비발효빵에는 생과자류, 케이크류 등이 있다.

빵의 주원료인 밀가루는 빵의 기초 골격을 형성하는 기본 주재료로서, 점탄성의 반죽을 형성하고 가스를 포집하는 역할을 한다. 이때 발생하는 가스는 첨가하는 효모(*Saccharomyces cerevisiae*)에 의해 생성되며 이는 반죽의 물성에 영향을 미친다. 제빵에 사용되는 효모는 부풀림(leavening), 반죽의 숙성, 알코올, 알데하이드, 케톤, 유기산 등 향미 생성의 역할을 한다. 밀가루의 약 0.5~2 %의 정도 사용되는 소금은 효모의 활성 억제와 부패 미생물의 생육을 억제하고, 효모에 의해 생성된 향미를 촉진함과 아울러 단백질가수분해효소(protease)의 활성을 억제하여 글루텐 강화 및 반죽 시 산의 연장 효과와 발효속도를 늦추는 역할을 한다. 한편 제빵의 주원료 중 물은 제빵 에 사용되는 다른 원료를 용해하는 용매작용을 하며, 물의 경도에 따라 밀가루의 반죽이나 발효에 영향을 미친다. 또 약한 경수가 적당하며, 물의 pH는 5.2~5.6으로 다소 산성의 물이 적당하다.

부원료인 지방(shortening)은 윤활작용(plasticizing)으로 글루텐과 기포막이 얇아져 부드러움 제공하여 식감 향상, 부피 증가 및 저장성을 향상시키는 역할을 한다. 발효 공급원으로 사용되는 설탕은 메일라드 반응(Maillard reaction), 캐러멜화(caramelization)의 반응을 통해 크러스트의 색상을 형성하고, 전분의 호화와 단백질 변성을 지연하여 빵의 조직은 부드럽게, 표면은 희게 한다.

- 제빵공정 : 빵의 제조방법은 반죽을 어떻게 만드는가에 따라 발효공정을 거치는 직접반죽법(straight dough process), 스펀지법(sponge-dough process), 기계적 방법으로 연속반죽법(continuous baking method), 화학적 방법인 찰리우드법(Chorleywood method)으로 구분한다. 직접반죽법은 모든 원료를 함께 넣고 1회의 혼합으로 반죽을 제조하는 방법으로 주로 소규모 생산공장에서 사용되며, 직접반죽법에 의해 제조된 제

빵의 품질은 풍미가 약하고 cell이 거칠고 질기다. 이에 반해 스펀지법은 가장 보편적인 팬브레드(pan bread) 방법으로 대규모 생산공장에서 사용하는 방법이다. 밀가루 일부(50~70 %), 물 일부, 효모, 이스트 푸드와 혼합하여 스펀지를 형성하여 글루텐의 완전한 형성이 이루어지지 않은 상태에서 성분을 골고루 혼합하여 빵을 제조하는 방법으로, 제품이 부드럽고 미세한 cell이 많은 구조로 우수한 풍미를 띠는 것이 특징이다. 한편 연속반죽법은 특수 믹서를 사용하여 기계의 힘으로 연속적으로 반죽하는 하는 방법이며, 찰리우드법은 1차 발효를 생략하고 산화제와 기계의 힘을 이용하여 초고속으로 제빵을 생산하는 방법이다. 각 반죽의 제조 공정은 〈그림 4-14〉와 같다.

일반적으로 제빵의 기본공정은 반죽 형성과정, 발효과정, 굽기과정으로 구분하고 있으며, 이 중 가장 중요한 공정은 반죽 형성과정이다. 제빵에 있어 밀가루와 물의 혼합을 통해 전분 및 단백질의 수화작용으로 팽윤된 단백질이 3차원의 그물 형성의 구조를 가지게 되며, 이는 이스트 발효에 의해 생성된 가스를 수용할 수 있는 작용을 한다.

그림 4-14 빵 제조공정

즉, 반죽의 혼합을 통해 이러한 구조를 이룰 수 있는 gluten-forming protein이 중요하며, 제빵 시 최대의 효과를 얻기 위해서 글루텐의 양과 질, 첨가물질, 교반조건, pH 등의 조건 등을 고려하여야 한다. 반죽의 기본 목적은 반죽의 균일화를 통한 반죽의 형성이며, 이는 결국 글루텐의 구조 형성을 의미한다.

반죽의 발달 단계는 다음과 같다. ① pick-up 단계로 글루텐은 형성되지 않았지만 밀가루와 물이 서로 결한된 상태이며 저속 혼합을 한다. ② clean-up 단계는 밀가루가 물에 완전히 흡수되어 완전한 수화(hydration)가 이루어진 단계이다. 이 단계는 글루텐의 초기 형성 단계로서 반죽이 벽이나 날개에 붙지 않는다. ③ dough development 단계는 반죽의 형성 단계로 글루텐 형성이 급속히 진전되어 밀가루가 탄력성과 신장성을 갖게 된다. 즉, 반죽의 최적 상태로 점착성은 감소하나 탄력성과 신전성은 발달되는 단계이다. ④ final 단계는 엷은 피막을 형성하는 단계로 반죽이 반투명의 일정한 글루텐 막을 형성한다. 이는 dough development 단계와는 구별된다. ⑤ let-down 단계는 물의 과도한 혼합으로 인해 글루텐이 끊어지기 시작하는 단계로 반죽이 탄력성을 잃고 신장성이 증가된다. 이 상태를 over mixing이라고도 한다. 이 경우 반죽의 floor time을 길게 잡아 어느 정도 반죽의 탄력성을 회복할 수 있다. ⑥ break-down 단계는 과잉 반죽을 계속하게 되면 점착성과 유동성이 커져 글루텐이 파괴되어 반죽으로서의 의미가 없는 단계이다.

밀가루에는 0.5 % 정도의 포도당과 과당이 존재하기 때문에 발효는 재료의 혼합과 동시에 시작하여 굽기과정에서 이스트가 불활성화될 때까지 계속되며 제1차 발효, 정형, 제2차 발효로 구분한다. 반죽을 묵히는 과정인 제1차 발효를 거치면서 반죽은 탄력과 점도를 얻어 조직감이 좋아진다. 제1차 발효가 끝난 반죽은 모양과 무게를 갖추는데, 이 과정을 정형공정이라고 하며 제빵산업에서는 완성공정이라고도 한다. 이 공정은 반죽의 분할에서 시작하여 성형된 반죽을 빵 틀에 투입하거나 철판에 나열하는 공정까지로 나누기(dividing), 둥글리기(rounding), 중간발효(intermediate proof), 성형(moulding), 패닝(panning)으로 이루어진다. 제2차 발효는 부피가 좋은 빵을 제조하기 위해 일정한 모양을 가질 수 있도록 적절하게 발효를 시키는 과정이다. 일반적으로 41~43 ℃, 상대습도(RH) 75~85 %에서 55~65분간 발효시킨다. 발효조건에 영향을 주는 요소로는 밀가루 강도, 효소의 활성, 성분 배합비, 효모의 활성 및 최종제품의 종류 등이 있다.

굽기과정은 제빵공정의 최종 단계로서 반죽의 크기, 발효조건, 배합재료 및 제품 유형에 따라 다르지만, 일반적으로 220~230 ℃의 온도에서 수행한다. 이 과정을 통해 부피가 증가하고 크러스트가 생성되며, 단백질의 변성 및 전분의 호화가 일어나고, 메일라드 반응, 캐러멜화로 갈변이 발생한다. 따라서 굽기과정을 통해 최종제품의 형태나 색을 만들어 낼 수 있다.

(4) 면류

면류란 곡분이나 전분을 주원료로 하여 필요에 따라 식품첨가물 등을 첨가한 후 면발을 성형한 것이나 이를 건조, 열 처리, 유탕 처리 등의 방법으로 가공한 것 혹은 이에 수프를 첨가한 것으로 정의한다. 면류는 일반적으로 건면, 생면, 숙면, 유탕면, 냉동면, 파스타류 등으로 분류하고, 주원료에 따라서 국수류, 메밀류, 마카로니류 등으로 구분한다.

① 면의 종류와 제조

- 건면류 : 밀가루 등의 곡분 또는 전분을 주원료로 하여 만든 생면 또는 숙면을 건조시킨 것으로 수분함량이 8~10 % 정도인 면이다. 밀가루 등의 곡분을 주원료로 하여 제조한 것을 국수라 하고, 메밀가루 및 곡분(밀가루 포함) 또는 전분을 주원료로 하여

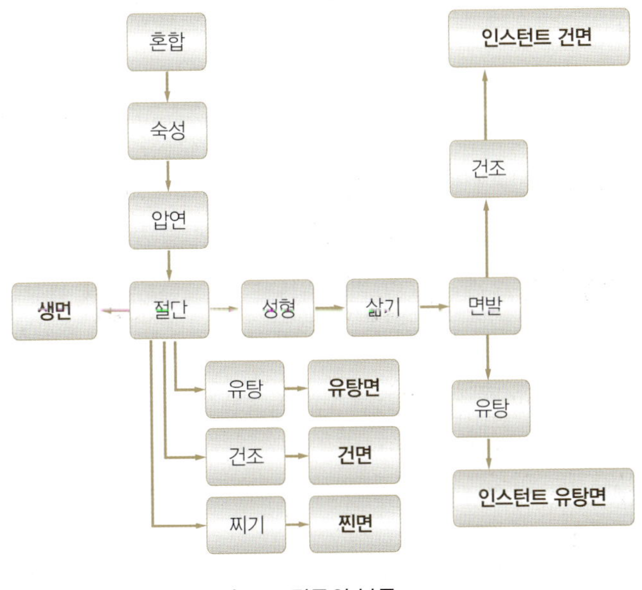

그림 4-15 면류의 분류

압출, 성형 등 제조·가공한 것을 냉면, 전분(80 % 이상)을 주원료로 하여 제조한 것을 당면이라고 한다.

- 생면류 : 면발을 성형한 후 바로 포장하거나 표면만 건조시킨 국수, 수제비류, 만두피류 등으로 수분함량이 약 20~40 %인 면이다.
- 면류 : 면발을 성형한 후 익힌 것 혹은 면발의 성형 중 익힌 것으로 냉면, 국수, 당면 등이 이에 속한다. 수분함량은 약 50~70 % 함유한 제품이다.
- 유탕면류 : 면발을 익힌 후 유탕 처리한 면제품으로 가장 대표적인 것이 라면이다.

그림 4-16 라면의 제조공정

- 파스타류 : 듀럼 밀 세몰리나, 파리나 또는 밀가루를 주원료로 하여 파스타 성형기로 고압압출 후 절단하여 숙성, 건조한 것으로서 마카로니(macaroni), 스파게티(spaghetti), 버미셀리(vermicelli) 등을 말한다.

4) 옥수수 가공

옥수수 가공은 우선 가수하여 수분이 20~25 % 정도 되게 한 후 배아와 옥피(과피+종피)를 완전히 제거하여 배유를 분리한다. 옥수수 제분방법에는 건식 제분(dry milling)과 습식 제분(wet milling)이 있다. 건식 제분은 에탄올, 주정용 곡물을 생산하기 위해 사용되는 방법이며, 습식 제분은 유지, 글루텐 분리, 에탄올 생산의 경우에 적용하는 제분방식이다.

일반적으로 건식 제분은 배유와 겨, 배아와 같이 구조적 부분을 완전 분리할 때 사용하며, 습식은 배유를 다시 전분과 단백질로 분리할 때 사용하는데, 옥수수의 경우에는 건식 제분으로 그릿츠(grits)를, 습식 제분으로 전분을 얻는다.

(1) 건식 제분

건식 제분의 주된 목적은 배아와 옥피, 즉 과피 및 종피를 완전히 분리 제거하여 배아로

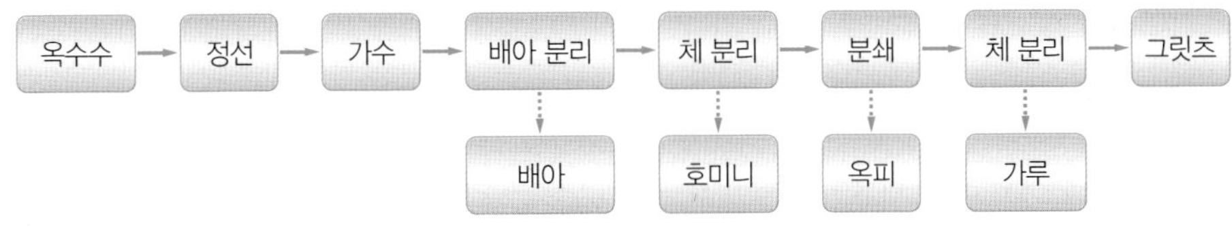

그림 4-17 건식 제분 흐름도

부터 옥수수 기름을 생산하는 것이다. 정선된 옥수수는 수분함량을 21 % 정도로 조절하는 가수(tempering)공정을 거친 후 배아 분리공정을 통해 배아를 완전히 분리한다. 이때 분리된 배아는 지방함량이 약 34 % 정도로 높아 산패될 위험이 있으므로 주의를 기울여야 한다. 분리된 배아는 분쇄롤에 의해 크기를 작게 하여 주산물인 그릿츠, meal, flour, oil 등을 얻는다.

(2) 습식 제분

습식 제분은 정선된 옥수수를 일단 산 또는 이산화황(0.1~0.2 %)를 함유한 온수(48~52 ℃)에 30~50시간 정도 침지(steeping)하는 공정을 거친다. 이때 사용되는 물은 옥수수 알을 부드럽게 하고, 배아(germ) 및 겉껍질(hull)을 제거하며, 현탁액에서 전분과 단백질을 분리하는 작용을 한다. 사용되는 이산화황은 부패성 미생물의 성장을 억제하고 단백질의 이황화결합을 절단하여 단백질의 분자량을 줄임으로써 전분과 단백질의 분리를 용이하게 하여 수율을 상승시키는 작용을 한다. 한편 침지액은 6 %의 고형분을 포함하고 있어 이를 55 % 고형분으로 농축한 후 겨(bran), 배아 등과 혼합하여 사료, 배지 등으로 사용되고 있다. 침지 공정을 거친 옥수수는 마멸분쇄기(attrition mill)를 사용하여 배아가 분리되는 분쇄 공정을 거친 후 체 분리하여 전분, 단백질, 섬유소(겨)로 분리되고, 섬유소는 세척, 탈수(가압), 건조하여 사료로 이용된다.

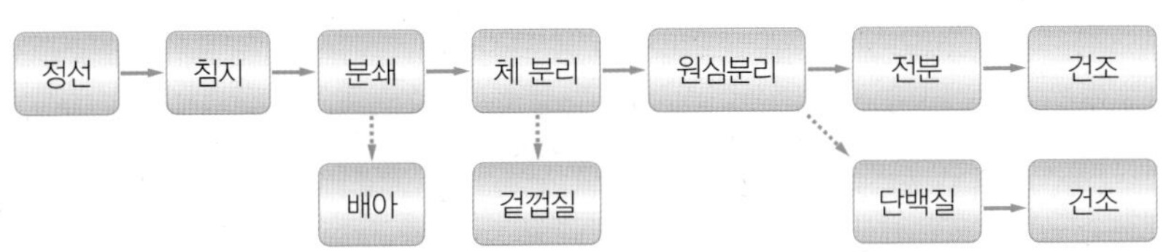

그림 4-18 습식 제분 흐름도

3. 전분 가공

전분은 물에 가라앉는 가루라는 의미로 침전이라고 하며, 식물에 들어 있는 대표적 다당류로 α-D-포도당의 호모다당류(homo-polysaccharide)이다. 식물에서 포도당을 저장하는 다당류로 곡물의 종자나 서류(감자, 고구마)에 많이 들어 있는데, 세포 중에 입자상으로 존재하며 각 입자는 층상 구조를 이루고 있다. 전분의 크기와 모양은 작물의 종류에 따라 달라 크기는 μm~수백 μm까지 다양하며, 현미경으로 입자를 조사하면 전분 원료로 각 작물을 구분할 수 있다(그림 4-19).

보통 전분은 α-1,4결합으로만 연결된 아밀로스와 α-1,6결합의 측쇄를 포함하는 아밀로펙틴으로 구성되어 있으며, 이들의 비율은 작물에 따라 다르나 일반적으로 아밀로스 20~30 %와 아밀로펙틴 70~80 %로 구성되어 있다. 예외로 찹쌀, 찰옥수수의 경우는 아밀로펙틴이 거의 100%로 되어 있다.

전분은 감자, 고구마, 옥수수 등을 원료로 제조되며, 물에 녹지 않고 비중이 1.55~1.65이므로 침전되어 기타 성분과 쉽게 분리할 수 있다. 전분 가공이란 동식물 원료로부터 순수 천연전분을 분리·제조하는 것과 전분을 원료로 이화학적·생물학적 방법에 의해 제조하는 가공전분 또는 변성전분 등을 제조하는 것을 말한다. 전분의 성질은 원료전분이 무엇이냐에 따라 변하기 쉽고, 이용 시의 조리방법이나 가공조건에 따라 많은 물성 변화가 일어난다. 이로 인해 용도에 맞게 가열조건이나 각종 첨가제 등을 조합하여 여러 식품분야에 사용해 왔으나, 만족할 만한 결과를 얻지 못한 경우가 많았다. 이런 문제를 해결하기 위해 전분에 각종 가공 처리를 하여 본래의 구조나 물성의 일부를 변화, 개선한 전분제품이 변성전분이다.

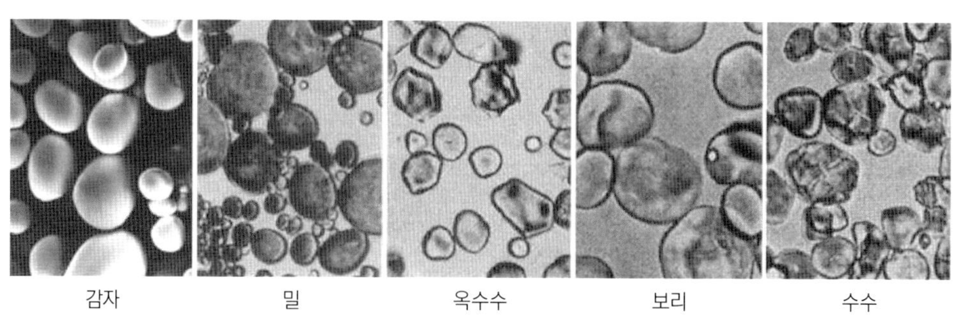

그림 4-19 여러 가지 전분의 형태

1) 천연전분의 제조

전분 원료는 쌀, 밀, 보리, 옥수수, 고구마, 감자, 밀가루 등이 있으나 전분 제조의 주원료는 고구마와 옥수수이다. 고구마는 전분함량이 높고 전분 분리가 쉬우며, 옥수수는 전분함량이 높을 뿐만 아니라 유지 가공을 위한 배아 분리 후 부산물로 얻을 수 있다는 장점이 있다.

(1) 고구마전분의 제조

고구마는 그 품종에 따라 화학성분 및 전분함량에 차이가 많다. 일반적으로 고구마의 성분조성은 수분 60~70 %, 전분 18~25 %, 당 1~5 %, 단백질 1~2 %, 지방 0.2~0.5 %, 섬유질 0.2~2 %, 회분 0.5~2 %이다. 고구마전분 제조는 탱크침전법을 주로 사용하며 테이블법과 원심분리법이 이용되기도 한다. 고구마전분의 일반적 제조공정은 〈그림 4-20〉과 같다.

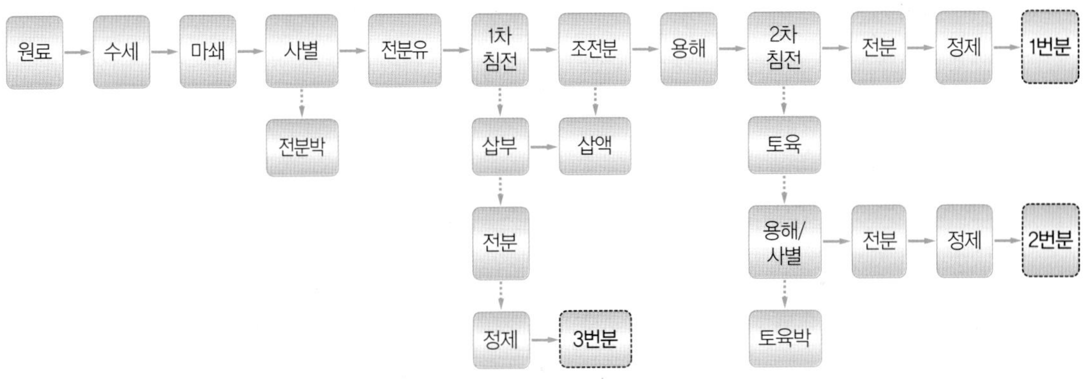

그림 4-20 고구마전분의 제조공정

① 수세

고구마에 묻어 있는 흙, 모래 등을 세척기를 이용하여 세척한다. 이때 완전히 씻지 않으면 마쇄기가 손상될 우려가 있을 뿐만 아니라 마쇄능률도 낮아져서 전분수율이 떨어진다.

② 마쇄

세척한 고구마는 빠른 속도(1,500~1,800 rpm)로 회전하는 마쇄 롤로 미세하게 부수어 세포막 속의 전분 입자를 노출시킨다. 마쇄작업은 전분수율에 직접 관계가 있는 중요한 공정인데, 마쇄가 불완전하면 전분이 전분박 속에 남아 배출되어 수율이 저하된다. 마쇄기는 롤형이나 디스크형이 있으며, 마쇄 롤은 원통으로 표면에 축과 평행한 톱니(1,000~15,000개)가 붙어 있다. 원반형은 원판의 양쪽에 칼날을 꽂아 마쇄하는 원반마쇄기를 사용한다.

마쇄율은 다음과 같이 계산된다.

$$\text{마쇄율} = \frac{\text{유리 전분량}}{\text{원료의 전분함량}} \times 100$$

한편, 고구마를 마쇄한 직후 전분이 침전되기 전에 용액 총량의 0.5 % 정도에 해당하는 소석회를 첨가한다. 이는 고구마에 펙틴이 들어 있어서 마쇄하였을 때 점성의 펄프상을 이루게 되어 사별조작을 방해하고 전분립의 침전을 느리게 하는 등의 문제가 생기기 때문이다. 따라서 석회를 첨가하면 석회와 펙틴질이 결합하여 펙틴산석회가 되므로 슬러지(slurry)의 사별이 쉬워지고 전분 입자의 침전 분리가 빨라지므로 전분의 수율이 약 10 % 증가하는 이점이 있다. 또한 고구마는 마쇄 후 발효·변질되어 pH가 4.0까지 저하되는데, 석회를 넣어 용액이 알칼리가 되면 단백질이 응고되어 전분에 혼입되는 것을 방지하고, 고구마의 착색물질인 폴리페놀이 전분 입자에 흡착되는 것도 방지하여 백색도가 높아지므로 전분의 품질이 향상될 수 있다.

③ 사별

마쇄 롤러에서 나온 슬러지는 체를 사용하여 전분박을 분리한다. 체에는 거친 전분박을 제거하는 거친 체와 고운 불순물을 제거하는 완성체로 크게 나눌 수 있다. 전분 제조 시 수평체, 회전체, 사면체 등을 사용했으나, 근래에는 대부분 진동식 평면체를 사용한다.

④ 분리

체에서 나온 전분유에는 전분질 외에 미세섬유, 단백질 및 협잡물이 들어 있어 비중차를 이용하여 불순물을 분리·제거하는데, 그 방법은 다음과 같다.

- 침전법 : 전분유를 침전조에 넣고 8~12시간 정치하여 전분을 침전시킨다. 전분이 침전되면 그 밑바닥에는 흙, 모래와 굵은 입자의 조전분 등이 먼저 가라앉고, 그 위에는 질이 좋은 전분이 침전되며, 맨 윗부분에는 황갈색의 삽부가 침전된다. 완전히 침전되면 윗물을 조용히 내보내고 삽부는 삽부탱크에 따로 모아 둔다.

• 테이블법(tabling) : 테이블에 전분유를 조용히 흘려 넣으면 가장 윗부분에 모래와 흙이 침전되고, 중간부에는 비교적 순수한 전분이 침전되며, 마지막으로 고운 전분 입자와 섬유질이 침전하게 된다. 테이블은 60~95×30~36 cm의 크기로 기울기는 1/200~1/500 정도이다. 이 방법은 분리가 빠르고 어느 정도 미세한 박도 제거할 수 있어 효과적이다.

• 원심분리법 : 원심분리기를 사용하여 분리하는 방법이며, 순간적으로 전분 입자와 즙액을 분리할 수 있어 불순물과의 접촉시간이 가장 짧아 이상적인 분리방법이다.

⑤ 정제(토육 분리)

1차 침전을 마친 조전분을 용해조에서 교반·침전·정제하는 공정이다. 조전분에는 불순물이 많이 섞여 있어 색깔도 좋지 않으므로 용해조에서 물과 같이 넣어 뒤섞어서 18~22 °Bé의 전분유를 만들어 2차 침전조로 보내 30~50시간 방치하면 비중에 따라 가장 밑에 토사가 섞인 무거운 전분층이, 그 위에 중간의 전분층, 그리고 가장 위에 토육층(섬유+단백질+폴리페놀류+전분)이 침전한다. 완전히 침전된 후 윗물을 흘려보내고 토육층을 분리한 후 남은 전분을 1번분이라고 하는데, 빛깔이 좋을 때는 그대로 건조하기도 하나 그렇지 않을 때는 다시 물을 부어 같은 조작을 되풀이하여 정제 분리한 후에 건조한다.

토육은 미세섬유, 불용성 단백질 및 폴리페놀의 중합물에 전분 입자가 섞여 있는 것을 말한다. 토육에 3배의 물을 가하여 정치하면 전분이 위로 분리되고 이를 2번분이라 한다. 또한 1차 침전에서 발생한 삽부를 물과 석회수와 섞어 정치하면 전분이 침전된다. 이를 정제한 전분을 3번분이라고 한다.

⑥ 건조

정제된 후의 생전분에는 수분이 약 45 % 내외 함유되어 있는데 이것을 습윤전분 또는 물전분이라고도 한다. 생전분은 자연건조하여 수분을 18 % 정도로 낮춘 후 건조한 생전분을 만들어 전분 가공의 원료로 사용한다.

(2) 감자전분의 제조

감자는 가지과 식물로 고구마와 같이 원료 중의 전분함량은 품종과 산지, 수확시기, 재배조건 등에 따라 다르다. 감자전분을 제조하려면 먼저 원료감자 중의 전분함량을 파악할 필요가 있으며, 전분 제조용 원료는 전분함량에 따라 가격이 결정된다. 감자의 전분함량은 감자의 비중과 전분함량의 유의성을 이용하여 다음과 같이 중량법에 따라 구할 수 있다.

$$\text{감자의 비중} = \frac{5\ \text{kg}}{5\ \text{kg} - \text{물 속에서의 무게}} \times 100$$

감자전분 제조용 원료의 구비조건은 수량이 많고 전분함량이 높으며 병충해에 대한 저항성이 커야 하고, 수용성 단백질의 함량이 적어 마쇄할 때 거품이 적게 나는 것, 전분 입자가 고르고 분리가 쉬운 것, 감자의 껍질이 얇고 매끈한 것, 눈 부분의 들어간 곳에 모래가 끼기 쉬우므로 눈의 수가 적고 얕은 것이어야 한다. 감자전분의 제조법은 〈그림 4-21〉과 같으며, 고구마전분 제조과정과 유사하다. 다만 감자전분은 다른 전분보다 호화온도가 낮아 65 ℃ 정도의 온도에서 투명하게 호화되며, 알갱이가 커서 침전이 빠르게 진행되어 정제가 용이하다는 특성이 있다.

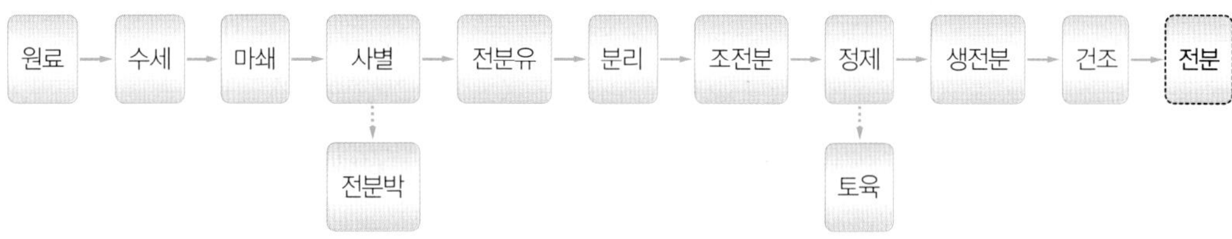

그림 4-21 감자전분의 제조공정

① 수세

세척기는 반원형의 철제 통 내부의 솔이 달린 회전자가 회전하면서 감자 표피에 부착된 흙과 협잡물을 제거한다.

② 마쇄

고구마보다 큰 롤러를 사용한다. 고구마보다 마쇄가 쉬워 마쇄율이 90 % 이상이다.

③ 사별

감자전분유는 주로 평면사를 이용해 많은 물을 사용하여 사별하나 공장 규모에 따라서는 원심력을 이용한 회전사 등을 사용하기도 한다.

④ 분리

감자는 침전법과 테이블법을 많이 쓰는데, 침전법을 쓰는 경우에도 감자전분의 입자가 고구마전분보다 커서 장시간 침전시킬 필요없이 4~5시간 후에 배수한다. 감자전분은 정지 중에 단백질 및 기타 물질이 변질하여 전분 입자에 흡착되는 등의 불리한 현상이 비교적 적게 일어나므로 질 좋은 전분을 얻을 수 있다.

⑤ 정제

조전분에는 소량의 흙, 모래 및 그 밖의 불순물이 들어 있어서 황갈색 또는 회색을 띠므로 이것을 다시 정제한다. 즉, 먼저 용해조에 조전분을 넣고 약 2배의 물을 가하여 1시간 정도 뒤섞은 후 4~5시간 정지하면 전분은 가라앉고 불순물은 떠오르므로 이 위쪽의 액을 빼내서 버린 다음 착색되어 있는 위쪽의 액을 다시 분리해 낸다.

⑥ 건조

정제가 끝난 생전분은 45~50 %의 수분을 함유하고 있으므로 고구마의 경우에 준하여 18 % 이하의 수분으로 건조한 다음 미분을 부수어 125 mesh 체로 쳐서 제품으로 한다.

(3) 옥수수전분의 제조

옥수수전분은 고구마·감자류의 전분 제조와 달리 부산물로 옥수수 글루텐, 글루텐 밀, 옥수수 샐러드유 등의 단백질과 지방질 제품도 함께 제조하기 때문에 공장 설비는 대규모이다. 옥수수는 전분함량이 우수하여 전분 원료의 90 % 이상을 차지하며, 주로 마치종을 사용한다. 이 옥수수전분은 연한 분상질로 희고 전분 분리가 쉬운 왕관 및 기저전 부분에 전분이 많아 전분 제조가 쉬운 편이다. 옥수수전분 제조방법에는 건식과 습식이 있으나 아황산침지에 의한 습식법이 보편적으로 이용된다(그림 4-22). 습식법은 옥수수에서 1차적으로 전분과 식용유, 옥수수 침지농축액 등을 생산하고, 2차적으로 고정 중의 현탁액을 화학적·물리적으로 처리하여 산화전분, 호화전분 등을 제조한다.

① 침지(steeping)

옥수수를 연화시켜 쉽게 마쇄되게 하고, 단백질과 가용성 성분을 추출하여 전분이 잘 분리되도록 아황산침지를 한다. 원료옥수수에 0.2~0.5 %의 아황산액을 50 ℃, 30~50시간

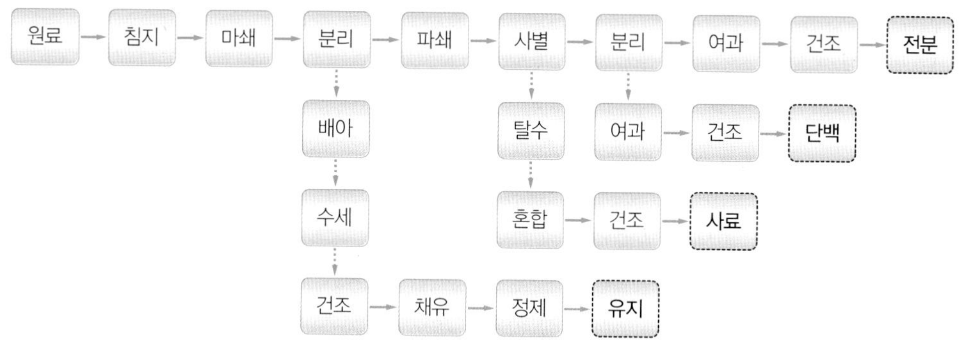

그림 4-22 옥수수전분의 제조공정

침지하면 옥수수 1 kg에 0.2~0.4 g 정도의 아황산(SO_2)이 함유된다. 아황산은 잡균이나 미생물 오염을 방지하고 단백질의 S–S 결합을 환원·절단하여 가용화시킨다. 침지 10시간이 지나면 수분이 40 %가 넘어 팽윤되어 배아 단백질이 가용화되면서 단백질, 펩티드, 가용성 당질, 비타민류, 무기성분이 용출된다.

② 마쇄·배아 분리

하이드로사이클론(hydrocyclone)을 이용하여 비중이 낮은 배아를 분리하고, 스크루 프레스(screw press)로 탈수 건조하여 옥배유 생산에 이용하며, 침전된 전분질은 회수한다.

③ 파쇄·사별

외피, 고운 섬유질 등은 체로 걸러 사료(gluten feed)로 이용한다.

④ 조전분유의 정제

침전법, 테이블법, 원심분리법을 이용하여 단백질과 전분을 분리하는 공정이다.

⑤ 여과(탈수)·건조

정제된 전분유는 원심분리기 또는 진공여과기(vacuum filter)로 탈수하고, 기류건조기(flash dryer)로 최종 수분함량 13 % 정도로 건조한다.

2) 변성전분(가공전분)의 제조

과거 식품산업의 수공업적 제조방식에서 합리화된 첨단의 제조방식으로 연속적, 대량생산, 대형화를 지향함과 동시에 균일한 품질을 보증해야 하는 방향으로 급속히 전개됨에 따라 전분에 요구되는 특성도 다양화, 고도화, 전문화되고 있는 실정이다. 더욱이 생활환경의 변화에 따라 인스턴트식품, 레토르트식품, 냉동·냉장 식품 등 양이나 질적으로 다양하게 확대되는 상황에서 단순히 전분의 종류를 선택하거나 배합비를 조절함으로써 가수만으로 증점효과를 기대하기 어려운 점, 일정한 점도 유지가 불가능한 점, 교반·가압에 의한 호화 촉진으로 점도의 급격한 저하, 보존에 의한 노화 등의 문제점이 있다. 따라서 전분이 가지고 있는 기능을 보충 또는 강화, 그리고 다양한 용도 개발을 위하여 전분 분자의 절단, 입자 구조의 파괴 또는 강화, 혹은 완전한 입자 구조의 변성 등 다양한 가공기술이 개발되어 왔다. 이 경우 사용되는 기술에 따라 효소적·물리적·화학적 가공방식과 반응 시의 형상에 따라 건식, 알파(α)화, 습식(불균일, 균일) 등으로 분류할 수 있다. 여기에 덱스트린이나 산화전분(oxidized starch) 등 생성물의 명칭에서 유래하여 분류되는 경우도 있다. 이처럼 전분에 각종 가공 처리를 하여 본래의 구조나 물성의 일부를 변화, 개선한 것이 일반적으로 말하는 가공전분 또는 변성전분이다. 이들 변성전분은 유전적 변성, 산 처리와 덱스트린, 산화, 가교결합, 치환 및 호화 등의 방법으로 제조된다.

(1) 유전적 변성

유전적 변성은 인위적으로 아밀로스와 아밀로펙틴 비율을 조절하여 재배하는 방법이다. 이는 가공 시 열 처리에 파괴되지 않으며, 전분 입자를 파괴하기 위한 온도는 100~160 ℃ 정도가 되며, 냉각 시 매우 단단한 젤을 형성하여 강한 피막을 형성하는 이점이 있다.

(2) 산분해

수용액상의 전분 입자를 호화온도 약 50 ℃ 이하에서 12~14시간 동안 묽은 산(0.1~1 % 황산 또는 염산)으로 전분을 가수분해하고 중화→여과→세척→건조 공정을 거친다. 이들 산분해전분은 천연전분에 비하여 점도가 낮아 손상된 입자가 팽윤되면 분해·용해되지만, 호화온도가 저하되기 때문에 낮은 온도에서 단단한 젤을 형성하는 극단적이고 특이한 노화현상의 특성을 가지고 있어 사탕류 제조 시 젤 형성을 위하여 사용된다.

(3) 덱스트린

천연전분에 물을 가하지 않고 열, 산 및 효소의 작용으로 전분이 분해되어 생성된 전분으로 전분과 설탕의 중간 형태 구조를 갖는다. 텍스트린공정은 전분분말을 묽은 산(HCl)이나 완충제(탄산암모늄 또는 인산나트륨)로 처리하는 산성화 또는 완충 단계, 수분함량을 2~5 %로 낮추어 가수분해를 최소화시키는 전분의 건조 단계, 120 ℃ 이상의 높은 온도에서 가열하는 열전환 단계, 냉각 단계 및 냉각공정 후의 제품의 수분함량을 0.5~3 %로 조절하는 rehumidifying 등 5단계를 거친다. 덱스트린공정에 의해 생성된 덱스트린류는 white dextrin, yellow dextrin, british gums으로 나눈다. 이들 덱스트린류는 점도가 낮고 냉수에 잘 녹으며, 침투성과 접착력이 강하나 피막이 약하고, 젤화 경향이 없고 노화도 잘 일어나지 않는 특성이 있다. 껌과 아이스크림의 안정제, 사탕류, 유탕 처리 시 지방 흡수 저해, 사료 등에 사용되고 있다.

(4) 산화

전분 수용액에 산화제를 첨가하여 30~35 ℃에서 반응시켜 일부 하이드록시기가 알데하이드, 케톤이나 카복실기로 산화된 후 여과, 세척, 건조 과정을 통해 생산된 전분을 산화전분이라 한다. 이 전분은 산화적 분해에 의해 점도가 낮을 뿐만 아니라 비교적 투명하고 냉각 시 점성이 떨어진다. 따라서 전분을 많이 쓰면서 낮은 점도를 유지하고 접착성을 증가시키기 위한 식품에 적합하다.

(5) 가교결합

가교결합에 의한 변성전분의 제조공정은 천연전분의 하이드록시기와 반응할 수 있는 두 가지 이상의 다양한 기능을 가진 화학적 시약을 첨가하여 이들의 작용으로 전분 분자 간 및 분자 내에 가교(cross-link)를 형성하여 식품에 점증제나 안정제로 사용될 수 있는 물성을 갖게 된다. 특히 가교결합공정에 의해 생성된 이들 전분은 수용액상의 손상되지 않은 전분에 반응이 일어나며 100~2,000개의 포도당 단위마다 하나의 가교를 형성하는 특성이 있다. 가교전분은 노화가 잘 일어나지 않고 낮은 온도에서나 냉동·해동 조건에서 안전성이 높으나 pH 변화에 아주 불안정한 것이 단점이다.

(6) 치환

치환공정은 포도당의 하이드록시기들을 다른 종류의 작용기로 치환하여 에스터화, 에테르화, 아세탈과 카바메이트의 형성 등 여러 반응이 진행에 의해 생성된 전분이다. 이들 전분의 특성은 치환의 종류와 정도에 따라 영향을 받으나, 일반적으로 내전단성 및 내열성이 양호하며 호화온도의 저하로 인해 전분 입자를 지탱하는 힘의 약화나 호화 안정효과가 있으며, 보습력이 다른 변성전분에 비해 높다.

(7) 호화

가장 간단한 변성방법으로 전분 수용액을 드럼 건조하거나 반건조전분을 압출시켜 제조한 전분이다. 냉수에서도 팽윤하여 콜로이드 용액을 형성하며, 천연전분보다 점성이 낮고 거칠고 불투명한 젤을 형성한다.

3) 전분당의 제조

전분당은 전분을 산이나 효소로 가수분해하여 얻어지는 탄수화물이다. 즉, 물엿에서 포도당까지를 총칭하는 용어이다. 이와 같이 감미료들을 얻기 위한 목적으로 전분을 가수분해하는 과정을 당화(saccharification)라고 한다. 전분당으로서 대표적인 것은 각종 곡류전분에서 만들어진 물엿, 즉 시럽과 결정포도당 등이 있다. 전분당은 분자량이 적을수록 단맛이 강하고 물에 잘 녹는다. 점도는 농도가 높을수록, DE가 낮을수록 높으며, 흡습성을 가진다. DE는 전분의 분해 정도, 즉 포도당 당량(dextrose equivalent)이다. DE에 따라 여러 가지 당 종류를 만들 수 있으며, 감미도, 흡습성, 점도 등이 달라진다.

$$\mathrm{DE} = \frac{\text{직접 환원당(포도당)}}{\text{고형분}} \times 100$$

당화 중 산당화법은 염산, 황산, 수산 등을 사용하여 전분을 당화시키는 방법이다. 이들 산을 이용한 당화법은 가장 값싼 방법이기 때문에 널리 사용되었다. 하지만 염산을 이용하면 가수분해가 끝난 후 알칼리로 중화과정을 거치는데, 이 경우 짠맛을 가진 소금이 형성되고 이 소금을 제거하는 것이 힘들다는 결점이 있다. 한편, 황산을 사용하는 경우에는 가수분해 후 사용된 황산을 중화할 때 황산염이 형성되는데, 이 황산염은 일반적으로 용해도가 크고 또 쓴맛을 가지고 있어서 제품의 맛이나 투명도에 영향을 주는 결점이 있다. 또 수산화바륨 혹은 탄산바륨을 사용할 경우 중화할 때 용해도가 작은 황산바륨이 형성되어 제거하기 쉬우나 가격이 비싸다는 단점이 있다.

효소당화법은 당 효소를 사용해도 이루어질 수 있다. 원래 옛날부터 전분으로 물엿 또는 엿을 만들 때는 α- 및 β-아밀라아제들을 풍부하게 함유하고 있는 엿기름(malt, 주로 맥아)을 사용하여 전분을 당화하였다. 이렇게 만든 엿은 맥아당과 덱스트린류가 주성분이 된다. 포도당 당량이 큰 전분당은 앞에서 말한 바와 같은 방법으로는 만들 수 없으며, 전분이나 각종 덱스트린류, 또는 맥아당을 포도당으로 직접 그리고 완전히 가수분해하는 글루코아밀라아제(glucoamylase)를 생산하는 균들, 예를 들어 미리 선정된 *Aspergillus niger*균의 배양액, 그 효소 추출액, 그보다는 그 추출액에서 정제한 글루코아밀라아제의 효소 정제품과 α-아밀라아제를 함께 사용하여 비로소 얻을 수가 있다. 효소당화법은 산당화법에 비해 고미성 물질을 생성하지 않고, 순도가 높아 분리과정이 필요 없고, 고열 처리가 필요하지 않다는 장점이 있다.

그림 4-23 전분당의 분류

4. 곡류 가공법

웰빙 문화와 함께 건강식품에 대한 선호도의 증가로 인해 소비자들은 건강 지향적인 생활방식을 추구하는 방향으로 급속하게 변하고 있다. 특히 사회 흐름의 변화, 경제적 여유 등으로 식품 선택 시 소비자들은 편의성, 건강 지향성, 안전성, 고품질 등을 보다 중요하게 여기며, 식품산업분야에서도 이러한 소비자의 욕구를 충족시키기 위한 가공기술들이 점차 발전하고 있다.

일반적으로 곡류의 가공 또는 전처리 방법은 가공목적 및 최종제품의 특성에 의해 결정된다. 특히 곡류의 경우 최종제품은 주식인 쌀, 밀가루를 주원료로 한 빵과 면, 고구마·감자로부터 생산되는 전분 등이다. 따라서 가공의 용이성, 가공 후 영양성분의 보존성과 함께 적절한 식감 등이 요구되며, 공정의 간편성, 경제성 및 기존 공정과의 연계성 여부 등도 가공방법의 선정에 고려되어야 한다.

초고압공정은 무가열 공정상태에서 식품의 살균, 가공, 조리가 가능한 첨단 가공기술이다. 식품에 열을 가하지 않고 열 처리의 장점을 그대로 유지할 수 있다는 것이 특징이며, 비효소적 갈변, 비타민의 파괴, 천연적 맛의 손실과 같은 열 처리에서 유발되는 화학적 변화를 최소화한다는 장점이 있다. 초고압식품 처리는 최대 10만 psi 고압까지 가압하여 미생물의 사멸, 단백질의 변성, 효소의 활성 및 불활성, 탄수화물과 지방의 특성 변화 등을 유도할 수 있는 기술이다.

적외선 가열은 적외선 조사 파장 1.3~3.4 μm에 따라 시료에 함유된 물 분자의 진동으로 시료 내부의 급속한 가열과 함께 증기압이 상승, 시료를 건조시키는 건열공정이다. 적외선 가열은 설비 및 공정의 간편성과 기존의 가열공정보다 높은 에너지 절감효과 등의 장점을 가지고 있어 다양한 산업에 적용되고 있다. 특히 식품분야에서 적외선 가열기술은 열에 불안정한 독성물질 및 각종 효소의 불활성화, 미생물 살균, 곡류 및 두류의 박피 등에 사용되고 있으며, 곡류의 취반 물성 개선을 위한 전처리방법으로도 이용되고 있다.

Microfluidizer는 고압유화기의 일종으로 고압에 의한 전단응력, 충격력, 공동현상(cavitation)을 이용하여 입자 크기 감소를 통한 유화 안정성, 미생물 살균 및 효소의 불활성화, 생체고분자의 구조 변화 등에 이용되고 있다. Microfluidizer 공정의 곡류 적용분야는 단백질과 전분의 분리에 이용되고 있다.

용어정리

도정
벼, 보리의 겨층을 제거하는 조작으로 정맥이라고 하며, 도정한 제품을 정미, 백미 혹은 정맥이라고 한다.

도정률
정미의 중량이 현미 중량의 몇 %에 해당하는가에 따른 비율을 말한다.

도정도
쌀겨층의 벗겨진 정도이다.

도감률
(현미량 − 백미량) / 현미량 × 100

현미
왕겨층만 제거한 것으로 도정률은 100 %, 도감률은 0 %이며 소화율은 95.3 %인 쌀이다.

5분도미
겨층의 50 %을 제거한 것으로 도정률은 96 %, 도감률은 4 %이며 소화율은 97.2 %인 쌀이다.

7분도미
겨층의 70 %을 제거한 것으로 도정률은 94 %, 도감률은 6 %이며 소화율은 97.7 %인 쌀이다.

백미
현미를 도정하여 배아, 호분층, 종피, 과피 등을 없애고 배유만 남은 것으로 도정률은 92 %, 도감률은 8 %이며 소화율은 98.4 %인 쌀이다.

MG염색법
쌀알의 각부에 염색된 상태를 관찰하여 도정도를 결정하는 방법으로 메이 그룬왈드(May Grunwald, MG) 시약은 메틸렌블루와 에오신 혼합액으로 제조한다.

파보일드(parboied) 쌀
벼를 물에 불려 고온·고압으로 찐 후 건조시켜 도정한 쌀이다.

팽화(puffed) 쌀
쌀을 고온·고압으로 가열해서 급히 상온·상압으로 분출시킴으로써 α화된 전분이 원래의 β전분으로 되돌아가는 것을 방지할 목적으로 가공된 쌀이다.

알파(α)화 미
압출성형을 통해 수분함량을 10 % 내외로 가공한 쌀이다.

코팅(coating) 쌀
백미에 부족한 영양소를 백미 외부에 코팅하여 영양을 높인 기능성 쌀이다.

프리믹스(premixed) 쌀
피로인산철($Fe_2P_2O_7$), 비타민 $B_1 \cdot B_2$ 및 젤라틴 등을 용해시킨 용액에 쌀을 침지시켜 쌀 표면에 피막을 형성시켜 건조한 쌀이다.

건식 제분(dry milling)
옥수수 제분방법으로 에탄올, 주정용 곡물을 생산하기 위해 과피 및 종피를 완전히 분리 제거하여 배아로부터 옥수수기름을 생산하는 공정기술이다.

습식 제분(wet milling)
옥수수로부터 글루텐의 분리, 유지, 에탄올 생산을 위해 사용되는 공정으로 침지, 분쇄, 분리 등의 공정을 거친다.

제분
곡식을 분쇄하여 외피 섬유를 체로 사별, 분리하는 공정이다.

조질(condition)
원료밀을 물과 혼합하여 밀의 껍질을 질기게 함과 동시에 밀의 내부를 부드럽게 하는 공정으로 밀의 껍질과 내배유를 쉽게 분리할 수 있다.

글루텐(gluten)

글루테닌(glutenin)과 글리아딘(gliadin)이 결합된 불용성 단백질의 일종으로 글루테닌은 탄성을, 글리아딘은 밀가루의 점성을 준다.

강력분

글루텐 함량이 13 % 이상 함유된 밀가루로 식빵과 마카로니 등에 이용된다.

중력분

글루텐 함량이 10~13 % 함유된 밀가루로 면류에 이용된다.

박력분

글루텐의 함량이 10 % 이하 함유된 밀가루로 케이크, 과자 등에 이용된다.

변성전분

전분에 각종 가공 처리를 하여 전분 본래의 구조나 물성의 일부가 변하도록 개선한 전분이다.

당화율(Dextrose equivalent, D.E)

전분의 가수분해 정도를 나타내는 용어로 직접환원당/고형분×100으로 표시한다.

단원정리

1. 왕겨층으로 둘러싸인 벼로부터 현미를 생산하게 되는데 현미는 과피, 종피, 호분층, 배유, 배아로 구성되어 있다. 호분층과 배아에는 단백질, 지방, 비타민이 많으며, 배아는 대부분이 녹말로 구성되어 있다. 현미로부터 배아, 호분층, 종피, 과피 등을 제거한 것이 백미이며, 여기서 떨어져 나온 것이 쌀겨이다. 백미와 쌀겨의 비율은 92 : 8 %이다. 따라서 이들 쌀겨를 제거하는 정도에 따라 백미, 7분도미, 5분도미 등으로 구분한다.
2. 보리(대맥)는 성숙할 때 껍질이 낟알에 강하게 밀착되어 껍질을 제거하기가 매우 어려운 구조를 가지고 있다. 따라서 보리를 가공하기 위해서는 고랑을 따라서 절단하여 도정하는 가공법이 적용된다. 이를 절단맥 가공이라고 하며, 가공된 보리를 절단맥 혹은 백맥이라고 한다. 압맥이란 보리를 정백하여 적당한 수분과 열을 가하여 납작하게 누른 것으로 취사가 쉽고 부드러워 소화가 용이한 장점이 있다.
3. 쌀의 영양강화제품은 파보일드 쌀(벼를 물에 불려 고온·고압으로 찐 후 건조해 도정한 쌀), 팽화 쌀(쌀을 고온·고압으로 가열해서 급히 상온·상압으로 분출시킴으로써 α화된 전분이 원래의 β전분으로 되돌아가는 것을 방지할 목적으로 가공된 쌀), α화 미(압출성형을 통해 수분함량을 10 % 내외로 가공한 쌀로서 소화성이 좋고 가공 특성이 우수하도록 제조된 쌀 중간제품), 코팅 쌀(백미에 부족한 영양소를 백미 외부에 코팅하여 영양을 높인 기능성 쌀의 일종) 및 프리믹스 쌀[피로인산철($Fe_2P_2O_7$), 비타민 B_1, B_2 및 젤라틴 등을 용해시킨 용액에 쌀을 침지시켜 쌀 표면에 피막을 형성시켜 건조한 쌀] 등이 있다.
4. 곡류를 분쇄하여 만든 곡분(grain power)은 가장 일반적인 곡류의 가공 형태로 이 과정을 제분이라 한다. 제분은 넓은 의미로는 쌀, 보리, 밀, 콩, 옥수수 등의 모든 곡류를 분쇄하여 껍질 부분, 섬유 등을 분리한 후 만든 쌀가루, 보리가루, 밀가루, 콩가루, 옥수수가루, 메밀가루 등을 제조하는 과정을 말하나, 좁은 의미로는 보통 밀가루를 만드는 과정을 뜻한다. 밀을 가루로 제조하는 이유는 밀가루의 특별한 성질인 점탄성, 팽창성 등이 증가하고 소화율이 98 % 이상 증가하여 면류 및 빵류 등을 만들 수 있는 원료로 적합하기 때문이다. 밀가루의 품질을 좌우하는 가장 중요한 인자는 글루텐 단백질의 함량과 질이며, 그 외 밀가루 조직, 입자의 크기와 색깔, 흡수율, 회분함량 등이 있다. 이때 단백질을 구성하고 있는 수용성 단백질(15 %)과 글루텐 단백질(85 %)이 밀가루의 가공 특성을 결정하게 된다. 특히 글루텐 단백질인 글리아딘과 글루테닌은 물과 혼합되어 점착성과 신전성이 강한 글루텐을 형성한다. 단백질의 양과 성질에 따라 밀가루는 강력분, 중력분, 박력분으로 나눈다.
5. 밀가루의 반죽 품질을 평가하는 방법에는 반죽의 굳기(점탄성)는 패리노그래프(farinograph), 신장도와 신장 저항력(인장 항력)은 엑스텐소그래프(extensograph), 전분의 성질(전분의 호화도)은 아밀로그래프(amylograph)로 측정한다.
6. 빵이란 주원료인 밀가루·효모·물에 부원료인 설탕·지방·이스트 푸드·소금 등을 첨가하고 이겨서 만든 반죽을 이산화탄소를 내는 팽창제로 부풀려 구워서 만든 것이다. 발효빵은 반죽 시 효모를 넣어 발효로 생성되는 이산화탄소로 부풀게 한 것으로 틀을 사용하여 굽는 식빵류(pan bread), 설탕함량이 다른 종류의 빵보다 높은 과자 빵(단팥빵, 크림빵), 철판에 굽은 프랑스빵(hearth bread), 이스트 도넛류 등이 있다. 비발효빵에는 생과자류, 케이크류 등이 있다.
7. 면류는 밀가루, 쌀가루, 전분, 메밀가루 등을 주원료로 하여 물과 소금 등을 넣어 글루텐의 점탄성을 이용하여 반죽한 것으로 길고 가늘게 만든 것을 생면, 이를 건조시킨 것을 건면이라고 한다.
8. 전분은 감자, 고구마, 옥수수 등을 원료로 제조되는 1차 직접 전분 가공과 이 전분으로 물엿, 포도당 가공의 2차 가공이 있다. 전분 가공이란 동식물 원료로부터 순수 천연전분을 분리·제조하는 것과 전분을 원료로 이화학적·생물학적 방법에 의해 제조하는 가공전분 또는 변성전분 등을 제조하는 것을 말한다.

연습 문제

1. 쌀의 정백도를 결정할 때 쓰이는 시약은 무엇이며, 현미에 적용할 때 무슨 색을 띠는지 설명해 보시오.

2. 도정률과 도감률을 기준으로 하여 현미, 5분도미, 10분도미별로 설명해 보시오.

3. 절단맥 가공에 대해 설명해 보시오.

4. 강화미에 대해 설명해 보시오.

5. 밀가루 품질을 좌우하는 요소와 품질 측정기기에 대해 설명해 보시오.

6. 밀가루의 글루텐함량 측정방법에 대해 설명해 보시오.

7. 제빵 시 빵을 부드럽게 하는 재료는 무엇인지 설명해 보시오.

8. 옥수수, 감자. 고구마, 밀, 보리 중 전분의 분리가 가장 쉬운 것은 무엇인지 말해 보시오.

9. 고구마전분 제조 시 석회 처리의 장점을 설명해 보시오.

10. ( ) 안에 알맞은 용어를 넣으시오.

    물엿이란 무엇이며, 물엿에서 DE가 높아지면 감미도는 (①)하고 점도는 (②)하며 흡습성은 (③) 한다. 이에 반해 DE가 낮아지면 감미도는 (④) 하고 점도는 (⑤)하며 포도당이 (⑥) 한다.

1. 쌀의 정백을 결정하는 데 사용되는 시약은 메틸렌 블루와 에오신으로 조제된 MG시약이다. MG시약에 의해 쌀의 과·종피는 청녹색, 호분층은 담녹색 및 담청색, 배유는 담청홍 또는 담홍색, 배아는 담황록색을 띤다. 따라서 현미는 청녹색, 5분도미는 담청색, 7분도미 및 백미는 담홍청색을 띤다.

2. 현미는 92 %의 백미와 8 %의 겨로 구성되어 있다. 따라서 5분도미의 경우 겨 100 % 중 50 %가 제거되기 때문에 도정률은 92+4=96 %가 되고 도감률은 8×50/100=4 %가 된다. 따라서 현미는 도정률 100 %, 5분도미는 96 %, 10분도미는 92 %가 되며, 현미, 5분도미, 10분도미의 도감률은 각각 0 %, 4 %, 8 %이다.

3. 보리의 경우 가운데 홈이 파여 있기 때문에 껍질을 분리하기가 어려우므로 보리의 깊은 고랑을 완전히 제거할 목적으로 보리의 고랑을 따라서 절단하여 도정하는 가공법이다. 절단맥 가공법에 의해 얻어진 절단맥을 백맥 혹은 할맥이라고 한다.

4. 강화미란 쌀에 열을 가하여 β형의 녹말을 α형의 녹말로 변화시킨 다음 비타민이나 필수영양소를 첨가하여 영양소를 맞춘 쌀이다.

5. 밀가루의 품질을 좌우하는 요소는 글루텐의 함량, 회분함량, 분질 및 색깔 등이며 α-아밀라아제 역가를 측정하는 아밀로그래프, 밀가루 반죽의 점탄성은 패리노그래프, 신장도 및 인장 항력은 엑스텐소그래프를 이용한다.

6. 밀가루의 구성성분인 글루텐은 글리아딘과 글루테닌이라는 주요 단백질로 구성되어 있으며, 글루텐 함량의 측정은 습부율과 건부율에 의해 구할 수 있다. 습부량의 측정방법은 ① 밀가루 25 g에 약 15 mL의 물을 첨가하여 반죽을 만든다. 이때 반죽이 그릇에 붙지 않도록 반죽한다. ② 반죽을 1시간 정도 물에 침지시킨 후 부직포 혹은 체에 담아 흐르는 물로 씻어 낸다. ③ 비커에 담은 후 탁한 것이 없을 때까지 계속 씻어 낸다. ④ 반죽을 1시간 정도 물에 침지하였다가 물기를 빼내 무게를 측정한 후 습부율(%)=습부 중량/사용한 밀가루의 무게×100을 이용하여 글루텐의 함량을 계산한다.

건부율은 습글루텐을 100 ℃의 건조기에서 항량이 될 때까지 건조시킨 후 냉각한 건부 중량/사용한 밀가루의 무게×100을 이용하여 원료에 대한 %로 나타낸다.

7. 제빵 시 설탕은 빵에 단맛을 부여하고 색깔을 좋게 한다. 특히 효모의 영양원으로 발효를 촉진하며 빵을 부드럽게 한다. 지방은 반죽의 성형이나 취급을 용이하게 하며, 빵 조직을 연하게 하고, 노화를 방지하여 저장성을 증대시키는 역할을 한다.

8. 옥수수는 조직이 단단하고, 보리·밀은 단백질이 전분 입자에 밀착되어 쉽게 분리되지 않는다. 이에 반해 감자 및 고구마는 전분 입자가 커서 전분의 침전이 쉽게 일어나 전분 분리가 용이하다.

9. 석회 처리를 통해 전분미의 분리 및 사별을 용이하게 하고 착색물질의 흡착을 억제하는 효과를 얻을 수 있다. 따라서 석회수 첨가효과는 ① 수율증대 효과, ② 이물질 제거, ③ 폴리페놀과 같은 색소물질 제거를 통한 품질 향상효과 등을 얻을 수 있다.

10. 물엿이란 맥아당과 덱스트린의 혼합물이다. DE가 증가하면 포도당이 증가하여 감미가 더해지고, 덱스트린은 감소되어 평균분자량은 적어져 점도 또한 낮아진다. 평균분자량이 낮아지면 흡습성은 적어지고 용액의 동결점은 낮아져 삼투압 및 방부 효과가 커진다.

① 증가 ② 감소 ③ 감소 ④ 감소 ⑤ 증가 ⑥ 감소

CHAPTER 5

두류 가공

1. 두류의 특징

2. 두류 가공품

1. 두류의 특징

두류(Legume)에는 대두(콩), 팥, 완두, 녹두, 땅콩, 강낭콩, 잠두 등이 있다. 두류는 단백질과 지질이 풍부한 식물로 종류마다 함량의 차이가 있다. 콩·땅콩은 지질이 풍부하고 탄수화물함량이 적고, 팥·완두·녹두·강낭콩 등은 탄수화물이 많으며 지질은 적은 편이다. 두류에는 곡류를 주식으로 하는 사람들에게서 부족되기 쉬운 필수아미노산인 라이신(lysine)을 많이 함유하고 있어 함께 섭취 시 쌀에 부족한 아미노산을 보충해 준다.

콩의 1인당 연간 소비량은 1970년 5.3 kg였으며, 서서히 증가하여 1980년에는 8 kg였고, 1990년에는 8.3 kg, 2000년 8.5 kg, 2013년 기준으로 8 kg였다. 최근 10여 년간의 1인당 연간 콩 소비량은 약 8 kg였으며, 식용 콩은 매년 40만 톤의 규모가 소비되고 있다.

1) 콩의 성분

콩(대두, *Glycine max* MERR)은 만주 일대와 중국의 북부 지방이 원산지로 알려져 있으며, 오랫동안 우리의 식생활에 중요한 식량자원으로 이용되었다. 세계 콩 생산량은 약 2억 3,700만 톤(2012년 기준), 국내 콩 생산량은 2014년 기준으로 139,000톤이었으며, 재배면적은 80,031 ha이었다.

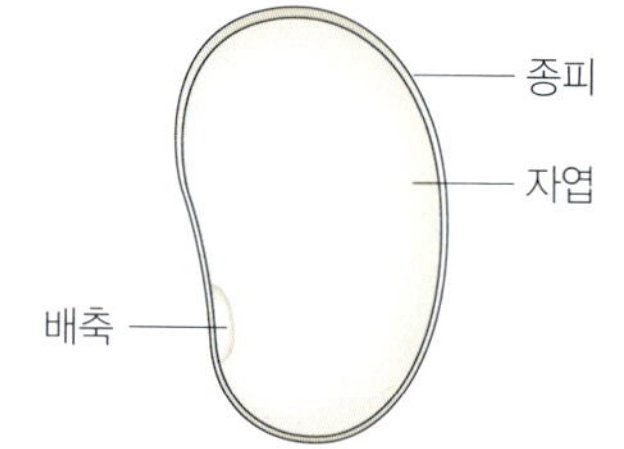

그림 5-1 콩의 구조

콩은 종피(hull)가 약 8 %, 자엽(cotyledon)이 약 90 %, 배축(hypocotyl)이 약 2 %로 구성되어 있으며, 콩의 크기와 품종에 따라 구성비율은 달라진다(그림 5-1). 콩의 단백질함량은 약 18~22 %, 지방질은 18~22 %이며, 품종에 따라 차이가 있다. 콩의 단백질은 40 % 내외로 약 90 %가 수용성 단백질로 존재하며, 글로불린계에 속하는 글리시닌(glycinin)이 대부분을 차지한다.

콩은 5대 영양소가 골고루 포함되어 있어 균형 잡힌 영양을 공급해 주며, 여러 가지 생리활성성분을 함유하여 성장기 어린이, 성인 등에 이르기까지 매우 유용한 식품이다.

두류(Legmue)의 어원

콩과식물을 뜻하는 Legume의 어원은 legere에서 왔으며 '모으다'라는 뜻을 가지고 있다. 탈곡하여 종자를 얻는 곡류에 비해, 콩과식물은 꼬투리가 있어 손으로 채집하는 데서 유래되었다.

표 5-1 두류의 일반 성분

	수분(g)	단백질(g)	지질(g)	회분(g)	탄수화물(g)	에너지(kcal)
대두, 노란콩(삶은 것)	61.7	17.8	7.7	1.6	11.2	182
대두, 노란콩(마른 것)	9.7	36.2	17.8	5.6	30.7	420
대두, 검은콩, 서리태(마른 것)	11.7	34.3	18.1	5.4	30.5	414
완두(마른 것)	8.1	20.7	1.3	2.8	67.1	367
팥, 붉은팥(마른 것)	8.9	19.3	0.1	3.3	68.4	356
녹두(마른 것)	10.9	22.3	1.5	3.3	62.0	354

표 5-2 콩 및 두류 가공제품 단백질의 생물학적 평가

종류	단백질효율비(PER)	생물가(biological value, BV)	소화율(%)
콩, 생콩	0.7	58	82
익힌 콩	1.3	64	90
두부	1.8	68	96
낫토(natto)	2.6	55	72

표 5-3 콩에 함유되어 있는 영양소 및 특징

영양소	특징
식이섬유	•사람의 소화효소로 분해될 수 없는 다당류 총칭으로 단백질, 탄수화물, 지방, 비타민 및 무기질 등 5대 영양소 외에 그 중요성이 부각되면서 제6의 영양소라 불릴 정도로 일상 식단에서 중요한 위치를 차지하고 있음
올리고당	•올리고당은 사람의 소화효소로는 분해할 수 없어 대장으로 이동하여 대장 내에 있는 유익균인 비피더스균의 수를 늘려서 왕성하게 만들고 다른 유해한 균의 생육은 억제하는 역할을 함
불포화지방산	•콜레스테롤이 전혀 함유되어 있지 않고 동물성 식품에 비해 몸에 좋은 불포화지방산의 함량이 매우 높음
단백질	•콩 단백질은 밀이나 땅콩같은 다른 식물성 단백질과 달리 달걀이나 우유 단백질과 영양가면에서 동등함 •콩 단백질은 심장질환 예방에 이로운 식품으로, 미국 FDA에서는 "하루 25 g의 콩 단백질 섭취는 심혈관질환의 위험을 낮출 수 있다."라는 유용성 표시를 인정함
철	•철은 혈액을 구성하는 중요한 구성성분으로서 성장 발육기 여성 및 일반 성인에게 필수적인 영양성분임

(1) 영양저해 인자

콩의 영양저해 인자로는 트립신 저해제(trypsin inhibitor), 피트산(phytic acid), 적혈구 응집소, 장내 가스 인자가 있다. 생콩에 들어 있는 트립신 저해제는 단백질의 소화를 저해

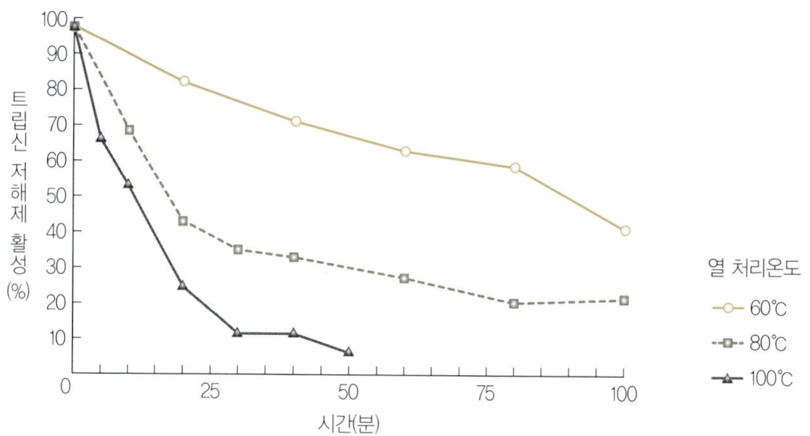

그림 5-2 콩의 트립신 저해제 활성에 대한 열 처리의 영향

하나 가열에 의해 불활성화된다(그림 5-2).

콩에 함유되어 있는 피트산은 Ca, Ma, Fe, Cu, Mn, Zn 등의 금속이온과 결합하여 불용성 물질을 형성하고 우리 몸에 필요한 무기질의 체내 흡수를 방해한다. 피트산은 가공 및 발효에 의하여 함량이 줄어드는데 황색콩(피트산함량 2.4 %)을 가공하여 제조한 제품의 피트산함량을 조사한 결과 두유 0.2 %, 두부 0.5 %, 비지 0.4 %, 청국장 0.9 %, 메주 1.4 %, 간장 0.2 %, 된장 1.0 %로 감소하였다.

콩에 존재하는 헤마토글루티닌(hematoglutinin)은 당단백질로 적혈구 응집을 촉진한다. 최근에는 콩의 항영양 인자로 인식된 이러한 성분들의 기능성에 대한 연구가 보고되어 생리활성성분으로의 새로운 이용 가능성에 대한 관심이 증가하고 있다. 특히 트립신 저해제의 항암활성, 당뇨병 예방 기능, 피트산의 항산화작용, 콜레스테롤 저하 등의 기능성이 있는 것으로 알려졌다.

생콩을 먹으면 소화가 잘 되지 않는 이유

식물의 종자는 특별한 성분들을 미량 함유하고 있어 동물들이 섭취하여도 소화되지 못하게 되어 있다. 이러한 이유로 생콩을 먹으면 콩에 함유되어 있는 트립신 저해제에 의해 소화가 잘 되지 않아 속이 더부룩하거나 설사를 하게 된다. 이는 식물에서 종의 번식을 위한 자연의 섭리이기도 하다.

*트립신(trypsin)은 이자액에서 분비되는 단백질 가수분해효소로, 트립신 저해제가 존재하면 단백질이 소화되지 못하여 설사를 하게 된다.

(2) 생리활성성분

일상적인 식생활에서 콩의 규칙적인 섭취는 다양한 건강 효과를 기대할 수 있다(표 5-4). 미국식품의약청(FDA)은 1999년에 하루 25 g의 콩 단백질 섭취가 심장병의 발생 위험을 감소시킬 수 있음을 공식적으로 발표하였다.

표 5-4 식생활에서 규칙적인 콩의 섭취를 통해 얻을 수 있는 주요 건강 효과

영양성분(nutrients)	건강 효과(health benefits)
단백질	혈중 콜레스테롤 저하
탄수화물	변비 완화, 당뇨병 예방
최소량의 포화지방	심혈관계 질환 예방에 도움을 줌
무기질	전반적인 건강 증진에 도움을 줌
비타민	전반적인 건강 증진에 도움을 줌
파이토케미컬	암 예방, 갱년기 및 골다공증 증상 완화

콩의 생리활성성분으로 아이소플라본(isoflavone), 사포닌, 올리고당, 식이섬유, 피트산 등이 있다. 아이소플라본은 식물성 색소성분으로 페놀계 화합물에 당이 결합한 배당체이며, 여성호르몬인 에스트로겐과 유사한 작용을 하여 여성의 갱년기 증후군을 완화시켜 골다공증, 심장질환을 예방하는 데 도움을 주고, 대장암 발생을 줄이며, 종양 성장의 억제, 간암, 식도암 및 폐암 등의 억제에도 관여를 하는 것으로 알려져 있다.

이러한 콩의 기능성 성분을 효율적으로 활용하기 위하여 기능성분 강화를 위한 분자 육종기술 개발, 가공기술 개발 등에 대한 연구가 활발히 이루어지고 있다.

2. 두류 가공품

콩은 '밭에서 나는 쇠고기'라고 불릴 만큼 풍부한 영양성분을 가지고 있으나 단단한 조직으로 인하여 소화율이 낮고 이용성이 떨어지므로 주로 가공품으로 많이 이용된다. 생콩의 소화흡수율은 82 %인 데 반하여 익힌 콩 90 %, 두부 96 %, 간장 98 %, 된장 85 %, 낫또(natto) 72 %, 유부 91 %이다.

두류 가공품에는 두부, 장류(간장, 된장, 청국장), 콩나물, 두유, 콩단백제품, 콩기름 등이

있다. 단백질함량이 높은 콩은 두부, 장류 등을 제조하는 데 적합하며, 지방함량이 높은 콩은 식용유 제조, 콩나물 콩으로 이용된다. 두류는 단백질과 지방질이 풍부한 영양식품일 뿐만 아니라 최근 두류에 함유되어 있는 아이소플라본, 레시틴 등 기능성 성분이 주목받고 있으며, 이를 활용한 가공제품 개발이 활발하게 이루어지고 있다.

1) 두부

두부(soybean curd)는 고려시대에 전해진 것으로 알려져 있는데, 처음에는 불교 음식으로 전해졌으나 조선시대에는 제사 음식으로 쓰이기도 하였다. 두부는 가격이 저렴하면서도 양질의 고단백질식품으로 단백질 섭취가 부족한 나라에서는 단백질의 주요 공급원이 되기도 하였다. 두부는 한국, 중국, 일본 등지에서 널리 소비되고 있으며, 열량이 높지 않아 다이어트 식품으로 이용되기도 한다. 2010년 국민건강통계의 다소비식품 소비 순위에 따르면 두부는 14번째로 많이 섭취하는 식품으로 조사되었으며, 에너지의 주요 급원이자 단백질을 공급하는 주요 식품으로 자리 잡았다.

두부는 수분함량이 80~85 %로 높아 미생물에 의한 변질이 일어나기 쉬우므로 짧은 시간 안에 소비되어야 하며, 부드러운 조직 특성으로 인해 부서지기 쉬운 것이 특징이다. 이처럼 높은 수분함량으로 인하여 저장성이 낮은 두부는 건조하거나 압착, 튀기는 공정을 통하여 보존성을 향상시킬 수 있으며, 독특한 조직감을 갖는 가공두부를 제조할 수 있다.

『식품공전』에는 두부를 "대두(대두분 포함, 100 %, 단 식염 제외)를 원료로 하여 얻은 대두액에 응고제를 가하여 응고시킨 것을 말한다."라고 정의하고 있으며, 두부류라 함은 "두류를 주원료로 하여 얻은 두유액을 응고시켜 제조·가공한 것으로 두부, 전두부, 유바, 가공두부를 말한다"고 되어 있다(표 5-5).

두부의 종류에는 일반두부(보통두부), 연두부, 순두부와 같은 생두부와 유부(기름튀김두부), 동결두부(얼림두부), 분말두부, 압착두부 등이 있으며, 두부의 종류별 일반성분은 〈표 5-6〉과 같다.

우리나라는 주로 일반두부, 연두부, 순두부가 많이 소비되고 있다. 그중에서도 일반두부는 생산 및 판매량이 가장 많으며, 특유의 담백한 맛을 가지고 있고, 부드러우면서 약간의 탄력성을 가지고 있다.

포장방법에 따라 포장두부와 충전두부로 나눌 수 있으며, 포장두부는 가열한 두유액에

표 5-5 두부류의 정의 및 규격

종류	정의 및 규격
두부류	두류를 주원료로 하여 얻은 두유액을 응고시켜 제조·가공한 것으로 두부, 전두부, 유바, 가공두부를 말함
두부	대두(대두분 포함, 100 %, 단 식염 제외)를 원료로 하여 얻은 대두액에 응고제를 가하여 응고시킨 것을 말함
전두부	대두(대두분 포함, 100 %, 단 식염 제외)를 미세화하여 얻은 전두유액에 응고제를 가하여 응고시킨 것을 말함
유바	대두액을 일정한 온도로 가열 시 형성되는 피막을 채취하거나 이를 가공한 것을 말함
가공두부	두부 또는 전두부 제조 시 다른 식품을 첨가하거나 두부 또는 전두부에 다른 식품이나 식품첨가물을 가하여 가공한 것을 말함(다만, 두부 또는 전두부 30 % 이상이어야 함)

출처 : 식품공전, 2015

표 5-6 두부 종류별 일반성분

(단위: %)

종류	수분	단백질	지방	탄수화물	회분
보통두부	88.0	6.7	3.5	1.9	0.6
튀김두부	44.0	20.4	31.4	2.8	1.4
동결건조두부	10.4	58.8	26.4	7.0	2.6
유바	8.7	57.6	24.1	11.9	3.0
압착두부	61.6	22.0	11.0	6.1	1.9
압착건조두부	28.0	39.6	19.7	8.7	4.0

응고제를 가한 뒤 응고, 압착·성형한 다음 순물과 함께 용기에 넣어 포장한 것이며, 충전두부는 가열두유액을 냉각한 다음 응고제를 넣은 후 용기나 포장지에 넣어 충전하고 가열하여 응고시킨 제품으로 연두부, 순두부가 그 예에 속한다.

두부의 주원료인 콩 이외에 표고버섯, 녹차, 오미자, 알팔파 추출물, 스피룰리나, 함초 등의 다양한 원료를 두부에 첨가하여 영양성분과 기능성을 강화하기 위한 관련 연구가 보고되고 있으며, 더불어 천연 소재를 이용한 두부 응고, 저장성 향상 관련 연구가 보고되고 있다. 최근에는 두부 가공 시 유화제(두부의 응고속도를 조절하기 위해 첨가), 소포제(거품 제거제) 등의 식품첨가물을 넣지 않은 두부 가공제품들도 판매되고 있다.

(1) 일반두부

보통 두부라고 불리는 일반두부의 제조공정은 〈그림 5-3〉과 같다. 두부는 콩을 물에 불린 후 마쇄하여 끓인 뒤 압착, 여과하여 가용성 단백질을 함유한 두유를 얻은 다음 응고제를 첨가하여 열에 의해 응고되지 않는 단백질을 응고시켜 만든다. 여과 중에 물에 녹지 않는 단백질과 고분자 탄수화물 및 상당량의 지방질이 비지로 제거된다. 나머지 지방, 당 등은 수용성 단백질 응고 시에 두부 속에 포함되게 된다. 두부는 대두 단백질 글리시닌(glycinin)이 응고제의 Ca^{2+} 혹은 Mg^{2+} 등의 2가 양이온에 의해 응고하는 원리로 만들어진다. 콩 속에 함유되어 있는 글리시닌은 묽은 염류용액에 잘 용해되는데, 마쇄하여 콩죽으로 만들면 콩에 함유되어 있는 인산칼륨 같은 염류에 의해 글리시닌이 용출된다. 이러한 글리시닌을 가열하여 염화칼슘과 같은 응고제를 넣으면 두부가 응고된다.

두부는 응고과정에서 단백질이 2차적으로 회합하여 천천히 망상구조를 만들고 이 안에 지방구가 여러 개 모이는 상태로 되는데, 응고제를 서서히 가하면서 천천히 교반하면 망눈이 전체에 퍼져 있는 연한 두부가 된다. 강하게 교반할 경우에는 망눈이 세밀하게 되어 커다란 공동이 있는 단단한 두부가 된다.

① 원료

두부 제조 시 사용하는 콩의 원료에 따라 수율 및 품질에 많은 영향을 미친다. 콩의 단백질함량이 높을수록, 특히 가용성 단백질함량이 높을수록 두부의 수율이 증가한다. 따라서 원료 콩은 단백질함량이 많은 백태를 주로 사용한다. 장기간 저장한 콩은 수분의 흡수속도와 익는 속도가 느린 까닭에 두부 제조 시에는 저장기간이 짧은 콩을 사용하는 것이 좋다.

② 제조

- 침지(불림) : 콩 원료는 세척한 다음 두유가 잘 추출될 수 있도록 물에 침지하는 과정이 필요하다. 콩을 침지하는 시간은 물의 온도에 영향을 받으며, 일반적으로 여름철에는 7~8시간, 겨울철에는 24시간 정도이나 콩의 상태에 따라 달라질 수 있다. 침지시간이 충분하지 않으면 마쇄가 잘 되지 않으며, 이로 인하여 두유 수율이 낮아져 두부 생산량이 감소한다. 또한 침지를 너무 오래하면 온도가 높은 여름철에는 변패가 일어날 수 있을 뿐만 아니라 콩의 발아가 일어나 성분이 변화될 수 있다.
- 마쇄 : 콩을 마쇄하는 이유는 조직과 세포를 파괴하여 세포 내의 수용성 단백질을 추출하기 위한 것으로 콩을 미세하게 마쇄할수록 단백질 추출수율이 높아진다. 하지만

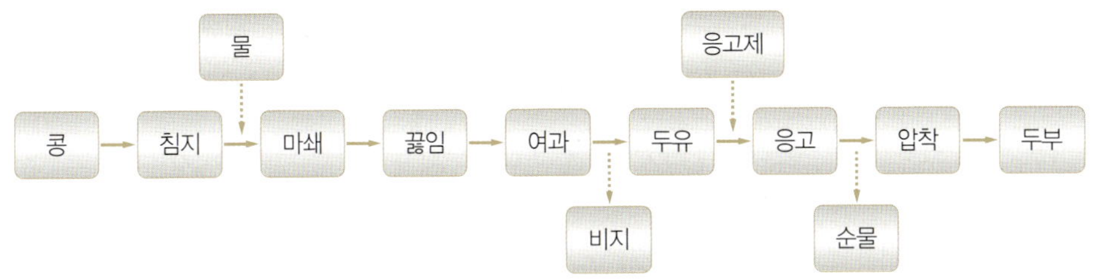

그림 5-3 두부의 제조공정

지나친 마쇄는 불용성 물질을 여과시키는 원인이 될 수 있으므로 주의가 필요하다. 마쇄 시 과도한 마찰열은 단백질의 열변성을 일으켜 단백질 추출수율을 감소시키는 원인이 되므로 마쇄 시 발생하는 마찰열의 온도가 너무 높아지지 않도록 주의해야 한다.

덜 불린 콩은 마쇄된 콩의 입자가 계속 수분을 흡수하여 입자가 커져서 마쇄의 효과가 떨어지므로 이는 두부 수율의 감소로 이어지게 된다. 마쇄 시 물의 첨가량이 높으면 수용성 성분의 용출률이 높아지나 끓이는 과정에서 비용이 많이 든다. 마쇄 시의 일반적인 물 첨가량은 콩 무게의 8~10배가 적당하다.

- 끓임(가열) : 마쇄한 콩은 여과 전 끓이는 과정을 거치는데 이를 통하여 단백질 및 고형분 추출수율을 높일 수 있고, 콩에 함유된 트립신 저해제와 효소를 불활성화시키며, 미생물의 살균효과도 나타낼 수 있다. 끓이는 동안 거품 발생에 의해 넘치는 현상을 방지하기 위해 소포제(예 : 실리콘 수지, 모노글리세리드)를 첨가한다.
- 여과 : 두부 가공 시 여과공정은 마쇄하여 끓인 콩죽으로부터 비지를 분리하여 두유액을 얻는 단계이다. 여과방법으로는 압착여과법, 진공여과법, 원심분리법이 있다. 압착여과법은 무거운 물체로 압착하는 재래식 방법과 유압 프레스를 이용하여 압착하는 방법으로 나뉜다.
- 응고 : 두부 제조 시 응고과정은 맛, 수율 등에 영향을 미치는 중요한 공정으로, 사용하는 응고제의 종류, 두유의 온도, 두유의 농도 및 응고제의 첨가량, 교반방법 등에 따

두유액

콩(대두분 포함, 100 %, 단 식염 제외)에 일정량의 물을 가해 마쇄한 후, 이를 끓여서 콩 단백질 및 그 밖의 가용성 성분을 추출, 여과하여 거른 액을 말한다.

라 두부의 특성이 달라진다. 두유의 농도가 많이 높으면 응고를 위한 혼합 시 응고된 단백질이 부서지기 쉬우며, 온도가 70 ℃보다 낮으면 응고가 잘 되지 않기 때문에 응고를 위한 적절한 온도로는 85~90 ℃가 좋다. 응고제 첨가량이 너무 많으면 응고가 고르게 되지 않으며 수분이 분리된다.

응고제를 첨가하는 과정은 두부의 맛에 영향을 많이 미친다. 특히 완성되는 두부의 단단하거나 부드러운 정도를 결정하므로 중요하다. 응고제를 천천히 넣으면서 서서히 교반하면 층을 만드는 단백질은 얇고 망눈이 전체에 퍼진 연한 두부가 되나, 강하게 교반을 하면 망눈이 세밀하게 되어 큰 공동이 있는 단단한 두부가 만들어진다.

두부 가공 시 사용하는 응고제의 종류별 특성은 〈표 5-7〉과 같다. 응고제의 종류에는 염화칼슘, 염화마그네슘, 황산칼슘 및 글루코노델타락톤 등이 있다. 두부 응고 시 사용되는 염화칼슘은 수용성이며 응고시간이 빠르고 압착 시 물이 잘 빠지는 장점이 있지만, 수율이 낮고 두부가 거칠며 견고한 것이 단점이다. 염화마그네슘은 응고시간이 빠르며 압착 시 물이 잘 빠지고 맛이 좋은 것이 장점이나, 두부가 거칠고 수율이 낮은 것이 단점이다. 황산칼슘은 두부의 색상이 좋으며 조직이 연하고 탄력성이 있는 것은 장점이지만, 더운물에 용해하여 사용해야 하므로 사용이 불편한 것이 단점이다. 글루코노델타락톤은 사용이 편리하며 응고력이 우수한 것이 특징이나, 신맛이 약간 있고 조직이 매우 연한 것이 단점이다. 두부의 응고제로 글로코노델타락톤을 사용하였을 때 신맛이 나는 이유는 물에 녹아 글루콘산(gluconic acid)으로 분해되기 때문이다.

두부의 응고를 위해 전통적으로 사용된 간수는 바닷물에서 소금을 석출한 후의 여액으로 불순물 혼입과 연근해 바다의 환경오염에 따른 중금속 등과 같은 유해물질 혼입의 우려로 인해 법적으로 사용이 금지되어 있다. 식품첨가물은 「식품위생법」 제7조(기준과 규격)에 의하여 『식품첨가물공전』에 지정 고시된 품목에 한하여 기준규격에 적합하게 사용해야 하는데, 간수는 『식품첨가물공전』에 등재되어 있지 않으므로 사용

두부 제조 시 소포제를 사용하는 이유

대두에 함유되어 있는 사포닌(saponin) 등이 두유액을 끓이는 과정에서 거품을 일으키므로 두부 제조 시 거품을 제거하기 위해 식품첨가물로 규소(silicon) 수지 등을 사용할 수 있으나 최근에는 소포제를 첨가하지 않은 두부들이 많이 판매되고 있다.

표 5-7 두부 응고제의 종류별 특성

종류	첨가온도(℃)	용해성	장점	단점
염화칼슘 ($CaCl_2 \cdot 2H_2O$)	75~80	수용성	• 응고시간이 빠름 • 압착 시 물이 잘 빠짐 • 보존성이 양호함	• 수율이 낮음 • 두부가 거칠고 견고함
염화마그네슘 ($MgCl_2 \cdot 6H_2O$)	75~80	수용성	• 응고시간이 빠름 • 압착 시 물이 잘 빠짐 • 맛이 좋음	• 두부가 거침 • 수율이 낮음
황산칼슘 ($CaSO_4 \cdot 2H_2O$)	80~85	불용성	• 두부의 색상이 좋음 • 조직이 연하고 탄력성이 있음 • 수율이 높음	• 사용이 불편함(더운물에 용해하여 사용)
글루코노델타락톤 ($C_6H_{10}O_6$)	85~90	수용성	• 사용이 편리함 • 응고력이 우수함 • 수율이 높음	• 신맛이 약간 있음 • 조직이 대단히 연함
정제간수	75~80	수용성	• 맛이 좋음 • 응고시간이 빠름	• 수율이 낮음 • 두부가 거칠음 • 쓴맛이 있음

할 수 없다. 천연첨가물로 지정되어 있는 '조제해수 염화마그네슘'은 주성분이 염화마그네슘(12~30 %)으로 두부 응고제로 사용이 가능하다.

두부 응고제인 염화칼슘, 황산칼슘 및 염화마그네슘은 원료 대두 중량의 약 1.5 %를 첨가한다. 글루코노델타락톤은 냉각시킨 두유에 약 0.3 %를 첨가하여 용해시킨 후 가열하여 응고시키며 포장 연두부, 포장 순두부용으로 사용된다. 두부 응고 시 염화칼슘과 염화마그네슘은 콩 20 L에 대하여 15 % 용액 2 L를 세 번으로 나누어 서서히 교반하여 첨가한다. 교반을 과도하게 실시하면 조직감이 거칠고 수율이 낮아진다. 황산칼슘은 콩 20 L에 대하여 15 % 용액 2 L를 두유 교반 후 한번에 가하여 사용한다.

• 압착·성형 : 응고된 두부에 압력을 가해 탈수와 성형 과정을 거친 후 알맞은 크기로 절

두부 제조 시 사용되는 응고제(coagulant)

응고제는 두부 제조 시 콩 단백질을 응고시키기 위한 목적으로 사용하는 식품첨가물로서, 뜨거운 두유액을 제조한 후 이 액이 식어 약 70 ℃가량 되었을 때 응고제를 넣어 콩 단백질을 응고시켜 두부를 제조하게 된다.

단한다. 두부의 성형과정에서 압력은 수율, 조직감 및 수분함량에 영향을 미치므로 적절한 압력을 가하여야 한다. 서서히 압력을 가하여 압착하여야 탄력성이 좋고, 수율이 높은 두부를 제조할 수 있다.

(2) 순두부

두유액에 응고제를 가하여 압착하지 않고 그대로 굳힌 두부를 말한다.

(3) 연두부

연두부는 두유액에 응고제를 가하고 용기에 충전한 후 가열 응고시켜 만든 연질성 두부를 말한다. 수분함량이 약 90~92 %인 아주 연한 두부로서 간식용, 찌개용 등으로 사용된다.

(4) 전두부

전두유액에 응고제를 가한 후 그대로 응고시켜 만든 두부를 말한다. 전두유액이란 콩(대두분 포함, 100 %, 단 식염 제외)을 미세화하여 얻은 것으로서 비가용성 성분을 인위적으로 제거하지 않은 액을 말한다.

(5) 유부

유부(fried soybean, curd)는 보통두부를 견고하게 만든 다음 이를 수분이 적도록 압착하여 얇게 절단한 뒤 기름에 튀겨 낸 두부이다. 수분함량이 높은 두부와 비교하여 유부는 저장성이 향상되며, 신선한 풍미를 지닌다. 유부는 보통두부보다 농도가 높은 두유로 두부를 얇게 절단하여 110~120 ℃의 기름에서 약 3배로 팽윤시키고, 180~200 ℃의 기름에 튀겨 표면의 수분을 증발시켜 건조하여 만든다.

(6) 유바

유바(yuba, soymilk film)는 대두액을 일정한 온도(약 40 ℃)로 가열하여 형성되는 피막을 채취하거나 이를 가공한 것을 말한다. 유바는 약 1,000년 전에 중국에서 만들어졌으며, 절에서 차를 마실 때 차와 곁들여 음식으로 즐겨 먹던 식품이다.

비지

비지는 두부 제조 시 콩으로부터 단백질을 추출한 두유액을 거르고 남은 불용성 찌꺼기로서, 두부에 비해 단백질, 무기질 함량이 적어 영양적 가치는 크지 않으나 열량이 낮고 식이섬유가 풍부하다.

표 5-8 두유와 두부, 비지의 영양성분 비교

(가식부 100 g당)

	에너지 (kcal)	단백질 (g)	지질 (g)	탄수화물 (g)	식이섬유 (g)	칼슘 (mg)	인 (mg)
두유	70	4.4	3.6	4.7	1.5	17	53
두부	84	9.3	5.6	1.4	2.5	126	140
비지	58	3.5	1.5	11.7	8	66	25

출처 : 농식품종합정보시스템(http://koreanfood.rda.go.kr)

2) 두유

두유(soybean milk)는 두유액이나 두유 가공품의 추출액에 식품 또는 식품첨가물을 가한 것으로 대두를 추출하여 음료 형태로 가공한 대표적인 대두 가공식품이다. 두유는 성분 조성이 우유와 유사하여 우유에 알레르기가 있거나 젖당(lactose)을 소화시키지 못하는 젖당불내증이 있는 유아의 대용식 혹은 성인에 있어서 우유의 대체음료로 이용되기도 한다. 두유는 우유보다 단백질함량이 높으며, 철과 니아신 등 영양성분이 풍부하여 어린이, 성인, 노인 등 다양한 연령대에서 저렴하게 이용이 가능하다.

두유는 수용성 단백질, 불포화지방산 및 필수아미노산 함량이 높은 영양적으로 우수한 가공식품으로 콩을 물에 불린 다음 마쇄기로 갈아서 만든다. 두유는 우유의 성분과 비교하여 아미노산 중의 메티오닌 성분이 부족하여 이를 인위적으로 첨가하기도 한다.

두유 제조 시 문제가 되는 것은 콩 비린내인데, 두유의 콩 비린내를 유발하는 주요 원인은 콩 속에 존재하는 리폭시게나아제(lipoxygenase)가 불포화지방산에 작용하여 에틸비닐케톤(ethylvinylketone)이 생성되어 불쾌한 비린 냄새를 나게 하기 때문인 것으로 알려져 있다. 이 성분이 두유 속에 0.5 ppm만 존재하여도 콩의 비린 냄새가 나게 된다. 이는 리폭시게나아제의 활성을 억제함으로써 제어할 수 있는데, 두유를 pH 3 이하 또는 온도를 10 ℃ 이상으로 하거나 80 ℃ 이상으로 가열 시에 불활성화되는 것으로 알려져 있다.

국내 두유 생산량은 2000년 이후 꾸준하게 증가하고 있으며, 시장 규모는 2012년 기준으

표 5-9 두유, 우유, 산양유 및 모유의 성분

	에너지 (kcal)	수분 (g)	단백질 (g)	지질 (g)	회분 (g)	탄수화물 (g)
두유	70	86.6	4.4	3.6	0.7	4.7
우유	60	88.2	3.2	3.2	0.7	4.7
산양유	63	88.0	3.1	3.6	0.8	4.5
모유	65	88.0	1.1	3.5	0.2	7.2

출처 : 농식품종합정보시스템(http://koreanfood.rda.go.kr)

로 약 4,625억 원 규모[소매시장 규모, 식품산업통계정보(www.atfis.or.kr) 참조]였으며, 매년 10 % 이상 성장하고 있다. 최근에는 건강에 대한 관심이 높아지면서 식품첨가물을 넣지 않은 두유, 콩을 마쇄한 후 비지를 걸러 내지 않은 전두유, 국산 콩을 사용한 두유 등 소비자의 요구에 맞는 다양한 두유제품들이 등장하였다.

3) 대두를 이용한 발효식품

대두를 이용한 발효식품에는 된장, 고추장, 간장, 청국장 등이 있으며 식생활에서 애용되고 있는 식품들이다. 발효식품이란 미생물의 발효작용을 이용하여 만든 식품으로 식품의 재료, 미생물의 종류에 따라 독특한 특징과 풍미를 지니게 된다. 발효식품은 독특한 풍미로 인하여 기호성이 높아지며, 발효과정 중에 생성되는 여러 성분에 의하여 다양한 신체조절 기능을 갖게 된다는 것이 밝혀져 있다. 된장의 항암효과, 콜레스테롤을 저하시키는 효과 등이 그 예이다. 우리나라의 된장, 고추장은 2009년 Codex에 Fermented soybean paste, Gochujang으로 각각 등록되었다. Codex은 Codex Alimentarius Commission의 줄임말로, 국제식품규격위원회에서 식품의 국제 교역 촉진과 소비자의 건강 보호를 목적으로 제정한 국제식품규격을 말한다. 우리나라 전통 발효식품인 된장, 고추장의 Codex 등록은 식품의 규격화를 통한 식품의 수용 가능성 확대, 수출시장 규모 확대 및 전통식품의 세계화 측면에서 중요한 의미를 지닌다. 최근 건강에 대한 관심이 높아지면서 염도를 낮춘 간장과 된장, 국산 콩 원료를 사용한 제품 등에 대한 개발, 제품 판매가 이루어지고 있다.

(1) 된장

된장 제조 시 메주는 구형 또는 정육면체형의 덩어리 형태로 만드는 까닭에 외부는 건조하고 내부는 상대적으로 축축하다. 따라서 메주 표면에는 주로 곰팡이가 생육하고, 수분활성도가 높은 내부에는 세균이 작용한다. 된장의 종류는 크게 재래식 된장과 개량식 된장으로 분류할 수 있다.

① 재래식 된장

콩을 물에 불려 삶은 후 적당히 찧어 메주(덩어리)를 만들어 표면을 건조시킨 후 훈훈한 곳에서 메주를 띄운다. 널판 등에 짚을 깔고 메주를 약 10일 정도 발효시킨 다음 짚으로 묶어 통풍이 잘 되는 곳에 매달아 3개월 정도 띄운다. 이 과정에서 고초균과 *Aspergillus* 속 등의 곰팡이가 생육하여 단백질, 전분질을 분해하는 가수분해효소가 만들어진다. 메주를 항아리에 넣고 소금물을 가한 뒤 약 1~3개월간 숙성시킨 후 메주 덩어리를 건져 소금과 간장을 쳐서 질척하게 개어 항아리에 눌러 담아 익힌다. 메주를 건진 후의 액은 간장이 된다.

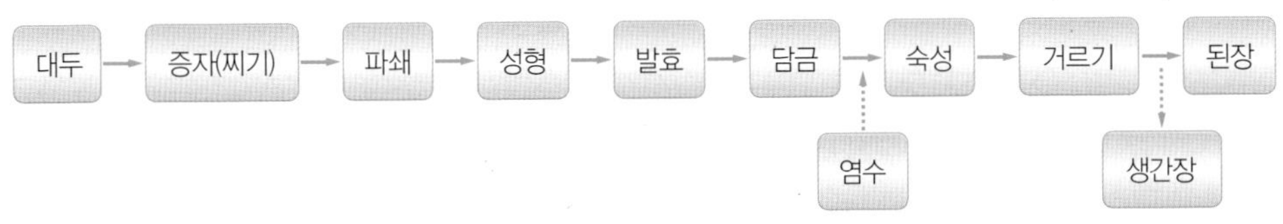

그림 5-4 재래식 된장의 제조공정

② 개량식 된장

개량식 된장은 전통적으로 제조된 된장을 공장단위에서 대량으로 생산하기 위해 개량된 것으로, 콩 이외에 쌀, 보리 등의 원료를 사용하기도 한다. 개량식 된장은 증자한 전분질 원료에 종국을 넣어 누룩을 만들고, 이것에 소금을 가해 일정기간 두었다가 단백질 원료인 콩을 짜서 누룩과 혼합한 후 마쇄하여 용기에 담아 숙성시킨다.

(2) 고추장

고추장은 두류 혹은 곡류 등을 주원료로 하여 누룩균 등을 배양한 후 고춧가루, 소금 등을 가해 발효·숙성하거나 숙성 후 고춧가루, 소금 등을 가한 것이다. 우리나라 고유의 조미식품으로써 매운맛과 단맛, 감칠맛이 어우러져 식생활에서 자주 애용되는 전통식품이다.

고추장은 재래식 고추장과 개량식 고추장으로 분류할 수 있다. 재래식 고추장은 찹쌀가루를 약 20 % 혼합한 고추장용 메주를 만들어 띄우고, 엿기름가루를 물에 담가 당화효소액을 추출한 뒤 이를 녹말과 반죽하여 따뜻한 곳에 두면 당화가 일어나는데 여기에 메줏가루, 고춧가루, 소금 등을 넣어 숙성시켜 제조한다. 재래식 고추장의 발효 및 숙성에 관여하는 미생물은 *Mucor*, *Rhizopus*, *Aspergillus* 등의 곰팡이와 *Bacillus subtilis* 등의 세균이 있다.

개량식 고추장은 재래식 고추장과 달리 *Aspergillus oryzae*(황국균)의 순수배양을 이용하는 점이 다르다. 개량식 고추장에는 오랜 발효 숙성과정을 거치는 숙성식 고추장과 약 10시간 내에 완성하는 당화식 고추장으로 나눌 수 있다. 개량식 고추장은 공장에서 대량 제조 시 주로 사용하는 방법이며, 제조방법은 소맥분 혹은 쌀을 연속 증자한 다음 곰팡이를 접종하여 제국한 것에 찐 밀쌀 혹은 쌀, 찹쌀 등을 혼합하여 식염, 물을 가한 뒤 수분을 약 50 %로 조절하고 이를 마쇄하여 발효탱크에서 발효한다. 다음으로 살균솥에 물엿, 고춧가루 등을 넣고 60~70 ℃에서 살균하여 제품으로 한다.

제조하는 방식에 따라 당화식 고추장, 숙성식 고추장이 있는데 당화식 고추장은 엿기름(맥아)의 효소를 이용하여 당화시켜 만드는 고추장이며, 숙성식 고추장은 메주의 미생물이 생산하는 효소를 이용하여 만드는 고추장이다.

고추장의 맛

고추장의 단맛은 녹말의 가수분해에 의한 것이며, 구수한 맛은 메주콩 단백질의 가수분해로 생성된 아미노산에 기인한 것이다. 고추장 특유의 매콤한 맛은 고춧가루의 캡사이신에 의한 맛이며, 소금의 짠맛 등이 함께 어우러져 특유의 감칠맛과 매운맛을 지닌다.

(3) 간장

간장(soy sauce)은 재래식 메주, 개량식 메주나 코지(koji, 麴)를 소금물에 담그어 숙성시키면서 함유되어 있는 성분을 우려낸 후 그 여액을 가공한 것이다. 간장은 우리나라의 대표적인 콩 발효식품으로 음식의 간을 맞추고 맛을 내는 조미료로 널리 사용된다. 간장은 발효, 숙성되는 동안 콩에 함유된 단백질, 전분질, 지방 등이 분해되어 생성되는 아미노산, 유기산, 유리당 등에 의하여 독특한 감칠맛과 향을 낸다. 간장은 발효과정 중 생육하는 미생물에 의해 다양한 유기산(lactic acid, phosphoric acid, tartaric acid, acetic acid 등)이 생성되는데 이로 인해 pH가 낮아진다. 간장의 pH는 약 4.3~5.0이고, 1~2 %의 알코올 농도는 풍미를 더해 주며, 간장의 감칠맛은 글루탐산, 아스파트산, 트레오닌 등 10여 종의 아미노산에 의한 것으로 이들 아미노산의 양에 의해 간장의 품질이 좌우된다. 감칠맛을 내는 글루탐산은 숙성기간이 약 8~9개월째에 최고도를 나타내는 것으로 알려져 있다.

간장은 원료의 종류와 제조방법에 따라 분류할 수 있으며 재래식 간장, 개량식 간장, 아미노산간장, 혼합간장 등이 있다. 국내의 간장 시장 규모는 2012년 판매액을 기준으로 약 2,095억 원이며, 종류별 판매 비중은 2012년 기준 혼합간장이 53.5 %, 양조간장이 36.5 %, 국간장은 5.7 %, 조림간장은 4.3 % 순이었다.

① 재래식 간장(메주간장, 조선간장, 국간장)

재래식 간장은 한식간장, 조선간장이라고도 하며, 콩으로 만든 재래식 메주를 주원료로 하여 소금물 등을 섞어 발효, 숙성시킨 후 여액을 가공한 것이다. 인위적으로 균을 접종하지 않고 자연에 존재하는 미생물에 의하여 발효가 일어나므로 특유의 맛과 향기를 지닌다. 개량식 간장에 비하여 염도가 높으며, 색깔이 연하여 음식 고유의 색을 유지하면서 간을 맞출 수 있어 국, 찌개 등에 간을 할 때나 나물을 무칠 때 주로 사용된다. 재래식 간장은 자연발효에 의하여 제조하므로 일정한 품질의 균일한 제품을 생산하기가 어려운 특징이 있으며, 개량식 간장에 비하여 총질소, 추출성분, 유기산 및 당분의 함량은 낮다.

메주 콩을 삶아 식기 전에 으깨어 직육면체형의 덩어리를 만들고 2~3일간 건조한 후 27~28 ℃에 약 2주간 방치하면 균류가 번식한다. 안쪽에는 *Bacillus* 속의 세균이 번식하고, 그 표면에는 *Aspergillus* 속, *Mucor* 속 곰팡이 등에 의한 효소작용이 시작되며, 햇볕에 건조하는 과정을 거쳐 메주가 제조된다. 소금물을 넣은 항아리에 메주를 넣고 숯, 고추 등을 넣어 햇볕이 잘 드는 곳에서 약 40~50일간 숙성시킨 후 메주 덩어리를 건져 내고 즙액을 분리하여 가열하면 간장이 된다. 전통적으로 12월에 콩으로 메주를 쑤어 자연발효하여, 이듬해 2~4월 무렵 메주로 장을 담가 1~2개월 동안 숙성시켜 장 가르기를 한 후 간장을 달이면서 맛과 농도를 조절하여 사용한다.

② 개량식 간장(코지간장, 양조간장)

개량식 간장은 대두, 탈지대두, 맥류 또는 쌀 등을 제국하여 소금물 등을 섞어 발효, 숙성시킨 후 여액을 가공한 것을 말한다. 개량식 간장은 전분 당화력과 단백질 분해력이 우수한 균종을 이용하여 삶은 콩과 볶은 밀을 발효시킨 것으로 짧은 시간 안에 제조가 가능하며, 원료 이용률이 높은 것이 특징이다. 재래식 간장은 간장과 된장이 동시에 제조되는 것과 비교하여, 개량식 간장은 대두와 밀 등으로 제조하며 부산물인 된장이 나오지 않는다.

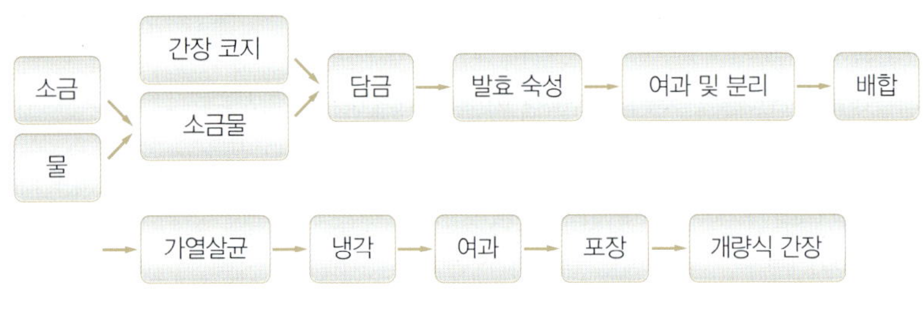

그림 5-5 개량식 간장의 제조공정

③ 아미노산간장(산분해간장, 화학간장)

아미노산간장은 산분해간장으로 단백질 또는 탄수화물을 함유한 원료를 산으로 가수분해한 후 중화하여 얻은 여액을 가공한 것이다. 산분해간장은 탈지대두나 밀 글루텐에 염산을 가하여 아미노산으로 분해한 후 탄산나트륨으로 중화하고 여과과정을 거쳐 박과 액을 분리하여 제조한다. 염산(HCl) 약 18~22 %를 원료의 1.5~2.0배 첨가한 다음 80~90 ℃에서 48~72시간 가수분해를 실시한다.

양조간장은 미생물이 분비하는 효소에 의해 단백질을 분해하는 데 반해, 아미노산간장은 염산을 이용하여 단백질을 분해하므로 짧은 시간 안에 간장을 제조할 수 있으나 양조간장에 비하여 풍미가 떨어진다.

④ 혼합간장

양조간장 원액과 산분해간장 원액을 적절한 비율로 혼합하여 가공한 것으로, 산분해간장 원액에 단백질 또는 탄수화물 원료를 가하여 발효, 숙성시킨 여액을 가공하거나 이 원액에 양조간장 원액이나 산분해간장 원액 등을 적정비율로 혼합하여 가공한 것을 말한다. 양조간장과 산분해간장의 단점을 보완한 것으로 짧은 시간에 제조가 가능하며, 가격이 저렴한 것이 장점이나 양조간장에 비하여 맛과 향이 떨어진다.

(4) 청국장

청국장은 대두를 주원료로 하여 바실러스(*Bacillus*) 균으로 발효시켜 제조한 것, 또는 이를 고춧가루, 마늘 등으로 조미한 것이다. 청국장은 콩을 이용한 발효식품 종류 가운데 가장 짧은 기간에 완성할 수 있는 식품이며, 특유의 풍미가 있는 것이 특징이다. 청국장은 콩의 풍부한 영양성분과 함께 식이섬유, 인지질, 아이소플라본, 사포닌, 페놀산 등 다양한 생리활성물질을 함유하고 있으며, 심장병·당뇨병·동맥경화의 예방, 항암효과, 골다공증 억제 등 다양한 성인병 예방효과에 대한 연구결과가 발표되면서 관심이 증가되고 있는 식품 중 하나이다.

청국장은 고유의 점성, 부드러운 조직감 이외에도 다양한 효소(trypsin, pepsin, amylase, invertase, catalase 등)를 함유하고 있어 소화성이 좋으며, 비타민 $B_2 \cdot B_{12}$ 등도 많이 함유되어 있어 건강식품으로도 훌륭하다. 청국장의 끈적한 점질물질은 글루타민이 중합된 폴리펩티드와 과당이 중합된 프락틴(fractin)이 혼합된 물질로서 글루타민이 중합된 펩티드가 약 60~80 %로 주를 이룬다.

- 수침 : 계절에 따라 다른데 여름은 14~15시간, 겨울에는 20시간 정도 담금
- 증자 : 원료 콩의 약 2~3배의 물을 가하여 5~6시간 삶거나 증기솥을 이용하여 2시간 정도 증자함
- 균 접종 : 자연 접종 → 볏짚을 이용하여 찐콩을 담음
  인공 접종 → 배양한 납두균(고초균) 접종

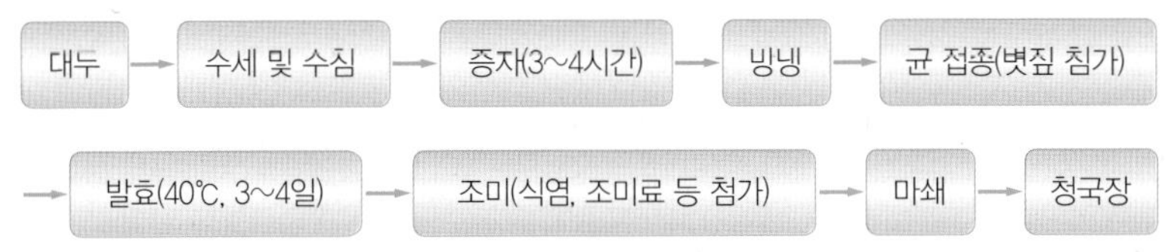

그림 5-6 청국장의 제조공정

고초균(*Bacillus subtilis*)

고초균(枯草菌)은 마른 풀잎에서 잘 산다는 의미로 이름 붙여진 균으로, 토양에서 유래된 자연계에 널리 분포하는 비병원성 세균으로 공기, 마른 풀, 토양, 짚 등에 존재한다. 그람양성의 간균으로 포자를 형성하여 열이나 산에 강하며, 강력한 단백질 분해효소를 분비하여 여러 아미노산을 만들어 내며 우리나라 전통식품인 된장, 청국장 발효에 관여한다.

메주를 짚으로 묶는 이유도 짚에 붙어 있는 고초균이 메주에 잘 달라붙어 발효가 되도록 하는 것과 같은 이치이다.

청국장은 언제부터 이용해 왔을까?

청국장은 1950년대 이전까지는 주로 전라도나 경상도 등 남쪽 지방에서 이용해 왔으나 지금은 지역의 구분없이 전국에서 이용되고 있다. 유중림의 『증보산림경제』에는 "대두를 잘 씻어 삶아 볏짚에 싸서 따뜻하게 3일을 두면 실이 난다."고 하였고, 홍만선의 『산림경제』(1715년)에는 '전국장(戰國醬)'이라는 명칭이 처음으로 기록되었고 만드는 방법이 소개되어 있다. 전쟁 중 부식으로 단시간에 제조가 가능하여 붙여진 이름으로 전국장(戰國醬)이라고 한다는 설이 있으며, 병자호란 당시 청나라 병사들이 먹던 것에서 청국장이 유래했다는 설도 있다.

용어정리

순두부
두유액에 응고제를 가하여 압착하지 않고 그대로 굳힌 두부를 말한다.

두유(soybean milk)
두유는 두유액이나 두유 가공품의 추출액에 식품 또는 식품첨가물을 가한 것으로, 대두를 추출하여 음료 형태로 가공한 대표적인 대두 가공식품이다.

청국장
대두를 주원료로 하여 바실러스(*Bacillus*) 균으로 발효시켜 제조한 것, 또는 이를 고춧가루, 마늘 등으로 조미한 것이다.

간장
간장(soy sauce)은 재래식 메주, 개량식 메주나 코지(koji, 麴)를 소금물에 담가 숙성시키면서 함유되어 있는 성분을 우려낸 후 그 여액을 가공한 것이다.

단원정리

1. 콩의 영양저해 인자로는 트립신 저해제(trypsin inhibitor), 피트산(phytic acid), 적혈구 응집소, 장내 가스 인자가 있다. 생콩에 들어 있는 트립신 저해제는 단백질의 소화를 저해하나 가열에 의해 불활성화된다.
2. 두부는 대두(대두분 포함, 100 %, 단 식염 제외)를 원료로 하여 얻은 대두액에 응고제를 가하여 응고시킨 것을 말한다.
3. 두부는 대두단백질 글리시닌(glycinin)이 응고제의 Ca^{2+} 혹은 Mg^{2+} 등의 2가 양이온에 의해 응고하는 원리로 만들어진다. 콩 속에 함유되어 있는 글리시닌은 묽은 염류용액에 잘 용해되는데, 마쇄하여 콩죽으로 만들면 콩에 함유되어 있는 인산칼륨 같은 염류에 의해 글리시닌이 용출된다. 이러한 글리시닌을 가열하여 염화칼슘과 같은 응고제를 넣으면 두부가 응고된다.
4. 비지는 두부 제조 시 콩으로부터 단백질을 추출한 두유액을 거르고 남은 불용성 찌꺼기로서 두부에 비해 단백질, 무기질 함량이 적어 영양적 가치는 크지 않으나 열량이 낮고 식이섬유가 풍부하다.
5. 간장(soy sauce)은 재래식 메주, 개량식 메주나 코지(koji, 麴)를 소금물에 담그어 숙성시키면서 함유되어 있는 성분을 우려낸 후 그 여액을 가공한 것이다.
6. 청국장은 대두를 주원료로 하여 바실러스(*Bacillus*)균으로 발효시켜 제조한 것, 또는 이를 고춧가루, 마늘 등으로 조미한 것이다.

1. 다음 중 두부 응고제가 아닌 것은?

① $CaCl_2$　② $MgCl_2$　③ $CaSO_4$　④ KCl

2. 아미노산간장에 대하여 설명해 보시오.

3. 두부의 응고원리를 설명해 보시오.

4. 콩에 함유된 단백질의 소화를 저해하는 물질에 대하여 설명해 보시오.

5. 일반두부의 제조 순서를 나열해 보시오.

정답 및 해설

1. ④

2. 아미노산간장은 산분해간장으로 단백질 또는 탄수화물을 함유한 원료를 산으로 가수분해한 후 중화하여 얻은 여액을 가공한 것이다. 산분해간장은 탈지대두나 밀 글루텐에 염산을 가하여 아미노산으로 분해한 후 탄산나트륨으로 중화하고 여과과정을 거쳐 박과 액을 분리하여 제조한다.

3. 두부는 대두단백질 글리시닌(glycinin)이 응고제의 Ca^{2+} 혹은 Mg^{2+} 등의 2가 양이온에 의해 응고하는 원리로 만들어진다. 콩 속에 함유되어 있는 콩 단백질 글리시닌은 묽은 염류용액에 잘 용해되는데, 마쇄하여 콩죽으로 만들면 콩에 함유되어 있는 인산칼륨 같은 염류에 의해 글리시닌이 용출된다. 이러한 글리시닌을 가열하여 염화칼슘과 같은 응고제를 넣으면 두부가 응고된다.

4. 콩 섭취 시 소화 및 흡수를 저해하는 물질에는 트립신 저해제(trypsin inhibitor), 피트산(phytic acid) 등이 있다. 생콩에 들어 있는 트립신 저해제는 단백질의 소화를 저해하나 가열에 의해 불활성화된다. 콩에 함유되어 있는 피트산(phytic acid)은 Ca, Ma, Fe, Cu, Mn, Zn 등의 금속이온과 결합하여 불용성 물질을 형성, 우리 몸에 필요한 무기질의 체내 흡수를 방해하는데, 일반적으로 가공이나 발효 과정에 의해 그 함량이 줄어든다.

5. 일반적으로 두부는 원료 세척→침지→마쇄→가열→여과→응고→압착 및 성형 과정에 의해 만들어진다.

CHAPTER 6

과일·채소류 가공

1. 과일·채소류의 특징
2. 과일·채소류 가공에서의 주의점
3. 과일·채소류 가공법

1. 과일·채소류의 특징

과일류는 열매를 이루기 위해 발달한 기관을 바탕으로 인과류(감, 사과, 배 등), 준인과류(감귤류), 핵과류(복숭아, 매실 등), 장과류(포도, 딸기, 무화과 등) 및 견과류(밤, 호두 등)로 구분된다(표 6-1).

채소류는 식용으로 이용하는 부위를 기준으로 엽채류(배추, 시금치 등), 경채류 및 인경채류(파, 양파 등), 근채류(무, 순무 등), 과채류(토마토, 가지 등), 화채류(꽃양배추, 브로콜리 등)로 구분된다(표 6-2).

표 6-1 과일류와 그 가공식품

구분		영명	학명	가공식품
인과류	사과	apple	*Malus domestica*	잼, 주스, 젤리, 식초
	배	cabbage	*Pyrus pyrifolia*	잼, 주스
	감	persimmon	*Diospyros kaki*	곶감, 식초, 수정과, 통조림
	감귤	citrus fruit	*Citrus unshiu*	주스, 넥타, 마멀레이드, 통조림
핵과류	복숭아	peach	*Prunus persica*	주스, 넥타, 잼, 젤리, 통조림
	자두	plum	*Prunus* spp.	잼, 젤리, 넥타, 술
	살구	apricot	*Prunus armeniaca*	건조품, 잼, 통조림
	매실	Japanese apricot	*Prunus mume*	술, 차, 발효액, 장아찌, 잼
	대추	jujube	*Ziziphus jujube* Mill.	떡, 약식
	앵두	Korean cherry	*Prunus japonica*	잼, 젤리, 주스, 통조림
	버찌	cherry	*Prunus* spp.	잼, 젤리, 아이스크림
장과류	포도	grape	*Vitis* spp.	잼, 젤리, 주스, 술
	무화과	fig	*Ficus carica*	잼, 푸딩, 통조림
	석류	pomegranate	*Punica granatum*	시럽, 차
	바나나	banana	*Musa* spp.	샐러드, 셰이크, 아이스크림
	파인애플	pineapple	*Ananas comosus*	샐러드, 주스, 통조림
	키위	kiwifruit	*Actinidia chinensis*	잼, 주스, 칵테일
	파파야	papaya	*Carica papaya*	잼, 젤리, 주스, 피클
	망고	mango	*Mangifera indica*	잼, 젤리, 주스, 넥타, 통조림
견과류	밤	chestnut	*Castanea* spp.	통조림, 수프, 죽
	호두	walnut	*Juglans* spp.	과자, 떡, 아이스크림
	은행	ginkgo nut	*Ginkgo biloba*	죽
	잣	pine nut	*Pinus koraiensis*	죽

출처 : 노봉수 외, 식품재료학, 수학사, 2011

표 6-2 채소류와 그 가공식품

구분		영명	학명	가공식품
엽채류	배추	Chinese cabbage	*Brassica campestris*	김치
	양배추	cabbage	*Brassica oleracea*	샐러드, 수프, 김치, 절임, 사우어크라우트
	시금치	spinach	*Spinacia oleracea*	샐러드
	상추	lettuce	*Lctuca sativa*	샐러드, 샌드위치
	쑥갓	crown daisy	*Chrysanthemum coronarium*	샐러드
	갓	mustard	*Brassica juncea*	김치, 향신료
	미나리	water dropwort	*Oenathe javanica*	김치
	셀러리	celery	*Apiumgraveolens*	샐러드
	파슬리	parsley	*Petroselium crispum*	샐러드, 주스, 소스, 수프
경채류 · 인경채류	파	welsh onion	*Allium fistulosum*	김치
	양파	onion	*Allium cepa*	샐러드, 수프, 소스
	마늘	garlic	*Allium sativum*	장아찌, 마늘유
	부추	Chinese chive	*Allium tuberosum* R.	김치
	아스파라거스	asparagus	*Asparagus officinalis*	샐러드, 수프
	죽순	bamboo shoot	*Phyllostachys* spp.	나물, 죽순채
근채류	무	radish	*Raphanus sativus*	말랭이, 단무지, 김치
	순무	turnip	*Brassica rapa*	샐러드, 피클, 김치
	당근	carrot	*Daucus carota* subsp. *sativus*	샐러드, 수프, 주스
	생강	ginger	*Zingiber officinale*	제과, 제빵재료, 카레, 소스, 편강
	우엉	burdock	*Actinum lappa*	절임, 튀김
	연근	lotus root	*Nelumbo mucifera*	분말, 조림
	도라지	balloon flower root	*Platycodon grandiflorus*	나물, 장아찌, 술
	더덕	bonnet bellflower	*Codonopsis lanceolata*	장아찌, 차, 술
과채류	토마토	tomato	*Lycopersicon esculentum*	페이스트, 케첩, 주스, 수프, 소스
	가지	eggplant	*Solanum melongena*	나물
	고추	red pepper	*Capsicum annuum*	고춧가루, 고추장
	오이	cucumber	*Cucumis sativus*	샐러드, 피클, 장아찌, 김치
	참외	oriental melon	*Cucumis melo* L.	장아찌
	호박	pumpkin	*Cucurbita* spp.	나물, 음료, 엿
	수박	watermelon	*Citrullus lanatus*	음료, 주스
	딸기	strawberry	*Fragaria* x *ananassa* Duch.	시럽, 잼, 젤리
화채류	꽃양배추	cauliflower	*Brassica oleracea* var. *botrytis*	샐러드, 절임
	브로콜리	broccoli	*Brassica olera*	샐러드, 수프

출처 : 노봉수 외, 식품재료학, 수학사, 2011

과일·채소류에는 단백질이나 탄수화물 등 3대 영양소는 적게 들어 있지만 체내 대사 조절에 주로 관여하는 비타민, 무기질 등의 영양분 외에도 섬유질, 펙틴질 등 체내 대사작용을 도와주고 방향성 물질은 신경을 자극하여 소화를 도우며, 기호성을 증진시키는 중요한 작용을 한다.

과일·채소류는 비타민 C, 식이섬유, 마그네슘 함량이 산화·환원 반응 평형의 유익한 효과에 기여하며, 천연 폴리페놀화합물 함량이 높아 항산화효과를 증진하므로 생활습관병을 예방할 수 있다. 전 생애 동안 건강을 유지하고 만성질환을 예방하기 위해서는 과일·채소류의 중요성을 인식함과 더불어 건강한 식습관이 요구된다.

특히 아동기는 식습관이 형성되는 시기이지만 대부분의 초등학생은 편식을 한다. 그중 채소류는 영양성분의 중요성은 알고 있음에도 가장 싫어하는 식품군으로 꼽힌다. 이러한 아동들의 채소류 섭취량을 증가시키기 위해서는 체계적이고 지속적인 교육이 필요하다. 예를 들면, 채소류의 이름 알기 같은 맞춤형 식생활교육 등이다. 아동기의 잘못된 식품관은 동물성 지방의 섭취는 증가한 반면에 비타민과 무기질 섭취는 줄어 과일과 채소류의 섭취가 무엇보다 중요해졌다. 나트륨 섭취 비율이 높은 김치, 무침류, 국류 등과 양념류, 간식 등에서의 열량 섭취는 줄이고 과일·채소류의 섭취량은 늘려서 나트륨 섭취비율을 줄이기 위한 교육도 필요하다. 영유아의 경우는 과일과 채소류 등에 포함된 항산화 영양소의 섭취가 감소하여 아토피 피부염이 발생한다고 알려져 있다.

사과·바나나·수박·오렌지 등의 과일류와 마늘·고추·양파·토마토 등의 채소류에 함유된 폴리페놀성분은 주 항산화제(antioxidants)로서 항산화능(antioxidant capacity)을 결정하는 중요한 성분이다. 과일·채소류의 항산화능은 총폴리페놀 중 추출성 폴리페놀과 잔사(residues)로부터 얻을 수 있는 비추출성 폴리페놀화합물(NEPP)에 의한다. NEPP에는 가수분해성 페놀화합물과 프로안토시아니딘(농축 타닌, 산화방지제)이 있다. 따라서 과일·채소류 섭취량에 각 재료의 폴리페놀 함량을 곱하면 개인이 소비한 폴리페놀 총량을 계산할 수 있다. 일반적으로 과일·채소류를 섭취하면 체내에서 소화성과 난소화성으로 변하게 된다. 난소화성 분획(indigestible fraction)은 소장에서 소화되거나 흡수되지 않고 대장에 있는 미생물이 이용할 수 있는 과채류의 부분을 말한다. 주로 식이섬유와 기타 미량 성분으로, 인체 효소의 작용에 어려움이 있는 난소화성 단백질, 비전분다당인 저항전분(resistant starch), 리그닌 등이다. 이것은 펩신, 리파아제, 아밀라아제 등과 작용해 얻을 수 있는 잔사를 말한다. 여기에는 soluble indigestible fraction(SIF)와 insoluble indigestible fraction(IIF)이 있다. 채소류는 과일에 비해 총난소화성 분획(TIF)이 71 % 이상 많으며, 특징적인 것은 가용성 난소화성 분획이 11배가량 높다는 데 있다. 이 가용성 식이섬유는 수분흡수력(water holding capacity)을 가진 성분으로 구성되어 있으며 대장 미생물의 기질로 작용한다.

과일·채소류 유래 이차대사산물 중 폴리페놀화합물의 일종인 페놀산이 있으며, 그 종류로는 하이드록시벤조산(hydroxybenzoic acids)과 하이드록시시남산(hydroxycinnamic acids)이 대표적이다. 페놀산은 대부분 결합형으로 존재하며 *p*-쿠마르산, 페룰산이 일반적이고, 이들은 퀸산 혹은 포도당과 에스터 결합체로 존재한다. 가장 대표적인 페놀산인 클로로겐산은 카페산과 퀸산의 결합물이다. 그러나 이들과 달리 하이드록시벤조산 유도체는 주로 글루코시드 형태로 존재하며 *p*-하이드록시벤조산, 바닐산(vanillic acid), 프로토카테츄산(protocatechuic acid)이 대표적이다. 폴리페놀로서 페놀산은 강력한 항산화제이며, 항세균·항바이러스·항암·항염증 등의 작용에 관여하는 성분으로 알려져 있다.

과일·채소류를 가공할 때 발생하는 껍질, 과육, 줄기, 잎 등의 폐기물(waste)로부터 영양학적 신소재를 얻기 위한 노력도 이루어지고 있다. 예를 들면, 사과를 압착한 착즙박에서 젤화제, 증점제, 안정제 성분인 다당체의 펙틴을 얻을 수 있다. 식물영양소(파이토케미컬, phytochemicals)로는 클로로겐산, 프로토카테츄산, 카페산 등의 페놀산(phenolic

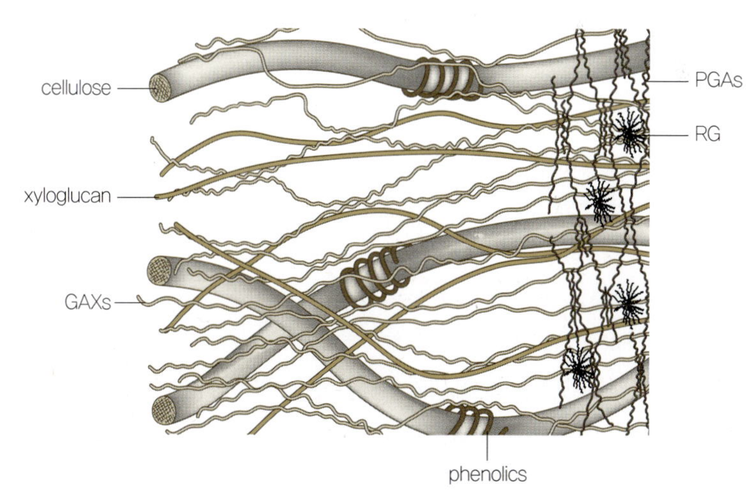

그림 6-1 과일·채소류의 세포벽 다당체 등 성분
헤미셀룰로스(GAXs, glucuronoarabinoxylans) ; 펙틴(PGAs, polygalacturonic acids ; RG, rhamnogalacturonan)
출처 : Carpita 외, The Plant J (1993)

그림 6-2 수세미를 물로 세척 후 남은 다당체 등 섬유질

acids), 플라바놀, 플라보놀(퀘세틴-3-갈락토시드, 퀘세틴 글리코시드) 등 플라보노이드(flavonoids) 등이다. 사과껍질 분말은 페놀 함량을 개선한 머핀, 밀가루 대체 케이크 등 가공품에 이용할 수 있다. 포도를 짜고난 찌꺼기(pomace)에는 식이섬유가 36.9 g/100 g FW 함유되어 있으며 건조물 중 73.5 %가 불용성 식이섬유로 되어 있다. 폴리페놀은 안토시아닌, 플라보노이드, 페놀산이 주성분이다. 그중 안토시아닌은 시아니딘, 페오니딘, 델피니딘, 페투니딘, 말비딘 유도체가 대부분이다. 또한 복숭아로부터 펙틴, 폴리페놀, 카로티노이드 등이 함유된 가공품을 얻을 수 있다. 당근 찌꺼기 중의 총식이섬유는 건조물당 63.6 %로 불용성 50.1 %, 가용성 13.5 %이며, 페룰산은 클로로겐산, 카페산, *p*-OH-벤조산, 페룰산 등이 함유되어 있어서 주스에 짜고 난 찌꺼기를 첨가하면 총폴리페놀을 증가시킬 수 있다. 또한 감자로부터 식이섬유 등이 함유된 가공품을 얻을 수 있다. 토마토는 케첩, 소스, 파스타, 주스 등에 이용하고 있으나 짜고 난 찌꺼기에는 리코펜(lycopene), 식이섬유(건물량의 50 %) 등이 함유되어 있다. 총식이섬유 함량은 신선물 기준 82.7 %이며 불용성이 주를 이루고 있다. 짜고 난 찌꺼기의 첨가로 발효소시지, 햄버거, 보리 압출성형스낵 등을 제조할 수 있다.

2. 과일·채소류 가공에서의 주의점

과일과 채소류의 저온 유통이란 작물의 특성을 이해한 후 수확에서 소비자에 이르기까지 전 과정을 저온 상태로 일관되게 예냉과 저온 수송, 저온 저장 등으로 관리하여 품질을 일정하게 유지하며 공급하기 위한 유통체계를 말한다.

소비자들의 식생활 양식의 변화, 유기농 채소류의 소비 증가 등으로 식중독 미생물을 포함한 위해요소들에 대한 노출도 늘었다. 샐러드에서 *Listeria monocytogenes*, *Salmonella* spp., *Escherichia coli* 0157:H9 등에 의한 식중독 사례도 있었다. 대장균, 살모넬라, 장염비

브리오균, 황색포도상구균, 바실러스 세레우스 등의 세균 수를 줄이고 안전한 수준으로 유지하기 위해서는 철저한 세척과 함께 저온 보관 및 빠른 섭취가 필요하다.

과일·채소류는 변질되기 쉬우므로 저장을 잘해야 하며, 섭취할 때는 골고루 먹어야 건강 유지와 만성질환 예방 등에 도움을 준다. 과일·채소류는 재배 산지의 생육조건 차이에 따라 자외선·온도와 같은 환경 스트레스 등에 대항하는 식물의 방어 기능 역할을 하는 생리 활성물질, 즉 미량 영양소의 함량에 차이를 보인다. 각종 청과물을 다른 지역으로부터 공급받아 매일 섭취해야 하는 또 다른 이유가 여기에 있다.

과일·채소류는 수분이 많아 저장성이 약하다. 그럼에도 향미를 유지하면서 저장 수명을 연장하는 가장 좋은 방법은 열 처리나 동결건조보다는 냉동이라고 할 수 있다. 다만, 냉동 후 해동할 때에 드립 유출로 인한 영양분의 손실분은 줄여야 한다. 밀봉된 플라스틱 봉지 그대로 밀폐된 상태에서 가열하여 녹이는 것도 드립의 유출을 줄이는 한 가지 방법이다.

과일·채소류에는 효소적 갈변에 관여하는 산화환원효소인 폴리페놀옥시다아제(polyphenol oxidase, PPO)가 광범위하게 존재하는데, 엄밀하게는 monophenol oxidase(tyrosinase, EC 1.14.18.1)와 catechol oxidase라 고 *o*-diphenol : oxgen oxidoreductase(EC 1.10.3.2)로 나눌 수 있다. PPO는 구성유전자와 유도유전자에 의해 PPO단백질이 합성되고 순차적으로 활성화에 의해 조직에서 PPO활성을 띠게 된다. 그 결과 페놀성 화합물(phenolic compounds)의 산화로 항충·항균 작용 등의 방어 메커니즘(defense mechanism)이 작동하게 된다. 특히 PPO생합성을 위한 gene coding이 상처, 외래 생물 공격 혹은 외부 스트레스에 노출하는 동안 발현된다.

과일·채소류에 함유된 천연 항산화물질에 미치는 가공의 영향을 살펴보면 다음과 같다. 첫째, 가공 조작으로 인한 천연 항산화물질의 손실 정도가 상이하다는 것이다. 살균, 조리 시에 비교적 안정하여 영향이 적은 리코펜(lycopene), 베타카로틴(β-carotene) 등 카로티노이드 같은 성분이 있는가 하면, 비타민 C는 데치기(blancing), 증자(cooking), 저온살균(pasteurization), 멸균(sterilization), 탈수(dehydration), 냉동(freezing) 등의 조작 시 불안정하여 손실이 많다. 둘째, 고온에서 열 처리가공 중 비효소 갈변반응에서는 비타민 C의 소비, 폴리페놀이 반응물질로 작용하는 것을 볼 수 있고, 박피, 절단, 세절하는 조작 중에는 비타민 C, 폴리페놀 등 천연 항산화물질이 급격한 효소적 감소를 보이므로 이를 방지하기 위한 MA포장, 냉장 등 최소저장방식(Minimal preservation procedures)이 필요하다. 셋째, 천연 항산화물질의 항산화 성질을 개선할 수 있다. 적포도주의 항산화성이 저장조건에 따라 증가한다거나 살균 병입한 녹차 추출물은 저장 중 항산화 성질이 증가하는 것이 그 예이다. 폴리페놀은 화학적·효소학적 산화가 가공 저장 중에 발생하여 항산화에 영향을 준다. 일반적인 가공조건으로는 수분활성도, pH, 시간, 온도, 산소 이용성 등을 대표적으로 꼽을 수 있다. 넷째, 새로운 항산화물질의 생성, 즉 가공반응 후기에 고분자량의 갈변화합물(MRPs)을 볼 수 있다. 다섯째, 산화촉진제(prooxidant) 활성을 가지는 화합물의 생성이다. 비효소 갈변반응 초기에 저온 처리하면 색깔 변화 없이 고유의 항산화 특성은 감소하면서 산화촉진제 성질을 가지는 화합물이 생성된다. 여섯째, 이종 식품 간 반응이다. 각기 다른 항산화제 사이에서 일어날 수 있는 산화·환원 반응(각종 천연 항산화물질, 항산화제, 지질산화물)을 들 수 있다. 이들 반응을 촉진 혹은 증진시킬 수 있다. 예를 들면 올리브유에 토마토 퓌레를 혼합 시, 몇 시간 저장한 후 비타민 C의 함량이 감소하는 것을 확인할 수 있다.

3. 과일·채소류 가공법

과일·채소류를 많이 섭취하면 건강에 좋다는 많은 연구결과로 볼 때 당질이 많은 단일 품목 과일주스를 보완한 과일·채소류의 혼합음료는 고혈당, 치아 건강 문제 등을 돕는 대표적 가공식품이라 할 수 있다. 과일·채소류 혼합음료는 천연 항산화제 성분이 함유되어 있다는 과학적 규명과 소비자의 요구가 맞아떨어지면서 소비가 상승함으로써 새로운 기능성 음료의 개발 가능성도 열어 놓았다.

특히 자몽, 키위, 포도, 귤, 토마토, 셀러리, 당근 등과 같은 과일·채소류 착즙액에 대한 관심이 증가하고 있는데, 그 이유로는 항산화 활성, 고혈당증의 예방 등 건강에 유익한 물질로 알려진 폴리페놀 성분과 다양한 항산화물질 들을 들 수 있다. 착즙기별 과일주스의 품질을 살펴보면 고속, 저속 등 착즙기의 조건에 따라 폴리페놀 함량에 차이가 있으며 항산화 활성도에도 차이를 보였다. 신선한 착즙 주스의 경우, 착즙 후 시간이 지나면 미생물 오염으로 품질과 위생 문제가 발생할 수 있으며, 가공 후 발생하는 착즙 찌꺼기인 고형물 퓌레의 활용 방안 등을 찾아야 할 필요가 하다.

과일로부터 용매로 추출되는 폴리페놀(extractable polyphenol, EPP)은 일반적인 폴리페놀이나, 주스를 얻을 때 생기는 부산물인 찌꺼기에서만 추출되는 폴리페놀(nonextractable polyphenol, NEPP)이 있다. NEPP의 주성분은 hydrolysable polyphenols과 proanthocyanidins이다. 이들은 결합력이 강해 산가수분해 등으로 얻을 수 있다. 사과, 복숭아 등의 신선과일 중 NEPP 함량이 112~126 mg/100 g, EPP 함량은 18.8~28 mg/100 g으로 나타나 이들에 대한 활용법이 필요하다.

과일·채소류의 이용법 중에는 잘 변질되는 이들 과채류를 안정하고 보존성을 갖게 하는 젖산발효를 이용하는 방법이 있다. 특히 상업용으로 젖산균을 이용하는 젖산발효는 제품의 위생성, 향미, 영양성 및 보존성을 한층 더 증가시킬 수 있다.

식품 가공에서 세척, 박피, 착즙, 증자, 통조림 등의 단위조작에 따라 잔류농약의 증감이 초래되기도 하는데, 세척으로 과일·채소류의 표면에 느슨하게 묻어 있는 농약은 줄일 수 있으나 큐티클 층에까지 침투한 것은 박피로나 제거할 수 있다. 예를 들면 올리브는 농약을 분무 처리한 당일이 1주 후보다 쉽게 세척으로 제거할 수 있다.

과일·채소류로부터 유용성분을 추출하는 데 단일의 추출법보다 병용법, 예를 들면 초음파-가압 추출방법을 실시하면 비용 감소, 신속한 처리 등 효율적인 조작을 할 수 있다.

과일·채소류 가공 시 열 처리(98 ℃, 10분), 냉동(−20 ℃), 동결건조 등의 가공 조작으로 안토시아닌, 카로티노이드, 비타민 C의 함량에 차이가 있다. 한 국가 내에서도 지역에 따라 한 품목의 파이토케미컬(phytochemicals; 식물영양소) 함량에 차이가 있을 뿐만 아니라 색소 중에서 안토시아닌의 종류 중 하나인 막결합 안토시아닌의 경우 열 처리와 냉동으로 유리될 수 있다. 그리고 비타민 C 산화효소(ascorbic acid oxidase)가 열로 불활성화되면 비타민 C의 안정성은 증가된다.

식품 가공의 역할 중 하나는 인체의 건강을 위협하는 원료 중에 존재하는 생물학적 위해요소(병원성 미생물, 바이러스 등)를 불활성화시키는 것이다. 가축과 야생동물의 *Salmonella*, *Escherichia coli*가 동물 또는 분뇨, 퇴비 등 농가로부터 오염될 수 있다. 과일 채소류 가공품의 생물학적 위해요소 감소를 위한 가공으로 열 처리 가공(heat processing)과 고압 가공(high pressure processing)이 있다. 이는 식품 유래 병원성 바이러스나 세균의 불활성화에 그 목적이 있다. 열 처리는 식품 유래 병원성 바이러스나 비포자형성균의 수를 감소시키는 데 중요한 역할을 한다. 예를 들면, 딸기 퓌레를 75 ℃에서 3분간 혹은 60 ℃에서 1분간 처리할 수 있다. 과일 가공 시 효소 실활은 주스의 관능적 특성을 안정화시키며, PME(pectin methyl esterase) 불활성화는 주스의 혼탁을 막아 안정화가 가능하다. 또한 고압 가공은 점차 그 수요가 증가하고 있으며 바이러스나 세균 불활성화를 위해 615 Mpa, 15 ℃, 1분으로 1~8 $\log_{10}$ 감소시킬 수 있다.

과일·채소류의 조직 변화는 고압 가공 중에 많이 일어나는데, 압력 증자(pressure cooking)는 세포벽 다당류의 추출에 크게 영향을 미친다. 또 압출성형 증자(extrusion cooking)에서도 세포벽의 팽창뿐만 아니라 펙틴 다당과 헤미셀룰로스의 용해성을 증가시키는 것으로 나타났다. 그리고 압력과 온도를 병행하면 PME, 폴리갈락투로나아제(polygalacturonase, PG)의 불활성화도 가능하다.

신선 과일·채소류에 초음파기술을 이용하면 위생적이고 안전한 식품을 제조할 수 있다. 이 기술은 초음파에 의해 거품이 생기고 이어 거품의 성장, 거품의 붕괴로 자유라디칼이 생기며 미생물은 불활성화된다. 과일·채소류의 효소적 가수분해 시 수율 등에 영향을 주는 인자로 효소 농도, 온도, 수분함량, 초음파 전처리(ultrasound irradiation) 유무 등이 있다. 발효당을 얻기 위해 초음파 처리는 수율 증대에 큰 영향을 줄 수 있어 향후 기대되는 기술로 대두되고 있다.

초음파–효소 추출기술을 이용하여 호박으로부터 항산화 활성이 있는 다당체를 얻을 수 있다. 추출조건은 추출온도 50 ℃, 초음파력 400 W, 용매와 추출물 비율 6 : 1 mL/g, 추출시간 20분에서 호박 조다당체(crude polysaccharides)의 높은 수율이 가능하다.

그림 6-3 추출공정에 사용하는 감압추출기

과일·채소류의 관능적 품질 특성 중 외관은 상품성, 소비자의 기호성 및 선택뿐만 아니라 내부 품질에도 다소 영향을 준다. 수작업으로 품질관리를 하던 것을 컴퓨터로 이미지 처리와 분석이 가능해져 향후 3D기술, Terahertz 이미징, X-ray, Raman 이미징 등이 과일·채소류의 품질검사에 사용될 것으로 기대된다.

과일·채소류 중 과일주스, 잼류, 토마토 가공제품을 제조하는 데 필요한 기계·기구에는 자동세척기, 채소절단기, 마쇄기, 압착기, 파쇄기(crusher), 초퍼(chopper), 펄퍼(pulper), 피니셔(finisher), 평솥, 이중솥, 보일러(boiler)를 포함한 가압솥, 진공농축솥 등이 있다. 그리고 탈기기, 타전기, 가압살균기, 밀봉기(seamer) 등도 필요하다.

식품을 가공하는 것을 식품 가공공정이라고 하며, 식품 가공 조

식품 단위조작에는 어떤 것이 있는가?

과일·채소류 가공의 주요 단위조작인 분쇄(size reduction), 혼합(mixing), 분리(seperation), 압착(expression), 여과(filtration), 가열(heating), 멸균(sterilization), 추출(extract), 증발(evaporation), 농축(concentration), 증류(distillation), 건조(drying), 냉동(freezing), 냉장(refrigeration), 성형(shaping), 포장(packaging) 등이 있다.

그림 6-4 오렌지주스 농축액의 가공 및 유통

작이라고는 하지 않는다. 이는 식품을 가공할 때에는 대부분 어떤 화학적 변화가 관계되기 때문이며, 내용상으로 볼 때 가공공정에 단위조작이 포함되어 있다.

예를 들어, 오렌지주스 농축액(orange juice concentrate) 제조공정을 보면 주스를 농축하기 때문에 농축 조작이 관여한다. 그리고 농축 후 동결하기 때문에 냉동 조작이 필요하다. 이는 곧 식품의 가공공정에는 반드시 1개 이상의 단위조작이 필요하다는 것을 뜻한다.

식품공정도는 식품 가공에 필요한 단위조작을 배열해 놓은 것인데, 물질의 이동에 의한 단위조작의 변화가 일어난다.

또한 냉동 완두(frozen peas) 제품을 생산할 때 세척, 선별 후 알맞게 열 처리를 해야 한다. 이와 같은 것은 단순한 물리적 조작이지만, 결국은 제품의 맛, 향, 빛깔 등의 품질과 밀접한 관계를 가지기 때문에 식품 가공공정에서 대단히 중요하다. 이와 같은 예는 식품산업에서 무수히 많으며, 단위공정과 단위조작은 상호 불가분의 관계를 가지고 있다.

1) 과일·채소 주스

(1) 과일주스

① 원료

과일주스에 사용되는 원료과일은 신선하고 풍미가 좋으며 병충해를 입지 않은 것을 선택하는 것이 좋다. 과일은 완숙과가 아닌 미숙과나 과숙과의 경우 전반적인 기호도가 떨어져 제품의 색이나 향, 맛 등 품질을 떨어뜨린다.

② 제조

- 선별 및 세척 : 손상과나 부패과뿐만 아니라 먼지, 협잡물 등 이물질, 과일 표면에 묻은 농약 등 화학물질이나 수확 후 저장 중에 처리한 약제, 부착된 미생물 등을 깨끗한 물로 씻어 낸다. 수중동요법, 분무세척법 등을 통해 효율적으로 실시한다.
- 파쇄 및 착즙 : 과실을 파쇄한 후 가공기계는 스테인리스 스틸로 만든 것을 사용하면 과일성분 중 타닌 등과 반응해 변색을 일으키지 않는다. 과즙을 얻을 때 알맞게 절단하면 추출수율을 높일 수 있다. 사과, 포도 등은 분쇄와 압착, 감귤류는 절단하여 착즙한다. 착즙 시 공기 중에 노출되면 성분의 산화로 색깔, 풍미 등이 저하될 뿐만 아니라 비타민 C의 파괴가 발생한다. 착즙 시 감압상태를 유지하여 공기가 혼입되지 않도록 한다. 파쇄는 해머밀형 분쇄기가 흔히 사용된다. 착즙방법은 rack-and-cloth 압착, 연속식 압착, 수압 압착, 원심분리식 압착, 주스추출기 등의 압착방법을 이용한다.
- 여과 및 청정 : 착즙액에는 이후의 살균 시 부유물 혹은 침전물이 생성되므로 전처리로 체질을 통해 섬유질을 제거해야 한다. 토마토의 경우 펄퍼(pulper), 피니셔(finisher)

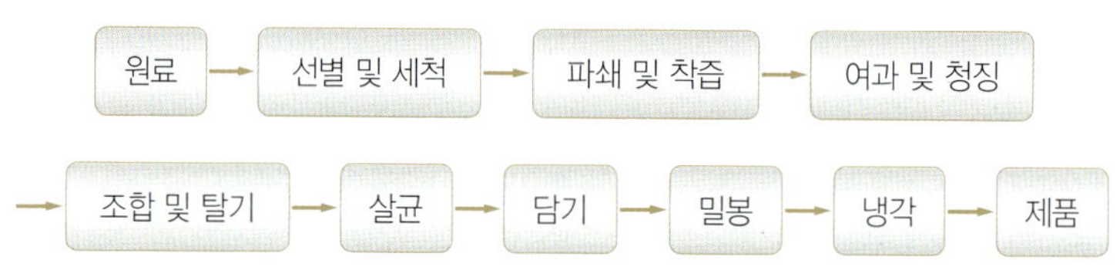

그림 6-5 과일주스의 일반 제조공정

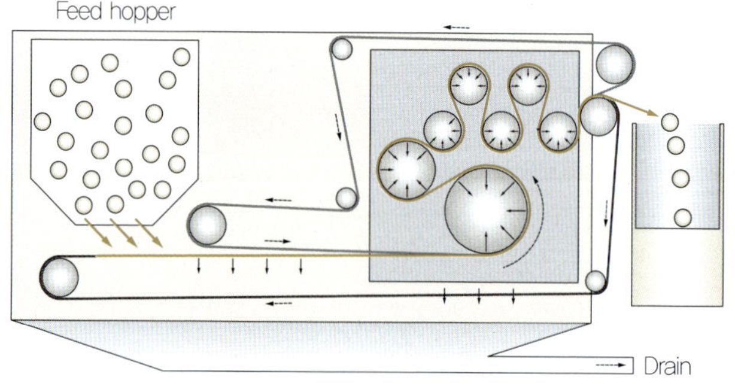

그림 6-6 벨트 착즙기

등 입자를 작게 하여 균질화 과정을 거치는 것이 좋다. 예를 들면, 과즙을 70~80 ℃로 가열하여 단백질을 응고시킨 다음 필터프레스 등으로 여과해야 한다. 그러나 감귤류, 복숭아, 살구, 파인애플 등 과즙의 종류에 따라 여과하지 않고 혼탁한 상태로 그대로 음용할 수도 있다. 여과법은 백(bag) 여과기, 필터 프레스(filter press), 스크린 필터(screen filter) 등을 사용한다.

청정주스의 제조는 불투명 여과액 청정(clarification)을 실시해야 하는데 이때 난백(egg albumin), 카제인(casein), 젤라틴(gelatin), 타닌(tannin), 골탄이나 규조토와 같은 여과보조제나 펙틴 분해효소 등의 효소제를 이용한다. 펙틴 분해효소를 이용할 경우 0.05~0.1 % 첨가하여 40~50 ℃로 유지하면서 효소제를 첨가하여 교반시키고 방치하면 효소제의 첨가량에 따라 수 시간이 지나 여과하여 투명과즙을 얻는다.

그림 6-7 과일·채소 청정주스

- 조합 및 탈기 : 조합은 천연 과일주스와 달리 필요에 따라 희석하거나 다른 과즙을 섞어 향기와 맛을 조정하는 조합을 한다. 여과가 끝난 과즙에는 많은 양의 공기가 섞여 있는데, 예를 들어 공장에서 착즙한 오렌지주스의 1 L 중에는 33~35 mL의 공기가 들어 있어서 과일주스의 품질을 저하시키므로 탈기공정을 실시한다. 탈기공정은 비타민 C의 손실 방지, 휘발성 향기성분과 지질의 산화 억제, 색깔의 유지에 효과적이며, 호기성 균의 번식을 방지하고 현탁물질 부유로 인한 외관을 개선하며, 살균이나 충전 시 거품 생성을 방지할 수 있다. 탈기방법은 과일주스를 엷은 막상으로 하여 진공관 속에 흘러내리게 하는 박막식과 과일주스를 안개 모양으로 하여 진공관 속으로 불어 넣는 분무식이 있다.
- 살균 : 과일주스에 함유된 미생물과 효소의 활성을 불활성화하여 저장성을 부여하는 단위공정으로 과일주스의 풍미나 색을 손상시키지 않고 과즙의 조건에 따라 실시한다. 천연과즙은 유기산 함량이 높아 저온살균이 가능하나 일반적으로 과즙 살균법은 순간살균법을 실시한다. 즉, 70~75 ℃에서 15~20분 정도의 저온살균법과 90~95 ℃에서 20~60초간 살균 처리하는 순간가열살균법 등을 이용한다. 그러나 저온가열살균법은 장시간에 따른 영양성분의 손실로 품질을 저하시킬 수 있으나 순간가열살균법은 주스

의 향미와 비타민의 손실이 적은 편이다.

- 충전, 밀봉, 냉각, 제품 : 순간가열살균한 과일주스를 무균적으로 살균한 용기에 넣고 충전기(filler)를 사용하여 충전하고 밀봉하여 제품으로 한다.

(2) 사과주스

① 원료

사과는 품종에 따라 산, 당, 타닌, 향기성분 등의 함량이 다르므로 충분히 익은 사과를 혼합해서 사용하는 것이 좋다. 일반적으로 국광 50~60 %, 홍옥 등을 50~40 % 혼합한다. 좋은 품질의 사과주스는 고형분 함량이 12 % 이상이면 좋다.

② 제조

- 선별 및 세척 : 썩은 부위, 병충해를 입은 부위 등을 제거하고 표면에 있는 농약, 먼지 등의 제거를 위해 충분히 물로 세척하거나 약 1%의 염산 처리 후 물로 씻는다. 효과적인 세척은 침지 후 교반하며 고압의 물을 살수하여 세척하는 방법이다.
- 분쇄 및 착즙 : 사과 파쇄기를 사용하여 분쇄하고, 분쇄가 너무 거칠면 수율이 낮고, 너무 미세하게 파쇄하면 압착 시 펄프가 여과포를 새어 나오는 문제가 발생된다. 대규모의 경우에는 해머밀로 마쇄하고 착즙은 rack-and-cloth 방법이 좋다.
- 청정·여과·조합 : 혼탁이 아닌 투명한 사과주스를 생산하려면 착즙액을 순간살균(83~87 ℃, 30초)하고, 45 ℃ 이하에서 0.05~0.1 %의 펙틴 분해효소를 첨가하면서 10~12시간 정도 방치하여 효소 처리 후 여과보조제를 혼합한 다음 필터 프레스 등으로 여과한다. 조합은 총고형물 함량은 12 °Brix, 산은 0.35~0.45 %로 조정한다.
- 살균 및 밀봉 : 조합한 주스를 82 ℃에서 20초, 95~98 ℃에서 10초간 가열하여 살균한 다음 깨끗한 병이나 깡통에 담아 밀봉하여 80 ℃ 이상의 온도를 잠시 유지하여 살균된 용기에 담아 밀봉한다.
- 제품 : 사과 10 kg에서 대략 3~4 L의 주스를 얻게 된다.

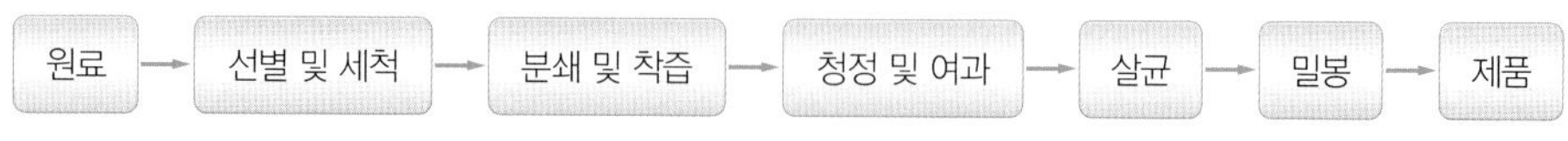

그림 6-8 사과주스의 제조공정

2) 과일·채소 통조림

(1) 과일 통조림

① 원료

과일 통조림용 과일은 과육이 어느 정도 경도가 있는 미숙과를 사용하면 조직이나 품질이 양호하며, 채소의 경우 적기에 수확된 원료를 사용하는 것이 좋다. 과일 중 복숭아는 모양이 대칭이고 씨가 작으며 과육이 단단하고 신맛을 띠는 것으로서 가열 시 과육이 뭉그러지지 않고 향기가 잔존하는 것 등이 좋은데 주로 황도(yellow peach)를 선호한다.

② 제조

- 선별 및 세척 : 부패된 과일은 제거하고 적당히 익은 복숭아를 사용한다. 가공에 적합한 원료복숭아가 선별되면 물에 침지하거나 교반, 살수 등의 조작으로 표면에 붙어 있는 흙이나 먼지 등을 씻어 낸다.
- 절단 및 제핵 : 깨끗이 세척한 다음 봉합선을 따라 회전 칼이나 작두를 사용하여 두 쪽으로 나눈다. 또는 기계적으로 분할 및 제핵을 한다.
- 박피 : 과실의 껍질을 벗기는 공정을 박피라고 하는데 주로 수박피(hand peeling)법, 열 처리에 의한 박피, 기계적 박피, 산·알칼리 박피 등이 있다.
- 선별 및 담기 : 과일류의 선별에 고려해야 할 품질 요소로는 크기, 색깔, 숙성도, 조직, 향미, 결점 등을 들 수 있으며 대부분의 과일을 크기에 의하여 선별 시 둥근 구멍이 뚫린 진동체를 사용한다. 담기는 선별한 과일(복숭아)을 통조림 통에 고형량은 250 g, 내용물 총량은 425 g, 담는 조각은 3개 이하(대), 4~6개(중), 7~9개(소)를 기준으로 한다.
- 당액 첨가 : 캔에 당액 첨가 시 당액 농도 계산식에 따라 시럽을 과일에 첨가하여 제품의 향미 증진과 통조림 용기 내의 고형물질 사이의 간격을 채우고 가열살균 시 열전도를 빠르게 하는 효과가 있다.

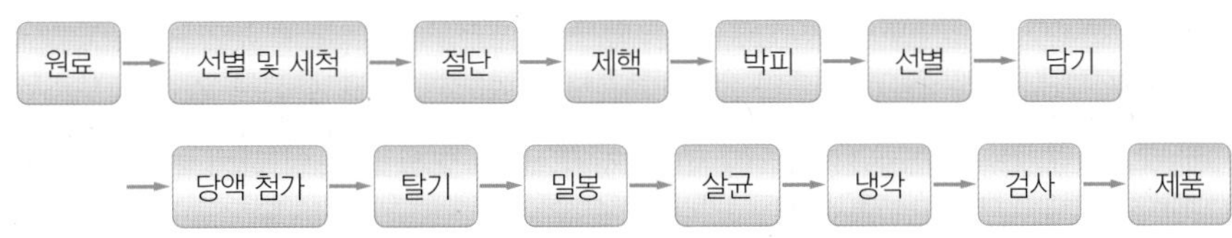

그림 6-9 과일 통조림의 일반 제조공정

당액 첨가 시 당액 농도 계산식

통조림을 제조 시 첨가해 주는 당액은 첨가 후 과육에 침투하여 전체적인 농도가 평형에 이르게 된다. 통조림 통에 당액 첨가할 때에는 미리 규정한 당도 이상이 될 수 있도록 다음 식과 같이 미리 당 농도를 계산하여 첨가해 주어야만 소정의 당도를 얻을 수 있다.

$$W_1X + W_2Y = W_3Z$$

$$Y = \frac{W_3Z - W_1X}{W_2}$$

여기서 W_1 : 담는 과육의 무게(g) W_2 : 주입 당액의 무게(g)
W_3 : 통조림 안의 당액과 과육 전체의 무게(g)
X : 과육의 당도(%) Y : 주입액의 당도(%)
Z : 규격 당도 또는 희망하는 당도(%)

- 탈기 : 90 ℃에서 약 5분간 탈기한다. 탈기의 목적은 가열살균 중 공기의 팽창에 의하여 용기가 찌그러지는 현상을 방지하고, 캔의 부식을 촉진시키는 산소를 제거하며, 관을 밀봉 후 냉각 시 관 내부에 진공을 유도하기 위해서이다. 탈기는 가열탈기, 기계적 탈기, 증기분사 등의 방법이 있다.
- 밀봉 및 살균 : 진공밀봉기를 사용하여 밀봉하고 살균을 실시한다. 백도를 원료로 한 복숭아 통조림의 살균은 301-7호관의 경우 내용물의 pH는 3.6~4.2, 가온온도는 18.0 ℃, 살균온도는 95~100 ℃, 살균시간은 18~50분을 기준으로 한다.
- 냉각 및 검사 : 살균 후에는 신속히 냉수로 냉각을 실시하여 내용물의 과열반응에 의한 조직 변화와 품질 파괴를 막고 호열성 세균의 번식을 차단한다. 냉각을 마친 모든 통조림 통은 검사법에 준해 누출 여부와 통의 외형 등을 검사한다.

(2) 감귤 통조림

① 원료

밀감 중에서도 납작한 품종으로 완전히 익어 맛과 향기가 있고 신선한 것이 좋다. 무게가 60~100 g되는 크기의 것으로서 껍질이 얇은 것이 좋다. 또한 과육의 색이 진하여야 한다.

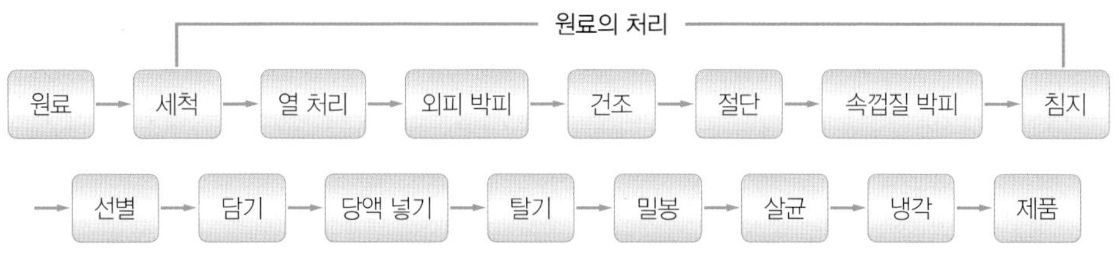

그림 6-10 감귤 통조림의 제조공정

② 제조

- 세척 : 입하된 밀감은 불량과를 제거하고 세척한 후 자동선별기로 보내어 크기에 따라 선별한다. 물로 씻은 후 외피가 쉽게 벗겨지고 과피 안쪽에 있는 흰 섬유가 외피에 붙어 잘 떨어지게 하기 위하여 열 처리를 하는데 이 처리시간은 과일의 크기, 과피의 두께 및 처리하는 물의 온도에 따라 다르나 85~90 ℃인 경우는 1~2분간, 100 ℃의 끓는 물로 처리할 때는 10초 정도이다. 이때 열이 과육부까지 침투하지 않도록 주의해야 한다. 껍질을 벗긴 밀감의 알갱이를 하나씩 떼어 표면의 하얀 줄기를 깨끗이 제거하고 즉시 물 속에 넣는다. 밀감 조각을 25~30 ℃의 1 % 염산용액에 1시간 정도 담갔다가 물로 씻은 뒤 1 % 가성소다(30~50 ℃) 용액에 15~20분간 담그어 흰 섬유질을 완전히 제거하고 물로 잘 세척한다. 껍질을 벗긴 조각 알맹이를 때때로 물을 갈아주면서 충분히 물로 씻어 묻어 있는 알칼리를 완전히 제거한다. 씻은 용액에 노란색이 없어질 때까지 씻은 다음 계속하여 2~3시간 더 씻으면 된다.
- 선별, 담기 : 속껍질을 벗긴 다음에는 모양이 좋지 못한 것을 제거하고 크기에 따라 선별한다. 용기에 담는 조각 수는 크기에 따라 결정되게 되므로 크기에 따른 선별은 주의 깊게 이루어져야 한다. 담는 양은 301-7호관의 경우 고형량은 280 g, 내용물 총량은 455 g을 기준으로 한다.
- 당액 넣기 : 개관 시 당농도가 19 % 이상이 되도록 조절하여 당액을 넣는다. 따라서 주입 당액의 당농도(%)는 주입 당액의 무게 등을 고려하여 계산식에 의해 결정한다.
- 탈기, 밀봉 및 살균 : 일반적으로 진공밀봉기를 사용하여 탈기와 동시에 밀봉하는데 보통 301-7호관이면 82.2 ℃에서 14분간 살균한다. 살균이 끝나면 냉수로 급속히 냉각시켜야 한다. 진공밀봉기가 아닌 경우 별도로 탈기를 실시하는데 일반적으로 95 ℃에서 5~6분간 실시한다.

(3) 양송이 통조림

우리나라에서도 양송이 재배가 성행하여 이를 가공한 양송이 통조림을 많이 생산, 수출하고 있다.

① 원료

양송이의 채취 적기는 갓이 피기 12시간 전후(우산 직경 20~40 mm)가 좋다. 양송이는 산화 변색이 쉬우므로 나무상자, 가공지상자 혹은 물에 담가서 3~5시간 내에 가공공장까지 운반하도록 한다. 햇빛에 쪼이지 않도록 하고, 철 등 금속재 통 등은 사용하지 않으며, 24시간 경과한 것은 아황산염 0.01 % 용액을 살포한다. 채취한 후 30~60분 이내에 처리 가공하는 것이 가장 좋으며, 저장할 때에는 온도 2~3 ℃, 습도 80 % 이상의 저장실에 넣어 둔다.

② 제조

- 자루 절단·선별 : 칼이나 가위로 자루를 잘라 내고 우산의 크기, 균막의 열린 정도, 모양, 손상 정도 등을 기준으로 하여 버튼(button), 홀(whole) 또는 이들의 슬라이스(sliced)와 등외의 피스와 자루(piece & stem)의 형태로 절단하여 품질별로 선별한다.
- 세척 : ㉮ 물통에 넣어 흙, 모래를 씻어 내는데 15분 이상 물에 담가 두었다가 씻으면 협잡물이 잘 씻긴다.
  ㉯ 물 대신 0.3 % 정도의 구연산액에 3~4분간 담가 두었다가 씻으면 손상된 것에 효과가 있다.
- 열 처리 : 처리시간과 온도는 양송이의 크기, 신선도에 따라 다르나 100 ℃이면 4~8분, 80~85 ℃이면 8~15분으로 하고 증기로 처리할 때는 96 ℃에서 5~7분간 한다. 양송이가 물에 완전히 잠기게 하여 중심부까지 열이 잘 침투하게 한다.
- 냉각 : 30분 이내로 완전히 냉각한다.

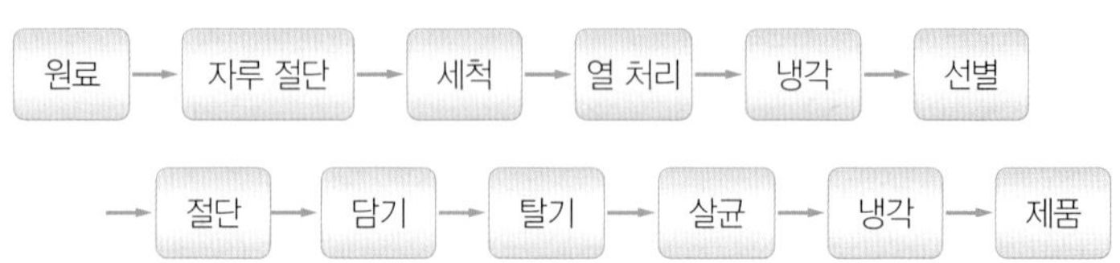

그림 6-11 양송이 통조림의 제조공정

표 6-3 양송이 크기의 기준(우리나라 기준)

크기	우산 지름(mm)	크기	우산 지름(mm)
E	35.0 이상	S	16.5~21.0
L	27.5~35.0	T	12.0~16.5
M	21.0~27.5		

표 6-4 양송이 통조림 제품의 스타일 종류

구분	내용
버튼	우산의 바로 밑을 자른 것
홀	우산에서 균류 부위 지름의 약 1/2을 남기고 자루를 자른 것
슬라이스된 버튼	버튼 스타일을 약 3.3 mm의 두께로 자른 것이며, 피스는 넣지 않음
슬라이스된 홀	홀 스타일을 약 3.3 mm의 두께로 자른 것이며, 피스는 넣지 않음
피스와 자루	버튼과 홀에서 슬라이스를 만들고 난 양쪽의 피스와 자루를 합한 것으로서 피스가 40 % 이상인 것

- 선별 : 양송이 크기의 기준에 따라 선별하고 불량품은 제거한다.
- 절단 : 직경이 35 mm 이상의 것과 등외품에 해당하는 것은 2~4쪽으로 나누어 슬라이스하고 버튼 및 홀로써 적당치 않은 것은 3 mm 두께로 슬라이스하여 피스와 자루 스타일로 한다.
- 담기 : 살균될 때 원래의 크기보다 약간 축소되므로 10~15 % 더 많이 담는다. 2~3 % 식염수나 열 처리할 때의 침출액 또는 150~250 mg%의 비타민 C나 MSG 용액으로 헤드스페이스가 6~7 mm가 되게 한다.
- 탈기·살균 : 301-7호관이면 탈기는 90~100 ℃에서 5~20분간, 살균은 113 ℃에서 40~90분간 실시한다.
- 냉각 : 관 내부 온도가 40 ℃ 내외가 될 때까지 냉각한다.

3) 잼류

(1) 잼류의 일반 제조공정

① 원료

잼류는 과일 중의 산, 당분 및 펙틴의 세 가지 성분이 일정한 농도와 비율로 함유되어 있을 때 응고가 일어나 만들어진다. 과일을 산과 펙틴의 함량에 따라 분류하면 사과, 포도와 같이 산과 펙틴이 모두 많은 것, 무화과, 복숭아와 같이 산은 적고 펙틴이 많은 것, 딸기, 살구와 같이 산은 많고 펙틴이 적은 것, 서양배와 같이 산과 펙틴이 모두 적은 것 등이 있다.

② 제조

- 세척, 절단 : 과일을 물로 깨끗이 세척하여 먼지나 농약 등을 제거한 다음 딸기는 그대로 사과, 복숭아, 감귤류는 작게 절단한다. 딸기는 꼭지를 딴 후 통째로 혹은 2등분하여 둔다.
- 파쇄, 가열 : 절단한 과일을 솥에 넣고 포도는 0.5배, 사과는 1~1.5배, 감귤류는 2~3배 양의 물을 넣고 수분이 비교적 많은 딸기 등의 과실에는 물을 넣지 않고 끓인다. 가열의 목적은 원료 속 프로토펙틴을 분해시켜 펙틴을 추출하고 그 밖의 여러 성분을 얻는 것이 목적이므로 각 원료에 따라 적당히 가열시간을 조절해야 하는데 사과는 20분 정도, 오렌지는 30~60분, 딸기는 2~3분 가열한다. 너무 오래 가열하면 펙틴 자체가 분해될 뿐만 아니라 즙액의 향미와 색을 나쁘게 할 수 있다.
- 압착, 여과 : 가열 추출된 액은 여과자루 혹은 여과체로 압착 여과하며, 포도의 경우 씨나 껍질을 분리하여 제거한다. 잼과 달리 젤리의 경우는 청정 조작이 필요한데 여과자루로 청정 처리를 하여 즙액을 만든다. 주스와 같이 필터 프레스나 여과보조제를 이용한 투명 처리 조작은 생략할 수 있다.
- 산, 당, 펙틴 첨가 : 과일주스의 산함량이 부족할 때는 각종 유기산 등을 첨가하여 pH 3.4 내외로 조정한다. 적당하게 산을 조절한 과즙을 당분함량을 조정하기 전에 알코올 침전법에 의하여 펙틴함량을 측정한 다음 가당량을 결정한다. 즉, 펙틴함량은 알코올 시험에 의해 그 변화가 젤리 모양으로 응고하거나 큰 덩어리가 형성되는 경우, 여러 개의 젤리 모양의 덩어리가 형성되는 경우, 작은 덩어리가 형성되거나 전혀 덩어리가 형성되지 않는 3가지 변화로 각각 다량 함유, 보통량 함유, 소량 함유로 판별한다. 따라서

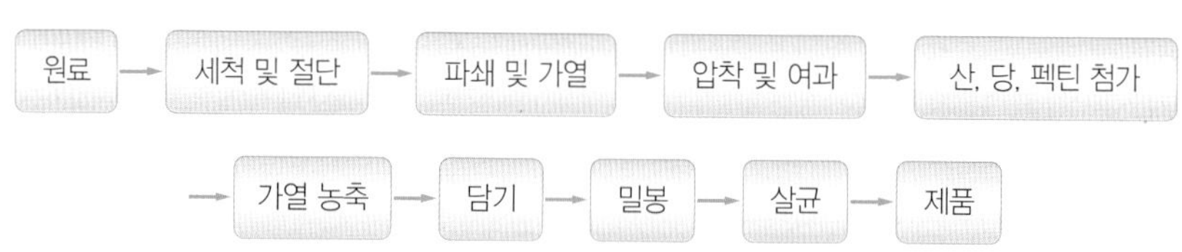

그림 6-12 잼류의 일반 제조공정

가당량은 과즙의 절반 혹은 2/3 양, 과즙과 같은 양, 농축하거나 다른 과즙 또는 펙틴을 첨가한다.

- 가열, 농축 : 잼 제조에서 가장 중요한 공정이다. 솥 등에 과즙을 넣고 가당량에 해당하는 당을 넣고 가열 농축한다. 강하게 가열하여 15~20분 내에 완성되도록 한다. 가열농축 시 거품이 날 때에는 소량의 식물성 유지나 실리콘수지를 넣어 소포제로 이용한다. 가열 종점을 완성점(젤리포인트)이라고 하는데 스푼에 의한 방법, 컵시험법, 온도계에 의한 방법, 당도계를 이용하는 방법으로 판정할 수 있다.

그림 6-13 무화과잼

- 담기, 밀봉 및 살균 : 완성점에 이르게 되어 농축이 완료되면 살균된 용기에 식기 전에 거품이 생기지 않도록 주의하여 담아 밀봉하면 살균하지 않아도 당도에 의해 어느 정도 안전하나 80~90 ℃에서 7~8분간 살균하여도 무방하다. 살균이 끝난 제품은 속히 냉각한다.

(2) 딸기잼의 제조

① 원료

딸기는 모양이 둥글고 꼭지가 쉽게 제거되며, 방향 및 당도가 높고 적당한 산을 함유한 중간 이하의 크기가 적당하며, 육질이 단단하여야 한다. 원료 중 미숙과나 과숙과 및 변질과는 잘 선별하여 제거한다.

잼의 농축 완성점을 결정하는 방법

잼의 완성을 결정하는 방법에는 스푼법(spoon test), 컵법(cup test), 온도계법, 당도계법 등이 있다.

- 스푼법은 농축하고 있는 액을 스푼으로 떠서 흘러내리게 하여 묽은 시럽 모양으로 떨어지면 불충분한 것이고, 일부는 떨어지고 일부는 굳은 정도로 붙어 있으면 적당하다.
- 컵법은 농축하고 있는 액을 냉수가 담긴 컵 속에 소량 떨어뜨렸을 때 도중에 풀어지지 않고 밑바닥까지 뭉쳐서 떨어지면 적당하다.
- 온도계법은 농축하고 있는 액에 온도계를 넣어서 104~105 ℃가 되면 적당하다.
- 당도계법은 굴절당도계로 측정한 값이 65 °Brix가 되면 적당하다(뜨거울 때 측정값은 2~3 %가 낮은 값을 나타냄).

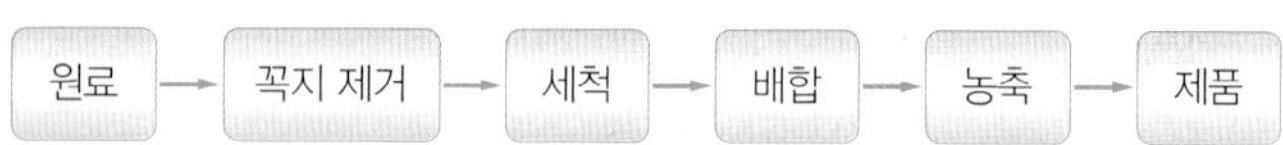

그림 6-14 딸기잼의 제조공정

② 제조

- 꼭지 제거 및 세척 : 수확한 딸기는 꼭지를 따내면서 딸기를 물 속에 넣어 천천히 흔들어서 흙이나 모래를 제거하여 소쿠리에 담아서 물기를 뺀다. 세척한 딸기는 통째, 분할 혹은 세절하여 신속히 가공 처리한다.
- 배합 및 농축 : 배합은 세척한 딸기의 물기를 빼고 딸기 무게의 50%에 해당하는 설탕, 10 %의 포도당, 0.2 %의 구연산, 0.2 %의 펙틴을 첨가한다. 삼투작용에 의해 수분함량이 증가하므로 강한 불로 가열 농축한다. 시간이 너무 오래 경과하면 딸기 고유의 향과 색깔이 나빠지므로 주의한다. 진공농축기를 사용하면 딸기의 색, 향 등이 개선된 우수한 품질의 잼을 얻을 수 있다. 완성점의 결정은 스푼법, 당도계법 등으로 판정하고 완성한다.
- 제품 : 완성점에 이르면 가열하는 것을 멈추고 표면의 거품을 걷져 내어 뜨거운 상태에서 용기에 충전 밀봉하거나 80~90 ℃에서 7~10분간 살균한다. 제품이 65 °Brix 이상의 당도에서는 수분활성도(A_w)가 0.85 이하로 되어 효모와 세균이 번식할 수 없어 보존성을 가진다.

4) 과일·채소류 냉동기술

(1) 영역

21세기 냉동식품업계가 당면한 문제로는 완제품의 품질 개선과 제품 개발, 환경문제, 공정비용 절감 등이 있다. 앞으로 유망한 기술분야로는 장비의 자동화(센서와 컴퓨터 관리체계), 효율화, 원료의 동결점 조절을 생물공학적 방법으로 이용하는 것이 있다. 즉, 단백질과 펩티드의 항동결력을 증진시키는 시도가 이루어진다.

(2) 이용분야

채소류의 냉동 보존기술로, 해동 후 드립을 일으키지 않도록 생물이 가지고 있는 세포의 동결장애를 방지하는 기구를 구축하였다. 즉, 오이 덱스트린 혼합액(20% 농도)에 24시간 침지하여 냉동하고 해동 후 향, 맛의 변화가 일어나지 않도록 한다.

- 식품의 냉동은 과거에도 식품의 보존에 이용되었다.
- 새로운 냉동기술은 공정 효율 증대와 환경문제 최소화에 이용된다.

5) 젖산 함유 음료

(1) 젖산균 발효음료

① 원료

10월 중순 수확한 개당 평균 중량이 3~4 kg의 늙은 호박(*C. moschata* Duch.)을 사용한다.

② 제조

- 박피, 세절 : 2등분하여 씨를 제거한 다음 절단하여 껍질을 표면으로부터 3 mm까지 제거한다.
- 열 처리, 마쇄 : 호박을 동일량의 물과 함께 충분히 가열한 다음 가정용 블렌더로 갈아 만들어진 호박 페이스트를 젖산균 발효용 원료로 이용한다.
- 발효 : 가열, 마쇄한 호박 페이스트가 30 %가 되도록 설탕, 고과당, 정제수를 첨가하고 젖산균제제를 호박 중량에 대해 0.08 % 첨가하여 35 ℃, 24시간 발효한다.

  또 다른 방법은 호박을 스팀솥에서 7분간 열 처리한 다음 원료 호박 중량의 1.5배에 해당하는 0.1% 소금용액을 가하고 젖산균제제(*Lactobacillus plantarum*, *Lactobacillus brevis* 등)를 호박 중량에 대해 0.08 % 첨가하여 35 ℃, 24시간 발효한다.
- 24시간 발효로 제조한 호박 반응물에 설탕, 고과당으로 첨가한 후 최종 당도를 12~14 °Brix로 조정하여 밀봉, 살균 후 병음료 등으로 한다.

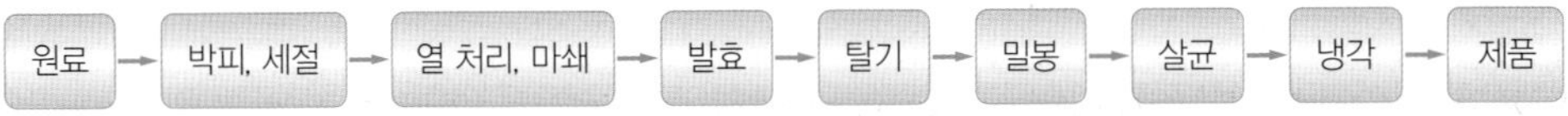

원료 → 박피, 세절 → 열 처리, 마쇄 → 발효 → 탈기 → 밀봉 → 살균 → 냉각 → 제품

그림 6-15 늙은 호박 젖산균 발효음료의 제조공정

③ 주요 실험항목

열 처리 호박 페이스트 혹은 착즙액을 이용한 젖산 함유 음료 제조 중 발효 반응물의 특성 및 완제품의 저장 중 색도 변화를 조사한다.

6) 단세포 함유 음료

(1) 식물세포 분리효소(cell separating enzyme)를 이용한 채소류의 단세포화

① 원료

식물조직 중에 존재하는 불용성 펙틴을 선택적으로 분해하여 세포 사이의 물질을 용해·제거하기 위해 무, 양배추, 콩나물 및 당근을 준비하여 세척한다. 세포분리효소는 Macerozyme R 200, Macerozyme R 10, Sumizyme MC와 액화효소인 Pectinex Ultra SP-L, Pectinex 100 L, Rapidase C 80 L을 준비한다(표 6–5).

표 6–5 단세포화(maceration, 죽화)에 사용한 식물세포 분리효소 및 액화효소

시판 효소명	활성효소	기원 미생물	제조사
Macerozyme R 200	pectinase hemicellulase	*Rhizopus* spp.	Yakult
Macerozyme R 10	pectinase hemicellulase	*Rhizopus* spp.	Yakult
Sumizyme MC	protopectinase	*Rhizopus* spp.	신일본화학
Pectinex Ultra SP-L	pectolytic hemicellulytic	*Aspergillus niger*	NOVO
Pectinex 100 L	pectin-transeliminase polygalacturonase pectinesterase hemicellulase	*Aspergillus niger*	NOVO
Rapidase C80 L	pectinase cellulase	*Aspergillus niger* *Trichoderma*	Gist-brocade

그림 6-16 식물세포 분리효소를 이용한 채소류의 단세포화 공정

② 제조

• 박피, 세절 : 세척한 무, 당근 등 채소류를 절단하여 껍질을 표면으로부터 3 mm까지 제거한다.
• 단세포 현탁액 제조 : 5 mm의 크기로 세절한 시료에 pH를 4.5로 조정하고, 원료량 대비 일정 농도의 효소를 가하여 반응시켜 얻어진 효소분해물인 현탁액(suspension of macerated plant materials)을 얻는다.
• 여과 : 1 mm screen(18 mesh)을 통과시켜 단세포 반응물과 부산물인 잔사를 얻는다.
• 원심분리 : 여과액을 5,000 rpm에서 원심분리하여 단세포인 침전물과 펙틴질이 함유된 상등액으로 나눌 수 있다.
• 단세포 : 각종 채소류의 단세포물 및 단세포의 특성을 분석한다.

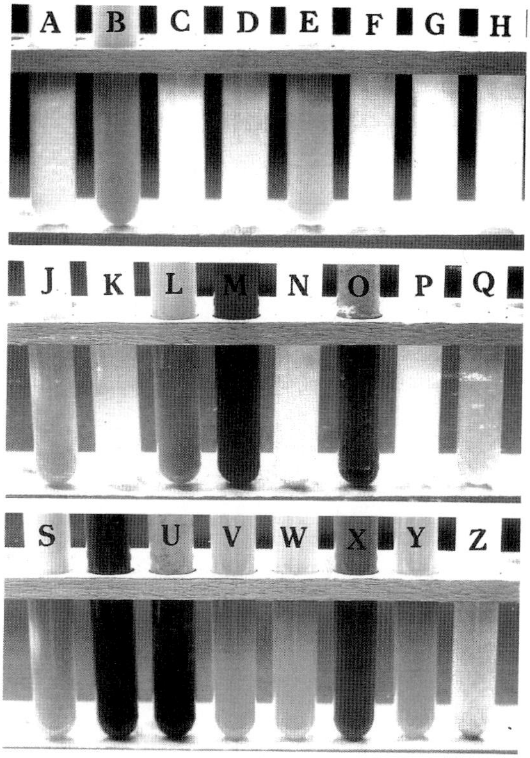

그림 6-17 식물세포 분리효소를 이용한 농산물의 단세포화물
A 수박, B 키위, C 애호박, D 오이, E 토마토, F 배, G 멜론, H 늙은 호박, J 더덕, K 도라지, L 인삼, M 적양배추, N 생강, O 파슬리, P 양파, Q 감, S 마늘, T 두릅, U 취나물, V 사과, W 살구, X 딸기, Y 자두, Z 복숭아

③ 주요 실험항목 및 분해물의 이용도 검토

단세포 현탁액과 침전물인 단세포를 이용하여 각종 품질 특성을 조사한다. 단세포 분해물의 용량(mL), 분획물의 구성비, 분해율, 색도, 총펙틴, 점도, 반응 잔사 및 단세포의 현미경적 관찰(광학현미경 또는 전자현미경)을 한다.

또한 당근을 식물세포 분리효소로 처리하여 단세포화한 분말형 중간 소재를 얻은 후 분말형 제품, tablet형 제품과 아울러 이들 당근 단세포 분해물을 무, 양배추 및 콩나물을 이용한 추출음료, 발효물과 혼합하여 건강 기능성 음료를 개발할 수 있다.

(2) 무, 양배추 및 콩나물을 이용한 음료

① 단일 품목 음료

양배추음료의 제조는 양배추를 효소 처리한 액을 이용하고, 콩나물음료의 경우는 가열

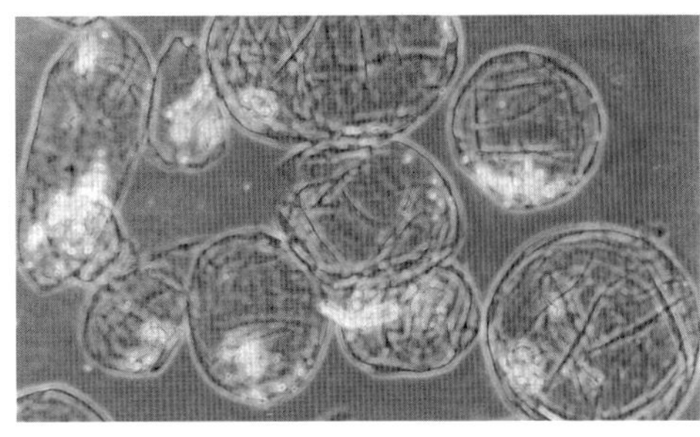

광학현미경

전자현미경

그림 6-18 무(radish root) 단세포화물의 미세구조

추출하여 제조한다.

② 혼합음료

- 추출음료의 제조 : 세절한 무, 양배추 및 콩나물을 30:30:40의 비율로 하여 추출용 물을 원료 대비 약 1.4배 가수하여 한약추출기로 압력 1 kgf/cm^2, 온도 94 ℃에서 2시간 동안 추출한 것을 음료화한다.
- 혼합음료의 제조 : 무, 양배추 및 콩나물을 이용한 발효음료의 제조는 먼저 무와 양배추를 스팀으로 7분간 열 처리하고, 콩나물은 10분간 열 처리한 다음 원료 중량의 1.5배에 해당하는 0.1% 소금용액을 가하고 발효를 위하여 젖산균(*Lactobacillus plantarum*, VegeStart 60, Chr.Hansen 사, Denmark)을 채소류 중량의 0.1 % 첨가하여 32 ℃의 항온실에서 17시간 발효한 후 여과(microfitration, 3 μm)한다. 여과액은 향미 개선을 위하여 감압농축기로 나쁜 냄새를 제거하는 소취(55 ℃, 15분)과정을 거친 후 조미, 살균하여 제품으로 한다.

③ 식혜

무를 이용한 식혜의 제조는 만들고자 하는 최종 식혜량의 3 %에 해당하는 쌀을 칭량하여 2시간 수침한 후 탈수해 1시간 증자한다. 식혜량에 대해 3 %의 엿기름을 달아 엿기름 중량의 7배에 해당하는 물에 침지하여 실온에서 2시간 방치하고 53 mesh 또는 3,000 rpm에서 30초간 원심분리하여 엿기름액을 얻는다. 엿기름액과 찐쌀을 혼합하여 60 ℃에서 4~5시간 당화시킨 다음 쌀알과 당화액을 분리하고 먼저 쌀알은 냉수에 3회 정도 침지하고 나서 5분간 가열하여 쌀알만을 회수한다. 한편 당화액은 98 ℃에서 3분간 가열한 후 냉각하고 270 mesh 여과 또는 연속식 원심분리기를 이용하여 5,000 rpm에서 30초간 원심분리하여 얻는다. 당화액에 60 °Brix의 생강 농축액과 설탕을 식혜 중량에 대해 각각 0.6 %, 10 % 첨가하고 무즙액과 앞서 얻은 쌀알을 첨가하여 제조한다.

(3) 오이음료와 당근제품

① 오이음료

오이를 식물세포 분리효소에 의해 단세포화하여 오이 자체의 영양 및 향미 성분이 있도록 가공한 제품이다.

② 당근제품

단세포 분해물의 이용은 〈그림 6-20〉과 같은 제조공정에 의하여 제조법을 단순화하여 단세포 함유 음료, 분말형, 정제형, 아이스크림 및 영양식을 제조할 수 있다.

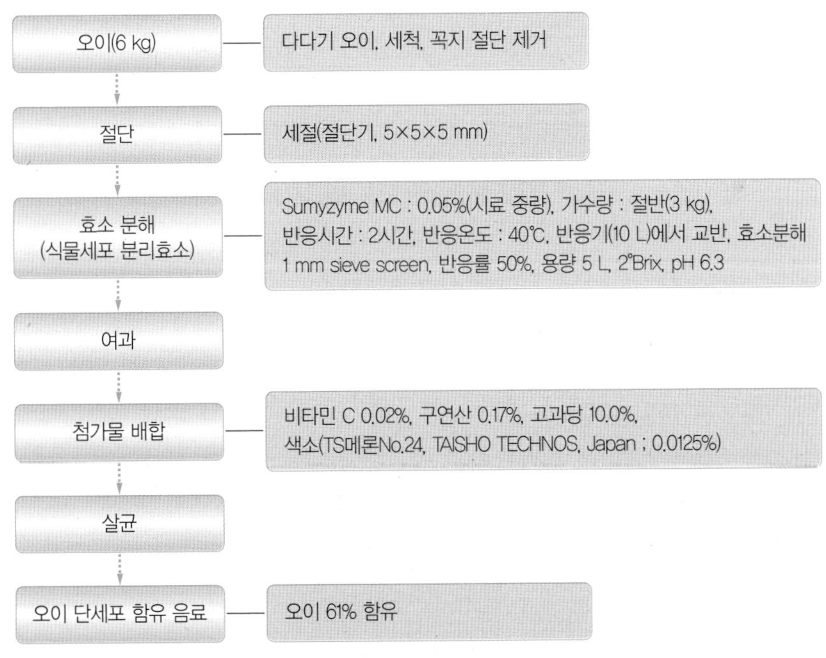

그림 6-19 오이음료의 가공공정

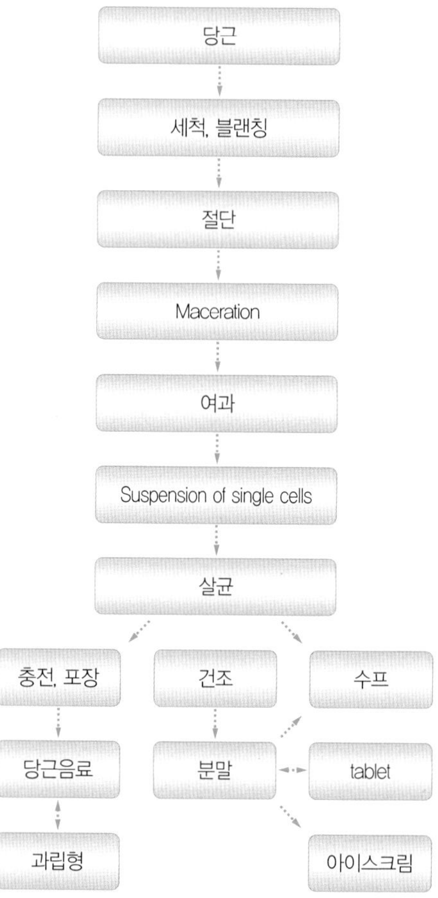

그림 6-20 세포 분리효소를 이용한 당근 단세포식품의 제조공정도

단세포 함유 음료의 제조는 당근을 선별, 세척한 후 90 ℃에서 5분간 스팀으로 열 처리하여 교반하기 쉽게 절단하고 당근과 동량 가수하여 pH를 4.5로 조정한 후 40 ℃에서 3시간 효소 처리하는 maceration과정을 거친다. 효소반응이 종료되면 효소를 실활시킨 후 조미, 배합하여 제품으로 한다. 이때 분해물 중의 당근함량은 약 40 %로 한다. 당근 이외에 과실 농축액을 첨가하여 당근 40 %, 사과 60 % 함유된 단세포 함유 음료로 한다.

과립형 제품은 단세포 분해물 또는 단세포를 이용하여 유동층 과립기를 이용하여 과립화한다.

분말형 제품은 단세포 분해물에 덱스트린을 용해하여 분산성이 우수한 분말형 제품으로 한다.

정제형 제품은 단세포 분해물을 건조한 것 혹은 단세포만을 이용하여 결착제 등을 이용하여 타전기로 tablet 제품을 만들거나 결착된 과립형 핵에 단세포 분해물을 코팅하는 것으로 한다.

아이스크림의 제조는 휘핑크림, 설탕, 우유 등 부재료에 약 5%에 해당하는 단세포를 첨가하여 입안 촉감을 개선하며, 식이섬유가 함유되어 있고 당근 특유의 향미가 나도록 가공한다.

분말죽은 당근 함유 곡물죽의 경우 당근 단세포 분해물 분말 32 %, 현미 25 %, 보리 25 %, 콩 8 %, 덱스트린 10 %를 혼합하여 제조한 것으로 온수나 냉수에 분산성이 우수한 분말형 즉석죽을 제조한다.

1. 포도, 사과, 감귤 중의 주요 유기산은 각각 무엇인지 나열해 보시오.

2. 과일 가공 시 열 처리(데치기, blanching)하는 목적은 무엇인지 설명해 보시오.

3. 감귤의 처리방법 중 외피 박피방법을 쓰고, 내피인 속껍질은 산·알칼리 처리로 박피 후 흐르는 물에 6~12시간 침지하는 목적을 설명해 보시오.

4. 펙틴은 무엇이며, 그 종류에는 무엇이 있는지 설명해 보시오.

5. 다음 중 과일과 채소류와 많이 함유되어 있는 페놀성 화합물의 종류를 나타낸 것으로 바르게 연결되지 않은 것은?

① 헤스페리딘(hesperidin)–플라보노이드 ② 나린진(naringin)–페놀산
③ 클로로겐산(chllorogenic acid)–페놀산 ④ 카테킨(catechin)–플라보노이드

정제형 제품은 단세포 분해물을 건조한 것 혹은 단세포만을 이용하여 결착제 등을 이용하여 타전기로 tablet 제품을 만들거나 결착된 과립형 핵에 단세포 분해물을 코팅하는 것으로 한다.

아이스크림의 제조는 휘핑크림, 설탕, 우유 등 부재료에 약 5%에 해당하는 단세포를 첨가하여 입안 촉감을 개선하며, 식이섬유가 함유되어 있고 당근 특유의 향미가 나도록 가공한다.

분말죽은 당근 함유 곡물죽의 경우 당근 단세포 분해물 분말 32 %, 현미 25 %, 보리 25 %, 콩 8 %, 덱스트린 10 %를 혼합하여 제조한 것으로 온수나 냉수에 분산성이 우수한 분말형 즉석죽을 제조한다.

용어정리

단위조작(unit operation)
식품공업에서 이용되는 기본공정들을 운영하는 데 필요한 조작들을 말한다. 단위조작은 유체·열 및 물질들이 어떻게 한 곳에서 다른 곳으로 이동하는가 하는 물리적 현상들을 다루는 것이다.

단위공정(unit process)
단위조작이 물리적 현상을 다루는 데 반하여 단위공정은 화학적 반응이 관계되는 제조 단계를 의미한다. 예를 들면, 설탕을 첨가하여 캐러멜화시키는 것도 캐러멜화 공정이라고 해야 하나 캐러멜화 공정은 가열이라는 단위조작의 도움으로 가능하다.

리킹(leaking) 현상
통조림 통에 녹이 슬면서 구멍이 뚫려 즙액이 새는 현상을 말한다.

분무건조법
가압한 액상의 원료를 건조실 내에서 분무하여 미세한 입자로 분산시켜 넓은 표면적을 가지게 함으로써 급속히 건조시키는 방법이다.

동결건조법
식품을 급속히 동결하여, 그것을 그대로 또는 진공 중에 두고 물을 승화시켜 수분을 제거하는 방법이다.

무균화 포장
식품과 포장 재료를 각각 멸균해 놓고, 이 둘을 무균상태에서 충전, 밀봉하는 것이다.

가온검사
미생물의 생육 적온인 30~37 ℃로 유지된 항온기에 통조림을 넣고 1~3주 동안 보존한 다음 꺼내어 그 상태를 관찰하는 검사방식을 말한다.

식품첨가물(food additives)
식품을 그냥 먹거나 조리, 가공하여 먹을 때 식품의 맛과 색 등을 높이고, 물리·화학적으로 식품 가치를 높이기 위하여 첨가하는 물질이다.

진공도검사
통조림 진공계를 엄지손가락과 집게손가락 사이에 끼워 잡고 통조림 뚜껑의 익스팬션 링(역륜) 중에 가장 튀어나온 부위를 수직으로 뚫어 통 내부의 진공도를 측정하는 방식이다.

단원정리

1 과일의 특성은 신선 기호식품으로 향기가 좋고 상쾌한 맛을 주며, 영양적으로 비타민과 무기질의 공급원이다. 그러나 수분이 많아 저장성은 없다.

2 **딸기와 포도 통조림용 통**

타닌색소를 가진 포도나 안토시아닌계 색소를 갖는 과일은 금속과 접촉하면 당액의 청변과 같은 변색이 일어나므로 내산성 도장관을 사용한다.

3 **과육 통조림 원료**

- 미숙원료 : 복숭아, 바나나, 포도 등은 과육이 가열 처리에 의해 육질의 연화, 붕괴 때문에 미숙과 사용
- 완숙원료 : 밀감, 오렌지 등은 과립의 특성 때문에 연화 문제가 없고 식미상 우수한 완숙과 사용

4 과육 통조림 가공에서 과일의 박피방법에는 복숭아(알칼리 박피; lye peeling), 토마토(손박피; hand peeling, 열탕 박피), 오렌지(산·알칼리 박피; acid-lye peeling), 사과(기계 박피; mechanical peeling) 등이 있다.

5 과피 중의 잔류농약을 세척·제거하기 위한 용액 : 1 % 염산용액이나 중성세제로 처리한다.

6 과일주스의 종류에는 천연주스(과즙), 농축과일주스, 스쿼시(squash), 넥타(nectar), 시럽(syrup) 등이 있다.

7 과즙의 청정법에는 효소법, 난백 사용, 카제인법, 젤라틴이나 타닌 사용 흡착제 사용(활성탄, 규조토, 산성백토, 활성백토) 등이 있다.

8 살균법은 고온살균법을 하지 않고, 비타민의 파괴, 휘발성 성분의 손실을 막기 위해 저온살균법, 순간살균법, 자외선살균법이 적당하다.

9 청정과즙의 제조는 순간살균장치가 사용되고 83 ℃로 가열하여 혼탁의 원인인 단백질, gum(고무)질, 식이섬유 등을 응고시키고 45 ℃로 냉각한 후 펙틴 분해효소(0.05~0.1 %)를 첨가하여 10시간 처리한다.

10 젤리, 잼, 마멀레이드(제조용 원료로 가장 적당한 것은 오렌지) 등은 과일 중의 펙틴(1~1.5 %), 산(0.3 %, pH 3.0)에 첨가하는 당류(60~65 %)가 일정한 농도와 비율을 이루어야 젤리화된다.

연습문제

1. 포도, 사과, 감귤 중의 주요 유기산은 각각 무엇인지 나열해 보시오.

2. 과일 가공 시 열 처리(데치기, blanching)하는 목적은 무엇인지 설명해 보시오.

3. 감귤의 처리방법 중 외피 박피방법을 쓰고, 내피인 속껍질은 산·알칼리 처리로 박피 후 흐르는 물에 6~12시간 침지하는 목적을 설명해 보시오.

4. 펙틴은 무엇이며, 그 종류에는 무엇이 있는지 설명해 보시오.

5. 다음 중 과일과 채소류와 많이 함유되어 있는 페놀성 화합물의 종류를 나타낸 것으로 바르게 연결되지 않은 것은?
   ① 헤스페리딘(hesperidin)-플라보노이드　② 나린진(naringin)-페놀산
   ③ 클로로겐산(chllorogenic acid)-페놀산　④ 카테킨(catechin)-플라보노이드

6. 사과 혼탁주스의 제조공정 중 중요한 단위공정이 아닌 것은?

① 펙틴 분해효소 처리 ② 탈기 ③ 분쇄 ④ 조합

7. 통조림의 변패는 크게 내용물의 성상으로 본 변패와 외관으로 본 변패로 구분할 수 있는데 후자에 속하지 않는 것은?

① flipper ② springer ③ swell ④ flat sour

8. 통조림식품의 열 전달방식에서 열대류형 식품의 열침투가 가장 느린 냉점(cold spot)의 위치는?

① 용기의 중심 ② 용기의 중심점 하단
③ 용기의 중심점 상단 ④ 용기의 중심점 측면

9. 과일의 원형이 가장 많이 남아 있어 제품만 보아도 사용 원료를 알 수 있는 가공품은?

① 과일버터(fruit butter) ② 마멀레이드(marmalade)
③ 프리저브(preserve) ④ 잼(jam)

정답 및 해설

1. 과일류의 주요 유기산은 사과에는 사과산(malic acid), 포도에는 주석산(tartaric acid), 감귤에는 구연산(citrc acid)이 있다.

2. 과일을 열 처리하면 박피 용이, 산화효소의 불활성화, 변색 및 변질 방지, 외관과 맛 변화 방지, 이미와 이취 제거, 기포 제거, 부피 감소, 외피의 점질물 및 왁스물질 제거 등이 있다.

3. 감귤의 껍질 박피는 외피는 열 처리나 산 처리법을 이용한다. 내피(속껍질)는 산·알칼리 처리 후 물로 수용성 물질, 헤스페리딘(hesperidin), 펙틴의 용출, 잔류약품 등을 세척하여 제거하기 위한 것이다.

4. 펙틴은 펙틴산과 폴리갈락투론산의 혼합물로서 메톡실기 함량이 펙틴 분자의 7 % 이상인 고메톡실 펙틴(high methoxyl pectin)과 7 % 이하인 저메톡실 펙틴(low methoxyl pectin)이 있다.

5. ② **6.** ① **7.** ④ **8.** ② **9.** ③

CHAPTER 7

축산 가공

1. 축산물의 특징
2. 육 가공
3. 우유 가공
4. 난 가공

1. 축산물의 특징

축산물(animal products)은 가축과 가금류로부터 생산되는 생산물을 말하며, 인류가 식량으로 사용하는 것은 이들 동물들이 생산하는 젖과 알 및 도체와 부산물이다.

1) 식육의 성분과 조성

(1) 근육

근육은 형태에 따라 횡문근과 평활근으로 나뉘며, 기능에 따라 운동신경에 의해 의지대로 움직이는 수의근과 의지와 관계없이 자율신경에 의해 움직이는 불수의근으로 나뉜다. 불수의근 중 심장근육을 제외한 위, 장 등 소화기관을 움직이는 내장근육은 모두 평활근이며, 심장근육과 수의근인 골격근은 횡문근이다. 골격근은 체중의 30~45% 정도를 차지하는 가장 중요한 식육자원이다.

표 7-1 근육의 분류

형태적 분류	조직적 분류	기능적 분류
횡문근(striated muscle)	골격근(skeletal muscle)	수의근(voluntary muscle)
	심근(cardiac muscle)	불수의근(involuntary muscle)
평활근(smooth muscle)	내장근(visceral muscle)	

골격근(skeletal muscle)은 횡문근으로서 방추형을 이루고 있고, 그 양끝은 건(tendon)을 이루어 뼈에 부착된다. 골격근의 주체는 근섬유(muscle fiber)로서 다수의 근원섬유(myofibril)와 핵, 미토콘드리아, 근소포체(sarcoplasmic reticulum, SR) 및 근장(sarcoplasm) 등으로 구성되어 있으며, 세포막에 해당하는 근형질막(sarcolemma)과 결합조직인 근내막(endomysium)으로 둘러싸여 있다. 길이가 수 mm에서 30 cm 이상 되는 긴 근섬유가 50~150여 개 모여 하나의 근섬유다발인 근속(muscle fiber bundle)을 이루고, 근속이 다시 수십 개 모여서 더 큰 근섬유다발을 이루며, 이것이 여러 개 모여 근육을 이룬다.

개개의 근원섬유(myofibril)는 직경 0.5~2 μm의 가늘고 긴 섬유로서 근섬유 내에서 근소포체(sarcoplasmic reticulum, SR)로 분리되어 근장(sarcoplasm)으로 채워진 공간에 존재한다. 근원섬유는 초원섬유라 불리는 미세한 섬유구조로 구성되어 반복적 횡문구조를 이루며 근육의 수축에 있어 주동적 역할을 한다.

초원섬유(myofilament)에는 직경 14~16 nm의 굵은 섬유(thick filament)와 직경 6~8 nm의 가는 섬유(thin filament)가 있다. 굵은 섬유는 거의 마이오신(myosin)으로 되어 있어 마이오신 섬유(myosin filament)라고도 불리며, 가는 섬유는 주로 액틴(actin)으로 구

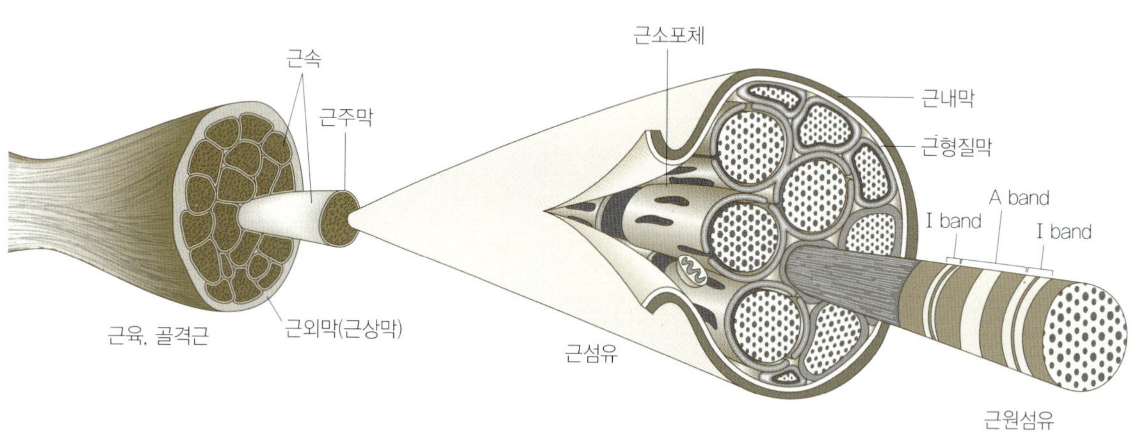

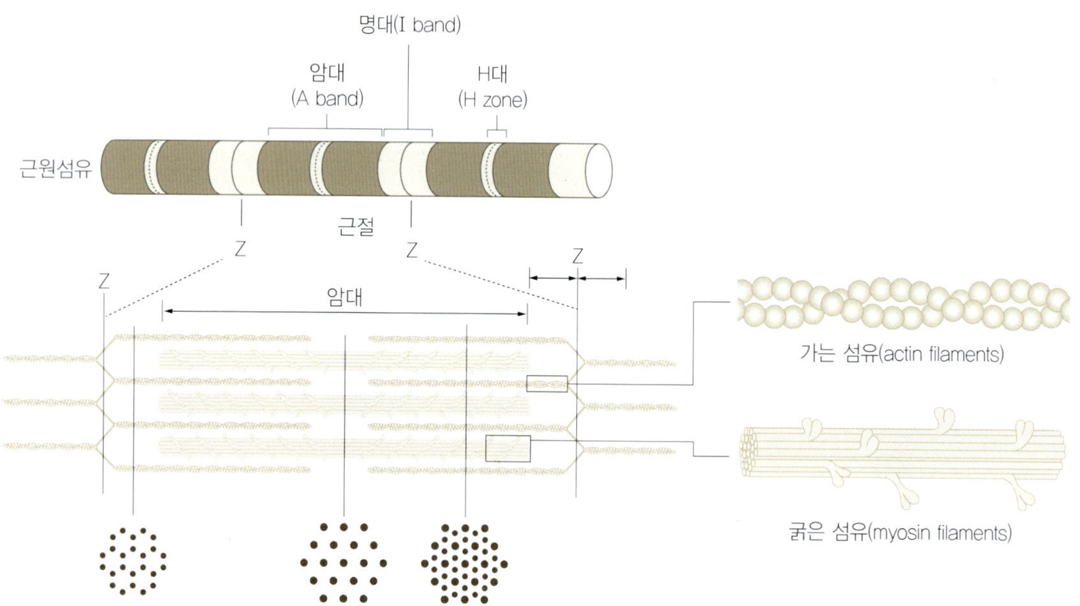

그림 7-1 골격근 구성의 모식도
근육 → 근속 → 근섬유 → 근원섬유 → 초원섬유 → 굵은 섬유, 가는 섬유

성되어 액틴 섬유(actin filament)라고도 불린다. 굵기가 서로 다른 두 종류의 초원섬유는 서로 교대로 정삼각형과 정육각형의 규칙적인 배열을 하여 근육의 수축과 이완의 기본단위인 근절(sarcomere)을 이룬다. 근원섬유 내에서 초원섬유들의 공간적 배치는 한 개의 굵은 섬유를 중심으로 6개의 가는 섬유가 정육각형을 이루며 둘러싸고, 3개의 굵은 섬유가 만드는 정삼각형의 중심에 한 개의 가는 섬유가 위치한다. 근수축은 굵은 섬유 사이에 가는 섬유가 미끄러져 들어가서 I대와 H대가 짧아져 근절의 길이가 짧아지는 것이다. 이때 각 초원섬유와 A대의 길이가 변하는 것은 아니다.

(2) 결합조직

결합조직은 세포와 조직을 연결하고 지지하는 기능을 가진 강인한 조직으로 근섬유 사이, 근섬유를 다발로 묶어 주는 막, 근육 사이, 근육을 뼈에 고정시키는 힘줄, 신경과 혈관을 둘러싸는 막 등을 포함한다. 결합조직은 주로 엘라스틴(elastin)과 콜라겐(collagen)으로 구성되어 있으며, 근육조직의 약 20%를 차지하여 근육에 질기고 단단한 조직감을 준다.

(3) 지방과 마블링

지방은 주로 피하나 내장 주위에 축적되어 체온 유지와 내장 보호 등의 기능을 하며, 근육조직 내에 적당량 마블링(marbling)을 형성하면 고기의 맛과 연도를 좋게 하여 육질을 향상시킨다. 마블링은 식육 사이에 가늘게 망처럼 퍼져 있는 지방으로 쇠고기의 육질을 판정하는 중요한 기준이 되기도 한다.

2) 우유의 성분

우유는 어미 소가 송아지를 먹이기 위해 유선에서 분비하는 백색의 불투명한 액체로서, 젖당과 무기질 수용액에 단백질과 지방이 현탁 유화되어 있는 콜로이드 용액이다. 우유는 수분, 단백질, 지방, 젖당, 비타민, 무기질 등 영양성분을 함유하고, 크게 수분과 총고형분으로 구분되며, 총고형분은 다시 유지방과 무지고형분으로 나뉜다(표 7-2).

우유는 원심분리하면 크림(cream)이라 불리는 유지방성분이 위로 뜨고, 그 아래 남은 것을 탈지유(skim milk)라고 한다. 유지방을 전혀 제거하지 않은 우유는 전유(whole milk)

표 7-2 우유의 성분 조성 및 구분

성분	함량(%)	구분	
수분	87.3	수분	
지방	3.9	유지방	총고형분 (total milk solid, TS)
단백질	3.25	무지고형분 (solid-non-fat, SNF)	
젖당	4.8		
무기질	0.7		
비타민			
효소			
산			

출처: 이무하, 김대곤, 김일석, 김전환, 박승룡, 배인휴, 진상근. 축산식품 즉석 가공학. 선진문화사 (2001)

그림 7-2 우유성분의 분리

라고 한다. 탈지유는 다시 산 또는 우유 응고효소 레닛(rennet)에 의해 카제인 성분이 응고하여 커드(curd)가 생성되고, 커드를 제외한 나머지 투명한 액체 유청(whey, milk serum)을 남긴다.

(1) 단백질

우유 단백질의 대부분은 카제인(casein)으로 약 80 %를 차지하며, 나머지는 유청 백질(whey protein)이다.

① 카제인

카제인은 탈지유에 산을 가하여 pH를 4.6으로 하였을 때 침전하는 단백질을 말하며, 레닛효소에 의해서도 커드로 침전한다. 카제인은 당과 인을 함유하며(glycophospho-protein) 그 함유량은 카제인의 종류에 따라 다르다.

표 7-3 카제인의 종류

종류	분자량	포스포세린	탄수화물
α_{s1}	23,000	7~9	-
α_{s2}	25,000	10~13	-
β	24,000	5	-
γ	11,600~20,500	0 혹은 1	-
κ	19,800	1	+

출처: 이무하, 김대곤, 김일석, 김전환, 박승룡, 배인휴, 진상근. 축산식품 즉석 가공학. 선진문화사 (2001)

- α_s-casein : 인산기가 많기 때문에 Ca^{2+}과의 반응이 강하고, Ca^{2+}에 의해 침전되기 쉽다.
- β-casein : 우유 단백질의 25~35 %를 차지한다. 다른 casein에 비해 가장 소수성이 강하며, 단백질 분해효소 plasmin에 의해 분해되어 γ-casein을 형성한다.
- γ-casein : β-casein의 분해물이다.
- κ-casein : 우유 단백질의 8~15%를 차지한다. Ca^{2+}에 의해 침전되지 않기 때문에 "Ca^{2+}-soluble casein" 또는 "Ca^{2+}-insensitive casein"이라고도 한다. C-말단 부위는 탄수화물을 가지고 있어 친수성이 강하다. 응유효소(chymosine)에 의해 105번째 아미노산(Phe)과 106번째 아미노산(Met) 사이가 절단된다. 이때 생성된 펩티드 중 N-말단의 소수성 영역이 많은 1~105번째 아미노산까지를 para-κ-casein이라고 하고, 당을 함유하고 있는 C-말단의 106번 이후의 친수성 펩티드를 glycomacropeptide 또는 macropeptide라고 한다.

② 유청 단백질

탈지유에서 카제인을 분리하고 난 나머지를 유청(whey)이라고 하며, 총유단백질의 약 20%를 함유한다. 유청 단백질로는 β-락토글로불린, α-락트알부민, 혈청 알부민(serum albumin), 면역글로불린(immunoglobulin), 락토페린(lactoferrin), 프로테오스(proteose), 펩톤(peptone) 등이 있다.

(2) 지방

유지방은 우유와 유제품의 경제적 가치를 결정하는 중요한 성분으로 다른 지방에 비해 풍미가 좋고 독특한 특징을 가지고 있다. 유지방은 대부분 중성지질(triglycerides)로 구성되어 있고 소량의 인지질, 스테롤, 카로티노이드 색소 및 지용성 비타민류를 함유하고 있다.

유지방의 지방산 조성은 포화지방산이 60~70 %, 불포화지방산이 30~35 %로 포화지방산 비율이 높으며, 포화지방산 중 뷰티르산(butyric acid)과 같은 저급지방산이 많이 함유되어 있는 것이 특징이다.

(3) 탄수화물

우유의 탄수화물은 99% 이상이 젖당(lactose)으로서 우유 중량의 4.2~5.0%를 차지하며, 이는 모유의 젖당 함량 7%보다 낮은 것으로 조제우유(formulated milk) 제조 시 젖당의 첨가가 필요한 이유이다. 젖당은 α-형과 β-형 있으며, α-젖당은 용해도가 낮아 가당연유와 냉동유제품에서 큰 결정체를 만들어 품질 저하의 원인으로 작용한다. 또한 아이스크림에서 설탕을 다량 첨가할 경우 설탕의 용해도가 더 높기 때문에 젖당이 침전되어 모래 같은 느낌(sandiness)을 준다.

(4) 효소

우유에는 50여 가지 이상의 효소가 존재하며, 우유의 품질에 영향을 미칠 수 있다. 우유의 품질 변화에 관련되는 주요 효소들은 단백질 분해효소, 산화·환원효소, 지방 분해효소 등이 있다.

- plasmin : 단백질 분해효소로 유방염유에 함량이 높다. 살균가열에도 활성이 유지되는 내열성 효소이며, 저장 중 유단백질의 분해, 젤화 등 활성을 갖는다.
- alkaline phosphatase : 인산 에스터를 인산과 알코올 화합물로 분해하는 효소로 적정 pH가 8.8이다. LTLT와 HTST 가열에 의해 불활성화되어 살균 적정성 여부의 지표로 이용된다.
- peroxidase : 과산화수소(H_2O_2) 또는 유기과산화물에 의한 전자 공여체(기질)의 산화반응을 촉매하는 산화효소이다. 80 ℃에서 수 초 동안 가열하면 불활성화되어 열 처리 시 살균온도가 적정하게 지켜졌는지 확인하는 데 이용된다.
- catalase : 과산화수소를 물과 산소로 분해하는 효소로 유방염유에서 높은 활성을 보인다. 70~72 ℃에서 15~30초 고온살균(HTST)에 의해 불활성화된다.
- lipase(lipoprotein lipase) : 중성지방을 글리세롤과 지방산으로 분해하는 효소이며, 우

유나 유제품을 저장할 때 유리지방산의 생성에 의해 지방분해취(rancid flavor) 발생의 원인으로 작용한다. 고온살균에 의해 대부분 불활성되나 완전히 불활성되지는 않는다.

3) 달걀의 구조와 성분

달걀은 타원형의 구조를 가지고 있으며, 크게 난각(알껍질), 난백(흰자위), 난황(노른자위)으로 나뉜다. 달걀의 자세한 구조는 〈그림 7-3〉과 같다.

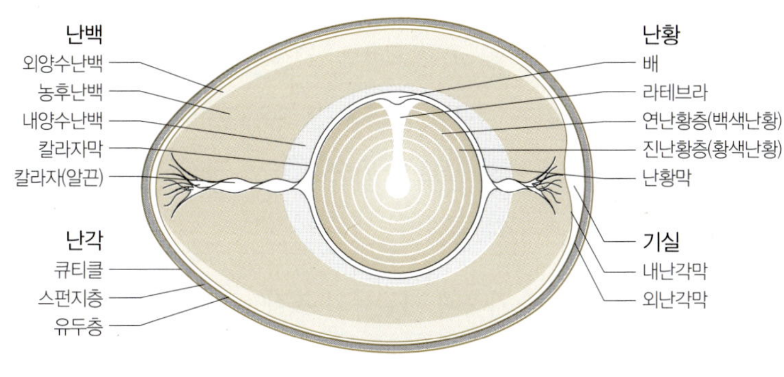

그림 7-3 달걀의 내부 구조

① 난각과 난각막

난각(egg shell)은 달걀 무게의 9~12 %를 차지하고, 1 cm^2당 130개 정도의 기공을 갖고 있는 다공성 구조를 하고 있다. 난각의 두께는 0.3 mm 정도로서, 조성은 탄산칼슘($CaCO_3$) 96.4 %, 탄산마그네슘($MgCO_3$) 1.5 %, 인산칼슘($CaPO_3$) 0.18 % 등이다. 난각막(shell membrane)은 난각의 4~5 %로 백색 불투명한 얇은 막으로 주성분은 단백질로서 특히 cystein을 많이 함유하고 있다.

② 난백

난백(egg white, albumin)은 달걀 무게의 약 60 %로서 난황을 둘러싸고 있으며, 외수양난백, 농후난백(thick albumin), 내수양난백으로 구성되며, 신선 난백의 pH는 7.5~8.0이다. 난백은 87 % 내외의 수분을 가지며, 고형물의 90 % 이상은 단백질이다.

③ 난황

난황(egg yolk)은 달걀 무게의 약 30 %로서 배반을 중심으로 백색난황과 황색난황이 층을 이루고 있으며, 신선 난황의 pH는 6.2~6.5이다. 난황은 고형분이 약 50 %로 높으며, 지질 32 %, 단백질 16 %, 무기성분 2 %, 탄수화물 1 %로 구성된다.

2. 육 가공

식육 가공품은 식육을 주원료로 하여 식품 또는 식품첨가물을 가하여 제조·가공한 것을 말하며, 햄, 소시지, 베이컨, 건조 저장육, 양념육, 분쇄육, 포장육 등을 포함한다.

육 가공품은 쇠고기, 돼지고기 등의 축육과 가금육 등의 식육을 주원료로 하여 가공한 것이며, 식육을 분류하면 다음과 같다.

- 식육(meat) : 식용으로 생산된 가축과 가금류의 조직(animal tissue). 근육조직은 물론 지방, 내장, 꼬리 등 기타 가식 부위까지 포함한다. 주요 식육자원은 소, 돼지, 양, 염소, 토끼 등 가축과 닭, 오리, 거위, 칠면조 등 가금류이다.
- 도체육(지육) : 머리, 꼬리, 다리 및 내장 등을 제거한 도체(carcass), 도축 후 2분체 또는 4분체의 뼈가 있는 상태의 고기

$$\text{도체율(지육률)}(\%) = \frac{\text{도체 무게(지육 중량)}}{\text{생체 무게}} \times 100$$

- 정육 : 지육으로부터 뼈를 분리한 순수한 가식부의 고기

$$\text{정육률}(\%) = \frac{\text{정육 중량}}{\text{도체 무게(지육 무게) 또는 생체 무게}} \times 100$$

- 내장 : 간, 심장, 신장, 위장, 소장, 대장, 췌장, 비장, 폐 등 식용을 목적으로 처리된 장기
- 기타 부분 : 식용을 목적으로 도살된 동물에서 채취하여 처리된 머리, 꼬리, 다리, 뼈, 껍질, 혈액 등 가식 부위
- 식육 가공품 : 고기와 식용 가능한 장기류 및 부산물을 주원료로 하여 제조·가공한 햄, 소시지, 베이컨, 건조 저장육, 양념육, 분쇄육, 포장육 등

1) 식육의 생산

(1) 도축과 처리

① 도축

가축은 건강한 개체에 한하여 도축하며, 질병이 있거나 임신한 개체는 도축할 수 없다. 도축 전에는 12~24시간 절식시켜 내장을 비우고 안정을 취하도록 한다. 도축은 타액법, 총살법, 전살법, 가스마취법 등에 의해 동물을 실신시킨 후 신속히 경동맥을 절단하여 방혈한다.

② 도체 분할

방혈 후 소는 다리, 배 순으로 박피하고, 지단과 두부를 절단하여 분리한다. 개복하여 내장을 적출하고, 등뼈의 정중앙선을 전기톱으로 종단하여 이분체(sides, half carcass)로 분할한다. 돼지의 경우는 방혈 후 60~65℃ 탕수에서 3~5분 탕침한 후, 탈모기로 탈모하여 수세한 다음 내장을 적출하고 이분체로 분할한다.

(2) 사후 변화

동물의 근육은 사후 시간이 경과되면서 물리·화학적 변화가 일어나 단단하게 굳어지는 사후경직(rigor mortis, 사후강직)과 그 후 차츰 연화되는 사후경직 해제(숙성)가 일어난다.

① 사후경직

도축 직후의 근육은 부드럽고 탄력적이며 보수력이 크다. 그러나 시간이 지나면서 단단해지고, 신축성이 떨어지고, 보수력이 크게 저하되는데 이러한 현상을 사후경직이라고 한다. 경직의 원인은 사후 근세포 내 ATP가 고갈됨에 따라 근원섬유 단백질 마이오신과 액틴 사이에 영구적인 상호 결합이 형성되어 이완이 불가능해지기 때문이다.

생체는 산소가 공급되는 상태에서는 호기적 대사에 의해 당(glycogen, glucose)을 해당과 TCA cycle을 통해 분해하여 ATP를 생성한다. 그러나 사후 혈액 순환이 정지되고 산소 공급이 중단되면 근육의 에너지 대사는 혐기적로 이루어진다. 사후 혐기적 상태에서 근육은 glycogen을 완전히 분해하지 못하고 젖산(lactic acid)을 생성하여 pH가 저하되기 시작하며, ATP 잔유량이 감소하여 액토마이오신 생성이 증가하면서 사후경직이 시작된다.

시간이 지남에 따라 젖산에 의해 pH는 더욱 감소하고 사후경직은 더욱 진행된다. pH 저하 속도와 최종 pH는 가축의 종류, 나이, 환경 온도, 근육 종류, 도살방법, 도살 전후의 취급 등 여러 요인에 따라 다르다. 대체로 작은 동물일수록 사후경직이 빠르고, 백색근이 적색근에 비해 빠르다. 동물별 경직 개시시간을 보면 소 4~12시간, 양 12시간, 돼지 1.5~5시간, 칠면조 1시간 이내, 닭 ½시간(수 분~1시간) 정도이다. 또한 도축 전 취급과 도축환경에 의해서도 영향을 받아 도축 전 스트레스를 많이 받으면 경직이 빠르고, 온도가 높을수록 빠르다.

② 사후경직의 해제(해경)

사후경직이 일어났던 근육은 시간이 지나면서 점차 자가소화되어 경직이 풀리는 경직 후 단계(post-rigor state)를 거친다. 이때는 경직을 일으켰던 액토마이오신의 상호 결합이 pH의 변화로 점차 변형되고 약화되어 근절의 길이가 길어지고, connectin 등 근육단백질이 분해되어 육은 견고성이 줄어 연해지고, 근원섬유 간의 공간이 넓어져 보수력이 커진다. 이러한 자가소화과정은 숙성이라고도 하며, 이 과정 중에는 유리아미노산과 올리고펩티드(oligopeptide)가 증가하고 ATP가 분해되어 IMP가 생성되어 풍미가 좋아진다. 숙성에 필요한 시간은 동물의 종류, 근육의 종류, 기타 여러 조건에 따라 다르며, 2~4 ℃에서 닭은 2일, 돼지는 3~5일, 소는 7~10일 정도 소요된다.

③ 저온단축

저온단축(cold shortening)은 도축 후 사후경직을 거치지 않은 도체를 0~16 ℃ 사이의 낮은 온도로 빠르게 냉각할 때 일어나는 근섬유의 단축현상이며, 적색근(쇠고기와 양고기)에서 더 많이 발생한다. 저온단축을 방지하기 위해서는 사후경직이 완료될 때까지 저온단축이 일어나지 않는 15~16 ℃에서 16~24시간 도체를 보관하거나 도체의 전기자극을 통하여 ATP와 고에너지 인산염의 소실을 촉진하는 방법이 있다.

④ 고온단축

고온단축(heat shortening)은 저온단축의 반대현상으로 16 ℃ 이상의 높은 온도에서 근섬유의 단축도가 증가하는 현상이며, 백색근 섬유 비율이 상대적으로 많은 돈육의 경우에 많이 발생한다. 고온에서 ATPase 및 대사작용에 관계하는 효소들의 활성이 증가되어 ATP, creatine phosphate, glycogen 등이 빠른 속도로 분해되어 사후경직이 촉진된다. 고온단축을 방지하기 위해서는 돼지의 경우 탕침 온도를 낮추고 도체 온도가 높아지지 않도록 해야 하며, 내장 적출 후 신속히 냉각시킨다.

⑤ 해동경직

해동경직(thaw rigor)은 냉동 저장한 도체를 해동할 때 일어나는 근육의 수축현상으로 고기가 질겨지고 맛이 좋지 않게 된다. 해동경직은 냉동과 해동 과정에서 근소포체와 미토콘드리아 막이 변형되고 손상되어 근세포 내 칼슘 농도가 높아져 근육 수축이 촉진되는 결과이다. 특히 경직 완료 이전의 근육을 냉동시켰다가 해동하면 근섬유의 극심한 단축과 함께 경직이 일어나므로 도체를 반드시 경직 완료 후에 동결시켜야 한다.

(3) 이상육(abnormal meat)

① PSE 돈육

PSE(pale soft exudative) 돈육은 도축 전 스트레스, 흥분, 무더운 온도 등 극심한 자극으로 산소가 부족해지고 혐기적 대사가 증진되어 젖산이 근육 내 과다 축적되어 발생한다. PSE 육은 육색이 창백하고 조직이 연약하며 수분 분리가 많이 일어나 조리 시에 수분 손실이 많기 때문에 다즙성(juiciness)이 떨어진다. 가공육 제조 시에는 유화력과 결착력이 낮고 보수력이 떨어져 감량이 많으므로 육제품의 원료로 적합하지 않다. 일반적으로 돼지 도체 중 5~20% 정도가 발생하며, PSE 육 발생은 경제적 손실과 직접 연결되므로 돼지의 사양과 출하 시에 스트레스를 주지 않고 도축 전 안정을 취하며, 도체를 신속하게 처리하여 급속냉각하는 등 PSE 돈육 발생을 방지해야 한다.

② DFD 육

DFD(dark firm dry) 육은 주로 수컷 비육우에서 약 3~7 % 정도 나타나며, 육색이 검고 조직이 단단하며 건조한 외관을 나타낸다. 원인은 도축 전 싸움 등의 심한 활동, 흥분 등의 스트레스로 근육 내 글리코겐이 고갈되어 도축 후 젖산 생성이 적어 근육의 pH가 높은 상태로 유지되기 때문이다. 근섬유가 조밀하게 배치되어 산소 투과율이 낮고, 미토콘드리아 호흡작용의 항진으로 옥시마이오글로빈(oxymyoglobin) 함량이 낮아 육색이 어둡다.

DFD육은 보수력이 높아 유화형 소시지 제조에 유용하게 쓰일 수 있으나 pH가 높아 미생물의 생육에 유리한 환경을 제공한다.

(4) 지육의 분할 부위와 용도

표 7-4 한국과 미국의 쇠고기 부위별 명칭과 용도

No.	한국		미국	용도	
	대분할	소분할		1	2
1	안심	안심살	tenderloin	스테이크, 구이	비프커틀릿, 육회
			short T/L, butt T/L		
2	등심	윗등심살	chuck roll	스테이크, 구이	불고기(1차 성형후), 주물럭
		아래등심살	rib, roast ready	스테이크, 구이	로스트비프, 주물럭
		꽃등심살	rid-eye-roll	스테이크, 구이	주물럭
		살치살	chuck flap tail	구이	주물럭
3	채끝	채끝살	strip loin	스테이크, 구이	샤부샤부
4	목심	목심살	neck meat	불고기, 양념구이(일부분), 탕류	분쇄용, 스튜, 찜, 국거리
5	앞다리	꾸리살	chuck tender	구이, 스튜	장조림, 육회, 불고기
		부챗살	top blade meat	구이, 스튜	산적
		앞다릿살	-	불고기, 양념구이	분쇄용
		갈비덧살	-	불고기, 국거리, 탕류	분쇄용
6	우둔	우둔살	topside round(inside round)	불고기, 산적, 육포, 육회	구이
		홍두깨살	eye-round	육포, 장조림	산적
7	설도	보섭살	rump(sirloin butt)	구이, 스테이크, 산적, 불고기	
		설깃살	bottom round(gooseneck)	불고기, 산적	스튜, 양념구이
		도가닛살	knuckle	불고기, 산적	스튜, 양념구이
8	양지	양지머리	chuck meat, neck meat	국거리, 탕, 수육	찜, 분쇄육, 불고기
		업진살	short plate, skirt M.	불고기, 수육, 국거리, 탕	분쇄육, 수육무창
		차돌박이	brisket	수육, 구이, 탕	국거리
		치마살	internal & external skirt	국거리, 수육, 구이	탕
9	사태	앞사태	fore-shank meat	국거리, 탕, 찜, 수육	스튜, 장조림
		뒷사태	hind shank meat	국거리, 탕, 찜, 수육	스튜, 장조림
		뭉치사태	heal muscle	국거리, 탕, 찜, 수육	장조림
		아롱사태	center heel muscle	구이	육회, 장조림
10	갈비	갈비	BNIN rib(short, spare back, chuck short)	양념구이, 구이, 찜	탕, 구이
		마구리	back rib & brisket bone	탕류	
		안창살	outside skirt	구이	스테이크
		토시살	hanging tender	구이	-
		제비추리	neck chain	구이	-

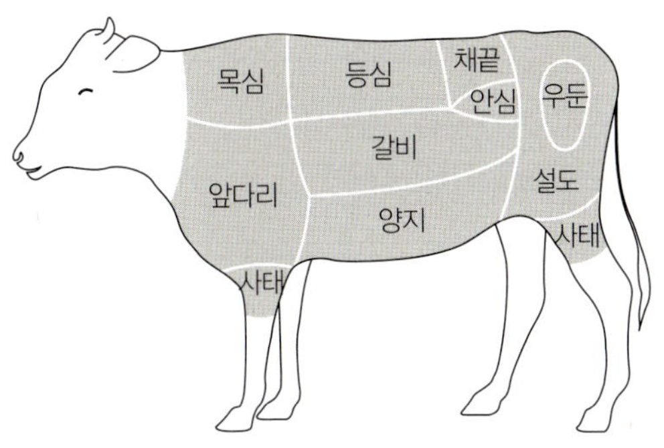

그림 7-4 소의 대분할 부위육 명칭

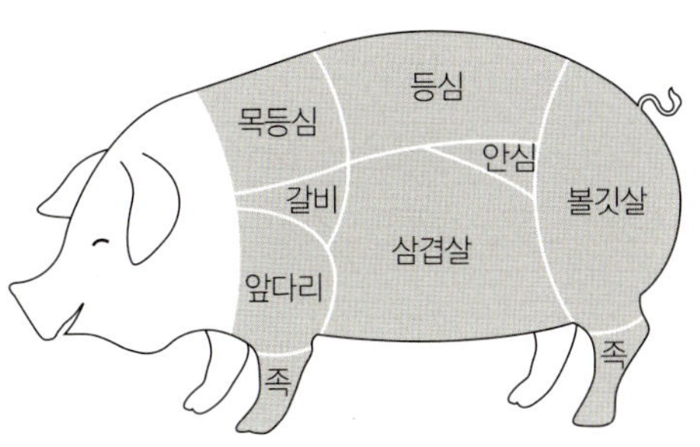

그림 7-5 돼지의 대분할 부위육 명칭

표 7-5 돈육 부위별 가공제품

부위	명칭	생산제품
목등심	어깨등심(shoulder loin), 목등심	통조림, 프레스햄, 소시지
등심	등심(loin)	로인햄, 프레스햄, 소시지
안심	안심(tender loin)	바비큐햄
볼깃살	볼깃살(ham), 뒷다리	본인햄, 본리스햄, 장조림햄, 소시지, 프레스햄
삼겹살	삼겹살(belly)	베이컨, 소시지
어깨살	어깨살(shoulder), 앞다리	통조림, 소시지, 프레스햄
갈비	갈비(spare rib)	갈비, 바비큐
족	족(foot)	족발

2) 원료육의 기능적 특성

(1) 유화성

유화성(emulsifying property)은 소시지와 같은 유화형 육제품 품질의 주요 요소로 유화란 서로 섞일 수 없는 두 개의 액상을 혼합하였을 때 그중 하나가 다른 액상 중에 액상 소립자로 분산되는 것을 말한다. 근육과 지방을 물과 함께 매우 빠른 속도로 세절하면 수중유적형(oil in water type)의 고기유화물(meat emusion)이 형성된다. 이때 근육단백질은 유화제로 작용하여 물과 지방구 사이에서 매트릭스를 형성하여 지방구를 안정화시킨다. 유화안정성(emulsion stability)은 형성된 유화조직을 가열 처리할 때 지방과 수분이 분리되는 정도를 말하며, 유화능(emulsion capacity)은 원료육 또는 단백질 1 g이 유화할 수 있는 지방의 양으로 다음의 여러 요인에 의해 영향을 받는다.

- 경직 전 도체(온도체) : 경직 전 높은 pH와 ATP에 의해 액틴과 마이오신이 해리되기 쉬워 유화력이 높다.
- 근원섬유 단백질함량 : 근원섬유 단백질함량이 높고 결합조직이 적은 고기일수록 유화성이 우수한 반면, 지방이 많은 고기나 내장육은 살코기에 비해 유화성이 떨어진다.
- 동결 저장 : 저장기간이 1년 이내에는 보수성과 유화 안정성이 차이가 없으나, 저장기간이 길어질 때는 유화성이 감소된다.
- DFD 육 : 최종 pH가 높은 DFD 육은 높은 보수력과 유화력을 보인다.
- PSE 육 : 정상육보다 보수성과 유화성이 낮다.
- 세절 시간과 온도 : 세절시간이 짧으면 지방 입자가 커 유화 안정성이 떨어지고, 세절시간이 길어 지방구를 너무 잘게 세절하면 표면적이 증가하여 단백질로 지방구를 모두 감쌀 수 없어 가열과정에서 지방 분리의 원인이 된다. 또한 유화형 소시지 제조 시 세절온도가 20 ℃를 넘으면 유화 안정성이 낮아 지방이 분리된다.
- 배합성분과 비율 : 정육, 지방, 물, 염 등의 배합비율은 고기 유화물의 열 안정성에 영향을 미친다. 지방함량이 많으면 지방구를 둘러싼 단백질막이 얇아 물리적 강도와 탄력이 떨어지고 열 안정성이 약해 유화 안정성이 떨어지며, 지방함량이 적으면 단백질 매트릭스가 너무 두꺼워 탄력도가 떨어진다. 지방과 물의 비율은 1:1일 때 가장 안정성이 높다. 따라서 원료육의 보수력이 높을 때 물을 첨가시킬 수 있고, 지방도 많이 첨가할 수 있다. 고기 유화물의 안정도에 적합한 배합비는 식육 45 %, 지방 25~30 %, 빙수 25~30 % 정도로 알려져 있다.

(2) 보수성

보수성(water holding capacity)은 본래 가지고 있던 수분이나 외부로부터 첨가된 수분을 그대로 유지하는 능력을 말한다. 원료육의 보수성은 가열 등 가공과정 중 감량을 적게 하여 생산성을 높이고, 저장 중 육즙 분리를 최소화하며, 제품의 기호성을 좋게 하여 육제품의 품질에 영향을 미치는 중요한 기능적 특성이다. 원료육의 보수성은 적절한 도축과 사전·사후 처리에 의하여 생산되어 완만한 pH 저하를 보인 육이 우수하며, PSE 육이나 사후경직, 저온단축, 고온단축, 해동경직 등 근수축이 심한 고기는 좋지 않다. 또한 냉동 보존이 적절히 되지 못한 고기는 표면의 탈수, 단백질 변성, 조직의 파괴 등으로 보수력이 좋지 않다.

(3) 결착력

결착력(binding capacity)은 본리스햄(boneless ham), 프레스햄(press ham), 로스트비프(roast beef) 등의 제조에 있어 중요한 기능성으로 고기덩어리(육괴) 간의 결착 정도를 의미한다. 육괴 간의 결착은 가공 중 마시징(massaging)에 의해 고기 표면에 용출된 염용해성 단백질이 가열 처리로 응고되어 형성된다. 결착력은 제품의 외관을 좋게 하고 제품을 얇게 썰 때 용이성을 제공하며, 대체로 유화력, 보수성이 높은 육이 결착력이 좋다.

3) 육 가공의 기초 공정

육 가공공정은 제품의 종류에 따라 다소 차이는 있으나 기본적으로 분쇄, 염지, 혼합, 유화, 훈연, 가열 등의 다양한 방법을 사용한다.

(1) 염지

염지(salting, curing)는 소금과 기타 첨가제를 사용하여 고기에 간을 하는 것으로 육제품 제조의 중요 공정이다.

① 염지의 목적

- 미생물의 증식을 억제하여 보존성을 증가시키고 식중독을 예방한다. 염지한 식육은 일반세균, 효모, 곰팡이 등 미생물 성장을 억제하며, 특히 염지제에 첨가하는 아질산염에 의해 *Clostridium botulinum*의 성장과 아포 발생을 억제하여 식중독을 예방한다.
- 고기의 색소를 고정시켜 염지육 특유의 색을 나타내게 한다. 고기의 색에 있어서 가장 중요한 육색소는 마이오글로빈(myoglobin)이다. 마이오글로빈은 근육에 산소를 보관하는 기능을 하며, 산화·환원 상태 또는 가열 처리에 따라 색이 변한다. 특히 염지제로 사용되는 질산이나 아질산염으로부터 생성되는 일산화질소(nitric oxide,

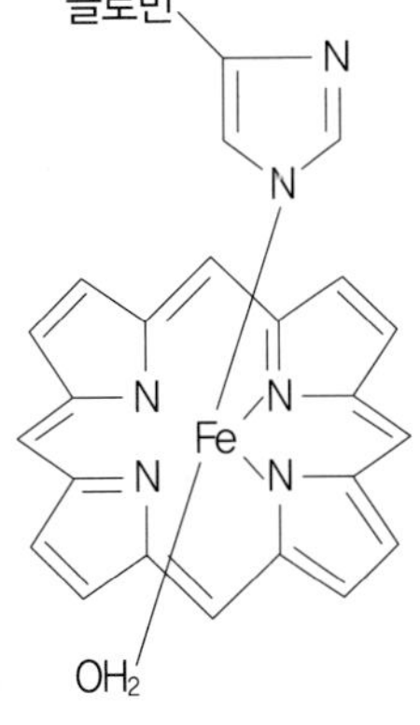

그림 7-6 마이오글로빈의 구조

NO)와 결합하여 선홍색의 니트로소 마이오글로빈(nitroso myoglobin)을 생성하며, 이는 다시 가열에 의하여 담홍색의 니트로소 헤모크롬(nitroso hemochrome; cooked cured meat color, CCMC)을 생성한다.

- 마이오신과 액토마이오신의 용해성을 높여 보수성과 결착성을 증가시킨다.
- 제품에 독특한 풍미를 갖게 한다.
- 아질산염이 지방조직의 불포화지방산 산화를 억제한다.

② **염지재료**

일반적으로 많이 사용하는 염지제(curing ingredients)는 소금, 발색제, 환원제, 당류, 중합인산염, 향신료 등이 있으며, 그들의 기능과 특성을 살펴보면 다음과 같다.

- 소금(식염, salt) : 염지의 기본적인 재료로서 제품에 짠맛을 주고, 미생물의 성장을 억제하여 저장성을 향상시킨다. 또한 염지과정에서 삼투작용(osmosis)으로 육에 침투하여 질산(nitrate)과 아질산(nitrite), 설탕 등 다른 염지제들을 근육 내로 흡수시키는 것을 도와주고, 염용성 단백질을 추출하여 결착성을 향상시킨다.
- 당류(sugar) : 설탕, 물엿, 물엿분말, 포도당, 솔비톨 등 당류의 첨가는 소금의 거친 맛을 완화하고 단맛을 제공하여 제품의 맛을 좋게 하며, 건조를 막고 가열공정에서 browning 현상으로 풍미를 좋게 한다. 당류는 또한 염지제로 함께 첨가되는 질산을 아질산으로 전환시키는 환원미생물의 에너지원으로 사용되어 염지를 촉진시키는 역할도 한다.
- 질산염과 아질산염(nitrate and/or nitrite) : 고기의 붉은 색소 고정을 위해 발색제로 사용되는 질산염과 아질산염은 제품의 풍미와 저장성을 향상시키고, 식중독 원인균인 보툴리누스균(*Cl. botulinum*)의 증식을 억제하여 육제품의 안전성을 높인다. 그러나 아질산염은 2차 아민과 반응하여 발암물질인 니트로소아민(nitrosoamine)을 생성할 수 있어 허용 기준 내에서만 사용이 가능하다.
- 환원제 : Erythorbate와 ascorbate 등의 환원제는 met-Mb을 Mb으로 환원시키고, 아질산(nitrous acid, HONO)을 산화질소(nitric oxide, NO)로 전환시켜 육색 향상 효과가 있다. 아스코브산은 또한 니트로소아민 생성을 억제한다.
- 중합인산염 : 인산나트륨(Na_3PO_4)과 인산칼륨(K_3PO_4) 등 중합인산염은 육의 보수성을 증가시켜 생산량이 증가하고 연도와 즙성을 개선하는 효과가 있으며, 육 단백질의 용해도를 증가시켜 결착력을 증가시킨다. 중합인산염 첨가는 또한 항산화 및 육색을 안정시

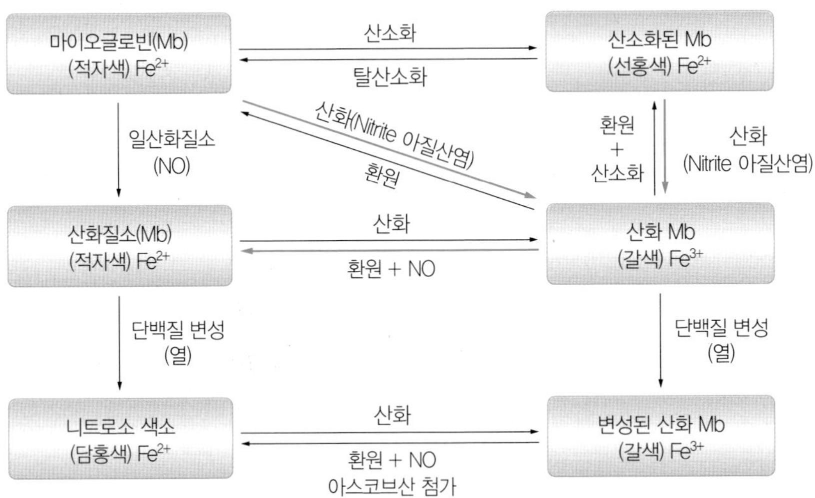

그림 7-7 염지육에서 마이오글로빈의 화학적 변화와 육색

출처 : Price J. F., Schweigert, B. S. (ed). The Science of Meat and Meat Products (2nd ed). Food & Nutrition Press, Inc. (1978)

키는 효과도 함께 가지고 있다.

- 향신료와 풍미제 : 후추, 계피, 마늘, 양파 및 기타 향신료들은 독특한 향미와 풍미를 가져 제품의 맛을 향상시키며, 이들이 갖고 있는 여러 건강 기능성 물질은 육제품의 품질을 향상시킨다.
- 물 : 물은 염지재료를 용해하여 고기 내부에 고루 분포시키며, 육제품의 수분함량과 즙성을 유지해 주는 역할을 한다. 유화제품의 가공 중에는 유화를 도와주며, 가공 중 낮은 온도를 유지하도록 돕는다.

③ 염지방법

- 건염법(dry curing) : 염지제를 물의 첨가 없이 직접 원료육의 표면에 뿌리거나 문질러 염지하는 방법이다. 많은 양을 처리할 수 있는 장점이 있으나 균일한 염지가 어려우며, 염지기간이 길고, 고기의 표면이 건조하거나 산화될 위험이 있는 단점이 있다.
- 액염법(wet curing, pickle curing) : 염지액을 만들어 그 속에 원료육을 담가 염지하는 방법이다. 염지액이 고르게 침투하고 공기와 접촉이 적어 표면 건조와 산화가 억제되어 품질이 균일한 제품을 얻을 수 있다.

④ 염지 촉진방법

원료육이 큰 경우 염지제가 침투하는 시간이 길어지고 균일한 염지제품을 얻기 어렵다. 이러한 경우 염지시간을 단축하고 균일한 제품을 얻기 위해 염지를 촉진하는 방법이 사용된다.

- 염지액 주사법(stitch pumping) : 크기가 큰 원료육에 염지액을 직접 주입하는 방법으로 근육주사법과 동맥주입법이 있다. 이 방법은 염지시간을 단축시켜 염지액이 중심부까지 침투되기 전에 부패가 일어날 위험성을 방지하는 장점이 있다. 그러나 대량 처리가 어려워 생산성이 낮고, 동맥주입식인 경우는 원료육의 절단 시 동맥을 온전히 보전해야 하기 때문에 사용할 수 있는 제품이 한정적이다.
- 마사징과 텀블링(massaging and tumbling) : 크기가 큰 원료육을 염지하는 경우 통 안쪽에 돌출판(baffle)이나 날개(paddle)를 갖춘 마사저(massager)나 텀블러(tumbler)에 넣어 부비고 충격을 주는 방법이다. 이렇게 충격을 받고 서로 부비는 과정에서 육의 내부 온도가 올라가 염지가 촉진되며, 염용성 단백질을 표면으로 용출시켜 햄과 소시지의 결착력을 증진시킨다.
- 가온 염지법(thermal curing) : 염지액의 온도를 50 ℃로 유지하여 염지시간을 단축하고 자가소화를 촉진하여 풍미를 좋게 하는 장점이 있다.

(2) 세절

세절(chopping)은 고기 또는 지방을 잘게 분쇄(grinding, comminution)하는 과정으로 혼합을 용이하게 하는 공정이다. 세절한 만육과 지방 입자의 크기는 유화 형성에 영향을 미치며, 세절 시 온도 상승은 지방 용융, 조직 파괴 및 유화와 보수력에 나쁜 영향을 미치므로 온도가 높아지지 않도록 유의해야 한다.

(3) 유화

유화(emulsification)는 단백질과 지방, 물을 유화시키는 것으로 소시지 품질에 큰 영향을 주는 공정이다. 세절한 육을 사일런트 커터(silent cutter)를 이용하여 더욱 곱게 세절하여 점착성을 형성시켜 조미료와 향신료를 혼합, 고기의 염용성 단백질을 추출하여 단백질과 물, 지방을 유화시킨다. 세절 혼합 중 회전속도를 너무 빨리 하면 공기가 고기 혼합물에 혼입되어 제품 조직이 연약하고 기공이 생겨 발색을 저해하므로 주의해야 한다.

(4) 혼합

혼합은 고기의 형태적 변화를 주지 않고 다른 부재료와 섞는 작업이다. 프레스햄 가공 시에 세절된 결착육과 부재료를 섞는 목적으로 혼합기(meat mixer)를 이용한다.

(5) 훈연

훈연(smoking)은 건조, 염장, 가열 등과 함께 식품 저장법의 하나로 연기성분을 육제품에 침투시키는 것이다. 연기 침착의 속도와 양은 연기의 밀도, 훈연실의 공기 순환속도, 훈연실의 상대습도, 제품의 표면상태 등에 의해 영향을 받는다.

① 훈연의 목적

- 보존성 향상 : 페놀, 유기산 등 연기성분의 살균작용에 의해 미생물 증식을 억제하여 보존성이 향상된다.
- 향기 부여 : 훈연에 의해 형성되는 향기로 육제품의 독특한 향기를 부여한다.
- 육색 향상 : 갈색의 훈연색을 나타낸다.
- 산화 방지 : 연기성분의 항산화작용에 의해 지방의 산화를 억제하여 저장기간을 연장한다.

② 훈연재료

훈연재료로는 옥수수 속, 각종 경질 및 연질의 나무들이 사용되나, 소나무와 같은 연질 나무보다는 경질 나무가 좋고, 수지함량이 적고 향기가 좋으며, 방부성 물질의 발생량이 많은 것이 좋다. 벚나무, 참나무, 떡갈나무 등의 나무토막이나 톱밥을 많이 사용하며, 소나무, 잣나무 등의 침엽수는 그을음이 나고 제품에 독특한 냄새가 나게 하므로 훈재로 잘 쓰이지 않는다.

③ 훈연성분과 작용

연기는 불완전연소에 의해서 생기는 수증기, 기체, 미세한 고체 입자의 혼합물로서 300여 종 이상의 훈연성분들을 함유하고 있다. 다음은 대표적인 훈연성분의 기능이다.

- 페놀 : 항산화작용을 하며, 훈제품의 색과 풍미에 기여하고, 정균작용을 한다.
- 알코올 : 휘발성 물질의 운반 기능을 하며, 약간의 살균작용을 한다.
- 유기산 : 훈제품 표면에서 단백질 응고에 중요한 역할을 하며, 풍미에 직접적 영향은 거의 없으나, 훈제품의 표면을 산성화하여 저장성을 향상시키는 효과가 있다.
- 카보닐 성분 : 고기 표면 아미노산의 아미노기와 결합하여 갈변현상을 일으켜 훈연 색을 나타내며, 풍미, 냄새에 중요한 성분이다.

④ 훈연방법

- 냉훈법(cold smoking process) : 15~30 ℃ 저온에서 장시간(수일~수 주) 훈연하는 방법으로 훈연시간이 길어 감량이 크다. 훈연 중 건조, 숙성이 일어나 보존성이 좋고, 풍미가 뛰어나지만 색깔은 어둡다. 발효소시지, 생햄 제조 시 이용된다.
- 온훈법(hot smoking process) : 30~50 ℃ 중온에서 수 시간 훈연하는 방법으로 풍미는 보통이고 색조는 중간이다. 미생물이 번식하기 좋은 온도이므로 너무 오래 훈연하지 않는 것이 좋으며, 등심햄과 cooked ham 제조에 많이 사용된다.
- 열훈법(high temperature method) : 50~80 ℃ 고온에서 짧게(1~5시간) 훈연하는 방법으로 풍미는 약하고 색조는 밝다. 단백질이 거의 응고되고, 표면이 경화되고, 내부는 비교적 수분이 많은 상태를 유지한다. 소시지, 비엔나소시지, 후랑크소시지 등의 제조에 많이 사용된다.
- 액훈법(liquid smoking method) : 나무를 건류하거나 목탄을 만들 때 생기는 연기를 모아 연기액을 만들어 고기에 침투시키거나 첨가하는 방법이다. 연기 발생이 필요없어 경제적이며, 조성이 일정하여 제품의 품질이 균일한 장점이 있다.

(6) 가열

육 가공에서 가열 처리는 단백질을 변성시켜 제품의 구조를 안정시키고 기호성을 높임과 아울러 미생물을 살균하고 효소를 불활성화하여 저장성을 향상시킨다.

① 가열 처리의 작용

- 단백질의 열변성 : 식육 단백질을 가열 처리하면 원래의 구조를 잃고 응고가 일어난다. 단백질의 열변성에 의한 응고는 단백질의 가용성을 감소시키며 유화형 소시지에서 중요한

역할을 한다. 형성된 유화물을 가열하여 지방을 둘러싼 마이오신을 응고하여 유화가 안정된다.

- 미생물의 파괴와 안정성의 증가 : 가열에 의한 오염 미생물의 파괴 정도는 가열온도와 시간 및 세균의 발육조건 등에 따라 다르다. 산성보다 중성 pH에서 미생물의 내열성이 높으며, 수분활성이 낮아짐에 따라 내열성이 증가하여 고온 장시간의 가열 처리가 요구된다. 반면 인산염, 아질산염 등의 염류는 미생물의 내열성을 현저히 저하시켜 저온 단시간의 가열 처리를 가능하게 한다.
- 효소의 불활성화 : 가열에 의해 효소 단백질의 변성을 초래하여 저장성이 향상된다.
- 발색 : 가열은 염지육 색소 니트로소 마이오글로빈으로부터 니트로소 헤모크롬을 형성하여 육색의 안정화에 중요한 역할을 한다.

② 가열 처리방법

육 가공의 가열 처리방법은 가열온도에 따라서 저온살균과 고온살균이 있고, 열전달체에 따라 건열조리와 습열조리가 있다.

- 저온살균(pasteurization) : 통조림을 제외한 육제품에서 많이 사용되는 방법으로 60~80 ℃에서 포자를 형성하지 않는 미생물(vegetative microorganism) 일부를 사멸시켜 저장성을 높이는 가열방법이다. 이렇게 살균된 제품은 냉장 저장이 필요하다.
- 고온살균(sterilization) : 포자균을 포함한 대부분의 미생물을 사멸시키는 방법으로 이렇게 멸균된 제품은 상온에서 장기간 저장이 가능하다.
- 건열 조리(dry-heat cookery) : 건조상태에서 고열로 가열하는 방법이다. 오븐에서 가열하는 오븐 로스팅(oven roasting)과 오븐 브로일링(oven broiling), 프라이팬을 사용한 조리 및 기름을 사용한 튀김 등이 여기에 속하며, 연한 고기의 조리에 사용된다.
- 습열 조리(moist-heat cookery) : 뜨거운 액체나 수증기를 이용하여 가열하는 방법으로 수분의 재순환과 수증기의 농축으로 열효율이 좋다. 결합조직 중 불용성 콜라겐을 수용성 젤라틴으로 변화시키는 데 효과적이며, 비교적 질긴 고기에 적용된다.

4) 가공제품의 제조

(1) 햄

햄(ham)은 본래 돼지 뒷다리 부위를 원료로 하여 정형하고 염지한 후 훈연하거나 가열한 제품을 말하지만 다른 부위를 사용한 것도 포함하며, 사용한 부위나 제조공정에 따라 다양한 종류로 분류된다.

① 종류

- 레귤러햄(본인햄, regular ham, bone-in ham) : 돼지 뒷다리 부위를 뼈가 있는 채로 제조한 것이다. 장기간 염지하여 훈연 처리만 하는 것으로 본리스햄보다 저장성이 높지만 훈연 후 가열 처리를 하는 경우가 많다.
- 본리스햄(boneless ham) : 레귤러햄과 같이 돼지 뒷다리 부위를 가공한 것으로 뼈를 제거하고 염지한 후 케이징에 포장하거나 두루마리(rolling)하여 훈연, 가열한 제품이다.
- 프레스햄(pressed ham) : 돼지고기의 육괴를 그대로 살려 작은 덩어리들을 압착하여 큰 덩어리로 제조한 것이다.
- 기타 부위별 햄 : 등심햄(loin 부위), 숄더햄(shoulder 부위), 밸리햄(belly 부위) 등이 있다.
- 가열햄(cooked ham) : 돼지 뒷다리의 뼈를 제거하여 염지한 후, 훈연을 하지 않고 가열 처리만 하여 제조한 것이다.

② 제조공정(boneless ham, press ham)

- 원료육 절단, 골발 : 돼지 뒷다리 부위를 선정하여 뼈와 지방, 인대를 제거한다. 프레스햄은 본리스햄과 베이컨 제조 후의 자투리 고기를 모아서 이용한다. 원료육은 훈연과 가열 처리시간 외에는 10℃ 이하의 저온에서 보존해야 하며, 염지 전 0~2℃ 정도로

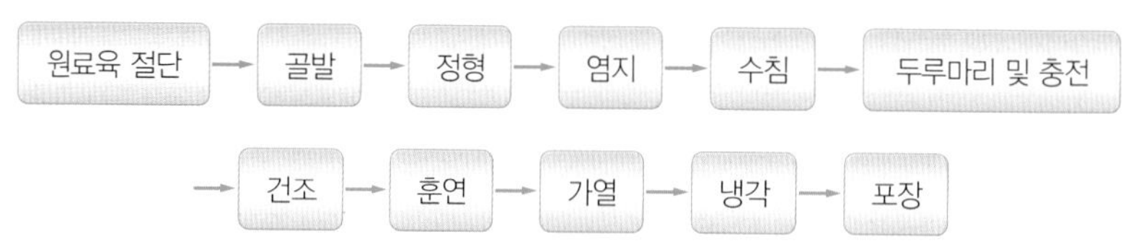

그림 7-8 햄의 제조공정

냉각한 것이 좋다.

- 정형 : 본리스햄은 표면의 지방층 두께를 3~5 mm로 일정하게 정형(trimming)하고, 프레스햄은 3×3×3 cm의 크기로 썬다.
- 염지 : 방혈이 충분히 되지 않은 식육은 염지하기 전에 혈액을 제거하기(혈교) 위한 작업으로 예비염지를 한다. 예비염지의 목적은 오염되기 쉬운 식육 표면의 세균 증식을 억제하고, 부패하기 쉬운 잔존 혈액을 제거하여 식육의 변패를 방지하는 것이다. 예비염지는 2~3%의 소금과 0.15~0.25%의 질산염 혼합물을 원료육의 표면에 골고루 문질러 바르고, 약간 경사진 예비염지대 위에서 하루 정도 2~4 ℃ 저온에 방치한다. 예비염지가 끝난 원료육은 소금, 질산염, 아질산염, 복합인산염, 아스코브산 등을 함유한 염지제를 이용하여 본염지를 실시한다.
- 수침 : 수침(soaking)은 염지가 끝난 고기를 물속에 담가 표면 가까운 부분의 과잉의 염을 추출하여 제품에 균일한 염도를 주기 위한 작업이다. 물은 고기의 온도가 상승하지 않도록 5~10 ℃의 낮은 온도가 좋고, 육량의 10배 정도를 사용한다. 수침시간은 수온, 육괴의 크기와 염농도 및 물의 양에 따라 다르나, 보통 육괴 크기 1 kg에 10~20분 정도로 한다.
- 두루마리 및 충전 : 본리스햄의 경우 면포로 싸서 두루마리 형태로 감아서 묶어 준다. 두루마리의 목적은 압력을 가하여 뼈를 빼낸 자리의 공간을 메워 주고 제품의 형태를 만드는 것이다. 프레스햄의 경우는 틀에 넣어 압착한다.
- 건조 및 훈연 : 훈연하기 전 40~50 ℃에서 30~60분 건조한 후, 15~25 ℃에서 5~7일간 냉훈 또는 50~60 ℃에서 3~5시간 열훈법으로 훈연한다.
- 가열 : 훈연이 끝나면 제품의 중심온도가 63 ℃에서 30분간 지속되도록 가열한다.
- 냉각 및 포장 : 가열 후 햄 표면의 주름을 방지하고, 호열성 세균의 사멸효과를 위해 10 ℃ 이하로 냉각하여 포장한다.

(2) 베이컨

베이컨(bacon)은 돼지의 복부(belly) 또는 어깨, 등심 등 다른 부위를 정형하여 염지한 후 훈연 또는 열 처리한 것으로, 수분 6 0% 이하, 조지방 45 % 이하의 제품이다. 원료육의 부위에 따라 복부육을 가공한 베이컨, 어깨육을 가공한 shoulder bacon, 등심육을 가공한

원료육 → 정형 → 염지 → 수침 → 정형 → 건조 → 훈연 → 냉각 → 슬라이스 → 포장

그림 7-9 베이컨의 제조공정

loin bacon 등이 있다.

- 원료육 : 원료육의 뼈와 껍질을 제거하고 외부의 잡육을 다듬어 장방형으로 정형한다.
- 염지, 수침, 정형 : 본 염지 전 예비염지로 혈액을 제거하는(혈교) 과정을 별도로 거치기도 한다. 염지 후 물에 담가 과도한 염분을 제거하고, 마른 수건으로 물기를 제거한 후 모양을 장방향으로 다시 손질한다(햄 제조공정 참조).
- 건조, 훈연 : 베이컨은 지방함량이 높고 돼지 지방의 녹는점은 35~40 ℃ 정도이므로 건조와 훈연 시 녹는점보다 낮은 온도를 유지해야 지방이 용해되어 나오는 것을 방지할 수 있다. 따라서 베이컨의 훈연은 주로 냉훈법(15~25 ℃에서 5~7일)을 사용한다.
- 냉각, 포장 : 훈연이 끝나면 냉각시켜 2~3 ℃로 유지하고 두께 2~3 mm로 얇게 썬 후 진공포장하여 5 ℃ 이하의 온도에서 저장하는 것이 좋다.

(3) 소시지

소시지(sausage)는 식육에 조미료 및 향신료 등을 첨가한 후 케이싱에 충전하여 냉동·냉장한 것 또는 훈연하거나 열 처리한 것으로 수분 70 % 이하에 조지방 35 % 이하의 것을 말한다. 주원료로 돼지고기, 쇠고기, 양고기 등 각종 고기를 사용하고 햄과 베이컨을 제조할 때 나오는 자투리 고기와 내장, 심장, 혈액 등 부산물을 부원료로 이용할 수 있어 경제적인 육제품이다.

① 종류

소시지는 제조방법과 저장성에 의해 도메스틱소시지(domestic sausage)와 건조소시지(dry sausage)로 크게 나뉘고, 이를 다시 원료, 훈연, 가열 등 제조방법에 따라 매우 다양한 종류가 있다.

- 더메스틱소시지 : 일반적으로 수분함량이 50% 이상으로 많으며, fresh sausage, smoked sausage, cooked sausage 등이 있다.

- 신선소시지(fresh sausage) : 간 고기에 조미료와 향신료를 혼합하여 천연 케이싱에 충전하여 즉시 소비하거나 냉장 또는 냉동 저장한다. 아질산염을 첨가하지 않고 훈연이나 가열 처리를 하지 않아 저장성이 좋지 않으므로 신선하고 위생적인 원료를 사용해야 한다. 종류로는 fresh pork sausage, breakfast sausage, bock wurst, brat wurst 등이 있다.
- 훈연소시지(smoked sausage) : 간 고기를 통기성 케이싱에 충전한 다음 건조, 훈연, 가열 처리한 것으로 2~3주의 보존성을 갖는다. 종류로는 pork sausage, wiener sausage, frankfurt sausage, bologna sausage 등이 있다.
- 가열소시지(cooked sausage) : 간, 혈액, 혀, 머리고기 등 부산물을 처리하여 케이싱에 충전하고 열탕 가열하여 살균한 것이다. 종류로는 liver sausage, blood sausage, tongue sausage, head sausage 등이 있다.

• 건조소시지 : 돼지고기와 쇠고기를 주원료로 하여 발효 숙성한 것으로 수분함량이 35% 이하의 단단한 소시지로 장기 저장이 가능하다. 주원료와 부원료를 혼합하여 통기성이 있는 케이싱에 충전하여 저온에서 장기간 건조한 후 숙성 또는 저온훈연(냉훈법)하여 제조한다.

- 비훈연 건조소시지(unsmoked dry sausage) : 조금 거칠게 만육한 원료육에 향신료를 강하게 조미 혼합하여 콜라겐 천연 케이싱에 충전한 것을 저온에서 장시간 건조 숙성시켜 만들며 훈연은 하지 않는다. 일반적으로 살라미(salami)라고 하며, 지방에 따라 향신료와 제조법에 특징이 있어 German salami, Italian salami, Hungarian salami 등 그 지방의 명칭을 딴 것이 많다.
- 훈연 건조소시지(smoked dry sausage) : 만육한 원료육에 향신료를 순하게 가미하여 천연 케이싱에 충전한 후 저온에서 건조 훈연한 것으로 farmer sausage, cervelat sausage 등이 여기에 속한다.
- 가열 건조소시지(cooked dry sausage) : 젖산균 발효에 의해 pH를 낮춘 다음 케이싱에 충전하여 가열한 후 단기간 건조 숙성하여 수분함량이 50 % 정도가 되도록 한 것이다. 반건조소시지(semi dry sausage)라고도 하며, summer sausage와 mortadela sausage 등이 여기에 속한다. Summer sausage와 같은 일부 반건조소시지는 가열 전 훈연을 하기도 하여 오염균의 증식을 억제하고 풍미와 보존성을 향상시킨다.

② 제조공정

충전 후 건조와 숙성 및 훈연 과정의 유무 등 일부 공정을 제외하면 소시지의 종류에 따라 기본 제조방법은 크게 다르지 않다. 다음은 더메스틱소시지 중 훈연소시지의 제조방법이다.

- 원료육 선정과 처리 : 햄이나 베이컨 가공 후에 나온 자투리 고기와 쇠고기 등 여러 가지 육류가 이용되지만, 중요한 것은 원료육이 신선하며 저온에서 위생적으로 보존되어 결착력(binding capacity)이 좋아야 한다. 적육(lean)으로부터 지방, 건(tendon) 및 근막(muscle membrane)을 제거하고 3~5 cm^3 크기로 절단한다. 지방은 지나치게 연한 것(연지)이나 웅취나 이취가 나는 황색인 것은 제거하고 순백에 가깝고 녹는점이 높은 피하지방을 선택하여 세절한다.
- 염지 : 식염(2~3%)과 발색제로서 질산염(0.1~0.15% $NaNO_3$)과 아질산염(0.01~ 0.02% $NaNO_2$) 및 중합인산염과 설탕 등을 혼합한 염지제를 식육의 표면에 균일하게 혼합하여 2~4 ℃에서 1~3일간 염지시킨다. 지방은 적육과 별도로 약 2% 식염만으로 염지하여 공기를 차단시켜 냉장 보관한다.
- 만육 : 염지한 정육과 지방을 각각 만육기(grinder, mincer, chopper)를 이용하여 균일한 입자 크기로 잘게 간다. 만육 중 온도 상승은 보수력과 결착력의 저하를 가져오며, 지방의 경우는 용해상태가 되어 제품의 지방 분리를 초래할 수 있기 때문에 열 상승에 주의한다.
- 세절, 유화 및 혼합 : 만육기로 갈아낸 고기를 세절기(cutter, silent cutter)에서 예리한 칼날에 의해 세절(cutting)하여 결착력을 높이고, 빙수, 향신료와 첨가제, 지방, 전분의 순서로 첨가하며 혼화하는 작업이다. 유화형 소시지의 유화물(emulsion)을 형성하는 중요한 공정으로 소시지의 품질에 크게 영향을 미친다.

  한편 혼합은 유화형이 아닌 ground형인 salami sausage나 fresh pork sausage 등

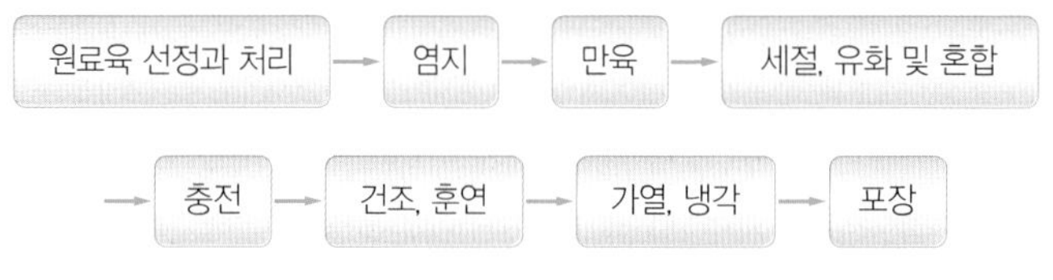

그림 7-10 소시지의 제조공정

의 제조 시 시행되는 공정이다. 만육기로 갈아 낸 식육과 지방을 혼합기(meat mixer)에 넣고 혼합하여 점성이 생기면 여기에 향신료와 첨가제를 넣고 균일하게 혼합하여 결착력을 증가시킨다.

- 충전 및 결찰 : 유화 또는 혼합된 고기반죽을 충전기(stuffer)에 넣고 케이싱(casing)에 다져 넣고(충전) 양 끝을 단단히 매어 주는(결찰) 과정이다. 소시지는 원래 돼지의 위나 소장, 대장과 방광, 소의 소장, 직장 등 천연 장(natural intestine)에 충전하였다. 그러나 식육 가공제품의 대량 생산과 포장기술의 발달로 현재는 돼지나 면양의 소장(small intestine)의 점막을 제거하고 가공한 천연 장 케이싱을 비롯하여, 콜라겐 케이싱(collagen casing)과 같이 동물의 장과 건 및 껍질의 젤라틴(gelatin)을 가지고 천연 장과 같이 가식성이며 통기성으로 만든 케이징과 식물섬유를 원료로 하여 가식성은 아니나 통기성인 섬유성 케이싱(fibrous casing)을 훈연 소시지 충전에 사용한다. 한편 훈연을 하지 않고 물속에서 가열만 하는 제품은 염화비닐과 염화비닐리덴 등의 소재로 만든 통기성이 없는 케이싱필름을 사용한다.
- 건조 및 훈연 : 훈연은 소시지의 종류와 크기에 따라 다르지만, 충전한 후 연기물질이 내부로 침투하기 쉽도록 40~50 ℃에서 1시간 정도 표면 건조를 실시하고 50~60 ℃에서 3~5시간 훈연한다.
- 가열 및 냉각 : 가열은 제품의 중심온도가 63 ℃에서 30분간 지속되도록 가열하며, 가열이 끝나면 바로 냉수 샤워를 실시하여 1~4 ℃로 냉장 저장한다. 냉각할 때에는 6% 염수에 침지시키면 소시지 내 염의 삼출 억제와 수분 흡수 억제의 효과가 있다.

3. 우유 가공

1) 우유의 물리·화학적 성질

우유의 물리·화학적 성질은 성분 조성, 품종, 건강상태, 비유기 사양 관리, 계절 등 여러 요인에 의해 영향을 받으며, 우유의 가공 처리에 있어 중요한 자료로 활용된다.

(1) 외관

우유의 외관(appearance)은 지방, 단백질 등 분산된 입자들로 인해 탁하게 보이며, 카로틴과 잔토필 등 카로티노이드에 의해 흰색에 가까운 연한 황색을 띤다. 균질화된 우유는 입자의 증가로 백색이 더 강하게 나타나지만, 탈지유는 약간 푸른 색조를 띠며 전유보다 투명해 보인다. 원심분리와 산 침전에 의해 지방과 카제인이 제거된 유청은 투명하고 연한 황록색을 띤다.

(2) 빙점

우유는 젖당과 무기염류 등을 함유하여 빙점(freezing point)이 물보다 낮으며(-0.53~-0.57 ℃), 물을 첨가하면 젖당과 무기물의 농도가 낮아져 빙점은 상승한다.

(3) 비중

우유의 비중(specific gravity)은 15 ℃에서 약 1.032이며, 고형분의 함량에 의해 증가하는 반면 지방함량의 증가에 따라 감소한다.

(4) pH

신선한 우유의 pH는 약 6.6이며, 우유의 신선도, 유방의 건강상태 등에 의해 변화한다. 유방염이 있거나 비유 말기의 개체로부터 착유한 우유는 pH가 높게 측정되며, 세균의 증식이나 젖산 생성에 의해 pH는 낮아진다.

(5) 산도

우유의 산도(acidity, titratable acidity)는 우유 속의 카제인, 인산염, 알부민, 이산화탄소 및 구연산염 등에 의한 자연산도(natural acidity)와 착유 후 신선한 우유를 방치했을 때 미생물 증식에 따른 젖산의 생성에 의한 발생산도(developed acidity)로 구성되며, 이 둘을 합쳐 총산도(total acidity)라고 한다. 신선한 우유의 산도는 0.11~0.15 % 정도이며, 우유의 산도가 높으면 열 안정성이 낮아져 응고되기 쉽다. 즉, 우유의 산도가 0.25 %일 때는 82 ℃까지 응고되지 않지만, 산도가 0.57 %로 높아지면 16~18 ℃에서도 응고된다.

(6) 응고

우유는 pH를 낮추거나 우유 응고효소에 의해 응고(coagulation)되며, 이러한 응고작용은 요구르트와 치즈의 생산에 이용된다.

① 산에 의한 응고

우유에 산을 가하거나 산 생성 박테리아가 성장하면 pH가 떨어진다. 우유의 pH가 카제인의 등전점(pH 4.6) 부근에 이르면 단백질 분자들이 서로 결합하여 응고물(coagulum)을 형성하며, 이는 요구르트 등 발효유제품의 제조 원리가 된다.

② 효소에 의한 응고

우유는 효소에 의해 응고된다. 레닛(rennet)의 키모신(chymosin, rennin) 효소는 κ-casein의 105번째와 106번째 아미노산 Phe과 Met 결합을 가수분해하여 불용성인 para-κ-casein을 생성하며, 이들은 서로 중합하여 치즈 커드를 형성한다.

2) 유제품의 제조

우유는 갓 태어난 송아지에게 완전사료로 우수한 식품이지만, 부패하기 쉽기 때문에 저장성을 높이기 위해 다양한 형태로 가공된다. 유가공품이라 함은 원유 또는 유가공품을 원료로 하여 가공한 우유류, 저지방우유류, 젖당 분해우유, 가공유류, 산양유, 발효유류, 버터유류, 농축유류, 유크림류, 버터류, 치즈류, 분유류, 유청류, 젖당, 유단백가수분해식품, 조제유류, 아이스크림류, 아이스크림 분말류, 아이스크림 믹스류 등의 제품을 말한다.

(1) 시유

시유(market milk)는 농장에서 생산된 원유(raw milk)를 균질, 살균 등 〈그림 7-11〉과 같은 처리공정을 거쳐서 소비자가 마실 수 있도록 상품화한 음용 유제품이다. 우리나라 「축산물 가공기준 및 성분규격」상 우유류의 규격은 다음과 같다.

- 성상 : 유백색~황색의 액체로서 이미·이취가 없어야 한다.
- 비중(15 ℃) : 1.028~1.034

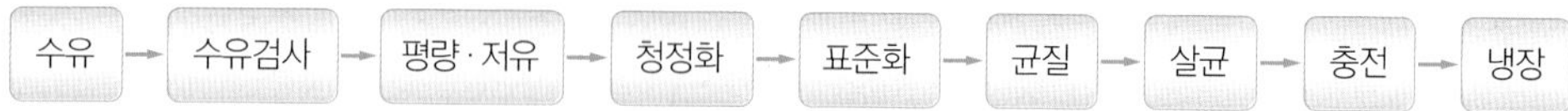

그림 7-11 시유의 제조공정

- 산도(%) : 0.18 이하(젖산으로서)
- 무지유고형분(%) : 8.0 이상
- 유지방(%) : 3.0 이상
- 세균 수 : 1 mL당 2만 이하(멸균제품의 경우 55 ℃에서 1주 또는 30 ℃에서 2주 보관 후 표준평판배양법에 의할 때 음성이어야 한다. 단, 젖산균 첨가제품의 경우 젖산균 수를 제외한다.)
- 대장균군 : n=5, c=2, m=0, M=10(멸균제품의 경우 음성이어야 한다.)
- 포스파타아제 : 음성이어야 한다(저온 장시간 살균제품, 고온 단시간 살균제품에 한함).
- 젖산균 수 : 1 mL당 100만 이상(단, 젖산균 첨가제품에 한한다.)

① **수유검사**(platform test)

수유검사는 목장으로부터 집유한 원유를 가공 처리하기 전에 규격 미달 원유, 항생물질에 감염된 원유, 부정우유, 이상유, 유방염유를 검출하여 질이 좋은 원유를 선별하는 작업이다. 검사 항목으로는 관능검사, 알코올검사, 적정산도검사, 비중검사, 지방검사, 세균검사, 항생물질검사, 유방염유검사, 포스포타아제 시험 등이 있다.

② **평량·저유**(weighing and cooling)

평량기로 중량을 측정하여 5 ℃ 이하의 냉각 저유조에 저장한다.

③ **청정화**(clarification)

원유 중의 털, 먼지, 티끌 등 이물질을 여과포와 쇠망 등으로 제거한 후 세균, 백혈구, 체세포 등을 원심청정기(clarifier)를 이용하여 제거한다.

④ **표준화**(standardization)

표준화란 시유의 성분규격에 맞게 원유의 유지방, 무지고형분, 비타민, 무기질 등 함량을 조절하는 작업으로 다음과 같은 순서로 진행한다.

- 원유의 지방률 검사
- 목표 지방률의 설정
- 탈지유와 크림의 지방률 검사

[1] 원유의 지방함량이 목표 지방률보다 높을 경우(탈지유 첨가량 계산)

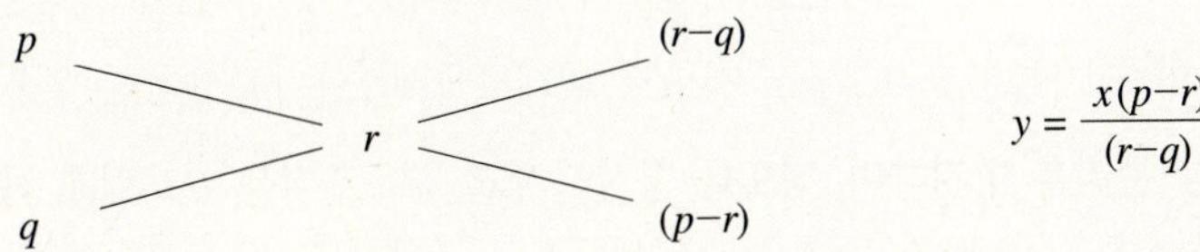

$$y = \frac{x(p-r)}{(r-q)}$$

p : 원유의 지방률(%), q : 탈지유의 지방률(%), r : 목표 지방률(%), x : 원유의 중량(kg), y : 탈지유 첨가량(kg)

예 지방률이 3.5%인 원유 2,000 kg에 지방률 0.1%인 탈지유를 혼합하여 지방률 3.0%의 표준화 우유를 만들기 위한 탈지유 첨가량의 계산

$p(3.5)$ $(r-q)(3.0-0.1)=2.9$

$r(3.0)$

$q(0.1)$ $(p-r)(3.5-3.0)=0.5$

$$\text{탈지유 첨가량} = \frac{x(p-r)}{(r-q)} = \frac{2{,}000 \times 0.5}{2.9} = 344.8\ \text{kg}$$

[2] 원유의 지방함량이 목표 지방률보다 낮을 경우(크림 첨가량 계산)

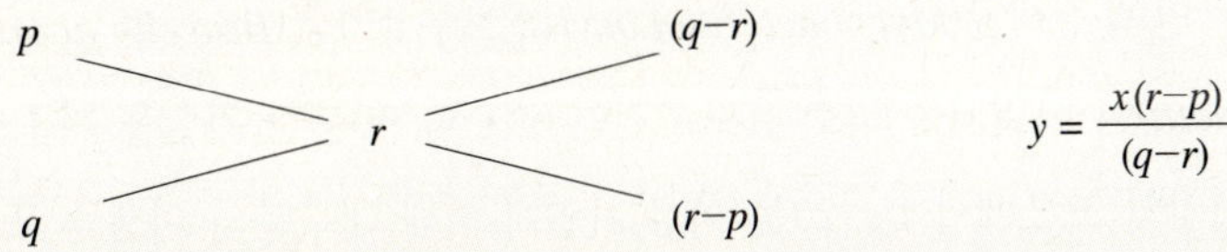

$$y = \frac{x(r-p)}{(q-r)}$$

p : 원유의 지방률(%), q : 크림의 지방률(%), r : 목표 지방률(%), x : 원유의 중량(kg), y : 크림 첨가량(kg)

예 지방률이 3.3%인 원유 5,000 kg에 지방률 32.0%인 크림을 혼합하여 지방률 3.5%의 표준화 우유를 만들기 위한 크림 첨가량의 계산

$p(3.3)$ $(q-r)(32.0-3.5)=28.5$

$r(3.0)$

$q(32.0)$ $(r-p)(3.5-3.3)=0.2$

$$\text{크림 첨가량} = \frac{x(r-p)}{(q-r)} = \frac{5{,}000 \times 0.2}{28.5} = 35.1\ \text{kg}$$

- 피어슨 공식(Pearson's square method)에 의한 첨가량 계산
- 표준화의 확인 및 보정

⑤ 균질(homogenization)

원유의 지방은 직경 0.1~10 μm의 비교적 큰 지방구(fat globule)로 우유 속에 분산되어 있으나 시간이 지나면 지방 분리현상이 일어나 점차 위로 떠오르면서 크림층을 형성한다. 균질은 지방구의 크기를 0.1~2.2 μm 정도로 미세하게 만드는 공정으로 우유의 유화 안정성을 높여 지방 분리를 방지하며, 점도를 향상시키고 우유조직을 부드럽게 하며, 소화율을 향상시킨다. 균질방법에는 고속교반(high speed agitation)방식과 고압균질(high pressure homogenization)방식이 있다. 고속교반방식은 우유를 고속(10,000 rpm)으로 교반하여 전단작용에 의해 지방구의 크기가 작아지는 방식이고, 고압균질방식은 우유를 1/100 mm의 미세한 구멍(orifice)을 통해 높은 압력(2,000~3,000 lb/inch^2, 140~210 kg/cm^2)으로 통과시켜 충격(impact), 파열(explosion), 전단(shearing) 및 공동(cavitation) 작용에 의해 지방구의 크기를 작게 만드는 방식이다. 균질 시의 우유온도는 40~60 ℃가 적당하다.

⑥ 살균(pasteurization)과 멸균(sterilization)

살균은 우유 속의 병원미생물을 사멸시켜 위생적으로 안전하면서 영양소 손실을 최소화하고, 신선한 풍미를 유지하는 최소한의 온도와 시간으로 처리하는 것이 원칙이며, 원유 중의 유해 병원균인 우결핵균(*Mycobacterium bovis*), 브루셀라균(*Brucella abortus*), Q열병균(*Coxiella burnetti*)이 사멸되는 최소 온도조건인 61.1 ℃, 30분간 가열을 기준으로 한다. 멸균은 121 ℃ 이상의 고온에서 15~20분 이상 가열에 의해 대부분의 미생물 포자와 모든 미생물을 사멸시켜 위생적 안전성은 확보할 수 있으나 영양소의 손실, 가열취의 생성 및 풍미의 변화가 불가피하다.

- 저온 장시간(low temperature long time, LTLT) 살균법 : 63~68 ℃에서 30분간 유지하는 방법으로, 장시간 가열하기 때문에 보온법(holding method)이라고도 하고, 살균이 비연속식이기 때문에 배치식이라고도 한다. 소규모 처리에 적당하고 우유의 신선한 풍미와 젖산균의 잔존율이 높은 장점이 있다.
- 고온 단시간(high temperature short time, HTST) 살균법 : 72~75 ℃에서 15~20초간 짧게 유지하는 방법이다. 가열은 평판열교환기(plate heat exchanger)나 튜브열교환기

(tubular heat exchanger)를 사용하여 가열, 열교환, 냉각을 동시에 시행하여 대규모 처리에 적합하다.

- 초고온 순간(ultra high temperature, UHT) 멸균법 : 135~150 ℃에서 2~7초간 매우 짧게 유지하는 방법이다. UHT 멸균우유 생산방식에는 직접 가열방식과 간접 가열방식이 있다. 직접 가열방식은 과열된 증기와 우유가 멸균온도에서 순식간에 혼합되면서 가열이 이루어지는 방법이며, 간접 가열방식은 평판 또는 튜브 열교환기를 사용하는 것으로 살균 처리과정과 유사하다.

⑦ 냉각, 충전, 포장

살균 처리된 우유는 즉시 10 ℃ 이하로 냉각되어 포장용기에 충전하여 포장한다. 무균충전을 위해서는 살균 처리가 끝난 우유를 무균환경에서 충전기로 이송되어야 하며, 포장기와 포장용기는 사용 전 미리 멸균되어 있어야 한다. 포장용기는 유리병, 플라스틱 용기, 테트라팩 등이 사용된다.

- 유리병(glass bottle) : 유리병은 약품과 열에 안정적이며, 무색 투명하여 내용물 확인이 가능해서 소비자들에게 친밀감을 준다. 유리병은 회수하여 재사용이 가능하지만 회수 비용과 세척의 문제점이 있다.
- 종이팩 : 테트라팩과 같은 종이팩은 1회용으로 위생적이며, 광선 차단에 의해 비타민 등 영양소를 보호하는 장점이 있다. 또한 냉장 저장과 운반이 용이하여 자동판매기용으로 이용이 가능하다.
- 플라스틱 용기(plastic container) : 플라스틱 용기도 1회용으로 위생적이며, 방수 및 방습성이 좋다. 또한 파손 염려가 적고 취급이 간편하며 가격이 저렴한 장점이 있다.

⑧ 정치세척

펌프, 파이프라인, 살균기, 균질기 등 우유 처리장치를 분해하지 않고 조립된 상태에서 펌프의 유속과 압력에 의하여 자동 세척하는 정치세척법[cleaning in place(pipe), CIP]으로 세척한다. 정치세척은 물 세척→알칼리 세척제 순환→물 헹구기→산성 세척제 순환→물 헹구기→염소 소독→물 헹구기→건조 과정을 거친다. 세척제로는 NaOH, Na_2CO_3, Na_3PO_4 등의 알칼리제와 H_3PO_4, HNO_3, H_2SO_4 등의 산성제가 사용된다.

(2) 크림

크림(cream)은 우유를 정치하거나 원심력을 가하여 분리한 유지방으로서 지방이 18 % 이상이며 유성분 외의 성분을 함유하지 않는 것을 말한다. 크림은 그 자체로 소비되기보다는 요리, 제과 및 버터, 아이스크림 등 유가공품의 원료로 사용된다.

① 크림의 분리

우유에 함유된 지방은 그대로 정치해 놓기만 해도 쉽게 크림으로 분리된다. 그러나 우유에 원심력을 가하면 지방함량이 더욱 높은 크림을 얻을 수 있다. 원심분리기로 우유에 원심력을 가하면 지방구와 무지고형분과의 중력차가 크게 증가하여 크림 분리가 촉진된다. 지방구의 크기가 크고 원심분리 회전 수가 많을수록 크림의 분리는 빨라지며, 유온이 높을수록 탈지유와 지방 간의 밀도차가 커진다.

② 살균

원유에 함유되어 있던 미생물이 지방구에 남아 있는 것을 살균하고 lipase, esterase 등 효소를 불화성화하기 위해 크림의 살균은 우유보다 좀 더 강한 열 처리를 한다. 65~68 ℃에서 30분 열 처리하는 저온 장시간살균법과 76~79 ℃에서 15~20초 열 처리하는 고온 순간살균법을 많이 사용한다.

③ 크림제품의 종류

크림은 우유에서 분리한 유지방을 살균 처리한 생크림과 생크림을 원료로 하여 다른 재료를 배합한 크림제품 및 크림을 발효한 발효크림(sour cream) 등 다양한 종류들이 있다. 또한 용도에 따라 커피크림, 휘핑크림 등이 있다.

- 크림에 함유된 지방함량에 따라 single cream, half cream 및 double cream으로 분류하며, 지방함량이 낮은 half cream과 single cream은 점도 유지와 지방 분리 방지를 위해 높은 압력의 균질이 필요하다.

종류	유지방 함량(%)
single cream	18
half cream	10~18
double cream	≥ 45

- 포말크림(whipping cream) : 유지방이 30 % 이상이며 교반하여 미세한 기포를 크림 속에 집어넣어 용적을 증가시킨 것으로서 기포력이 중요하다. 점도가 높으면 기포 형성을 방해하므로 균질하지 않으며, 5~10 ℃의 낮은 온도를 유지한다.
- 커피크림(coffee cream) : 유지방이 10~30 % 정도 되는 크림으로 커피의 풍미를 부드럽게 하고 색을 희게 하기 위해 사용한다. 뜨거운 커피에 크림 첨가 시 오일의 분리와 크림이 응고되는 우모현상(feathering)을 최소화하도록 제조한다.
- 발효크림(sour cream) : 유지방 18 % 이상의 크림을 젖산균으로 발효 숙성시킨 다음 균질화한 제품이다.
- 분말크림 : 지방함량 40~70 %의 고지방 건조유제품이다. 건조 전에 지방 분해효소를 불활성화하기 위해 높은 열 처리가 필요하며, 저장 전에는 항산화제를 첨가한다.
- 동결크림 : 계절에 따라 크림의 소비량이 다르기 때문에 크림 수급 조절을 위해 살균 후 동결 저장한 크림이다. 저장 중에 지방 분해가 일어나지 않도록 지방 분해효소를 파괴할 정도의 충분한 열 처리가 필요하다.

(3) 버터

버터(butter)는 원유에서 유지방분(cream)을 분리한 것이나 발효시킨 것을 그대로 또는 이에 식품이나 첨가물 등을 첨가하여 각각 교반 연압한 것으로 유지방 80% 이상, 수분 18% 이하, 대장균 음성인 유제품이다.

① 버터의 종류

- 가염 여부에 따라 가염버터(salted butter)와 무염버터(unsalted butter)로 구분한다. 무염버터는 식염을 첨가하지 않은 것으로 제과용, 조리용, 심장질환자의 급식용으로 이용되며, 가염버터는 식염을 1.5~2.0% 정도 첨가하여 만든 버터로 시중에서 판매되는 대부분의 버터가 이에 속한다.
- 발효 여부에 따라 발효버터(sour cream butter)와 비발효버터(sweet cream butter)로 구분한다. 발효버터는 젖산균을 접종하여 발효시킨 것으로 독특한 향을 가지며, 비발효버터(sweet cream butter)는 감성버터라고도 하며, 젖당함량이 발효버터보다 높다.
- 그 외에 강화버터, 분말버터, 포립버터, 재생버터, 저지방버터, 유청버터 등 다양한 종류가 있다.

② 제조방법

버터의 일반적인 제조공정은 다음과 같다.

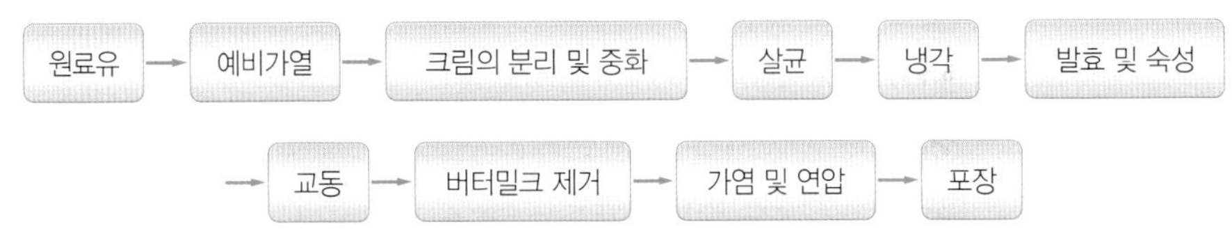

그림 7-12 버터의 제조공정

- 크림의 분리 및 중화 : 신선한 원유를 50~55 ℃로 예비가열 후 원심분리하여 지방함량이 30~40% 되도록 한다. 신선한 크림의 산도는 0.1~0.14%인데 산도가 높은 크림은 살균과정에서 카제인이 응고하여 버터 속에 응고물질로 남거나 버터밀크에 섞여 나와 버터 생산량이 감소하고, 버터의 풍미와 보존성도 떨어지기 때문에 살균 전 중화가 필요하다. 중화범위는 원료 크림의 산도가 0.20~0.30%이며, 중화제로는 탄산나트륨(탄산소다, Na_2CO_3), 중탄산나트륨(중탄산소다, $NaHCO_3$), 수산화나트륨(가성소다, NaOH), 산화칼슘(생석회, CaO), 수산화칼슘[소석회, $Ca(OH)_2$] 등이 있다. 산도가 0.3% 이상인 크림을 중화하면 비누와 같은 버터가 만들어질 수 있다.

$$\text{중화시켜야 할 젖산량(g)} = \text{크림의 중량(g)} \times \frac{\text{(원료 크림 산도}-\text{목표 산도)}}{100}$$

$$\text{첨가할 중탄산소다의 양(g)} = \text{중화시킬 젖산량(g)} \times \frac{\text{중탄산소다 분자량}}{\text{젖산의 분자량}}$$

※중화제로 탄산나트륨(탄산소다, Na_2CO_3), 산화칼슘(생석회, CaO) 및 수산화칼슘[소석회, $Ca(OH)_2$]을 사용하는 경우에는 이들 중화제가 젖산 2분자와 반응하기 때문에 위의 공식으로 계산된 값에 1/2을 곱해 준다.

- 살균 : 크림의 살균은 유해 미생물의 제거와 지방 분해효소의 불활성화로 버터의 보존성을 향상시키고, 발효버터의 경우 젖산균 발육을 억제하는 물질을 파괴하는 효과가 있다. 살균은 75~85 ℃에서 5~10분 또는 90~98 ℃에서 15초 실시하며, 살균 후에는 7~10 ℃에서 수 시간 냉각한다.
- 발효 및 숙성 : 발효버터 제조 시에는 크림에 젖산균 스타터(starter)를 1~2 % 첨가하여 산도가 0.3 % 될 때까지 20~22 ℃에서 12~18시간 발효한다. 발효에 의해 생성된 젖산과 방향성 물질은 크림의 점도를 낮추고 버터 특유의 향미를 부여한다.

숙성은 비발효버터는 살균 후에, 발효버터는 살균과 발효 후에 크림을 비교적 낮은 온도로 냉각하여 교동하기 전까지 저장하는 것이다. 숙성은 유지방을 결정화(crystallization)하고, 교동 후 버터밀크로의 유지방 손실을 방지하며, 수분함량을 감소시켜 조직을 단단하게 한다.

- 색소 첨가 : 버터색소는 bixin($C_{25}H_{30}O_4$)을 주성분으로 하는 주황색 천연염료 아나토(annatto), 카로틴(carotene) 등을 0.001~0.02 % 정도 첨가한다.
- 교동(churning) : 처닝이라고도 하는 교동은 크림에 기계적 교반에 의한 충격을 주어 지방구가 뭉쳐서 좁쌀알 크기의 작은 버터 입자(butter granule)가 생성되면서 버터밀크(butter milk)가 분리되는 공정이다. 처닝은 크림을 교동기(churning machine)에 넣고 여름에는 6~11 ℃, 겨울에는 10~14 ℃에서 20~45 rpm의 속도로 50~60분간 버터 입자가 형성될 때까지 실시한다.

  교동에 의해 버터 입자가 생성되는 것은 상전환이론과 포말이론으로 설명된다.

  - 상전환설(phase inversion theory) : 처닝 전에는 크림의 지방구와 물과의 경계면에 단백질이 피막을 형성하고 있어 지방구가 서로 융합되지 않지만 교동작업에 의해 지방구의 피막이 손상되어 지방이 뭉쳐서 유지방이 물에 유화된 상태(O/W)에서 물이 유지방에 유화된 상태(W/O)로 물과 유지방의 분포가 바뀌어 버터 입자가 형성된다는 이론이다.

$$\frac{O}{W}\text{(oil in water)} \xrightarrow{\text{churning}} \frac{W}{O}\text{(water in oil)}$$

  - 포말설(foam theory) : 교동작용에 의하여 기포가 생성되어 지방구가 기포로 이동하여 서로 융합이 용이하고, 공기와 접촉하여 변성된 지방구 피막 단백질은 외부의 충격이 있을 때에 쉽게 파괴되어 지방이 뭉쳐서 버터 입자가 형성된다는 이론이다.

- 버터밀크 제거 및 수세 : 교동이 끝난 후 약 5분 후 버터 과립 아래의 버터밀크를 제거하고 물로 수세한다. 수세는 버터의 경도를 증가시키고 향미와 저장성을 향상시킨다. 사용하는 물은 버터 과립이 녹지 않도록 교동온도보다 약간 낮은 온도로 하고, 물의 양은 빠져나간 버터밀크의 양과 같은 수준으로 한다.
- 가염(salting) : 가염버터의 경우 1~2.5 %의 식염을 첨가하여 버터의 풍미와 보존성을 좋게 한다.

• 연압(working) : 연압은 뭉쳐 있는 버터 과립을 짓이겨 유화하는 작업이다. 연압의 목적은 수분을 분산하고 조절하여 버터조직을 부드럽고 치밀하게 하여 기포 생성을 억제하며, 첨가된 식염과 색소의 용해와 분산을 촉진하여 균일하게 분포되도록 하는 것이다.
• 포장 : 연압을 마친 버터는 용도에 따라 포장한다. 무염버터(제과용)는 대형 나무상자나 주석캔, 가염버터(시판 가정용)는 버터 성형기로 성형한 다음 유산지, 파라핀 피복지, 비닐, 은박지 등을 사용하여 작은 크기로 포장한다.

③ 증용률

버터에는 유지방 외에 수분, 단백질, 식염 등이 함유되어 있어 사용한 유지방량보다 많은 양의 버터가 생산된다. 원료로 사용한 크림의 지방과 만들어진 버터의 양적 차이를 증용률로 표현하는데, 증용률(over run)은 크림(또는 버터) 지방량에 대해서 버터의 중량과 크림의 지방량과의 차이를 백분율로 나타낸 것이다. 이론적으로는 증용률이 21~25 % 정도 되지만, 실제로는 제조과정 중의 손실로 14~16 % 정도 된다.

$$\text{증용률(\%)} = \frac{\text{버터의 중량(kg)} - (\text{크림의 중량} \times \text{크림의 지방률})}{\text{크림의 중량} \times \text{크림의 지방률}} \times 100$$

(4) 아이스크림

아이스크림(ice cream)은 원유 및 유가공품을 원료로 하여 감미료, 유화제, 안정제, 향료, 색소 등의 첨가물과 과일 등 다른 식품을 혼합하여 교반하면서 얼린 냉동식품으로 수분과 공기를 최대한 활용한 제품이다.

① 아이스크림의 종류

「축산물의 가공기준 및 성분규격」에 관한 식품의약품안전처의 고시에 의하면 아이스크림류를 〈표 7-6〉과 같이 다섯 가지 유형으로 나누어 규격을 정하고 있으며, 원료와 첨가물 및 기타 특징에 따라 다양한 종류의 아이스크림제품이 생산되고 있다.

• 보통 아이스크림(plain ice cream) : 바닐라, 박하, 커피, 초코향 등 한 가지 향료만 넣어 만든 것으로 유지방 10% 이상을 함유한다.
• 견과 아이스크림(nut ice cream) : plain ice cream에 밤, 호두, 아몬드 등 견과류를 첨가하여 만든 것으로 유지방 8 % 정도 함유한다.

표 7-6 아이스크림류의 유형과 규격

유형	규격
아이스크림	유지방분 6% 이상, 유고형분 16% 이상
아이스밀크	유지방분 2% 이상, 유고형분 7% 이상
셔벗	무지유고형분 2% 이상
저지방 아이스크림	조지방 2% 이하, 무지유고형분 10% 이상
비유지방 아이스크림	조지방 5% 이상, 무지유고형분 5% 이상

출처 : 식품의약품안전처. 축산물의 가공기준 및 성분규격. 식품의약품안전처 고시 제2014-7호. 식품의약품안전처 (2014)

- 과일 아이스크림(fruit ice cream) : 바나나, 딸기, 사과, 파인애플 등 과일류의 과즙을 직접 첨가하여 만든 것으로 유지방 8% 정도 함유한다.
- 커스터드 아이스크림(custard ice cream) : 전란 또는 난황을 첨가한 것으로 French ice cream이라고도 하며, 미국에서는 frozen custard라고 부른다. 유지방 10% 이상을 함유한다.
- 아이스밀크(ice milk) : 유지방 2~6% 정도로 지방률이 낮다.
- 셔벗(sherbet) : 아이스밀크보다 유제품을 적게 넣은 것으로 유고형분 3~5%이며 설탕을 많이 사용한다.
- 비유지방 아이스크림 : 유지방 대신 값싼 식물성 지방으로 대체하고 우유단백질을 사용하여 만든 것으로 식물성 유지는 6% 정도 사용한다.

② 성분 규격

구분 \ 유형	아이스크림, 저지방 아이스크림	아이스밀크, 셔벗, 비유지방 아이스크림
성상	고유의 향미를 가지고 이미, 이취가 없어야 한다.	고유의 향미를 가지고 이미, 이취가 없어야 한다.
유지방(%)	6.0 이상(단, 저지방 아이스크림의 경우 조지방 2.0 이하)	2.0 이상(아이스밀크에 한함)
세균 수	검사시료를 녹인 액체 1 mL당 10만 이하(단, 젖산균 함유제품, 발효유 함유제품의 경우 젖산균 수는 제외)	검사시료를 녹인 액체 1 mL당 5만 이하(단, 젖산균 함유제품, 발효유 함유제품의 경우 젖산균 수는 제외)
대장균군	n=5, c=2, m=10, M=100	n=5, c=2, m=10, M=100
젖산균 수	표시량 이상(단, 젖산균 함유 제품에 한함.)	표시량 이상(단, 젖산균 함유 제품에 한함)

출처 : 식품의약품안전처. 축산물의 가공기준 및 성분규격. 식품의약품안전처 고시 제2014-7호. 식품의약품안전처 (2014)

③ 재료

아이스크림의 재료로는 유지방과 무지고형분 등 유제품과 감미료, 안정제, 유화제, 향료 및 착색제 등 첨가물이 사용되며, 각 재료의 특성은 다음과 같다.

- 유지방 : 크림을 주로 사용하며, 전지분유와 전지연유가 사용되기도 한다. 유지방은 아이스크림의 조직을 연하게 하고 맛을 부드럽게 한다.
- 무지고형분(단백질) : 탈지유를 사용하며, 작은 기포를 형성하고 유지하는 데 중요한 역할을 하여 아이스크림의 조직 특성을 향상시킨다.
- 안정제(stabilizer) : 물과 함께 젤을 형성하고 아이스크림의 얼음결정 형성을 억제하여 아이스크림의 부드러운 조직을 유지하고 각 성분을 균일하게 분산시키며, 제품이 녹는 것을 지연시키는 역할을 한다. 안정제로는 알긴산나트륨(sodium alginate), 젤라틴(gelatin), 펙틴(pectin) 등이 사용된다.
- 유화제(emulsifier) : 표면장력을 감소시켜 지방을 미세하게 분산되도록 하며, 물과 지방이 유화되도록 하여 아이스크림의 조직을 부드럽게 해주는 역할을 한다. 유화제로는 monoglyceride와 polyethylene 유도체 등이 사용된다.
- 감미료(sweetener) : 설탕과 과당을 주로 사용하며, 그밖에 물엿, 꿀, 전화당, 포도당, 환원당 등이 사용된다. 감미료는 단맛과 점성을 주고 조직을 부드럽게 한다.
- 향신료(flavoring agent) : 초콜릿, 코코아, 커피 등 천연 향신료와 바나나향 등 합성 향신료가 사용된다.
- 착색제(coloring agent) : 안토시아닌, 카로티노이드 등 천연색소와 합성 식용색소가 이용된다.

④ 제조공정

- 배합표 작성(cream mix 표준화) : 목표 지방률을 충족시킬 크림 양을 먼저 계산한 다음 무지고형분은 탈지유와 탈지분유로 채운다.

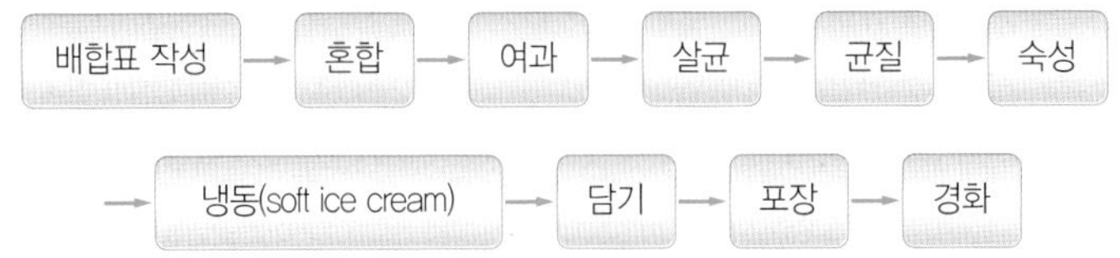

그림 7-13 아이스크림의 제조공정

[배합계산의 예]

가) 원료 : 크림(지방 25 %, 무지고형분 5.5 %), 탈지유(무지고형분 8.5 %), 탈지분유(지방 1.0 %, 무지고형분 95 %)

나) 배합 목표 : 지방률 8.0 %, 무지유고형분 12 %, 설탕 10.0 %, 젤라틴 0.5 %의 조성을 갖는 믹스 100 kg

다) 계산

㉮ 크림 = 100×0.08/0.25 = 32 kg(무지고형분 32 × 0.055 = 1.8 kg 함유)

㉯ 설탕 10 % = 10 kg

㉰ 젤라틴 0.5 % = 0.5 kg

㉱ 탈지유와 탈지분유 : 피어슨(Pearson) 공식에 의한 계산

- 먼저 위에서 계산한 원료들의 합을 감한다(탈지유와 탈지분유 총 필요량).

  100 − (32 + 10 + 0.5) = 57.5 kg

- 탈지유와 탈지분유 57.5 kg 중 무지고형분(%)

  (12 − 1.8) / 57.5 × 100 = 17.74 %

p(95) ─ r(17.74) ─ $(r-q)$(9.24)

q(8.5) ─ r(17.74) ─ $(p-r)$(77.26)

$$x = (x+y)\frac{(r-q)}{(p-q)} = 57.5\ \frac{9.24}{86.5} = 6.1$$

$$y = (x+y)\frac{(p-r)}{(p-q)} = 57.5\ \frac{77.26}{86.5} = 51.4$$

p : 탈지분유의 SNF(%), q : 탈지유의 SNF(%), r : 목표 SNF(%), x : 탈지분유 첨가량(kg), y : 탈지유 첨가량(kg)

- 탈지분유 첨가량 = 57.5 × 9.24 / 86.5 = 6.1 kg
- 탈지유 첨가량 = 57.5 × 77.26 / 86.5 = 51.4 kg

표 7-7 아이스크림 믹스 배합표의 예

원료	배합량(kg)	지방(%)	무지유고형분(%)	유고형분(%)	전고형분(%)
설탕	10.0	-	-	-	10.0
젤라틴	0.5	-	-	-	0.5
크림	32.0	8.0	1.8	9.8	9.8
탈지유	51.4	-	4.4	4.4	4.5
탈지분유	6.1	-	5.8	5.8	5.9
계	100.0	8.0	12.0	20.0	30.7

- 혼합 : 원료 중 액상원료를 먼저 혼합탱크에 넣고 교반, 가열하면서 분유, 코코아, 설탕, 안정제 등을 혼합한다. 혼합 순서는 다음과 같다.
  - ㉠ 낮은 점도를 갖는 액체원료(우유, 물 등)
  - ㉡ 높은 점도를 갖는 액체원료(연유, 크림, 액당)
  - ㉢ 쉽게 용해되는 고체원료(설탕 등)
  - ㉣ 분산성을 갖는 고체원료(전지분유, 탈지분유)
- 살균 : 혼합된 원료는 저온 장시간살균법과 고온 단시간살균법에 의해 유해균을 살균한다. 이 공정에서는 살균효과 외에 혼합원료들의 완전한 용해, 지방 분해효소의 불활성화로 산패취 발생 억제와 풍미 개량, 아이스크림 조직의 연성(softness) 증진 등의 효과를 얻을 수 있다.
- 균질 : 균질은 지방구를 2 μm 이하로 분쇄하여 지방 분리를 방지하며, 아이스크림 믹스의 기포성을 좋게 하여 증용량을 증가시키고 아이스크림의 조직을 부드럽게 하는 한편, 숙성기간 단축과 안정제와 유화제 사용량을 감소시키는 이점이 있다.
- 숙성과 향료 첨가 : 살균과 균질이 끝난 아이스크림 믹스는 0~5 ℃로 냉각하여 색소, 향료, 과즙을 조금씩 넣으면서 4~25시간 정도 혼합·숙성시킨다. 숙성과정에서는 지방성분들이 고형화되고, 안정제가 물을 흡수하여 팽창하고 젤화가 촉진되어 제품의 조직과 기포성이 개량된다. 또한 단백질의 수화(水和)가 증가하여 점성이 증가되어 부피와 조직이 향상된다.
- 동결 : 숙성된 아이스크림 믹스를 강하게 교반하면서 −3~−7 ℃로 동결시킨다. 이렇게 하는 동안 작은 기포 형태로 공기가 혼입되어 부피가 증가하고 조직이 치밀해지면서 경도와 촉감이 좋아진다.

⑤ 증용률

증용률(over run, %)은 원재료에 대한 아이스크림 제품의 팽창률을 의미하며, 아이스크림 믹스를 동결기에 넣고 교반하면 믹스 중에 기포(air pocket)가 형성되어 믹스의 용적이 증가한다. 아이스크림 내부의 기포는 아이스크림 품질에 큰 영향을 미쳐 아이스크림 속에 미세한 기포가 분산되어 있지 않을 경우 아이스크림은 얼음같이 딱딱해진다. 그러나 기포가 과다하게 생성되어 오버런이 지나치면 다공성이 커져 body가 약해지는 단점이 있어 이상적인 증용률은 80~100 %이다.

$$\text{Over run(\%)} = \frac{\text{아이스크림의 용적} - \text{본래 믹스의 용적}}{\text{본래 믹스의 용적}} \times 100$$

$$= \frac{\text{원재료 무게} - \text{원재료와 같은 부피의 아이스크림 무게}}{\text{원재료와 같은 부피의 아이스크림 무게}} \times 100$$

(5) 발효유

발효유(fermented milk)류라 함은 원유 또는 유가공품을 젖산균이나 효모로 발효시킨 것과, 이에 다른 식품 또는 식품첨가물 등을 위생적으로 첨가한 것을 말한다. 발효유, 농후발효유, 크림 발효유, 농후크림 발효유, 발효버터유 및 발효유분말 등의 유형으로 구분된다.

발효유는 살아 있는 젖산균을 그대로 섭취하기 때문에 장내 유해균의 번식을 억제하여 정장 및 변비 개선 효능을 가지며, 칼슘 흡수를 촉진하고 순환기 건강을 유지하는 데 도움을 주는 것으로 알려져 있다.

① 성분 규격

항목 \ 유형	발효유	농후 발효유	크림 발효유	농후크림 발효유	발효버터유	발효유분말
수분(%)	–	–	–	–	–	5.0 이하
유고형분(%)	–	–	–	–	–	85 이상
무지유고형분(%)	3.0 이상	8.0 이상	3.0 이상	8.0 이상	8.0 이상	–
유지방(%)	–	–	8.0 이상	8.0 이상	1.5 이하	–
젖산균 수 또는 효모 수	1 mL당 1,000만 이상	1 mL당 1억 이상 (냉동제품은 1,000만 이상)	1 mL당 1,000만 이상	1 mL당 1억 이상 (냉동제품은 1,000만 이상)	1 mL당 1,000만 이상	–
대장균군	n=5, c=2, m=<3, M=10	n=5, c=2, m=<3, M=10	n=5, c=2, m=<3, M=10	n=5, c=2, m=<3, M=10	n=5, c=2, m=<3, M=10	n=5, c=2, m=<3, M=10

출처 : 식품의약품안전처. 축산물의 가공기준 및 성분규격. 식품의약품안전처 고시 제2014-7호. 식품의약품안전처 (2014)

② 발효유의 종류

가. 발효 미생물에 따른 분류

- 젖산 발효유 : 요구르트, 인공버터밀크, 아시도필러스 밀크(acidophilus milk), 칼피스(calpis)
- 알코올 발효유 : 젖산균과 효모를 사용하여 젖산발효와 알코올발효에 의한 제품

– 케피어(kefir) : 코카서스 지방에서 만들어진 효유로 산도 0.9~1.1 % 정도이고, 0.5~1% 알코올을 함유한다.

– 쿠미스(kumiss) : 말의 젖을 사용하여 발효시킨 것으로 숙성기간에 따라서 산도 0.7~0.8 % 정도이고, 1~2.5 %의 알코올을 함유한다. 쿠미스를 증류한 것을 아리카(arika)라 한다.

나. 제조방법상의 분류

① Set type : 용기에 우유와 젖산균을 넣고 발효시킨 제품

② Stirred type : 발효탱크 내에서 발효시키고, 냉각 후 용기에 충전시킨 제품

③ Drinking type : 발효탱크 내에서 발효시키고, 냉각 후 용기에 충전시킨 액상제품

④ 냉동 요구르트 : 발효 응고물을 아이스크림 믹스와 함께 냉동시킨 제품

다. 제품의 물리적 성상에 의한 분류

• 액상 및 호상 요구르트

③ 제조공정

• 원료유 표준화 : 수유검사를 마친 원유에 탈지분유나 농축 유청 단백질을 사용하여 고형분함량을 조정한다. 고형분함량을 15 % 수준으로 강화시키면 요구르트의 body가 개선되며, 유청 분리현상(syneresis)이 방지되고 젖산 생성이 감소하는 등 요구르트의 품질 특성을 향상시킨다.

• 균질화 : 고형분함량을 조절한 원유는 55~80 ℃에서 80~250 kg/cm²의 압력으로 균

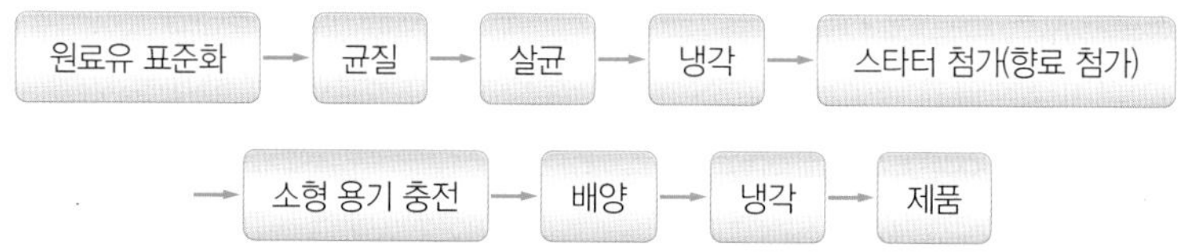

그림 7-14 호상 요구르트의 제조 공정

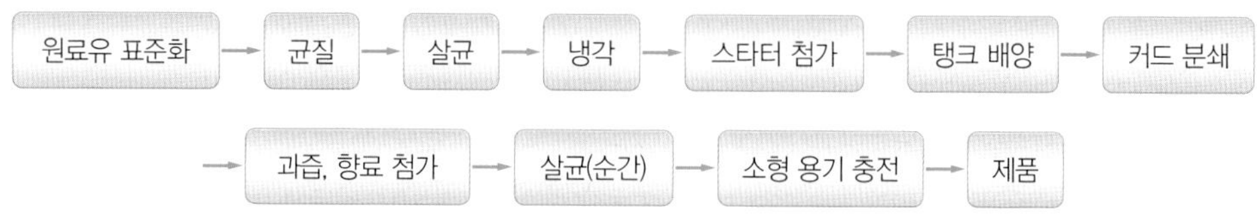

그림 7-15 액상 요구르트의 제조 공정

질과정을 거친다. 균질은 요구르트의 조직을 개선하며, 유청 분리현상과 흰색 반점(nodule) 형성을 감소시킨다.

- 살균 : 균질화된 원유는 70~90 ℃에서 5~45분 열 처리한다. 원료유가 포자형성균에 오염된 경우 또는 비피도박테리아(bifidobateria)와 같이 성장이 완만한 스타터를 사용하는 경우에는 UHT 열 처리하는 것이 바람직하다.
- 냉각 및 스타터 첨가 : 살균이 끝난 원유는 40~45 ℃로 냉각한 후 준비된 스타터 배양체를 2~3% 첨가하여 혼합한다. 호상의 경우는 이때 향료와 안정제를 넣고 혼합한다. 안정제로는 젤라틴과 같은 hydrocolloid나 전분, 한천, 구아검, 펙틴 및 카라기난 등의 탄수화물 유도체들이 사용된다.
- 배양 : 호상 요구르트의 경우는 소비자용 소형 용기에 넣고 37~45 ℃로 온도가 조절된 실내 또는 배양터널을 통과하면서 목표 산도까지 배양한다. 액상 요구르트의 경우는 탱크에서 벌크배양 후 커드를 분쇄하여 향료나 과즙 등을 첨가한 다음 80 ℃에서 5분 동안 살균 후 냉각시켜 포장한다.

(6) 치즈

치즈는 세계적으로 1,000여 종에 이르며, 자연치즈와 가공치즈로 크게 나뉜다. 또한 치즈의 물리적 특성에 의해 연질·반경질·경질·초경질 치즈로 나뉘고, 숙성에 의해 미숙성·박테리아숙성·곰팡이숙성 치즈 등으로 분류된다.

표 7-8 수분함량과 숙성 미생물에 따른 치즈의 분류

구분(수분함량)	숙성 및 특성	종류
초경질치즈(30%)	박테리아 숙성	parmesan, romano, sapsago
경질치즈(26~50%)	박테리아 숙성	emmental, gruyere
	표면 곰팡이 숙성	blue, cheshire
	숙성 미생물 무첨가	cheddar, double
반경질치즈(42~55%)	박테리아 숙성	brick, munster
	곰팡이 숙성	blue, roquefort, gorgonzola
	숙성 미생물 무첨가	edam, gouda
연질치즈(48~80%)	표면 곰팡이 숙성	brie, camembert
	비숙성	cottage, baker's, cream

① 종류

- 자연치즈(natural cheese) : 원유 또는 유가공품에 젖산균, 단백질 응유효소, 유기산 등을 가하여 응고시킨 후에 유청을 제거하여 제조한 것을 말한다.
- 가공치즈(processed cheese) : 자연치즈를 주원료로 하여 이에 식품 또는 식품첨가물 등을 가한 후에 유화시켜 가공한 것으로, 총유고형분 중 자연치즈에서 유래한 유고형분이 50 % 이상인 것을 말한다.

② 제조공정

가. 자연치즈

- 원료유 : 원료유는 수유검사에 합격한 것으로 살균하여 냉각한다. 살균은 73~78 에서 15~16초 고온 순간살균법(HTST)이 주로 사용되나, 63 ℃에서 30분 저온살균법도 사용된다. 그러나 UHT법은 응고가 지연되기 때문에 잘 사용하지 않는다.
- 발효 : 살균한 원유는 30~35 ℃로 냉각하여 젖산균 스타터를 0.5~2 % 접종하여 20분~2시간 발효시킨다. 젖산균 스타터는 젖당에서 젖산을 생성하여 커드 형성을 촉진하고, 유해 미생물의 생육을 억제하며, 독특한 풍미를 생성하는 역할을 한다.
- 응고 : 발효에 의해 적당량의 산이 생성되면 레닛을 첨가하여 우유를 응고시켜 커드를 생성시킨다. 레닛은 송아지 제4위에서 분비한 것을 추출한 것으로 원유 1,000 kg당 20~30 g(0.002~0.004 %)을 첨가하며, 첨가하기 전에 증류수로 10배 희석한 후 소금을 3% 정도 첨가하여 완전히 용해시켜 첨가한다.
- 커드 절단, 가온 및 유청 제거 : 커드가 적당히 굳으면 커드의 표면적을 넓게 하여 유청 배출을 쉽게 하기 위하여 커드 절단기를 사용하여 0.5~1.5 cm 간격의 직육면체로 절단한다. 커드 형성의 완성은 칼이나 손가락을 커드 속에 넣어서 천천히 위로 올렸을 때 커드가 깨끗이 절단되어 투명한 유청이 스며 나오면 완성된 것으로 판단한다. 절단된 커드는 그대로 두면 커드 입자들이 다시 엉기게 되므로 교반기로 서서히 저으면서 가

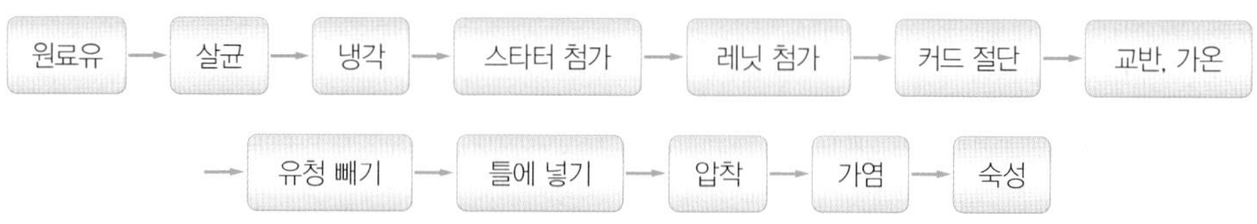

그림 7-16 자연치즈의 제조공정

온하여 유청 배출과 젖산발효를 촉진하고 커드가 수축되어 탄력성을 갖도록 한다. 가온 온도는 경질치즈는 39 ℃, 연질치즈는 32 ℃ 전후이다. 커드가 알맞게 수축되고 유청의 산도가 적당히 상승하면(산도 0.11~0.13 %) 유청을 제거한다.

- 틀에 넣기, 압착 : 유청을 뺀 후 치즈의 종류에 따라 성형틀에 넣고 압착하여(moulding and pressing) 남은 유청을 빼내고 치밀한 조직과 일정한 모양을 갖도록 한다. 가압은 지방의 유출을 방지하기 위하여 천천히 한다. 연질치즈의 경우는 가압하지 않고 치즈틀을 반전시키면서 커드 자체의 무게로 커드가 밀착하고 유청이 배출되도록 한다.
- 가염 : 압착이 끝난 치즈는 20 % 식염수에 담그는 습염법과 식염을 직접 표면에 뿌리거나 문지르는 건염법에 의해 가염한다. 가염은 치즈의 풍미를 좋게 하고 숙성 중 과도한 젖산발효와 잡균에 의한 이상발효를 방지하는 효과가 있다.
- 숙성 : 생치즈를 제외한 대부분의 치즈는 일정 기간 숙성과정을 거쳐 풍미를 향상시키고 부드러운 조직을 갖도록 한다. 숙성 중 수분 증발과 오염을 막기 위해 표면에 왁스 또는 파라핀을 입히거나 필름으로 포장한다. 숙성 온도와 기간은 치즈 종류에 따라 다르다.

나. 가공치즈

가공치즈는 자연치즈들을 혼합하고 분쇄하여 녹인 다음 유화시켜 충전 포장한 치즈이며, 과일, 채소, 고기, 향료 등을 넣어 가공하기도 한다. 가공치즈의 일반적 제조공정은 다음과 같다.

- 원료치즈 선별 : 일반적으로 비숙성치즈는 풍미가 없는 반면, 숙성치즈는 풍미가 강하나 유화가 잘 되지 않는다. 따라서 원료치즈를 선택할 때는 치즈의 숙성 정도와 특성을 살려 선별하며, 품질을 균일하게 하기 위하여 수분, 지방함량, 산도 및 숙성도를 파악한다.
- 절단, 분쇄 : 선별된 치즈를 배합하여 적당한 크기로 절단하여 분쇄한다.
- 용융, 유화 : 분쇄된 원료치즈에 버터, 유화제 및 여러 첨가물을 혼합하여 60~70 ℃에서 20~30분 교반하면서 용융, 유화시킨다. 유화제로는 인산염(polyphosphate)와 구연

그림 7-17 가공치즈의 제조공정

산염(Na-citrate)이 사용된다.

- 충전, 포장 : 유화를 마친 치즈는 유화솥을 감압하여 탈기 및 탈취시킨 다음 50℃ 이하로 내려가기 전 유동성이 있을 때 신속히 성형하여 포장한다.

(7) 연유

연유(condensed milk)는 원유 또는 저지방우유를 그대로 농축하거나 설탕을 가하여 농축한 농축유제품이다.

① 종류

설탕 첨가	탈지 여부	특징
무가당연유	전지무가당연유	원유를 그대로 농축한 것
	탈지무가당연유	원유 유지방을 0.5% 이하로 조절한 탈지유를 농축한 것
가당연유	전지가당연유	원유에 설탕을 가하여 농축한 것
	탈지가당연유	원유 유지방을 0.5% 이하로 조절한 탈지유에 설탕을 가하여 농축한 것

② 제조공정

가. 가당연유

- 원료유 및 표준화 : 수유검사를 마친 신선한 원유를 여과 청정한 후 탈지유, 크림 등 유가공품을 사용하여 피어슨 식에 의하여 표준화한다.
- 설탕 첨가 : 표준화된 원료유에 설탕을 첨가하여 예열한다. 원유에 대하여 15~20%의 설탕을 첨가하여 단맛을 부여하고 세균 번식을 억제하여 제품의 보존성을 부여한다. 설탕 첨가량은 아래 공식들에 의해 계산하며, 설탕농축도(sugar water concentration)는 연유 중의 수분(100-TS)에 대한 설탕 %로 표시한 것이다.

$$\text{설탕 농축도} = \frac{\text{설탕\%}}{100-\text{TS}} \times 100$$

그림 7-18 가당연유의 제조공정

$$농축비 = \frac{제품\ 중의\ SNF}{원유\ 중의\ SNF} \times 100$$

$$설탕함량(\%) = \frac{(100-TS) \times 설탕\ 농축도}{100}$$

$$설탕\ 첨가량(\%) = \frac{제품\ 중\ 설탕\%}{농축비}$$

[예] 표준화한 원료유의 지방 3.18 %, SNF 7.75 %일 때 연유의 MTS 29 %, 지방 8 %, SNF 20 %, 설탕함량을 50 %로 할 경우의 원료유 100 kg에 첨가할 설탕의 양은?

[풀이]

$$농축비 = \frac{제품\ 중의\ SNF}{원유\ 중의\ SNF} \times 100 = \frac{20}{7.75} \times 100 = 2.58 : 1$$

$$설탕\ 첨가량(\%) = \frac{제품\ 중\ 설탕\%}{농축비} = \frac{50}{2.58} = 19.4$$

- 예열 : 예열은 농축 전 가열살균하는 공정으로 preheating 또는 fore warming이라고 하며, 80 ℃ 내외에서 5~10분간 가열한다. 예열의 효과는 다음과 같다.
  - 미생물과 효소를 살균, 실활시켜 제품의 보존성 연장
  - 첨가된 설탕의 용해 촉진
  - 농축 때 가열면에 우유가 붙는 것을 방지하여 증발속도 향상
  - 제품의 농후화(age thickening) 억제
- 농축 및 냉각 : 예열을 마치면 진공농축하고 냉각한다. 젖당 결정의 크기가 10 μm 이하가 되도록 유지하기 위해 젖당 접종(seeding)을 하여 20 ℃로 냉각시키면서 교반한다.

나. 무가당연유

- 가당연유 제조공정과의 차이점
  - 설탕을 첨가하지 않는 것
  - 균질화 공정
  - 충전, 밀봉 후 멸균 처리 추가

원료유 → 표준화 → 예열 → 농축 → 균질 → 냉각 → 충전, 밀봉 → 멸균 → 냉각

그림 7-19 무가당연유의 제조공정

• 균질 : 무당연유는 농축 후 균질화 공정이 냉각 전에 추가된다. 그 이유는 가당연유의 경우는 고농도의 설탕액이 지방의 분리를 억제해 줄 수 있으나, 무당연유는 그렇지 못하므로 균질화가 필요하다.
• 멸균 : 가당연유와는 달리 설탕을 첨가하지 않으므로 용기에 충전 후 멸균과정이 필요하다. 멸균은 115~117 ℃에서 15~20분간 가열하고 빨리 냉각시킨다.

(8) 분유

분유(powder milk)는 원유 또는 탈지우유를 그대로 또는 식품이나 식품첨가물을 가하여 처리·가공한 분말상의 것을 말한다.

① 종류

• 전지분유 : 원유에서 수분을 제거하여 분말화한 것(원유 100 %)
• 탈지분유 : 탈지유에서 수분을 제거하여 분말화한 것(탈지유 100 %)
• 가당분유 : 원유에 당류(설탕, 과당, 포도당, 올리고당류)를 가하여 분말화한 것(원유 100 %, 가당량 제외)
• 혼합분유 : 원유, 전지분유, 탈지유 또는 탈지분유에 곡분, 곡류 가공품, 코코아 가공품, 유청, 유청분말 등의 식품 또는 식품첨가물을 가하여 가공한 분말상의 것으로 원유, 전지분유, 탈지유 또는 탈지분유(유고형분으로서) 50 % 이상의 것을 말한다.
• 조제분유 : 원유 또는 유가공품을 원료로 하여 모유의 성분과 유사하게 가공한 분말상의 모유 대용품으로 유성분(우유에서 유래된 수분 이외의 성분) 60.0 % 이상의 것을 말한다.

② 제조공정(전지분유)

표준화 작업과 살균을 마친 원유는 1/4 정도로 농축한 다음 분무건조기로 보내 건조한다. 건조 전 농축은 건조시간을 단축하고 분유 입자의 분산성을 향상시킨다. 분무건조

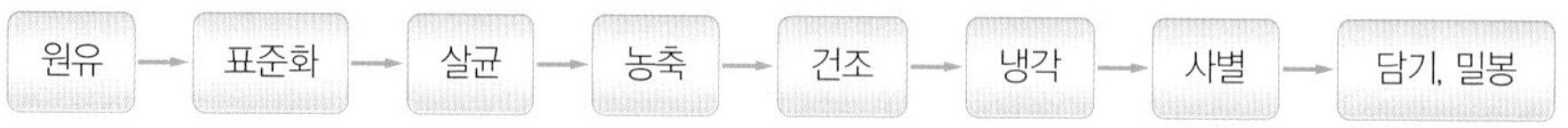

그림 7-20 전지분유의 제조공정

(spray drying)는 110~150 ℃의 바람 속에 50 ℃ 정도로 가열된 농축유를 작은 구멍의 노즐을 통해 안개 모양으로 고압 분사하여 순간적으로 건조시키는 방법이다. 이때 분사된 우유는 증발열을 빼앗기기 때문에 직접적으로 받는 열이 적어 열에 의한 단백질 변성은 매우 적은 장점이 있다. 건조된 분유는 냉각해서 20~30 mesh의 체를 통과시켜 품질검사를 한 후 포장한다. 전지분유는 공기 접촉에 의해 지방질이 산화되기 쉬우므로 질소가스를 채우고 밀봉 포장한다.

4. 난 가공

알 가공품은 가금류로부터 생산된 달걀, 오리알, 메추리알 등 알을 주원료로 하여 식품 또는 식품첨가물을 가하여 제조·가공한 것을 말한다.

1) 달걀의 선도검사

(1) 외부적 선도

- 청결도
- 난각색 : 신선란 껍질은 광택이 없고 거칠며 오래된 달걀은 표면에 광택이 있고 매끈하다. 달걀에 자외선을 조사하면 신선란은 붉은 형광색을 나타내나 수 주일 지난 달걀은 푸른색의 형광을 나타낸다.
- 비중(specitic gravity) : 신선란은 1.0784~1.0914이며, 하루에 0.0017~0.0018씩 감소한다.
  - 신선란 : 비중 1.080 이상, 11 % 식염수에 가라앉는다.
  - 약간 신선란 : 비중 약 1.073, 11 % 식염수에 뜨나, 10 % 식염수에서 가라앉는다.
  - 부패 가능란 : 비중 약 1.060 정도, 10 % 식염수에 뜨고, 8 % 식염수에 가라앉는다.
  - 부패란(묵은란) : 비중 1.058 미만, 8 % 식염수에 떠오른다.
- 진음법: 달걀을 흔들어볼 때 신선란은 내용물이 충만하여 소리가 나지 않고, 묵은 알은 소리가 난다.

(2) 내부적 선도

① 투시검사

투시검사 기구를 사용하여 기실의 크기, 난백의 상태, 난황의 상태, 혈액, 이물질 등을 검사한다. 검란기에 투시하면 신선란은 내용이 균일하며 홍색을 띠고 기실이 깨끗하게 보이나, 묵은 달걀은 기실이 넓고 내용이 어둡게 보이며 노른자위의 자리가 동요되고 특히 부패란은 암흑색을 보인다.

② 할란검사

- 난백계수(albumin index) : 할란하여 평판 위에 놓고, 농후난백 높이와 직경을 측정하여 농후난백 높이를 직경으로 나눈 값으로 신선란의 난백계수는 0.06 정도이다.

$$\text{난백계수} = \frac{\text{농후난백의 높이}}{\text{농후난백의 직경}}$$

- Haugh unit(Hu) : 72 이상(A), 60~72 (B), 40~60(C), 40 이하(D)

$$\text{Hu} = 100\log(\text{H} + 7.57 - 1.7\text{W}^{0.37})$$

H: 난백 높이(mm), W: 난 중량(g)

- 난황계수(yolk index) : 할란하여 평판 위에 놓고, 난황 높이와 직경을 구해서 난황 높이를 직경으로 나눈 값이며, 신선란은 0.442~0.361 정도이다.

$$\text{난황계수} = \frac{\text{난황의 높이}}{\text{난황의 직경}}$$

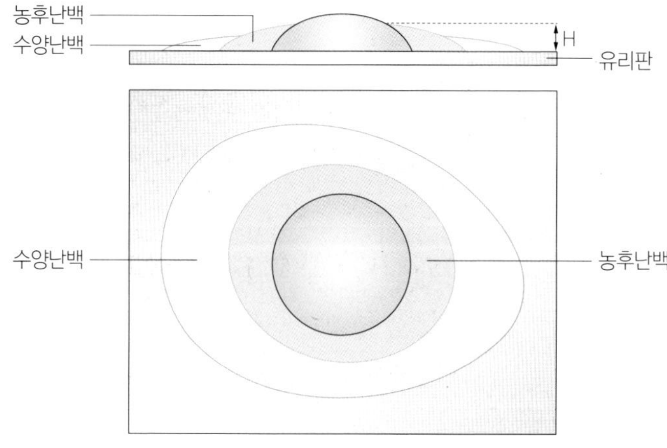

그림 7-21 난황계수

2) 달걀의 규격

규격	왕란	특란	대란	중란	소란
중량	68g 이상	68 g 미만~ 60 g 이상	60 g 미만~ 52 g 이상	52 g 미만~ 44 g 이상	44 g 미만

3) 식용란의 유통

식용란은 「식품위생법」 규정에 의한 『식품공전』의 "알의 농약 및 동물의약품 잔류허용기준(표 7-9)"에 적합하여야 하며, 가공·가열 처리하지 않고 그대로 섭취하는 용도의 경우는 살모넬라균(*Salmonella enteritidis*)이 검출되어서는 안 된다.

4) 알 가공품

달걀은 위생란, 액상란, 건조란 등 1차 가공품과 염지란, 훈연란, 피단, 마요네즈, 과자류, 음료 등 다양한 2차 가공품으로 가공된다.

알 가공에 사용하는 원료 알은 부패된 알, 산패취가 있는 알, 곰팡이가 생긴 알, 이물이 혼입된 알, 혈액이 함유된 알, 내용물이 누출된 알, 노른자위가 파괴된 알(물리적 원인에 의한 것 제외), 부화를 중지한 알, 부화에 실패한 알 등 식용에 적합하지 않은 알이면 안 된다. 원료용 알을 냉장 보관할 때에는 알 가공품과 구획하여 보관하여야 한다.

(1) 위생란

위생란(sanitary egg)은 양계장에서 생산된 달걀을 세척, 소독, 선별 및 포장 공정을 거쳐 처리한 것을 말한다.

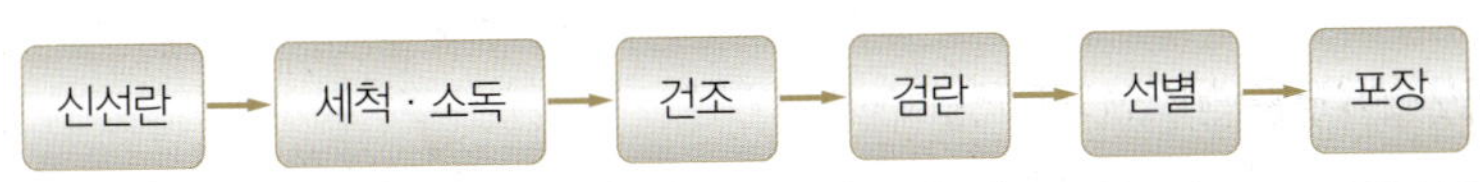

그림 7-22 위생란의 제조공정

표 7-9 알의 농약 및 동물의약품 잔류 허용기준

농약	농도(ppm)	동물의약품	농도(mg/kg)
감마-비에치씨(γ-BHC)	0.1	네오마이신(Neomycin)	0.5
글리포세이트(Glyphosate)	0.1	버지니아마이신(Virginiamycin)	0.1
디디티(DDT)	0.1	벤질페니실린/프로케인벤질페니실린(Benzylpenicillin/Procaine benzylpenicillin)	0.004
디쿼트(Diquat)	0.05		
디프루벤주론(Diflubenzuron)	0.05	살리노마이신(Salinomycin)	0.02
메토프렌(Methoprene)	0.05	설파제(Sulfonamides의 총합)	불검출
메티다치온(Methidathion)	0.02	스펙티노마이신(Spectinomycin)	2
싸이로마진(Cyromazine)	0.2	에리스로마이신(Erythromycin)	0.05
싸이퍼메쓰린(Cypermethrin)	0.05	엔로플록사신(Enrofloxacin)	불검출
아세페이트(Acephate)	0.1	옥시테트라싸이클린/클로르테트라싸이클린/테트라싸이클린(Oxytetracycline/Chlortetracycline/Tetracycline, 합으로서)	0.4
2, 4-D	0.01		
카바릴(Carbaryl)	0.5		
카벤다짐(Carbendazim)	0.1	타일로신(Tylosin)	0.2
크로펜테진(Clofentezine)	0.05	플루벤다졸(Flubendazole)	0.4
클로르단(Chlordane)	0.02	하이그로마이신 B(Hygromycin B)	0.05
클로르피리포스(Chlorpyrifos)	0.01	독시싸이클린(Doxycycline)	불검출
클로르피리포스메틸(Chlorpyrifos methyl)	0.05	노르플록사신(Norfloxacin)	불검출
트리아디메폰(Triadimefon)	0.05	오플록사신(Ofloxacin)	불검출
파라쿼트(Paraquat)	0.01	페플록사신(Pefloxacin)	불검출
퍼메쓰린(Permethrin)	0.1	나라신(Narasin)	불검출
펜부타틴옥사이드(Fenbutatin oxide)	0.05	라살로시드(Lasalocid)	0.05
푸루실라졸(Flusilazole)	0.01	샘두라마이신(Semduramicin)	불검출
프로피코나졸(Propiconazole)	0.05	콜리스틴(Colistin)	0.3
피리미카브(Pirimicarb)	0.05	티아물린(Tiamulin)	1.0
피리미포스메틸(Pirimiphosmethyl)	0.05	델타메쓰린(Deltamethrin)	0.03
헵타크로(Heptachlor)	0.05	옥시벤다졸(Oxibendazole)	0.03
디메토에이트(Dimethoate)	0.05	카나마이신(Kanamycin)	0.5
디설포톤(Disulfoton)	0.02	키타사마이신(Kitasamycin)	0.2
프로페노포스(Profenofos)	0.02	트리메토프림(Trimethoprim)	0.02
퀸토젠(Quintozene)	0.03	덱사메타손(Dexamethasone)	0.0001
트리아디메놀(Triadimenol)	0.05		
펜부코나졸(Fenbuconazole)	0.05		

(2) 액상란

액상란(liquid egg)은 전란액, 난백액, 난황액으로 구분하여 제조할 수 있으며, 제과, 제빵, 마요네즈, 수산연제품, 소시지, 달걀음료 등 원료 및 집단급식 조리용으로 주로 이용된다. 전란액은 알의 전 내용물이거나 이에 식염, 당류 등을 가한 것 또는 이를 냉동한 것이며, 난백액과 난황액은 흰자위와 노른자위를 분리하여 사용한 것을 말하며, 이들은 모두 알 내용물이 80 % 이상 함유되어야 한다.

난각이 분변 등에 오염된 알을 사용하는 경우에는 깨끗이 세척하는 동시에 150 ppm 이상의 차아염소산나트륨으로 살균 또는 이와 동등 이상의 효력이 있는 방법으로 살균하여야 한다. 할란은 오염되지 않도록 구획된 작업장에서 위생적으로 실시하여야 한다.

살균은 온도 및 시간 관리를 철저히 해야 하며, 전란액은 64 ℃에서 2분 30초, 난황액은 60 ℃에서 3분 30초, 난백액은 55 ℃에서 9분 30초를 가열살균하거나 또는 이와 동등 이상의 효력이 있는 방법으로 가열살균하여야 한다. 살균 후에는 미생물의 증식을 최소화시킬 수 있도록 5 ℃ 이하에서 신속히 냉각시켜야 한다. 비살균 액란제품은 실금란·오란·연란을 제외한 정상란으로만 제조·가공하고 할란 후에는 속히 5 ℃ 이하로 냉각하여야 하며, 72시간을 초과하여 보관해서는 안 된다.

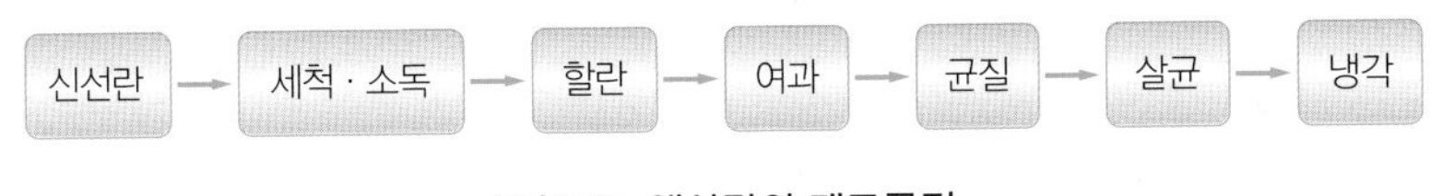

그림 7-23 액상란의 제조공정

(3) 건조란

건조란(dried egg)에는 전란분, 난황분, 난백분이 있으며, 알의 전 내용물(또는 노른자위나 흰자위)을 건조하여 분말로 만들어 알 내용물이 90 % 이상 함유된 제품을 말한다.

(4) 염지란

염지란(pickled egg)은 알을 삶아 껍질을 벗긴 후 그대로 또는 할란하여 식품 또는 식품첨가물을 첨가하여 일정시간 조리거나 가공한 것을 말한다(알 내용물 50 % 이상).

(5) 훈연란

훈연란(smoked egg)은 염지란과 같이 삶은 알의 껍질을 제거하고 조미 염용액에 침지한 후 냉훈법으로 훈연시킨 것으로 저장성과 풍미성이 우수한 제품이다.

(6) 피단

피단(Pidan)은 중국에서 주로 오리알을 비롯한 조류 알을 장기 보관하고 특유의 비린내를 없애기 위하여 만든 알 가공품으로서 알껍질 외부로부터 알칼리와 염분을 비롯한 조미·향신료 등을 침투시켜 특유의 맛과 단단한 조직을 갖도록 숙성한 것을 말한다(알 내용물 90 % 이상).

제조방법은 다양하며, 전통적으로는 짚이나 나무를 태운 재와 생석회(CaO) 등의 알칼리와 식염, 차 등 조미 향신료를 왕겨와 진흙에 이겨 알 표면에 바르고 수 개월 동안 저장하여 숙성시킨다. 이러한 방법은 아직도 널리 사용되지만 근래는 좀 더 간편하게 소석회[$Ca(OH)_2$]와 탄산나트륨(Na_2CO_3)을 함유하는 소금물에 10일 정도 담갔다 꺼내어 플라스틱 랩에 싸서 수 주 동안 숙성시키는 방법을 사용하기도 한다.

저장 숙성하는 동안 알칼리가 알의 내부로 침투하여 pH가 점차 높아짐으로써 단백질이 응고되어 흰자위는 투명한 암갈색의 탱글탱글한 젤리 모양으로 되고, 노른자위는 회색 또는 암록색의 끈적한 액상을 띠며 황과 암모니아 향을 풍긴다. 또한 일부 알들은 흰자위 겉부분에 눈 결정체나 소나무 잎 모양과 같은 다양한 무늬를 나타내어 일명 송화단이라고도 부른다.

(7) 마요네즈

마요네즈(mayonnaise)는 노른자위 또는 전란을 사용하고, 식물성 식용유(65 % 이상), 식염, 식초 또는 과즙, 당류, 향신료, 조미료 및 산화방지제 등의 원료를 혼합하여 O/W형으로 유화시킨 반고형상태의 제품이다(제조공정 및 특성은 제9장 식용유지 가공을 참조).

용어정리

근섬유(muscle fiber)
근형질막(근초, sarcolemma, plasma membrane)으로 싸여 있으며, 근원섬유(myofibril)와 근장(sarcoplasm), 근소포체 및 소수의 핵과 미토콘드리아 등을 함유하는 근육세포를 말한다.

근원섬유(myofibril)
가늘고 긴 섬유로 근섬유 내의 근장(sarcoplasm)으로 채워진 공간에서 근소포체(sarcoplasmic reticulum)로 분리되어 존재하며, 초원섬유라 불리는 미세한 섬유구조로 구성되어 반복적 횡문구조를 이루고 근육의 수축과 이완에 있어 주체적 역할을 한다.

지육
머리, 꼬리, 발 및 내장 등을 제거한 뼈를 포함하는 도체(carcass)를 말한다.

정육
지육으로부터 뼈를 제거한 식용 가능한 고기를 말한다.

사후경직
도축 직후 시간이 지나면서 글리코겐의 분해로 생성된 젖산이 근육 내에 축적되어 pH가 떨어지고 근세포 내에 ATP가 고갈되어 액틴과 마이오신의 영구적인 결합이 일어나면서 근육이 굳어지는 현상이다.

숙성(해경)
도축 후 경직상태가 되었다가 차츰 시간이 지나면서 근육에 존재하는 효소에 의해 단백질이 분해되어 육질이 연해지고 핵산분해물질과 아미노산과 같은 맛성분이 생성되어 풍미가 증가되는 과정을 해경 또는 숙성이라고 한다.

염지(salting, curing)
소금과 기타 첨가제를 사용하여 고기에 간을 하는 것으로 보존성 증가, 색소 고정, 보수성과 결착성 증가 등의 효과가 있다.

건염법(dry curing)
식염, 질산칼륨, 설탕, 향료 등 염지제를 물의 첨가 없이 직접 원료육의 표면에 뿌리거나 문질러 염지하는 방법이다.

액염법(wet curing, pickle curing)
염지액을 만들어 그 속에 원료육을 담가 염지하는 방법이다.

수침
염지 후에 육표면의 과도한 염분을 제거하고 표면의 오염물질을 제거하거나 염분을 균일하게 분포시키기 위하여 5~10 ℃ 물에 육을 담그는 것이다.

세절(chopping)
고기 또는 지방을 잘게 분쇄(grinding, comminution)하는 과정이다.

유화(emulsification)
세절한 고기를 사일런트 커터(silent cutter)에 넣고 더욱 곱게 세절하여 고기의 염용성 단백질을 추출하고 세절된 지방구가 단백질과 물속에 고루 분산된 유화물을 형성시키는 공정이다.

혼합(mixing)
고기의 형태적 변화 없이 다른 부재료와 섞는 작업이다.

훈연(smoking)
연기성분을 육제품에 침투시켜 육제품의 보존성을 향상시키는 작업으로, 향기 부여, 육색 향상 및 산화방지효과가 있다.

냉훈법(cold smoking process)
저온(15~25 ℃)에서 장시간(수일~수 주) 훈연하는 방법으로 저장성이 높고 색깔이 어둡고, 강한 풍미의 제품을 얻을 수 있다.

온훈법(hot smoking process)
중온(30~50 ℃)에서 수 시간 훈연하는 방법으로 풍미는 보통이고 색조는 중간이다.

열훈법(high temperature method)
고온(50~80 ℃)에서 짧게(1~5시간) 훈연하는 방법으로 풍미는 약하고 색조가 밝다.

액훈법(liquid smoking method)
나무를 건류하거나 목탄을 만들 때 생기는 연기를 모아 연기액을 만들어 고기에 침투시키거나 첨가하는 방법으로 연기 발생이 필요 없어 경제적이며, 조성이 일정하여 제품의 품질이 균일한 장점이 있다.

햄(ham)
본래 돼지 뒷다리 부위를 원료로 하여 정형하고 염지하여 훈연하거나 가열한 제품을 말하지만 다른 부위를 사용한 것도 포함한다.

베이컨(bacon)
돼지의 복부(belly) 또는 다른 부위를 정형하여 염지한 후 훈연 또는 열 처리한 것으로, 수분 60 % 이하, 조지방 45 % 이하의 제품이다.

소시지(sausage)
식육에 조미료 및 향신료 등을 첨가한 후 케이싱에 충전하여 냉동·냉장한 것 또는 훈연하거나 열 처리한 것으로 수분 70 % 이하에 조지방 35% 이하의 것이다.

더메스틱소시지(domestic sausage)
일반적으로 수분함량이 50 % 이상으로 많으며, 신선소시지, 훈연소시지, 가열소시지로 구분한다.

건조소시지(dry sausage)
발효 숙성 또는 저온훈연(냉훈)하여 제조한 것으로 수분함량이 35 % 이하의 단단한 소시지이다.

시유(market milk)
원유를 살균 및 균질 처리하여 소비자가 마실 수 있도록 상품화한 우유를 말한다.

크림(cream)
우유를 정치하거나 원심력을 가하여 분리한 유지방으로, 지방이 18 % 이상이며 유성분 외의 성분을 함유하지 않는 것이다.

버터(butter)
원유에서 유지방분(cream)을 분리한 것이나 발효시킨 것을 그대로 또는 이에 식품이나 첨가물 등을 첨가하여 교반, 연압한 것으로 유지방 80% 이상, 수분 18% 이하, 대장균 음성인 유제품이다.

아이스크림(ice cream)
원유 및 유가공품을 원료로 하여 감미료, 유화제, 안정제, 향료, 색소 등 첨가물과 과일 등 다른 식품을 혼합하여 교반하면서 얼린 냉동식품이다.

발효유
원유 또는 유가공품을 젖산균이나 효모로 발효시킨 것이나 이에 다른 식품 또는 식품첨가물 등을 위생적으로 첨가한 것이다.

균질
우유에 충격을 가하여 지방구의 크기를 작게 하여 지방의 분리를 방지하고 점도를 높이며 조직을 균일하게 하는 공정이다.

증용률
아이스크림의 조직감을 좋게 하기 위하여 동결 시에 조직 내에 공기를 유입시켜 부피를 증가시키는데 이때 원재료에 대한 아이스크림 제품의 팽창률을 의미이다.

단원정리

1 근육은 형태에 따라 횡문근과 평활근으로 나뉜다. 골격근과 심근은 횡문근에 속하고, 위나 소장 등의 내장과 혈관을 구성하는 근육은 평활근에 속한다. 또한 근육은 자의로 움직일 수 있는가에 따라 수의근과 불수의근으로 나뉘며, 자의로 움직일 수 있는 근육에는 골격근, 자의로 움직이지 못하는 근육에는 심장근과 내장근이 있다.

2 골격근의 주체는 근섬유(muscle fiber)로서 다수의 근원섬유(myofibril)를 함유하고 있으며, 이들이 모여 근섬유다발인 근속(muscle fiber bundle)을 이루고, 근속이 다시 수십 개 모여서 더 큰 근섬유다발을 이루며, 이것이 여러 개 모여 근육을 이룬다.

3 근수축은 반복적 횡문구조를 이루고 있는 근원섬유 내의 굵은 섬유 사이에 가는 섬유가 미끄러져 들어가 근절의 길이가 짧아지는 것이다.

4 근육은 사후 물리·화학적 변화에 의하여 단단하게 굳어지는 사후경직(rigor mortis)과 그 후 차츰 연화되는 사후경직 해제(숙성)가 일어난다.

5 도축 후 가축의 도체는 냉각과 해동 등 온도 변화조건과 속도에 따라 저온단축(cold shortening)과 고온단축(heat shortening), 해동경직(thaw rigor) 등의 현상이 일어나 육질을 손상시킬 수 있다.

6 유화성(emulsifying property), 보수성(water holding capacity) 및 결착력(binding capacity) 등 원료육의 기능적 특성은 다양한 요인에 의해 영향을 받는다.

7 육 가공에서는 제품의 종류에 따라 다소 차이는 있으나 기본적으로 세절, 염지, 혼합, 유화, 훈연, 가열 등의 다양한 공정방법을 사용한다.

8 햄은 원료육의 부위와 제조방법에 따라 레귤러햄(본인햄, regular ham, bone-in ham), 본리스햄(boneless ham), 프레스햄(pressed ham), 등심햄(loin ham), 숄더햄(shoulder ham), 벨리햄(belly ham), 가열햄(cooked ham) 등 다양한 종류로 분류된다.

9 소시지는 제조방법과 저장성에 의해 더메스틱소시지(domestic sausage)와 건조소시지(dry sausage)로 크게 나뉘고, 이를 다시 원료, 훈연, 가열 등 제조방법에 따라 매우 다양한 종류로 나눈다.

10 시유는 원유(raw milk)를 균질, 살균 등의 처리공정을 거쳐서 소비자가 마실 수 있도록 상품화한 음용 유제품으로서 제조 시 성분 규격에 적합하고 제품의 품질 균일성을 위하여 원유의 유지방과 무지고형분 등의 함량을 조절하는 표준화작업을 거친다.

11 우유의 살균(pasteurization)은 영양소 손실을 최소화하고 신선한 풍미를 유지하면서 병원미생물의 사멸 시에는 최소한의 온도와 시간으로 처리하는 것이 원칙이다. 저온 장시간(LTLT)살균법, 고온 단시간(HTST)살균법, 초고온순간(UHT)멸균법 등이 있다.

12 버터는 가염 여부에 따라 가염버터(salted butter)와 무염버터(unsalted butter), 발효 여부에 따라 발효버터(sour cream butter)와 비발효버터(sweet cream butter)로 구분되고, 그 외 강화버터, 분말버터, 포립버터, 재생버터, 저지방버터, 유청버터 등 다양한 종류로 나뉜다.

13 버터 제조 시 산도가 높은 크림을 사용하면 살균과정에서 카제인이 응고하여 버터의 품질과 생산량의 감소와 함께 풍미와 보존성이 떨어지기 때문에 살균 전 중화가 필요하다.

14 치즈는 제조방법에 따라 자연치즈(natural cheese)와 가공치즈(processed cheese)로 크게 나뉘며, 수분함량에 따라 연질·반경질·경질·초경질 치즈로 나뉘고, 숙성에 따라서는 미숙성·박테리아숙성·곰팡이숙성 치즈 등으로 분류된다.

1. PSE 육의 특징을 설명해 보시오.

2. DFD 육의 특징을 설명해 보시오.

3. 근원섬유의 구조를 그려서 근절, A대, I대, H대, Z선, 굵은 섬유, 가는 섬유를 표시해 보시오.

4. 저온단축과 그 방지법에 대하여 설명해 보시오.

5. 염지의 주된 목적을 설명해 보시오.

6. 염지 촉진방법을 설명해 보시오.

7. 염지육에서 마이오글로빈의 화학적 변화와 육색의 관계를 설명해 보시오.

8. 훈연 중 발생하는 연기성분의 종류와 그들의 기능을 설명해 보시오.

9. 소시지의 종류를 분류하고 각 예를 3가지씩 들어 보시오.

10. 소시지의 제조공정을 설명해 보시오.

11. 시유의 규격을 제시해 보시오.

12. 버터의 제조공정을 간략히 설명해 보시오.

13. 아이스크림 생산 시 증용률(over run)에 대해 설명해 보시오.

14. 우유의 살균방법에 대해 설명해 보시오.

15. 시유 제조공정 중 지방함량이 3.7 %인 원유 100 kg을 지방함량 0.5 % 탈지유를 사용하여 지방을 3.5 %로 표준화할 때 첨가할 탈지유 양을 계산해 보시오.

16. 지방률 3.0 %인 원유 100 kg에 지방률 40 %인 크림을 혼합하여 지방률 3.5 %로 표준화하기 위하여 첨가해야 할 크림의 양을 계산해 보시오.

17. 산도 0.3 %의 크림 100 kg을 중탄산소다로 중화시켜 0.2 %의 산도가 되도록 할 때 첨가해야 할 중탄산소다의 양을 계산해 보시오(중탄산소다의 분자량 : 84.01, 젖산의 분자량 : 90).

18. 비중에 의한 달걀의 신선도 검사방법을 설명해 보시오.

19. 난황계수에 대해 설명해 보시오.

1. PSE 돈육은 육색이 창백하고 조직이 연약하며 pH가 낮고 수분 분리가 발생하여 가공육 제조 시 유화력과 결착력이 낮고 보수력이 떨어져 감량이 많아 경제적 손실이 크다.

2. DFD육은 육색이 검고 조직이 단단하며 건조한 외관을 나타낸다. DFD육은 근섬유가 조밀하게 배치되어 산소 투과율이 낮고, 미토콘드리아 호흡작용의 항진으로 옥시마이오글로빈 함량이 낮아 육색이 어둡다. 보수력이 높아 유화형 소시지 제조에 사용될 수 있으나 pH가 높아 미생물의 생육에 유리한 환경을 제공한다.

3. 본문의 그림 7-1 참조

4. 저온단축은 도축 후 사후경직을 거치지 않은 도체를 낮은 온도로 빠르게 냉각할 때 일어나는 근섬유의 단축현상이다. 저온단축을 방지하기 위해서는 사후경직이 완료될 때까지 15~16 ℃에서 16~24시간 도체를 보관하거나 도체의 전기자극을 통하여 ATP와 고에너지 인산염의 소실을 촉진하는 방법이 있다.

5. 염지의 목적은 미생물 증식을 억제하여 보존성을 증가시키고 식중독을 예방한다. 또한 고기의 색소를 고정시켜 염지육 특유의 색을 나타내게 한다.

6. 염지 촉진방법
① 염지액 주사법 : 크기가 큰 원료육에 근육이나 동맥을 통해 염지액을 직접 주입하는 방법
② 마사징과 텀블링 : 통 안쪽에 돌출판이나 날개를 갖춘 마사저나 텀블러에 넣어 부비고 충격을 주는 방법
③ 가온 염지법 : 염지액의 온도를 50 ℃로 높게 유지하여 염지를 촉진하는 방법

7. 본문의 그림 7-7 염지육에서 마이오글로빈의 화학적 변화와 육색을 참조

8. 훈연성분과 작용
- 페놀 : 항산화작용, 정균작용, 제품의 색과 풍미 부여
- 알코올 : 휘발성 물질의 운반 기능, 살균작용
- 유기산 : 훈제품 표면의 단백질 응고, 저장성 향상
- 카보닐성분 : 갈변현상을 일으켜 훈연 색 부여, 풍미, 냄새에 중요

9. 소시지의 분류
① 더메스틱소시지(domestic sausage)
-신선소시지 : fresh pork sausage, breakfast sausage, bock wurst, brat wurst
-훈연소시지 : pork sausage, wiener sausage, frankfurt sausage, bologna sausage
-가열소시지 : liver sausage, blood sausage, tongue sausage, head sausage
② 건조소시지(dry sausage)
-비훈연 건조소시지 : German salami, Italian salami, Hungarian salami 등
-훈연 건조소시지 : farmer sausage, cervelat sausage 등
-가열 건조소시지 : summer sausage, mortadela sausage 등

10. 원료육 선정과 처리 → 염지 → 만육 → 세절, 유화 및 혼합 → 충전 → 건조, 훈연 → 가열, 냉각 → 포장

11. 시유의 규격
① 성상 : 유백색 또는 황색의 액체로서 이미, 이취가 없어야 함
② 비중 : 1.028~1.034
③ 산도 : 젖산 기준으로 0.18 이하
④ 무지고형분 : 8 % 이상
⑤ 조지방 : 3 % 이상
⑥ 세균 수 : 1 mL당 2만 이하
⑦ 포스포타아제 : 음성(저온 살균제품과 고온 단시간살균제품의 경우)

⑧ 대장균군 : n=5, c=2, m=0, M=10(멸균제품의 경우 음성이어야 함)

12. 원료유 → 예비가열 → 크림의 분리 및 중화 → 살균 → 냉각 → 발효 및 숙성 → 교동 → 버터밀크 제거 → 가염 및 연압 → 포장

13. 증용률(over run)이란 원재료에 대한 아이스크림제품의 부피 증가율을 의미하며, 계산식은 본문을 참조한다.

14. 우유의 살균은 영양소 손실을 최소화하며, 효소를 파괴하고, 우결핵균과 블루셀라균, Q 열병균이 사멸되는 61.1 ℃에서 30분간을 기준으로 한다.

① 저온 장시간(LTLT)살균법 : 63~68 ℃에서 30분 유지하는 방법
② 고온 단시간(HTST)살균법 : 72~75 ℃에서 15~20초간 짧게 유지하는 방법
③ 초고온순간(UHT)멸균법 : 135~150 ℃에서 2~7초간 매우 짧게 유지하는 방법

15. 6.7 kg

16. 1.4 kg

17. 93.3 g

18. 달걀은 선도가 저하될수록 비중이 감소한다. 신선란의 비중은 1.0784~1.0914이며, 하루에 0.0017 정도 감소한다.

① 신선란 : 11 % 식염수에 가라앉음
② 약간 신선란 : 11 % 식염수에 뜨고, 10 % 식염수에 가라앉음
③ 부패 가능란 : 10 % 식염수에 뜨고, 8 % 식염수에 가라앉음
④ 부패란 : 8 % 식염수에 떠오름

19. 난황계수란 달걀의 내부적 선도 검사방법의 하나로, 달걀을 할란하여 평판 위에 놓았을 때 난황의 높이를 직경으로 나눈 값으로 신선란은 0.442~0.361 정도이며, 선도가 좋지 않을수록 값은 작아진다.

CHAPTER 8

수산 가공

1. 수산식품의 특징

2. 수산식품 가공법

1. 수산식품의 특징

우리나라는 3면이 바다로 둘러싸여 있어서 수산자원이 풍부하기 때문에 수산식품이 식량자원 면에서 차지하는 비중이 매우 크며, 특히 동물성 단백질 공급원으로서 역할도 중요하다고 하겠다. 일반적으로 수산식품에는 어류, 갑각류, 연체동물, 해조류, 패류 등이 있다.

1) 일반적 특징

수산물은 농산물이나 축산물에 비해서 다음과 같은 특성을 가진다.

첫째, 수산물은 그 종류가 대단히 많다. 절족류, 연체류, 극피동물, 척추동물 등 분류학상 하등한 것에서부터 고등한 것에 이르기까지 각 부문에 속하는 동물이나 조류가 가공 대상이 된다.

둘째, 계획 생산이 어렵다. 원료 수산물은 천연산과 양식산으로 분류할 수 있으며, 자원의 양을 정확하게 파악하기 어려울 뿐만 아니라 어기, 어장 및 어획량이 일정하지 않아 계획 생산이 어렵다.

셋째, 생산되는 장소와 시기가 국한되어 있다. 지구 표면의 3/4이 바다라도 어장이 성립되는 수역은 한정되어 있다. 즉, 수중 200 m 이내의 대륙붕을 그 대상 수역이라고 볼 때 전 해양의 8.4 % 정도에 불과하며, 이 대륙붕도 언제나 어장으로서 성립되는 것은 아니다. 수산생물의 분포밀도가 균일하지 않고, 일반적으로 경제적 가치가 있으며 산업의 대상이 될 수 있는 어족은 무리를 형성하여 회유하는 것이 보통이다. 따라서 어업이 성립될 수 있는 수역은 자연히 국한되고 어느 특정 지역에서만 처리가 곤란할 만큼 어획물이 많이 생산되는 경우가 많다. 또한 생산되는 시기도 어군의 회유에 따라 자연히 한정되며 인위적으로 변경할 수도 없다.

넷째, 어체의 크기, 부위, 계절에 따른 성분의 변화가 많다. 일반적으로 동물은 같은 종류라고 해도 나이, 비만도에 따라 근육성분에 차이가 있고, 같은 개체라도 부위에 따라 차이가 있는데 어류는 이와 같은 경향이 심하다. 어류는 일 년 중 가장 맛있는 시기가 있는데 축산물에서는 이러한 뚜렷한 시기를 따로 구분해 낼 수 없다. 따라서 어류의 경우 체성분의 계절적 변화가 크다는 것을 알 수 있다.

다섯째, 어육은 축육에 비하여 부패 및 변질되기가 쉽다. 어육의 부패가 용이한 이유는 축육에 비하여 수분함량이 많으며, 포화지방산보다 불포화지방산 함량이 많고 근육조직이 단순하며, 어패류는 육상동물보다 자가소화가 신속하고 부패세균의 부착 기회가 많기 때문이다.

여섯째, 수산물은 특유한 냄새, 색깔, 맛을 가지고 있다. 수산물은 종류에 따라 특유한 냄새와 색깔, 맛을 가지고 있어 다양하다. 일반적으로 선도가 좋은 것은 향취, 색깔, 맛 등이 우수할 뿐만 아니라 가공원료로서의 적성도 높지만 선도가 떨어진 것은 비린 냄새가 강하게 나고 색채도 변색되며 감칠맛 등의 기호성이 떨어진다.

2) 조직상의 특징

어체는 머리, 몸통 및 꼬리의 세 부분으로 되어 있고 몸의 모양은 보통 방추형이나 그 외 좌우상하로 편평한 것과 가늘고 긴 것 등이 있다.

(1) 근육의 조직

근육조직(muscle tissue)은 근섬유(muscle fiber)가 모여 이루어진 것으로 형태적으로는 평활근(smmoth muscle)과 횡문근(striated muscle)으로 나누고, 횡문근은 다시 골격근(skeletal muscle)과 심근(cardiac muscle)으로 나누어진다. 또한 기능적으로는 수의근(voluntary muscle)과 불수의근(involuntary muscle)으로 나뉜다.

주로 식용으로 사용하는 것은 골격근이며, 이는 의지에 의하여 자유로이 움직일 수 있는 수의근이다.

(2) 근섬유

근섬유(muscle fiber)는 근을 구성하는 단위체로서 〈그림 8-1〉에서 보는 바와 같이 밖은 근섬유소(sarcolemma)에 의하여 싸여 있고 그 내부에는 명암무늬를 가지는 다수의 근원섬유(myofibril)가 규칙적으로 줄지어 들어 있으며, 핵(nucleus)이 존재하고 근원섬유 사이는 근원질(sarcosome) 또는 근장(sarcoplasma)이라고 하는 교질용액으로 채워져 있다.

근섬유의 크기는 동물의 종류에 따라 다르고 같은 동물에 있어서도 부위, 연령, 영양

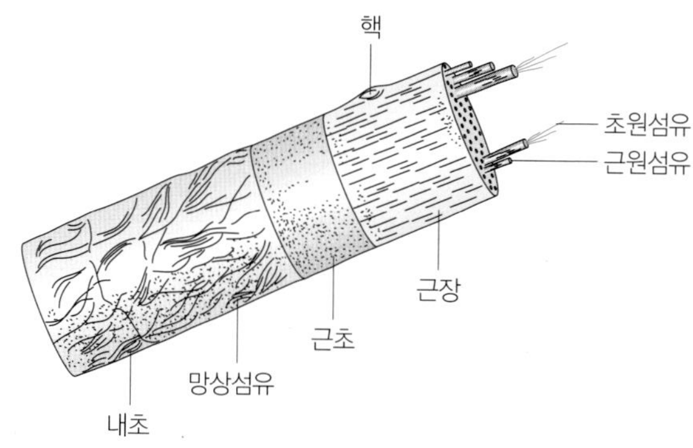

그림 8-1 근섬유의 구성도

상태 등에 따라 다르다. 어육에 있어서는 길이가 수mm로 축육에 비하여 짧으며, 지름은 50~100 ㎛으로서 축육에 비하여 굵다.

(3) 결체조직

어류의 결체조직은 근섬유나 내부기관을 결속하는 조직으로 교원섬유(collagenous fiber), 탄성섬유(elastic fiber) 및 세망섬유(reticular fiber) 등이 있다. 교원섬유는 대표적인 결체조직 섬유로서 지름이 0.3~0.5 ㎛의 가는 콜라겐 섬유가 다수 모여 지름이 1~12 ㎛의 섬유로 된 것이며 횡문을 나타낸다.

탄성섬유는 엘라스틴 섬유로 탄성을 나타내며 어육의 질긴 맛의 원인이 된다. 세망섬유는 많은 기관의 지지역할을 하며 결체조직과 다른 조직이 인접하는 곳에 많이 볼 수 있다. 어육에 있어서 결체조직량은 축육에 비하여 상당히 적어서 어육이 축육에 비하여 연한 이유가 된다.

(4) 어피조직

어피는 껍질(skin)로 덮여 있다. 껍질의 절단면을 현미경으로 살펴보면 〈그림 8-2〉와 같이 여러 층의 표피세포로부터 된 표피(epidermis)와 여러 층의 결체조직으로부터 된 진피(dermis)로 이루어져 있다. 표피에는 점액선(mucus gland)이 있어 점액질을 분비하고 진피에는 석회질이 침적하여 된 비늘(scale)이 생성되어 있다.

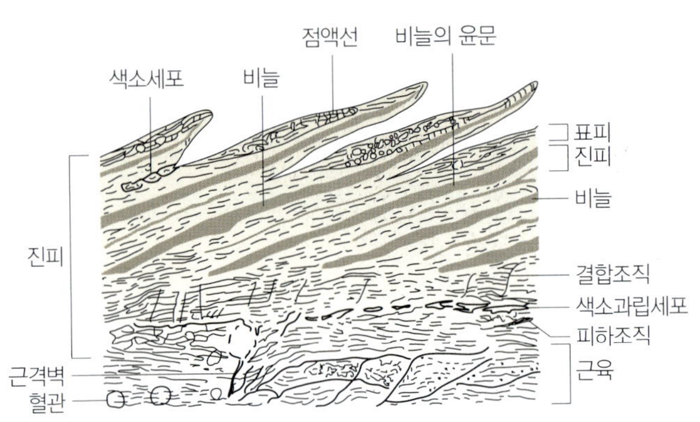

그림 8-2 어피의 표피부 단면

3) 성분상의 특징

어패류의 일반성분은 어종, 계절, 성별, 연령, 어장 및 영양 상태 등에 따라 쉽게 변한다. 가식 부위는 어류의 경우 50~60 %, 조개류는 20~40 % 정도이다. 일부 어패류의 개체중량에 대한 내부의 비율을 보면 〈표 8-1〉과 같다.

표 8-1 어패류 육량

어종	육량(%)	어종	육량(%)	어종	육량(%)
가다랑어	70	붕장어	46	숭어	27
갯장어	68	임연수어	45	달강어	25
연어	60	조기	42	오징어	70
고등어	50	농어	42	전복	50
곰치	50	성대	40	보리새우	44
갈치	50	명태	40	백합	25~40
청어	48	대구	31	굴	24
넙치	47	도미	30	소라	20
가재미	46	게르치	30	바지락	13~20

어패류의 종류에 따른 일반성분의 조성은 〈표 8-2〉에 나타내었다.

수분은 어린고기의 내부에 많으며, 고등어와 같은 적색어보다는 대구, 가자미와 같은 백색어와 오징어, 문어와 같은 수산 무척추동물에 많이 함유되어 있다. 지질은 일반성분 중 가장 변동이 심하다. 일반적으로 회유어는 저서어에 비하여 계절적인 지질함량의 변동이

표 8-2 어패육의 일반성분 조성

어종	수분(%)	단백질(%)	지질(%)	탄수화물(%)	회분(%)
가다랑어	70.0	25.4	3.0	0.3	1.3
다랑어(붉은살)	73.2	24.3	1.0	0.3	1.2
다랑어(기름살)	52.6	21.4	25.0	0.1	0.9
방어	68.2	22.5	8.0	0.3	1.0
고등어	76.0	18.0	4.0	0.3	1.7
꽁치	70.0	20.0	8.4	0.3	1.3
정어리	75.0	17.5	6.0	0.3	1.2
전갱이	75.0	20.0	3.5	0.3	1.2
연어	72.2	20.0	6.0	0.3	1.5
도미	77.8	18.0	2.5	0.3	1.4
대구	81.0	16.6	0.6	0.1	1.7
넙치	75.7	22.0	1.2	0.3	0.8
곰상어	72.0	16.2	10.0	0.3	1.5
잉어	67.0	22.4	9.0	0.3	1.3
뱀장어	60.7	20.0	18.0	0.3	1.0
바지락	85.4	10.6	1.3	1.5	1.2
백합	84.8	10.0	1.2	2.5	1.5
굴	79.6	10.0	3.6	5.1	1.7
전복	73.4	23.4	0.4	0.8	2.0
오징어	80.3	17.0	1.0	0.5	1.2
문어	82.9	14.6	0.6	0.3	1.6
보리새우	80.0	16.0	1.1	1.5	1.4
왕게	76.0	20.0	0.5	1.5	2.0
해삼	91.0	2.5	0.1	1.5	4.3

크다. 청어의 경우 2~22 %, 정어리는 2~12 %, 연어는 0.4~14 % 정도이다. 보통 수분함량과 지질함량의 합계는 약 80 % 내외를 차지하다.

어류의 단백질은 지질과는 달리 비교적 변동이 적으며, 수분을 제외한 어육의 주성분으로 약 20 % 정도를 차지한다.

어류의 탄수화물은 어육에서는 1 % 이하 정도이다. 조개류의 경우 글리코겐(glycogen)을 많이 함유하고 있어 그 함량이 5 % 정도이다.

회분함량은 일반적으로 2 % 이하이며 그 함량의 변동도 적다. 수산 무척추동물은 어류보다 회분이 약간 많은 경향을 보인다.

(1) 어육의 육색

어류는 그 육색에 따라 적색어(dark-fleshed fish)와 백색어(white-fleshed fish)로 나눌 수 있다. 적색어는 고등어·꽁치·방어·가다랑어 등이며, 백색어는 도미·넙치·가재미·대구·조기 등이다. 일반적으로 적색어는 표층회유성 어종에 많고, 백색어는 정착성 어종에 많다. 적색어는 백색어에 비하여 지질함량이 많고 수분함량은 적은 편이다.

또한 이들 어류의 단면을 보면 혈합육(dark meat, red meat)은 암갈색의 진한 육색 부분이고, 보통육(ordinary meat, white meat)은 묽은 육색으로 된 근육 부분으로 구분할 수 있다. 몇 가지 어류의 혈합육의 분포를 어체 단면으로 나타낸 것이 〈그림 8-3〉이다.

어육 중의 혈합육의 양이나 분포상태는 어종이나 어체 부위에 따라 다르나, 일반적으로 회유성 또는 운동이 활발한 붉은살 어류에 많고 저서성 또는 운동이 활발하지 못한 흰살

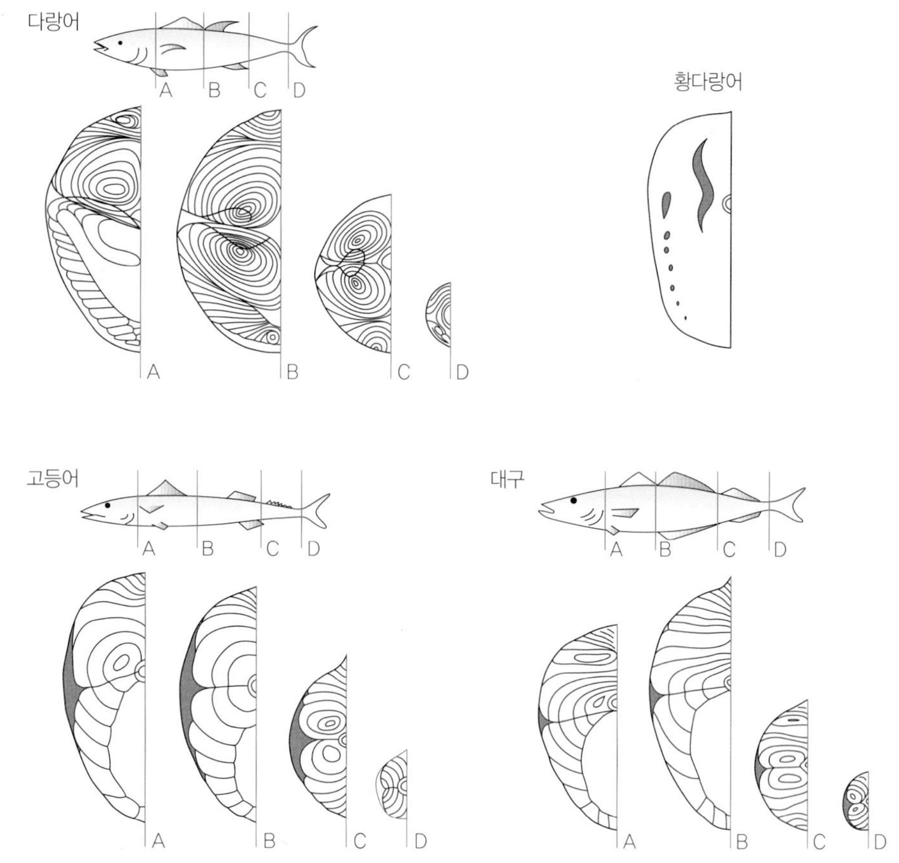

그림 8-3 어육의 단면도

표 8-3 보통육에 대한 혈합육의 비율

어종	정어리	꽁치	청어	고등어	방어	별상어	삼치	가물치
혈합육	31.1	23.3	19.5	18.1	16.4	6.9	4.5	0.5

표 8-4 보통육과 혈합육의 일반성분(%)

어종	육의 종류	수분	총질소	단백질소	비단백질소	지질	회분
가다랑어	보통육	72.1	4.1	3.2	0.9	0.6	1.4
	혈합육	71.4	3.5	2.9	0.6	3.0	1.3
물치다래	보통육	73.1	4.6	3.0	1.0	0.7	1.2
	혈합육	72.3	3.6	3.0	0.7	2.0	1.2

어류에는 적은 경향을 나타낸다. 예를 들면, 〈표 8-3〉과 같이 혈합육의 비율이 30 % 이상에 달하는 것이 있는 반면 1 % 미만인 것도 있다.

혈합육의 일반성분 조성은 〈표 8-4〉와 같이 보통육에 비하여 수분함량이 적고 지질이 많으며, 총질소와 비단백질소는 적다.

혈합육은 마이오글로빈(myoglobin)과 같은 색소단백질을 많이 함유하고 있으며 각종 효소군도 풍부하다. 혈합육의 아미노산 조성은 보통육과 큰 차이는 없다. 엑스분(extractives)은 혈합육에는 적으나 엑스분 중에서도 크레아틴(creatine), TMAO(trimethyl-amine oxide) 및 inosinic acid가 적은 반면, 요소(urea), 글루탐산(glutamic acid)은 많은 것이 특징이다. 또한 비타민 A·B·C 등이 모두 혈합육에 많이 함유되어 있다.

2. 수산식품 가공법

1) 수산 냉동식품

수산 냉동식품은 전처리를 하여 급속동결을 하고 포장을 한 규격품이며 간단한 조리로 식탁에 제공할 수 있는 것으로서 소비자에게 인도할 때까지 상품이 -18 ℃ 이하로 보관된 것을 말한다. 즉, 냉동식품의 정의는 "전처리 후 급속동결하여 -18 ℃ 이하의 동결상태를 유지시킨 포장식품으로 원형 그대로 동결시킨 원형동결품과 수세, 어체 처리 등의 전처리공정을 통하여 부가가치를 높인 처리동결품"이라고 할 수 있다. 예를 들면 원형동결품은 고등어, 꽁치, 정어리, 갈치, 가자미, 조기 등이 있고, 처리동결품은 명태, 연육, 새우 등이 있으며, 수산 프라이류와 수산 크로켓류(croquettes), 튀김류 등의 수산 조리냉동식품이 있다. 수산 조리냉동식품은 〈표 8-5〉와 같다.

표 8-5 조리냉동식품의 분류(일본)

대분류	소분류	제품명
튀김류	단일원료에 빵가루를 입힌 것	오징어, 새우, 게, 굴, 대구, 기타 어류의 튀김
	크로켓	meat, croned beef, chicken, 새우게, cream, 감자, corn 등
	꼬치 까스류	소시지, 빵가루, 연제품, 경육, 새우, 축육 등
	연제품, 햄버거, 달걀에 빵가루 첨가류	white fry(백색어육 사용), 달걀부침
	기타	굴(새우, 채소) 튀김, 용전(龍田) 튀김(청어, 은어)
연제품류	수산 연제품	어묵, 탕천(揚天)
	축육 주체 연제품	미트볼, 치킨볼 등
중화요리	만두류	만두, 육만 등
양식	스테이크	스튜, cream boiled, 카레수프
	파이	파이, 피로즈키, 라비올리, 피자 등
	햄버거	햄버거, 민치, 오믈렛 등
	런치(디너 포함)	스파게티 등
기타	제철음식	뱀장어구이, 샌드위치, foil sealed(cream boiled), 은대구 등

2) 수산 냉동식품의 제조

수산냉동식품의 제조공정은 〈그림 8-4〉와 같다.

(1) 원료

원료어는 선도가 양호한 것이 중요하다. 즉, 0~5 ℃의 온도에 보존함은 물론이고 방치시간을 최소한으로 단축하는 것이 좋으며 직사광선을 피하도록 한다. 원료어의 세척용수 역시 5 ℃ 이하의 수온을 유지하도록 하며, 원료어를 취급할 때도 주의해서 다루어야 한다. 제품을 만들기 위한 원료어의 선도 식별방법은 〈표 8-6〉과 같다.

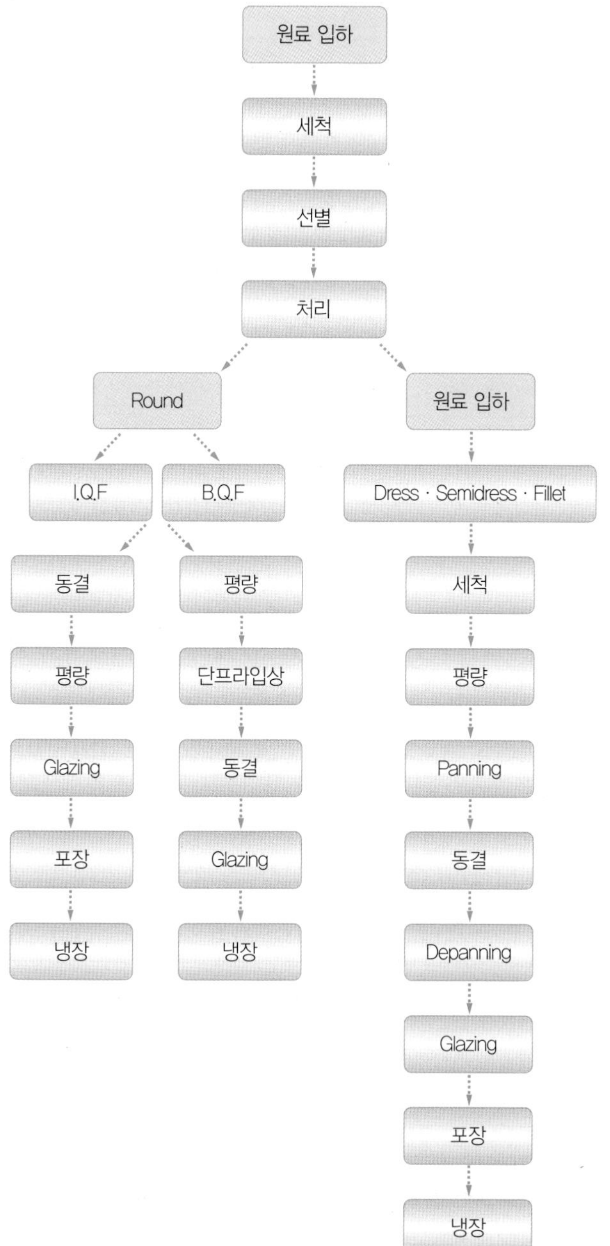

그림 8-4 수산 냉동식품의 제조공정

표 8-6 원료어의 선도 식별방법

구분	선도		
	양호	보통	불량
외관	고유의 색조, 반문은 뚜렷하고 생생한 빛, 안구는 투명, 아가미는 선홍색, 점막은 투명하고 복부 경도가 충분하고 배설항이 정상인 것	고유의 색조, 반문은 뚜렷한 편이나 빛이 약하다. 안구는 혈액 침윤이 조금 나타나고, 아가미는 홍 또는 적색이며 점성이 약간 있다. 복부는 조금 연화, 배설항이 정상인 것	색조 반문이 회색 불명하고 세균성 점막이 형성되며 부분적으로 건조, 안구는 침탁, 아가미는 부분적으로 퇴색, 복부는 연화되고 내장이 유출된 것
조직	탄력이 있고 지압 후 원상복귀가 빠르며 어체가 잘 휘어지지 않는 것	탄력은 약간 있으나 지압 후 원상복귀가 느리고 어체가 휘어지는 것	탄력이 없고 지압 후 흔적이 남으며 비늘이 거의 붙어 있지 않은 것
냄새	신선한 해초취 또는 시원한 바다 냄새가 나는 것	냄새는 거의 없거나 약한 비린내가 나는 것	부패취 또는 암모니아 냄새, 아가미에서 이상 악취가 나는 것

(2) 세척

원료어는 맑은 물 또는 소독된 바닷물로 충분히 세척하여 어체에 부착된 어물, 점액, 혈액 등을 깨끗이 제거하여야 한다. 이는 어체 표면의 건조를 방지하고 세균 번식 및 악취의 원인을 제거하기 위한 것으로 맑은 물이나 소독된 해수로 깨끗이 세척한다.

(3) 선별

원료어의 선별은 어체의 크기(대·중·소), 선도, 상처의 유무에 따라 실시하여 균일한 제품 제조로 상품의 가치를 높일 수 있도록 한다.

(4) 어체 처리

냉동 전 어체의 처리방법은 〈표 8-7〉과 같다.

(5) 세척

어체를 절단 손질한 후 잘 세척하여 피, 내장 등 잡물질을 깨끗이 제거하여야 하며 충분히 물기를 뺀다.

표 8-7 냉동어의 처리방법별 분류

명칭	처리방법	적용 어류명
Whole fish	원형 그대로인 것	삼치, 방어, 고등어, 꽁치, 가자미, 조기, 병어, 준치, 졸복, 오징어 등
Semi-dressed fish	내장, 아가미 제거한 것	복어류, 광어, 가자미 등
Dressed fish	머리, 내장, 비늘을 제거한 것	연어, 송어, 대구, 상어, 아귀 등
Pan-dressed fish	dressed 처리한 것에서 지느러미를 제거한 것	아귀 등
Filleted fish	dressed를 배골(背骨)에 따라 두텁고 평평하게 끊고 육 중의 피와 뼈를 제거하여 육편으로 처리한 것	명태, 보리멸, 쥐치, 붕장어, 아귀, 고등어, 도루묵 등
Chunk	육괴를 dice형으로 네모지게 절단한 것	참치, 경육
Steak	dressed한 것을 2~3 cm의 두께로 자른 것	참치, 연어, 송어, 삼치
Stick	filleted한 어육을 세절하여 각봉형(角棒形)으로 한 것	명태

(6) 무게 측정

세척을 한 후 어체는 일정량씩 무게를 측정하여 냉동팬에 담아 동결하게 된다. 원료에 따라서는 냉동팬에 담기 전에 플라스틱 필름으로 포장하여 동결 후의 빙의(glazing) 입히기 공정을 생략하고 종이상자 등에 담는다.

(7) 팬에 담기

팬에 담기(panning)는 품종별 상품 가치를 높이기 위하여 각 단마다 폴리에틸렌 필름(polyethylene film, PE)을 깔고 해동 시 발생하는 드립을 고려하여 적당한 공간을 남기고 담는다.

(8) 냉동

동결은 접촉식 냉동(contact plate freezing)이나 송풍식 냉동(air blast freezing) 방법을 사용하여 -35~-40 ℃ 이하의 온도로 급속동결하여 어체의 중심온도가 -20 ℃ 이하가 되도록 한다.

(9) 팬 이탈

냉동된 어패류를 팬으로부터 이탈시키는 작업을 depanning이라고 한다. 표면에 호스로

물을 뿌리거나 탱크 중의 흐르는 물에 30~60초 동안 담갔다가 꺼내어 가볍게 충격을 가한다. 이때 사용하는 물은 맑은 물이나 바닷물을 사용하며 물의 온도는 10~20 ℃가 적당하다.

(10) 빙의 입히기

팬에서 이탈시킨 냉동어는 0~2 ℃ 물에 약 5초 정도 담갔다가 꺼내 어체 표면에 부착한 수분을 얼려 얼음 옷을 입히는 것을 빙의 입히기(glazing)라고 한다. 이는 공기를 차단하여 어체의 건조 및 산화를 방지하기 위한 목적이 있다.

빙의를 입힐 때의 실내온도는 -5~-10 ℃, 물의 온도는 1~3 ℃, 냉동어의 온도는 -15 ℃ 이하로 하는 것이 좋으며 빙의를 입히는 횟수는 2~3회 반복하여 무게 3 %, 두께 2~5 mm 이상 되도록 한다. 빙의는 냉동 보관 중에 증발하거나 균열이 생기므로 3개월에 1번 정도 빙의를 다시 입히는 것이 좋다.

(11) 포장

빙의를 입힌 폴리에틸렌 필름에 담아 밀봉한 후 종이상자에 넣어 포장한다.

(12) 냉동저장

포장된 제품은 -18 ℃ 이하의 온도에서 냉동 저장한다. 냉장 저장온도에 따른 수산물의 저장기간은 〈표 8-8〉과 같다.

표 8-8 냉동 저장온도에 따른 수산물의 저장기간

냉장기간	냉장온도	
	지방이 많은 어류	지방이 적은 어류
3개월 이내	-10 ℃ 이하	-5 ℃ 이하
3~6개월	-10~-15 ℃	-5~-10 ℃
6~9개월	-15~-20 ℃	-10~-15 ℃
9~12개월	-20~-25 ℃	-15~-20 ℃
12개월 이상	-25 ℃ 이하	-20 ℃ 이하

3) 수산 건조식품

수산 건조식품은 수산 가공품 중 단순 가공품으로 어패류 및 해조류 등을 천일건조 또는 인공건조하여 수분함량을 감소시켜 세균 발육을 억제, 저장성을 부여한 제품이다. 건조방법이 간편하고 복잡한 시설이 요구되지 않으며 제품은 저장기간이 길기 때문에 아주 오래전부터 이용되어 온 저장 가공품이다.

수산 건조제품을 분류하면 다음과 같다.

- 소건품(plain-dried products) : 어패류와 조류의 날것을 말린 것(마른 오징어, 마른 명태, 마른 미역, 마른 김 등)
- 자건품(boiled-dried products) : 어패류를 삶은 후 말린 것(마른 멸치, 마른 해삼, 마른 전복, 마른 새우, 마른 굴 등)
- 염건품(salted-dried products) : 어패류와 조류를 염지한 후 말린 것(염건대구, 염건고등어, 염건꽁치, 염건조기 등)
- 동건품(frozen and dried products) : 어패류를 얼렸다 녹여서 말린 것(북어, 한천 등)

(1) 소건품

소건품은 원료인 어패류와 조류를 그대로 말린 것으로 마른 오징어, 마른 명태, 마른 미역, 마른 김 등이 여기에 속한다. 원료 처리는 신선한 것을 선택하여 바닷물에 이어 담수로 씻어 염분을 잘 제거한 후 건조한다. 작은 것은 그대로, 큰 것은 쪼개거나 적당히 잘라 음건한 후 본 건조를 한다. 건조는 대부분 천일건조를 하지만 처음에는 서서히 건조시키는 것이 좋다. 이것을 급격하게 건조시키면 단백질이 응고되어 표면 피막을 형성하여 내부의 수분이 확산과 증발에 방해를 받으므로 건조속도가 떨어지며 최종제품의 품질이 좋지 못하다.

수산 소건품의 품목별 생산동향은 〈표 8-9〉와 같다.

① 마른 오징어(dried squid)

마른 오징어의 제조방법을 살펴보면, 원료오징어의 분수공에 칼끝을 넣어 동체의 중앙선을 따라 귀의 전단까지 직선으로 배를 갈라서 먹물이 터지지 않도록 내장을 제거한다. 다음으로 두부와 중앙을 절개하고 양쪽 눈 사이를 끊어 넓혀 눈알과 입부리를 제거한다. 처

표 8-9 수산 소건품의 품목별 생산동향(단위 : 톤)

품목 \ 연도	2009년	2010년	2011년	2012년	2013년
오징어	3,770	1,191	1,461	6,585	2,829
명태	1,841	2,002	1,219	4,767	10,450
새우	81	51	119	0	3
조개류	33	18	19	24	25
기타	421	360	1,088	660	896
소계	6,146	3,622	3,906	12,036	14,203

출처 : http://www.fips.go.kr/

리를 마친 것은 맑은 바닷물이나 2~3 %의 소금물로 잘 씻은 후 담수로 헹구어 염분을 씻어 낸다. 염분을 씻어 내지 않으면 건조속도가 늦어지고 건조 후 저장 중에 흡습하여 품질을 떨어뜨리는 원인이 된다. 세척 후 건조장에서 천일건조를 하는데 2일 정도 건조하여 어느 정도 수분이 제거되면 건조장에서 거두어 주름살을 펴고 정형을 한 후 다시 건조장에서 건조를 계속하여 수분함량이 20 % 내외가 될 때까지 건조한다. 건조가 끝난 것은 크기, 색택, 육질 등을 구분, 선별하여 결속한다.

오징어육은 물에 녹기 쉬운 단백질이 많으므로 건조 중에 비를 맞으면 단백질이 용출되어 육이 얇아지고, 세균이 번식하면 표피에 있는 색소세포로부터 색소가 용출하여 육이 적갈색으로 착색된다. 이와 같은 마른 오징어의 이상현상을 막기 위하여 비가 오면 덮개를 덮고 원료오징어를 초산이나 방부제 등에 처리한다. 품질이 좋은 제품은 황갈색 또는 황백색이며 다리나 흡반의 탈락이 적고 표면에 적당한 양의 백분이 덮여 있는 것이다. 마른 오징어의 표면에 생성되는 백색의 분말은 타우린, 아스파트산, 베타인 등 육 엑스분(extractives) 중의 아미노산이 표면에서 건조된 것이다.

〈그림 8-5〉는 오징어의 근육조직을 나타낸 것으로 표피와 육층으로 나누어져 있으며 육층은 섬유조직으로 구성되어 있다.

② 마른 명태(dried alaska pollack)

마른 명태는 우리가 즐겨 먹는 건조제품의 대표적인 형태이다. 예전에는 주로 얼말림에 의하여 제조하여 왔으나 북태평양 어장의 개척으로 북태평양 명태가 대량으로 들어오게 됨에 따라 천일건조나 열풍건조 등에 의한 제품이 많이 제조되고 있다. 얼말림에 의한 제조

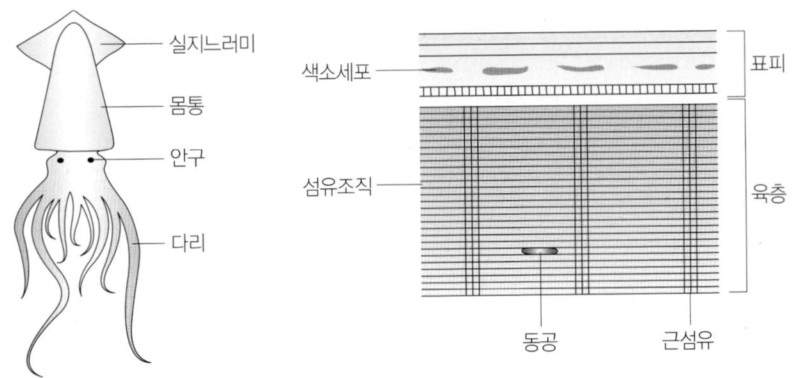

그림 8-5 오징어의 근육조직

방법은 겨울철에 선도가 좋은 어체의 복부를 항문까지 절개하여 내장을 제거하고 잘 씻은 다음 2~6마리씩 꿰어 건조장에서 건조한다. 밤 사이에 기온이 내려감에 따라 얼음이 얼어붙은 어체는 낮 동안에 온도가 올라감에 따라 얼음이 녹아 일부의 수분은 증발 또는 유출이 되고 밤이 되면 다시 얼게 된다. 이러한 과정을 계속적으로 반복하면서 건조가 진행되어 건조도가 80 % 정도가 되면 어체를 모아 1 m 정도의 높이로 쌓아 가마니나 거적 등으로 덮어 3~4일간 두었다가 날씨가 좋을 때에 씌웠던 덮개를 펴 그 위에 명태를 널어 말린다. 이처럼 천일건조방법으로 얼려 건조하는 데 약 40~70일 정도 걸린다.

③ 마른 미역(dried sea mustard)

미역은 해조류 중 생산량이 많고, 채취 후 바닷물이나 맑은 물로 씻어 대부분 천일건조를 하며, 특수 건조방법으로 회건법이 있다. 회건법은 생미역에 목초액을 발라 천일건조한 후 30 % 정도 건조되었을 때에 줄기를 길이로 찢어 제거하고 바닷물로 씻은 후 맑은 물로 헹군 다음 그늘에서 말린 후 거적 위에 널어 건조하며, 수율이 6~8 % 정도이다.

(2) 자건품

자건품은 원료를 가열 처리한 후 다시 건조시킨 것으로 마른 멸치, 마른 해삼, 마른 전복, 마른 새우, 마른 굴 등이 있다. 자건품의 품목별 생산동향은 〈표 8-10〉과 같으며 마른 멸치가 가장 많은 생산량을 차지한다.

표 8-10 수산 자건품의 생산동향(단위 : 톤)

품목 \ 연도	2009년	2010년	2011년	2012년	2013년
멸치	53,451	44,035	33,041	29,511	29,376
굴	164	450	153	0	391
새우	163	165	197	125	114
홍합	132	80	33	53	53
기타	308	244	227	170	766
소계	54,218	44,974	33,651	29,859	30,700

출처 : http://www.fips.go.kr/

자건품의 제조에 있어서 원료어패류를 삶는 것은 자가소화효소를 파괴하고 부착된 미생물을 사멸시키며 육단백질을 열 응고시켜 수분과 지방의 일부를 제거하는 동시에 건조를 용이하게 하기 위한 목적이다.

① 마른 멸치(boiled-dried anchovy)

멸치는 우리나라 전 연안에서 어획되며, 그중 남해안에서 많이 잡힌다. 특히 통영 멸치가 유명하다. 멸치는 크기에 따라 대멸(7.7 cm 이상), 중멸(7.6~4.6 cm), 소멸(4.5~3.1 cm), 자멸(3.0~1.6 cm), 세멸(1.5 cm 이하)로 분류한다.

멸치 자건품의 제조방법은 선도가 좋은 멸치를 수세한 다음 끓는 5~10 % 소금물에 넣고 소금물이 다시 끓기 시작하여 10~15분 정도 지나 멸치가 부상할 때까지 삶는다. 이때에 기름 변색을 방지하기 위하여 산화방지제인 BHA(butyl hydroxy anisol) 또는 BHT (butyl hydroxy toluene)를 삶는 물의 0.01~0.05 % 정도 되도록 첨가한다.

소금물에 삶는 것은 제품의 색택을 좋게 하기 위한 것으로, 담수에 삶으면 광택이 나지 않는다. 끓는 물의 표면에 뜬 유분을 제거하고 멸치를 건져 올려 천일건조를 하는데 하루에 한 번씩 뒤집어 주면 2~3일 내에 건조가 완료된다. 건조 멸치의 수분함량은 20~22 % 이하가 되도록 하는 것이 좋다.

② 마른 해삼(boiled-dried cucumber)

해삼은 날것으로 많이 식용하고 있으나 일부 자건품으로 제조하여 수출한다. 해삼은 모양에 따라 유자삼과 무자삼으로 분류하는데 모두 자건품의 원료로 이용된다. 해삼을 담수에 넣어 충분히 사니(沙泥)를 토해 내게 한 후 탈장기를 항문으로 넣어 내장을 제거하고 복강 내를 작은 솔 같은 것으로 잘 씻어 낸다. 이것을 약 95 ℃의 묽은 소금물(약 3 %)에 넣어 1~1.5시간 정도 끓인다. 끓이는 도중에는 교반하고, 팽대하는 것이 있으면 삼각추로 구멍을 내어 공기를 뽑아 준다.

끓인 후에는 건져 올려 천일건조한 다음, 다시 끓는 물에 잠시 담갔다가 건져 내어 천일건조한다. 4~5일 후에 통이나 가마니에 넣어 2~3일 두었다가 꺼내어 다시 2~3일간 천일건조한다. 이어 인공색소로 착색을 한 후 다시 건조를 완료시켜 포장한다. 마른 해삼의 최종 제품의 수율은 5 % 정도이다.

③ 마른 굴(boiled-dried oyster)

굴은 생굴로도 식용되나 통조림, 마른 굴, 굴젓 등으로 많이 가공된다. 마른 굴은 중국에서는 호건 또는 호고라고 부른다. 마른 굴의 제조공정을 살펴보면 〈그림 8-6〉과 같다.

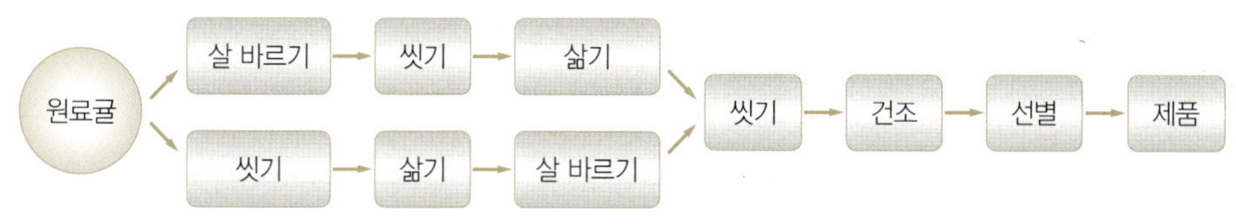

그림 8-6 마른 굴의 제조공정

양식장에서 채취한 굴은 껍질에 붙은 갯벌이나 오염물을 깨끗한 물로 잘 세척한 후 철재 광주리에 담아 솥에 넣고 증기로 삶는다. 이때 너무 고온에서 삶으면 육질이 파열되기 쉽고, 저온에서 삶으면 굴껍질에 부착된 패주가 떨어지지 않는다. 적당한 온도와 시간은 굴의 크기에 따라 차이가 있으나 대체로 각장 10 cm 정도이면 증숙솥 110 ℃에서 10분 정도가 적당하다.

살 바르기 작업은 굴껍질이 완전히 식기 전에 해야 되며 너무 삶으면 굴 알이 굳어 살 바르기할 때 부스러지기 쉽다. 살 바르기가 완료된 굴 알은 장시간 방치해 두면 색택이 검게 변하는 등 품질이 좋지 못하게 된다.

알굴의 세척은 철재 광주리에 담아서 물속에 넣어 위아래로 가볍게 흔들어 준다. 이때 손으로 문질러서는 안 된다. 세척시간이 너무 길면 정미성분의 손실, 육질의 경화, 탄력 등이 감퇴되고 수율도 저하된다. 세척기를 사용할 때에는 3~5분이 적당하다. 세척용수는 위생적이어야 하고, 담수로 세척하면 굴의 색택은 좋으나 정미성분 등의 손실이 많고 탄력이 떨어진다. 소금물이나 바닷물을 사용하면 육질의 탄력이 좋고 불순물이 잘 떨어지는 장점이 있다.

굴은 천일건조와 인공건조에 의해 수분함량을 17 % 이하로 건조시킨다. 마른 굴의 가공 시기는 보통 2~5월 무렵이며, 일기가 좋은 때는 2일 정도면 건조가 완료된다. 인공건조의 건조조건은 60~70 ℃, 습도 30 %, 풍속 3 m/sec 정도가 적당하다.

건조된 굴은 상품 가치를 높이기 위하여 크기, 형태, 색택, 이물질 부착 여부 등에 따라 선별한다. 마른 굴은 저장 중 곰팡이, 해충 등이 발생하여 변패하므로 방수지로 포장, 밀봉하여 10 ℃ 이하의 온도로 냉장 보관한다.

(3) 염건품

염건품은 원료를 소금에 절임한 다음 건조한 것으로 염건조기(굴비), 염건대구, 염건고등어 등이 있다. 이는 염장하여 수분의 일부를 제거하고 소금의 방부력을 이용하여 세균 발육을 억제, 저장성을 확보한 것이다.

① 염건조기(salted-dried corvenia)

염건조기는 굴비라고 하며 선도가 좋은 조기를 마른간이나 물간을 한 다음 건조시킨 것이다. 마른간을 하는 경우는 어체 무게의 15~30 % 정도의 소금을 뿌려 약 1주일간 용기에 담아 염장하고, 물간의 경우에는 포화식염수에 7~10일간 염장한다.

개량염지법은 마른간으로 어체에 소금을 뿌려 누름돌을 얹어 두면 어체에서 스며 나온 수분으로 소금물이 형성되어 물간을 한 것과 같아진다. 염지기간은 어체가 크면 1주일 이상으로 하고 어체가 적으면 1주일 이내로 하며, 소금은 정제염을 쓰는 것이 좋은 제품을 얻을 수 있다. 염장한 조기는 건조대에 10마리씩 엮은 것을 매달아 건조시킨다.

② 염건대구(salted-dried cod)

대구 어체를 절개하여 아가미, 내장, 복강의 흑막 등을 제거하고 벌려서 염건한 것이다. 염지법은 보통 마른간을 많이 하며, 소금 사용량은 어체 무게의 40~50 % 정도이고 5~6일간 염지한다. 염지를 마친 후 묽은 소금물에 씻은 다음 물기를 빼고 천일건조를 한다. 물간을 하는 경우에는 약 18 % 소금물에 2일간 절인 다음 새로운 소금물에 옮겨 누름돌을 얹어 1일 정도 두면 육질이 단단해진다. 이렇게 육질이 단단해지면 용기 바닥에 켜켜이 쌓은 다음 누름돌을 얹어 3~4일 정도 두었다가 천일건조를 한다.

(4) 동건품

동건품은 원료어의 조직 중에 있는 수분을 동결시킨 다음 융해시키는 과정을 반복하여 건조한다. 대표적인 제품으로는 북어(마른 명태)와 한천 등이 있다.

북어는 선도가 좋은 명태의 배를 갈라 내장을 제거한 다음 2~3℃ 담수로 씻어 약 2주간 물에 담구어 둔다. 이러한 과정을 통하여 피 빼기와 표백을 하는 동시에 물을 흡수시킨다. 물이 흡수되면 동결공정에서 얼음결정이 잘 형성되어 북어의 육질이 다공질로 된다. 동결된 것은 그대로 자연히 융해시킨 후 약 40~50일간에 걸쳐 동결과 건조 과정을 거쳐 완성한다.

4) 수산 훈연식품

수산 훈연제품은 어패류에 목재의 불완전연소로 발생하는 연기성분을 흡착시켜 독특한 풍미와 보존성을 갖도록 한 제품이다. 훈연 중 건조에 의한 수분의 감소, 첨가된 소금 및 연기 성분 중의 방부성 물질 등에 의하여 보존성을 갖게 된다. 최근에는 보존성보다 풍미에 주목적을 둔 제품들이 많이 제조되고 있으며, 냉장이나 통조림 등의 방법으로 보존성을 확보하고 있다.

(1) 훈연(smoking)

연기에는 불완전연소에 의하여 생기는 200종류 이상의 화합물이 존재하며, 포름알데하이드(formaldehyde), 아세트알데하이드(acetaldehyde), 페놀(phenol), 크레졸(cresol), 구아야콜(guaiacol), 유기산과 저급지방산, 알코올류 등이 미세하게 분산상태로 함유되어 있다. 이들 성분이 훈연과정 중에 제품에 흡착되어 독특한 풍미를 주고 보존성을 갖도록 한다.

훈연의 목적은 살균과 건조로 인한 저장성과 기호성을 부여하여 풍미를 향상시키고, 염지육색이 가열에 의해 안정되어 육색을 좋게 하며 산화방지효과 등을 부여하고자 한다.

(2) 훈연방법

훈연실은 실내연통식과 연통삽입식이 있다. 훈연실 안에서 훈연재에 불을 붙이는 것은 실내연소식으로 훈연재와 어체의 거리는 1 m 이상 되도록 설계한다. 연통을 훈연실에 삽입시키는 것은 연기의 발생량을 자동적으로 조절하는 장치가 〈그림 8-7〉과 같이 이용되고 있다.

훈연재로 쓰이는 나무는 단단한 경질목이 좋고, 수지를 다량 함유하는 나무는 연기에 불쾌한 맛을 주기 때문에 수지함량이 적은 것이 좋다. 훈연재를 선택할 때에는 서서히 연소하여 다량의 연기를 발생하는 나무를 선택하는 것이 좋다. 실제로 참나무, 떡갈나무, 자작나무, 개암나무, 너도밤나무, 졸참나무, 상수리나무 등이 많이 사용된다. 수산 훈연제품의 원료어는 연어, 오징어, 청어, 뱀장어, 송어 등이며 신선하거나 냉동상태의 것을 사용한다.

① 냉훈법(cold smoking)

어체를 10~30 ℃ 정도의 온도에서 1~3주간 훈연하면 수분함량 35~45 % 이하의 저장성이 있는 제품을 얻을 수 있다. 그러나 풍미는 온훈품보다 좋지 못하다.

② 온훈법(hot smoking)

어체를 50~80 ℃ 정도의 온도에서 2~12시간 훈연하여 수분함량이 약 50 % 이상으로 건조도가 낮아 저장성은 냉훈법보다 못하나 독특한 풍미를 가진 제품을 얻을 수 있다.

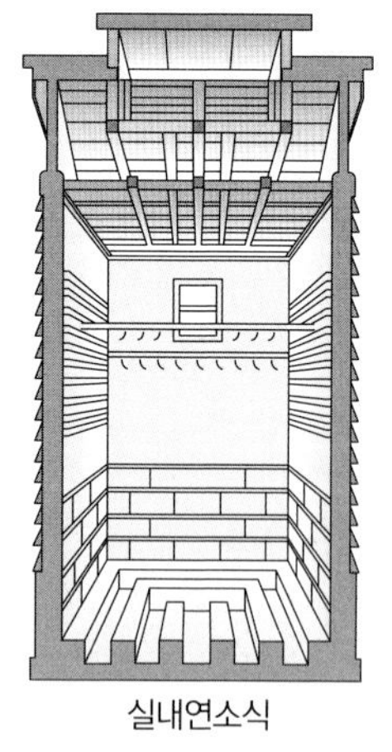

실내연소식

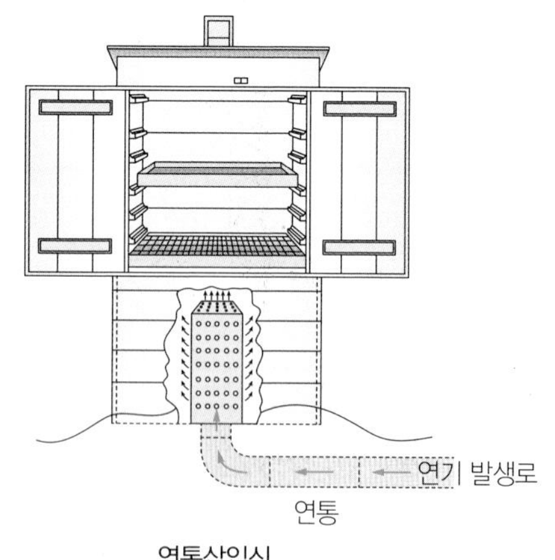

연통삽입식

그림 8-7 훈연실

③ 전훈법(electric smoking)

전기장(electric field) 내에서 어체에 연기성분의 흡착을 급속히 시키는 훈연법이다. 연기 입자를 코로나 방전(corona discharge)에 의하여 반대극 쪽에 매달려 있는 어육에 신속히 흡착되게 한다. 훈연시간이 일반훈연법의 1/20 정도로 짧아 속훈법이라고 한다. 그러나 설치비용이 많이 들고 보존성이 약하여 실용화되지는 않았다(그림 8-8).

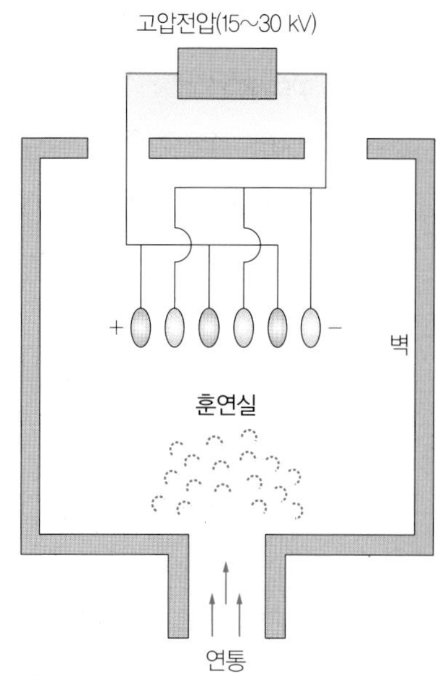

그림 8-8 전훈법

④ 액훈법(liquid smoking)

목재를 건류할 때 얻어지는 목초액(pyroligenous liquid, wood vinegar)을 이용하는 방법으로 훈액을 가열하여 그 성분을 재휘발시켜 식품을 훈연하는 방법과 훈액에 어체를 침지하여 처리하는 방법이 있다. 목초액은 산도가 높아 2~3배로 희석하여 10~20시간 침지한 후 건조하거나 훈건한다.

5) 수산 염장식품

수산 염장식품은 어체에 소금 또는 소금용액을 처리하여 세균과 효소의 작용을 억제시켜 저장성을 부여한 것이다. 소금의 삼투작용에 의하여 어체의 수분이 탈수되어 세균이 필요로 하는 수분은 감소되고, 부착세균은 원형질 분리를 일으켜 발육이 저해되며, 소금의 해리로 생성된 염소이온(Cl^-)의 방부작용으로 저장성이 생기는 것으로 알려져 있다.

소금에 의한 방부성은 소금농도가 15 % 이상 되어야 효과가 있다. 최근에는 저염식품을 선호하는 경향이 있어 소금의 양이 적은 염장식품이 제조되어 그 저장성을 확보하기 위하여 냉장 저장하는 방법이 함께 이용되고 있다.

(1) 염장의 원리

어류를 염장하면 소금에 의하여 어육 중의 수분을 용출 제거하며 육 중의 수분함량을 감소시킨다. 염장의 방부 원리는 주로 소금의 탈수작용과 방부효과를 이용하는 것이다. 일

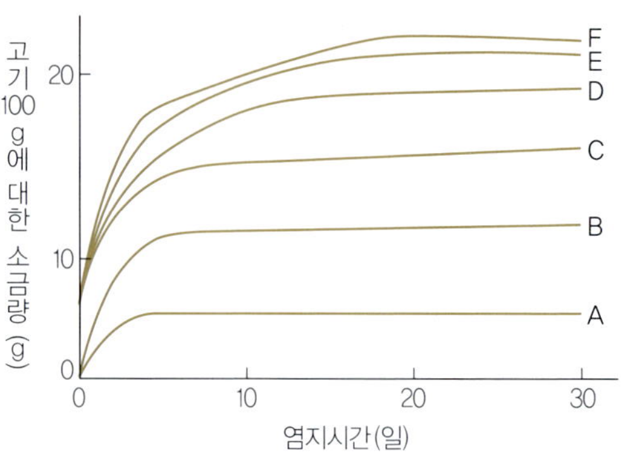

그림 8-9 염장청어육의 소금량 변화

반적으로 10 % 내외의 소금을 사용하여 염장한다.

염장으로 세균의 번식은 상당히 억제될 수 있지만 자가소화작용은 억제되지 않고 서서히 진행되어 염장된 어육의 육질이 점차 연화된다. 이러한 효소작용을 이용하여 육질의 맛을 좋게 제조한 염장품이 젓갈이다. 염장 시 소금의 삼투속도와 삼투정도는 소금농도, 온도, 염장방법, 소금의 순도, 원료어의 성상 등에 따라 달라진다. 소금의 삼투속도는 소금농도와 염장온도가 높을수록 빠르다. 원료어를 염수에 담가 저장하는 물간법(brine salting)을 적용하면 어류에 직접 소금을 뿌려 염장하는 마른간법(dry salting)을 했을 때보다 소금의 침투속도가 크고 평형상태가 되었을 때의 침투 소금량도 많다. 청어를 소금농도를 달리하여 염장할 때 소금의 침투상태를 조사한 결과가 〈그림 8-9〉와 같다.

또한 소금 중에 불순물이 많으면 소금 침투를 방해하고 맛에도 영향을 미치므로 소금의 순도가 높은 것을 사용하는 것이 좋고, 지방함량이 많은 원료어는 소금 침투가 어렵고 선도가 좋은 원료어는 소금 침투가 빠르다.

(2) 염장방법

어류의 염장방법은 마른간법, 물간법, 개량마른간법, 개량물간법 그리고 특수염장법 등이 있다.

마른간법(dry salting)은 어체에 직접 소금을 뿌리고 어층(魚層) 사이사이에 소금을 뿌려 염장하는 방법으로 식품의 표면은 항상 포화식염수로 둘러싸여 있는 형태가 된다. 식염의 사용량은 제품의 종류, 기후 등에 따라 차이는 있으나 보통 식품 무게의 20~25 %의 소금을 사용한다.

마른간법의 장점은 첫째, 염장에 특수한 설비가 필요없으며, 둘째, 용염량에 비해 탈수량이 많고 식염의 삼투가 빠르므로 염장 초기의 부패가 적다. 셋째, 염장이 잘못될 경우 그 피해를 부분적으로 한정할 수 있다는 것이다. 단점은 첫째, 소금의 삼투가 균일하지 않아 제품의 품질이 고르지 못하고, 둘째, 강하게 탈수되어 제품의 외관이 좋지 못하며, 셋째, 염장 중 공기와 접촉하게 되므로 지방이 산화되어 기름 변색 또는 유소현상(油燒現象)을 일으키기 쉽다는 것이다. 이러한 경우에는 BHA 등의 항산화제를 첨가하면 효과가 있다.

물간법은 적당한 농도의 식염수에 담구어 염장하는 방법이다. 어체에 소금이 삼투됨에 따라 소금의 농도가 묽어지므로 수시로 소금을 첨가하고 교반하여 염수의 농도를 일정하게 유지하여야 한다. 물간법의 장점은 첫째, 소금의 침투가 균일하여 제품의 품질이 일정하며, 둘째, 염장 중에 공기와 접촉하지 않으므로 지방의 산화가 적어 기름 변색을 막을 수 있고, 셋째, 과도한 탈수가 일어나지 않으므로 외관, 풍미, 수율이 좋다. 넷째, 제품의 염미를 적당히 조절할 수 있다는 점이다. 단점은 첫째, 물이 새지 않는 용기가 필요하고, 둘째, 마른간법에 비해 용염량이 많이 들며, 셋째, 염장 중 자주 교반하지 않으면 염장 초기에 부패하기 쉽다는 것이다.

개량물간법은 식염용기 또는 탱크에 어육을 넣고 마른간을 한 후 누름돌을 얹어 가압하면 삼출(滲出)한 수분에 의해 물간을 한 것과 같은 효과를 낸다. 이 방법은 마른간법과 물간법의 단점을 보완한 것으로 초기 단계를 가염지(presalting), 그 다음 단계를 본염지라고 한다.

개량마른간법은 처음에는 물간으로 하여 어체에 부착한 세균 및 표면의 점질물 등을 제거한 후 마른간을 하여 염장효과를 높이는 방법으로 변패를 막는 데 효과적이다.

(3) 염장식품의 제조

염장식품에는 염장어류, 염장해조류, 젓갈류 등이 널리 제조되어 애용되고 있다.

① 염장고등어(salted mackerel)

원료 어체의 배를 갈라서 아가미, 내장을 제거하고 묽은 염수로 잘 세척한 후 물기를 빼어 아가미 및 복부 내부에 고르게 소금을 뿌리고 사잇소금을 넣어 어체를 재어 염장한다. 소금 사용량은 원료어의 40% 정도이고, 필요시 2~3일 후에 다른 용기에 사잇소금을 넣으면서 갈아 재운다.

② **염장멸치**(salted anchovy)

체장 10 cm 이상의 선도가 좋은 멸치를 원료로 사용하여 머리와 내장을 제거하고 원료 중량의 약 25% 정제염을 사용하여 마른간을 한 후 내림뚜껑을 하여 누름돌을 얹어 4~5일 후 용기 상부에 고인 액즙은 떠서 버리고 포화식염수를 부어 어체가 공기 중에 노출되지 않도록 한다. 이렇게 2개월간 가염지를 하여 탈수와 소금을 침투시킨 다음 멸치를 들어내어 10~15 %에 상당하는 소금을 써서 다른 용기에 본염지를 6개월에서 1년간 숙성시킨다. 이는 가염지 동안 어체에서 스며 나온 수분으로 낮아진 염분을 보충하여 어체가 삭는 것을 막기 위한 것이다. 염장멸치는 서양에서는 앤초비(anchovy)라고 부르며, 염장멸치육을 그대로 식용할 뿐만 아니라 숙성 염장멸치육에 버터, 우유, 식빵 등을 섞어 갈아서 월계수잎, 후추와 같은 향신료를 첨가하여 빵에 발라 먹기도 한다.

③ **염장미역**(salted brown seaweed)

원료미역을 바닷물로 잘 씻고 물기를 뺀 다음 소금을 고루 뿌리면서 염장한다. 약 1시간 후 마대에 넣어 누름돌을 얹어 하룻밤 탈수시킨다. 소금 사용량은 미역 중량의 50% 이상을 사용하며, 조체(藻體)를 갈라서 줄기를 제거하고 다시 10~20%의 소금물을 가하여 탈수시킨 후 선별 포장하여 제품화한다.

④ 젓갈

어패류의 근육 또는 내장기관에 소금을 첨가하여 자가소화한 것인데 원료어육에 비하여 펩톤(peptone), 펩티드(peptide), 유기염기, 젖산, 아미노산 등이 증가된다. 젓갈의 종류나 제조방법은 지역에 따라 특색 있는 것이 많다. 젓갈이 다른 염장품과 다른 점은 염장품은 육질의 형태를 보존한 저장수단인 데 반하여, 젓갈은 염장을 하여 단백질, 당질, 지방, 유기산 및 기타 성분을 적당히 분해하여 독특한 풍미를 갖게 한 수산 발효식품이다. 젓갈 중 새우젓과 멸치젓이 생산량의 1, 2위를 차지할 정도로 많이 생산되고 있다(표 8-11).

새우젓은 주로 서해안에서 어획되는 젓새우를 원료로 만들며, 담그는 시기에 따라 겨울에 담근 동백하젓, 음력 5월에 담근 오젓, 음력 6월에 담근 육젓, 삼복이 지난 후에 담근 추젓 등으로 나눈다. 이 중 육젓은 최상품으로 새우의 살이 올라 가장 굵고 통통하며 염도가 가

표 8-11 젓갈의 생산동향(단위: 톤)

연도 / 품목	2009년	2010년	2011년	2012년	2013년
멸치젓	10,701	14,951	10,999	11,664	8,802
새우젓	19,753	6,910	4,864	7,358	6,196
오징어젓	2,792	2,245	1,945	3,438	3,262
조개젓	472	395	896	867	436
굴(어리굴젓)	657	516	623	581	335
성게젓	4	2	4	40	3
명란젓	2,167	5,003	4,643	4,977	3,579
창란젓	631	553	522	499	344
황석어젓	783	424	385	419	412
기타	3,174	4,316	2,347	5,350	5,059
소계	41,134	35,315	27,228	35,193	28,428

출처 : http://www.fips.go.kr/

장 높아 김장용으로 알맞다. 새우는 껍질이 있어 소금이 육질로 배어드는 것이 느리고, 내장에 강력한 효소가 들어 있어 변질되기 쉽다. 따라서 선도가 좋은 원료를 사용하여야 하며, 소금 사용량이 다른 젓갈보다 많아 여름철에는 35~40 %, 겨울철에는 약 30 % 내외의 정제염을 쓰는 것이 좋으며, 숙성온도는 13~20 ℃로 하여 4~5개월 숙성시켜 제품화한다.

멸치젓은 새우젓과 더불어 우리나라 2대 젓갈의 하나로 남해안 지역에서 많이 담그며 그 맛도 좋다. 봄에 담는 것을 춘젓, 가을에 담는 것을 추젓이라고 하는데 춘젓의 맛이 더 좋다. 선도가 좋은 멸치를 잘 수세하여 물기를 뺀 후 용기에 소금과 멸치를 번갈아 넣어 절이며, 소금량은 20~25 %를 가하며 담근 후 2~4일간은 하루 한 번 정도 저어 주고, 밀봉하여 시원한 곳에서 2~3개월 숙성시켜 제품화한다.

6) 수산 연식품

어육에 소금과 부재료를 첨가하여 고기갈이한 후 튀기거나 찌거나 굽는 등의 방법으로 어육을 가열, 응고시킨 것을 연제품(fish meat paste products)이라고 한다.

이러한 제품은 일본에서 개발되었으며 1500년 무렵부터 제조되어 가공제품화하였다. 연제품의 특징은 식미, 외관 등으로 보아 신선어로 이용 가치가 적은 것 또는 다른 가공식품의 원료로 이용할 수 없는 것도 연제품의 원료로 이용할 수 있다는 것과 조미료, 비타민, 무기질 등을 자유롭게 혼합하여 품질을 개선할 수 있다는 것이다. 연제품의 종류는 각종 어묵, 맛살류, 어육햄이나 소시지 등이 있다.

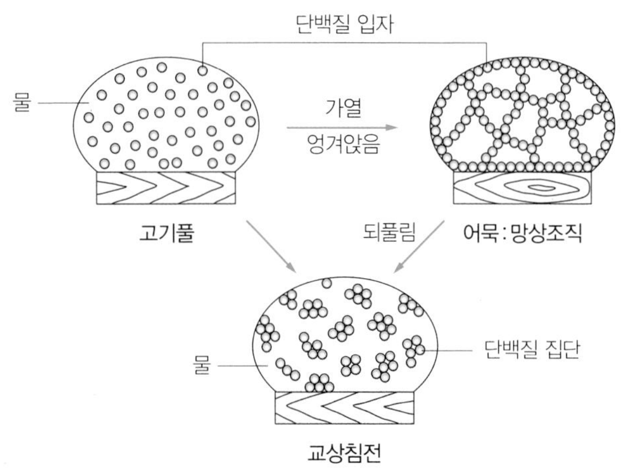

그림 8-10 고기풀의 엉겨앉음과 되풀림

(1) 제조 원리

어육에 소금을 첨가하여 고기갈이공정으로 갈아서 형성된 고기풀을 가열하여 젤(gel)화시킨 제품으로 탄력 있는 젤은 분자 간 가교결합을 형성하여 망상구조를 만들며 구조 내에 수분을 포함하고 있다. 연제품은 가열하면 젤화하여 탄력이 형성되며 다시 냉각하여도 원상태로 되돌아가지 않는 열불가역적인 특성을 가지고 있다. 〈그림 8-10〉은 고기풀의 엉겨앉음과 되풀림현상을 나타낸 것이다.

(2) 냉동연육의 제조

냉동연육(frozen surimi)은 냉동고기풀(frozen fish paste)이라고 하며 북태평양 명태를 연제품의 원료어로 사용하기 위하여 1960년 일본에서 개발된 것으로 어묵 등의 연제품 소재로 많이 이용되고 있다. 냉동연육의 제조공정은 〈그림 8-11〉과 같다.

원료어를 처리(dressing)하고 비늘과 뼈를 제거하여 어육을 분리한 다음 어육을 잘게 다진 후 물바래기공정으로 어육 중에 존재하는 단백질 변성 촉진인자인 염류 등을 제거하고

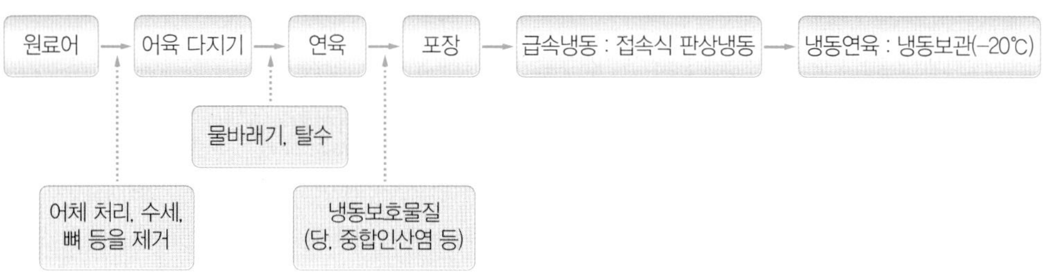

그림 8-11 냉동연육의 제조공정

체를 이용하여 탈수한 다음, 얻은 연육(raw surimi)에 첨가물을 첨가하여 10 kg 단위의 단단한 사각형 덩어리 형태로 폴리에틸렌(polyethylene, PE) 필름 포장하여 급속냉동시켜 냉동연육을 제조한다.

연제품의 원료 부족을 해결하고 원료어 처리의 분업화를 목적으로 명태나 임연수어 등으로 냉동고기풀을 만들어 이용하고 있다. 원료어로 많이 이용되는 명태는 육질이 연약하고 쉽게 선도가 떨어지며 장시간 냉동으로 액토마이오신(actomyosin)이 냉동 변성되어 불용화한 결과, 고기갈이공정에서 점착성 있는 고기풀이 되지 않아 연제품 원료로는 적합하지 않다. 따라서 어육 단백질의 냉동 변성 억제효과가 있는 첨가물로 처리하여 냉동하면 연제품 원료로 쓸 수 있는 냉동고기풀이 된다.

냉동연육 제조에 첨가되는 첨가물의 종류에 따라 무염냉동연육과 가염냉동연육으로 나뉜다.

표 8-12 냉동연육의 조성비(%)

연육 형태	어육	소금	중합인산염	당
무염냉동연육	100	0	0.2~0.3	3~5
가염냉동연육	100	2~3	0	10

무염냉동연육은 당류 3~5 %, 중합인산염 0.2~0.3 %를 첨가하고, 가염냉동연육은 당류 10 %, 소금 2~3 %를 첨가하고 중합인산염은 첨가하지 않는다. 냉동연육에 첨가하는 당류로는 포도당(glucose), 솔비톨(sorbitol), 설탕(sucrose) 등이 있고 중합인산염으로는 sodium hexametaphosphate, sodium tripolyphosphate 등이 있다.

원료어로는 명태 외에 임연수어, 전갱이, 갈치, 조기 등의 어류를 이용하고 있으며 이러한 냉동고기풀 형태로 제조하게 되면 변성하기 쉬운 명태를 6개월 이상 저장하여도 어묵 형성능을 잃지 않으며 해동하면 바로 고기갈이공정에 사용할 수 있다.

또한 냉동연육은 선상냉동연육과 육상냉동연육으로도 분류되는데 선상냉동연육은 북태평양 지역으로 나간 원양어선에서 원료어를 어획하는 즉시 냉동연육으로 만들어 연제품 제조업체로 보낸 것이고, 육상냉동연육은 어획한 물고기를 배로 운반하여 연제품 제조업체로 보내어 냉동연육을 제조한 것이다.

(3) 어묵의 제조

제조공정을 살펴보면 〈그림 8-12〉와 같으며 채육, 고기갈이, 성형, 가열, 마무리 공정 등으로 나뉜다.

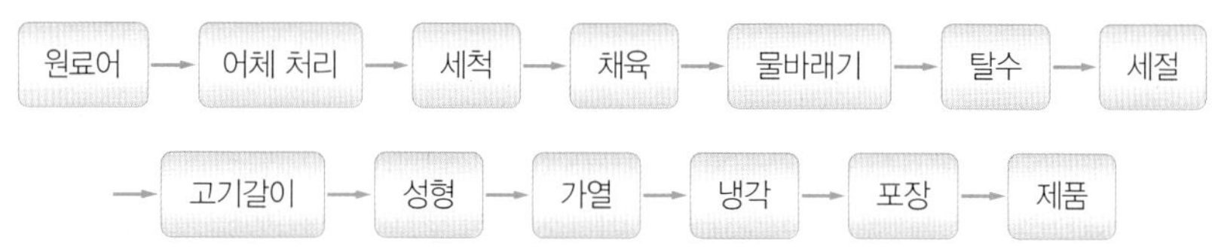

그림 8-12 어묵의 제조공정

① 원료어 전처리

원료어는 백색어 중 탄력이 좋은 어종으로 선도가 좋은 것을 사용한다. 원료검사는 일반검사에 준하여 실시한다. 어체 처리 시 원료어는 머리, 내장, 지느러미 등을 제거하고 어종에 따라서는 복막을 제거하며, 채육을 할 때 불순물이 들어가지 않도록 처리한다. 어체 처리가 끝난 어육은 혈액, 기타 부착된 오물을 제거하기 위하여 10℃ 이하의 물로 깨끗이 씻는다.

② 채육(fleshing)

원료어의 살을 발라내는 작업을 말하며 채육기를 사용하여 살만 발라내고 뼈, 껍질, 비늘 등은 별도로 분리하여 제거한다. 채육기는 〈그림 8-13〉과 같이 롤식(roll type)과 스탬프식(stamp type) 그리고 이 두 가지를 겸한 2중 압축식이 있다.

그림 8-13 롤식 채육기

③ 물바래기(washing and bleaching in water)

채육 공정으로 얻은 어육을 물에 계속 씻으면서 어육의 색을 하얗게 하는 작업을 말하며, 어육 중 혈액, 지방, 색소, 수용성 단백질 등을 제거하여 제품 색을 희게 하고 근원섬유단백질의 농축효과가 있어 탄력이 강한 제품을 얻을 수 있다. 물바래기공정으로 어묵의 젤형성능이 좋아지는 것은 근원섬유 단백질이 농축되고 탄력과 관계없는 마이오겐(myogen)과 같은 수용성 단백질을 제거할 수 있기 때문이다. 물바래기는 어육의 5~10배 양의 냉수를 사용하여 3~4회 반복하며, 더 좋은 탄력과 흰색의 제품을 제조할 때에는 7~8회 반복한다. 마지막 물바래기를 할 때 약 0.2 % 농도가 되도록 소금을 첨가하면 육이 잘 침전한다.

④ 탈수

물바래기공정이 끝난 후 어육이 완전히 침전된 후 서서히 물을 빼내고 탈수작업으로 들어간다. 탈수공정은 대규모의 경우 압착기나 원심탈수기를 사용하여 1,000 rpm에서 5~10분간 실시한다. 탈수의 정도는 수분이 80 % 정도로 탈수하는데 탄력이 강한 어육은 보수성이 커서 탈수가 잘 되지 않는다.

⑤ 세절(chopping)

탈수 후 어육은 세절기를 사용하여 결체조직, 근막 등을 세절해 어육만을 정선하고 뼈, 비늘 등은 제거한다. 세절기는 어육을 스크루(screw) 회전으로 밀어내면서 knife와 plate에 의하여 세절하므로 마찰에 의한 발열로 어육 단백질이 변성되기 쉬우므로 어육과 세절기를 충분히 냉각하여 처리하는 것이 좋다.

⑥ 고기갈이(grinding)와 성형(stuffing)

연제품 제조에서 가장 중요한 공정으로 세절한 어육을 그라인더에 넣어 약 15분간 고기갈이한 후 소금 2~3 %를 넣고 염용성 단백질을 충분히 용출시켜서 각종 향신료 등 첨가물을 혼합하고 전분을 최종적으로 넣어 다시 혼합해 고기갈이를 한다.

성형은 고기갈이가 끝난 고기풀을 제품에 따라 일정한 모양으로 성형한다. 성형할 때 주의할 점은 기포가 들어가지 않도록 하는 것이 중요한데, 이는 가열공정으로 팽창하여 파열하거나 제품의 조직을 손상시킬 수 있고 내부 변패를 일으킬 수 있기 때문이다.

⑦ 가열(heating)

탄력 형성에 영향을 미치는 가장 중요한 공정이다. 가열공정의 목적은 첫째, 탄력 있는 젤을 형성하여 망상구조를 이루고, 둘째, 고기풀에 부착하여 있는 세균을 사멸시키며, 셋째,

표 8-13 수산 연제품의 종류와 가열방법

가열방법	가열온도(℃)	제품 종류
찌는 것	80~100	판붙이어묵
삶는 것	80~95	마어묵, 어육소시지
굽는 것	100~180	부들어묵
튀기는 것	170~200	튀김어묵

전분을 호화시킨다. 가열할 때에는 고온일수록 탄력이 강한 제품이 되며, 보통 선도가 좋은 것은 45 ℃에서 30분 내외 가열한 후 2차 가열하는 방법을 사용하고, 선도가 좋지 않은 것은 가열온도를 높이는 것이 좋다. 수산연제품의 종류와 가열방법은 〈표 8-13〉과 같다.

⑧ 냉각(cooling)

가열이 끝난 것은 될 수 있는 대로 빨리 냉각하여 호열성 세균의 번식을 억제하도록 한다. 어육소시지와 같은 포장제품은 냉수에 담가 급냉하며, 냉각이 끝난 제품은 2~5 ℃의 저온에서 보관하고, 표면의 수분을 제거한 후 포장하여 제품화한다.

7) 수산 통조림식품

수산 통조림식품은 수산물을 원료로 사용하여 증자 또는 튀기는 등 가열조리한 후 통조림용 캔이나 병에 넣고 탈기, 밀봉, 살균, 냉각 등의 공정을 거쳐 제조한 가공품이다. 통조림은 참치, 꽁치, 고등어, 골뱅이 및 굴 통조림이 주종을 이루고 있다(표 8–14).

(1) 제조 원리

캔에 조리한 어패육을 주입한 후 탈기하여 호기성 세균의 발육을 억제하고, 용기를 밀봉한 다음 가열살균하여 내용물에 부착한 미생물을 사멸시켜 캔 내부의 변패 원인을 제거하고 저장성을 확보한다.

(2) 통조림의 제조공정

통조림의 제조공정 중 주요한 3대 공정은 탈기, 밀봉, 가열살균이며, 병조림의 경우에는

표 8-14 수산 통조림 제품의 생산동향(단위 : 톤)

품목 \ 연도	2009년	2010년	2011년	2012년	2013년
참치	35,457	28,000	54,443	55,135	56,763
꽁치	11,764	14,275	14,634	16,322	13,030
고등어	2,435	5,994	7,953	3,377	3,005
골뱅이	2,618	1,252	3,425	6,091	5,359
굴	1,243	3,042	1,711	3,601	2,408
바지락	15	53	29	0	55
홍합	1,368	47	24	0	0
기타	6,387	1,505	233	267	262
소계	61,287	54,168	82,452	84,793	80,882

출처 : http://www.fips.go.kr/

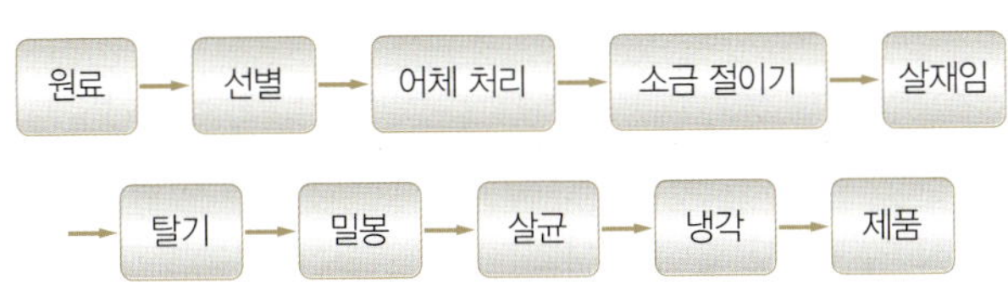

그림 8-14 수산 통조림의 제조공정

캔 대신 병을 쓰는 것이 다를 뿐 기본조작은 같다(그림 8-14).

① 원료어의 전처리 및 살재임

동결원료는 미리 해동 후 수세하고 머리와 내장을 제거한다. 대형어는 수작업에 의하는 경우가 많지만 소형어는 자동 어체 처리기를 이용한다. 제품에 따라서는 전처리가 끝난 고기를 그대로 살재임하기도 하지만 찌거나 삶은 후에 살재임하는 경우가 많다.

이렇게 하면 어육단백질이 열응고하므로 뼈와 혈합육의 제거가 쉽고 살재임이 용이해지며, 효소를 불활성화시키고 혈액 제거와 협잡물의 제거도 쉬워지는 이점이 있다.

② 가밀봉

탈기함(脫氣函, exhaust box)을 사용하여 가열탈기를 하는 경우는 통조림을 먼저 가밀봉기에 의하여 가밀봉을 하는데, 그 목적은 관이 탈기함 속을 통과할 때 뚜껑이 탈락하거나 수증기가 응축한 물방울이 관 내에 떨어지는 것을 방지하고 통조림의 상부 공극에 공기가 유입되는 것을 막기 위해서이다. 가밀봉의 정도는 손으로 당겨도 뚜껑이 관통에서 떨어지지 않으며 뚜껑을 손으로 돌릴 수 있을 정도로 하여 관 내 공기의 배출에 지장이 없도록 하여야 한다. 고등어나 정어리 보일드 통조림과 같이 생원료 상태로 살재임할 때는 가밀봉을 한 후 탈기함에 의해서 탈기하는 경우가 많다. 그러나 대부분의 수산물 통조림에서는 진공밀봉기를 사용하여 탈기와 밀봉을 동시에 하므로 가밀봉은 하지 않는다.

③ **탈기**(exhausting)

통조림 제조공정에 있어서 중요한 공정 중의 하나가 밀봉 전에 용기 내부의 공기를 제거하는 탈기공정이다. 탈기하는 목적은 다음과 같다.

첫째, 관 내면의 부식을 방지하여 주석, 기타 금속의 용출을 피한다.
둘째, 내용물의 산화를 방지하여 색, 풍미의 변화를 방지한다.
셋째, 가열살균, 냉각 시 통조림 간의 팽창에 의한 변형이나 파손 등을 방지한다.
넷째, 호기성 미생물의 발육 억제로 제품의 저장기간을 연장한다.
다섯째, 가열살균 시 열전도를 좋게 한다.
여섯째, 관의 상하부를 오목하게 하여 불량품과 쉽게 구별할 수 있게 한다.

가열탈기법은 용기에 식품을 채운 다음 가밀봉기로 가밀봉하여 탈기상자 속을 일정 시간 통과시켜 가열된 상태로 밀봉하는 방법이다. 열간충전에 의한 탈기법은 가장 간단한 탈기법으로 가열탈기법과 유사한 방법이다. 식품을 미리 가열하여 뜨거운 상태에서 충전한 후 즉시 밀봉하는 과일주스, 잼 등의 통조림 제조에 이용된다. 열에 민감한 식품은 다른 방법으로 탈기하여야 한다.

기계적 탈기법은 진공자동밀봉기에 의하여 진공하에서 탈기와 밀봉을 동시에 하는 방법으로 기계에 의한 물리적 탈기방법이다. 상온이나 저온에서도 비교적 균일하게 탈기할 수 있다는 것이 장점이며 열에 민감한 식품에 적합하다. 단점으로는 상부 공극(head space)이 큰 경우나 고형식품으로 틈새가 많거나 식품 내부에 흡착된 공기와 용해된 공기가 많은 통조림은 탈기가 충분히 되지 않는 경우가 있어 사용할 수 없다.

증기분사법은 밀봉할 때 통의 상부 공극에 증기를 뿜어서 그곳에 있는 공기를 완전히 증기로 바꾼 순간에 뚜껑이 얹어지고, 밀봉이 되면 증기가 응축되었을 때 진공을 얻을 수 있다. 이 증기를 분사시키는 데는 특별히 설계된 증기구멍(steam port)을 관통과 뚜껑 사이에 설치하여 탈기하는 방법이다. 식품 내부에 흡착된 공기와 용해된 공기가 많지 않은 통조림에만 사용할 수 있고 적당한 상주공극이 있어야 한다(그림 8-15).

가스치환법은 불활성인 질소가스(N_2)와 이산화탄소(CO_2)로 용기 내부의 공기를 치환시켜 탈기효과를 얻은 것으로 녹차, 분유 등의 제품에서 볼 수 있다.

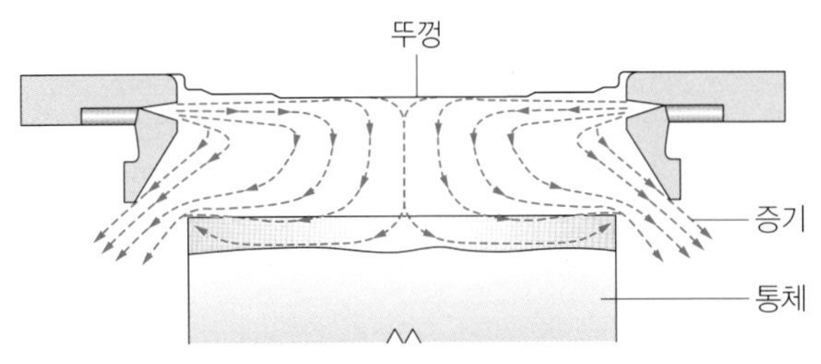

그림 8-15 증기분사법

통조림 내부의 압력과 외부의 압력과의 차이를 진공도라고 부르며, 진공도계(vacuum can tester)에 의하여 측정할 수 있다. 통조림 제품의 적당한 진공도는 식품의 종류, 통의 크기 등에 따라 다르나 대개는 38 cmHg 이상의 진공도를 나타낸다(그림 8-16).

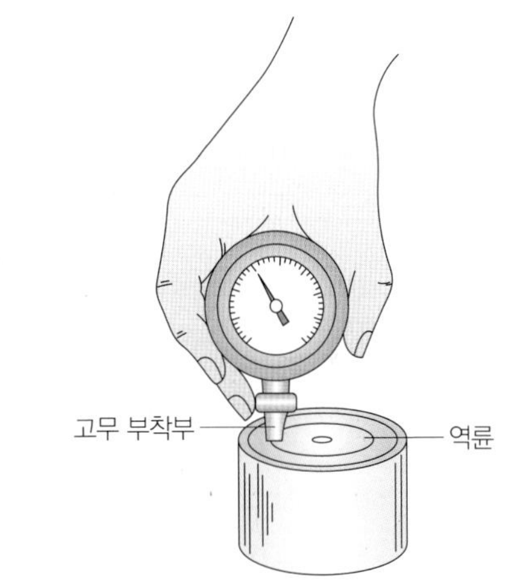

그림 8-16 진공도 측정법

④ 밀봉(seaming)

내용물을 담은 관과 뚜껑을 2중 밀봉기(double seamer)에 의해 기계적으로 2중 밀봉(double seaming)한다. 즉, 관 뚜껑의 가장자리를 굽힌 부분, 컬(curl)을 관통(can body) 상부의 가장자리를 밖으로 구부린 부분, 플랜지(flange) 밑으로 말아 넣고 압착하여 관통과 뚜껑을 접착시키고 뚜껑의 안쪽에 도포된 충전재인 시일링 컴파운드(sealing compound)가 패킹(packing) 역할을 하여 기밀을 유지하도록 하는 방법이다.

밀봉기(seamer)는 공관을 위로 올려 주는 리프트(lifter)와 뚜껑을 위로부터 눌러 주는 척(chuck) 그리고 공관을 회전시키면서 뚜껑과 몸통의 가장자리를 말아 붙이는 롤(1st roll, 2nd roll)의 세 부분으로 구성되어 있다(그림 8-17).

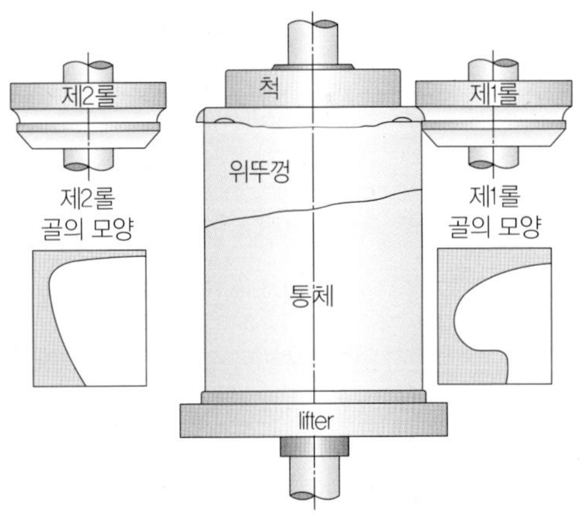

그림 8-17 밀봉기의 주요 부분

밀봉기의 종류는 수동식인 홈 시머(home seamer), 핸드 시머(hand seamer)가 있고, 반

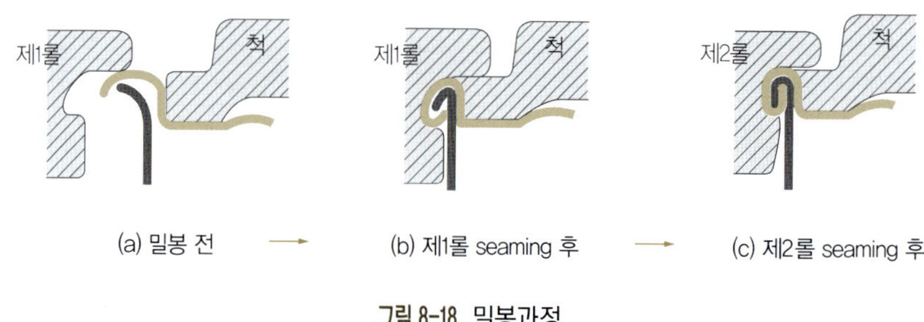

그림 8-18 밀봉과정

자동식에는 세미트로 시머(semitro seamer)가 있으며, 자동식에는 5형 진공 시머(vacuum seamer)와 805형 진공 시머(805 automatic sanitary vacuum seamer) 등이 있다.

⑤ 살균 및 냉각

통조림의 살균은 용기 속의 식품과 함께 들어 있는 미생물을 죽이거나 활동을 정지시켜서 식품의 부패를 방지하는 데 주된 목적이 있다. 살균법에는 가열살균법 이외에도 약제살균, 방사선살균 또는 여과나 침강법에 의한 제균(除菌) 등이 있다. 그러나 현재까지는 경제적 또는 능률적인 면에서 통조림의 살균은 대부분 가열살균법이 이용되고 있다.

일반적으로 효모나 포자를 형성하지 않는 세균류와 같이 비교적 열저항성이 약한 미생물의 살균을 목적으로 하는 열 처리를 저온살균(pasteurization)이라고 하고, 내열성이 강한 포자형성균을 포함한 모든 미생물의 살균을 목적으로 하는 열 처리를 고온살균(sterilization)이라고 한다.

모든 미생물을 완전히 살균하는 것이 식품의 저장성으로 보아서는 안전하나 세균 포자의 내열성은 극히 강한 것이 있어 이것을 완전히 사멸하려면 식품조직, 향미, 색, 영양가 등의 품질을 크게 손상시키게 된다. 즉, 열 처리에 의한 완전살균과 통조림의 품질과는 양립하지 않는다. 그러므로 실제 가열살균에 있어서는 식품의 저장성과 품질을 양립시킬 수 있는 최저한도의 열 처리를 한다. 이렇게 세균을 함유한 통조림이라고 하여도 잔존세균이 통조림의 상업적 품질을 장기간 유지하는 데 유해한 영향을 미치지 않을 정도의 살균을 하게 되는데 이러한 살균을 상업적 살균(commercial sterilization)이라고 한다.

살균이 끝난 통조림은 신속히 냉각하여야 한다. 신속히 냉각하지 않으면 지나치게 가열되어 조직이 연화되고 풍미가 떨어지는 등 통조림의 품질이 손상된다. 살균이 부족하면 포자형성 호열성 세균의 발아가 촉진되어 부패하는 경우가 있다.

8) 조미 가공식품

수산 조미 가공식품은 제품에 저장성을 주는 동시에 독특한 맛을 부여하여 별도의 조리 없이 바로 먹을 수 있도록 조미한 것이다. 조미 가공식품은 조미김, 조미오징어와 같은 조미 건제품이 큰 비중을 차지한다(표 8-15).

표 8-15 수산 조미 가공품의 생산동향(단위 : 톤)

품목 \ 연도	2009년	2010년	2011년	2012년	2013년
조미김	13,146	14,349	27,291	27,627	51,972
조미오징어	11,566	11,890	9,246	6,430	8,035
조미쥐치포	875	616	872	751	683
조미명태포	517	744	855	380	837
기타	7,610	7,055	6,007	8,602	8,453
소계	33,714	34,654	44,271	43,790	69,980

출처 : http://www.fips.go.kr/

(1) 조미 가공식품의 종류

조미 가공식품에는 어패류를 조미액에 담가 맛을 들인 후 건조시킨 조미건제품(seasoned-dried products)과 조미액에 담근 후 가열하여 조려서 만든 조미조림제품(products seasoned with soy bean sauce)이 있다.

(2) 조미 가공식품의 제조 원리

조미건제품은 소형 어패류를 조미액에 침지한 후 건조하여 보존성과 풍미를 부여한 제품이다. 이 제품은 조미 후 건조한 꽃포류와 이를 다시 배소, 압연, 절단 등의 공정을 거친 제품으로 나눌 수 있는데 어종, 제품 형태, 가공방법 등에 따라 다양한 종류가 있다.

조미조림제품은 어패류를 간장과 설탕을 주로 한 진한 조미액으로 조려서 만든 제품이다. 100~120 ℃ 정도의 높은 온도로 가열되므로 내열성 아포 이외의 세균은 거의 사멸되고 식품은 강하게 탈수되며, 침투한 조미액에 의하여 삼투압이 높아져 미생물의 발육이 억제되므로 장기 저장이 가능하다.

① 조미쥐치포

조미쥐치포의 제조공정은 〈그림 8-19〉와 같다.

원료어는 항상 선도 유지와 위생적 관리에 주의하여야 하며, 가급적 빙장이나 냉장하여 선도가 떨어지지 않도록 하여야 한다. 머리와 내장을 제거하고 혈액을 뺀 다음 탈피하여 필렛(fillet)으로 한다. 이때 필렛이 찢어지거나 절단되지 않고 완전한 한 장이 되도록 한다. 원료의 선도가 양호할 때 필렛은 원료중량에 대하여 약 30 %의 수율이 된다. 필렛이 되면 즉시 얼음물에 침지하여 최대한 선도를 유지시켜야 하고, 세척은 흐르는 물에 5회 이상 씻어 비린내와 불순물의 제거 및 혈액과 표백이 완전해지도록 충분히 세척한다. 세척된 필렛을 탈수용 바구니에 잘 정돈하여 시원한 곳에 방치하여 적당히 탈수한다.

조미방법은 원료 20~30 kg을 취하여 배합된 조미료를 필요한 양만큼 넣고 잘 섞이도록 저어 준다. 조미 혼합이 완료되면 물이 새지 않는 스테인리스강 용기에 담아 원료액에 조미료가 충분히 침투될 수 있도록 냉장고에서 8~10시간 정도 방치한다. 조미 침지가 완료되면 건조망으로 된 건조발에서 건조한다. 건조방법으로는 전 건조를 일광건조하는 방법, 일광건조 후 기계건조하는 방법, 완전 기계건조하는 방법 등이 있다. 일광건조는 계절과 기온에 따라 차이가 있으나 건조기간이 보통 2~3시간 소요되며, 양지에서 건조한 경우 제품의 색택이 좋다. 그 외 방법은 수분함량이 50 % 정도 되도록 하루 동안 건조하여 얻은 반건품을 3~5시간 기계건조한다.

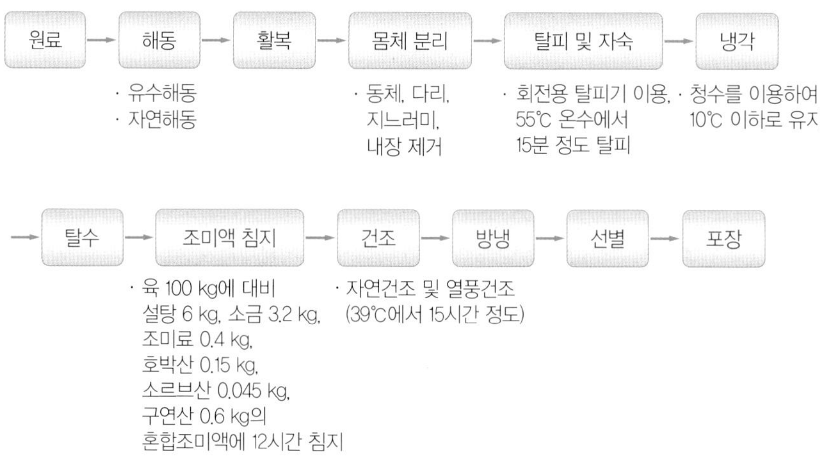

그림 8-19 조미쥐치포의 제조공정

② 조미오징어

조미오징어는 선도가 좋은 원료오징어를 절개하여 〈그림 8-20〉과 같은 제조공정으로 처리한다.

절개한 동체와 다리에 내장 등의 이물질이 남지 않도록 잘 세척하여 50~55 ℃의 저온박피법을 적용하여 껍질을 제거한다. 껍질이 남아 있으면 조미 침투 시 색소가 용출되어 흰색의 제품이 되지 않는다. 탈피 후 온수를 주입한 다음 2~3분간 끓여 오징어 육질의 용출을 방지한다. 이때 끓이는 온도와 시간이 지나치면 조미액의 침투가 나빠지고 건조 후 균열이 생기므로 주의하여야 한다. 끓인 오징어는 냉각수로 급속냉각시킨 후 물기를 뺀 다음 일정한 중량으로 평량한다. 평량한 오징어에 조미료를 충분히 혼합한 후 사용하여야 하며, 다리 부분의 조미는 동체 소요량의 70 %에 해당하는 혼합조미료를 사용한다(표 8-16).

조미한 오징어를 침지탱크에 넣어 4~6시간 방치하여 2시간마다 침지탱크 중의 오징어를 위아래부분을 고르게 뒤집어 주어 조미액이 균일하게 침투하도록 한다. 침지가 끝난 동

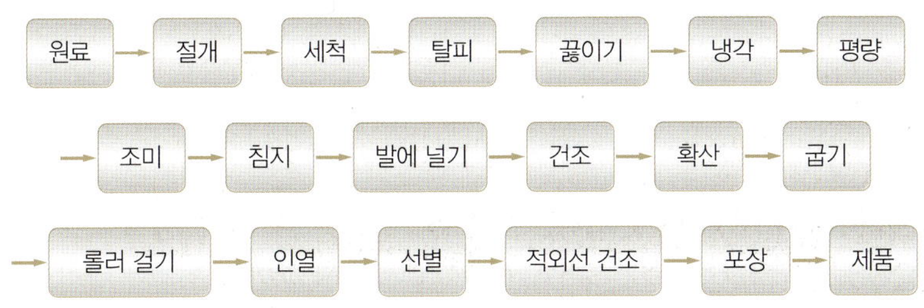

그림 8-20 조미오징어의 제조공정

표 8-16 조미오징어 조미액 배합비(탈피육 100 kg 기준)

품명	A유형(kg)	B유형(kg)
설탕	8.00	6.00
정제염	3.80	3.20
MSG	0.45	0.50
사카린	0.02	0.04
소르브산소다	0.07	0.07
호박산소다	0.15	0.04
구연산소다	0.15	–
폴리인산염	–	0.05
계	12.64	9.90

체는 균일하게 건조되도록 건조 망에 넣어 건조한다. 열풍건조기를 사용하여 건조기 내의 온도를 40 ℃ 이하로 유지하는데 40 ℃ 이상에서는 동체가 적색으로 변하기도 한다. 건조 후 폴리백(poly bag)을 씌워 수분 확산을 고르게 시켜 수분함량이 30~33 % 되게 하여 동체와 귀를 분리한다. 굽기는 보통 국내에서는 가스배소기를 많이 사용하며, 일본에서는 press roaster를 사용하고 있다. 인열기에 넣어 인열시킨 후 적외선 건조기로 건조하여 최종 수분함량을 약 26 %로 조정한 후 냉각시켜 폴리백에 넣어 밀봉 포장하여 냉장고 또는 10 ℃ 이하로 보관한다.

③ 전자품

원료어를 간장, 설탕, 물엿, 화학조미료 등을 배합한 조미액으로 조린 것이다. 원료어패류는 원료어 그대로 사용하거나 건제품이나 반건제품을 사용하는 경우도 있다. 조미조림품 제조에 있어서 좋은 제품을 얻기 위하여 조미료의 배합, 끓이는 정도 등을 적절히 하여야 한다.

끓이는 데에는 삶는 방법과 조리는 방법이 있다. 삶는 법은 솥에 다량의 조미액을 넣어 끓여 놓고 적당량의 원료를 넣어 조미액이 침투할 때까지 삶은 후 건져 올린다. 남은 액에는 원료에서 녹아 나온 엑스분이 섞여 있어 맛이 좋다. 조미료나 물을 보충하면서 반복하여 사용하거나 한천 등의 점조제를 넣어 조려서 제품의 표면에 뿌리기도 한다.

조림법은 원료가 흡수할 수 있을 정도의 양의 조미액과 밑바닥이 넓은 솥을 사용하여 밑이 눌지 않도록 교반하면서 전체 조미액이 원료에 흡수될 때까지 조리는 방법으로 마른 오징어나 소형 건조어를 원료로 할 때 사용한다.

끓이기를 마친 후 냉각을 하는데 송풍기나 냉풍순환식 냉각장치가 이용된다. 냉각에 의하여 수분의 일부가 제거되는 동시에 농축조미액의 부착도 좋아져서 제품에 광택이 나게 된다.

④ 김의 조미조림

생김 또는 마른 김을 원료 세절하여 조미액에 담근 후 조린다. 원료 마른 김의 중량에 대하여 약 10배의 제품을 얻을 수 있다. 조미액은 간장 2.7 L, 설탕 280~940 g, 맛술 135~180 mL 정도의 비율로 배합한다.

(3) 조미 가공식품의 저장

조미 가공품은 식초, 간장, 주박 등의 조미액이 침투되어 건조되거나 가열농축되어 저장성이 크다. 식초는 2~4 % 정도의 초산을 함유하고 있어 부패균은 약 0.6 % 초산용액에 60분 정도 담가 두면 모두 사멸된다. 따라서 식초담금과 같이 초산농도가 1 % 이상되는 경우 1~3일간 본담금을 해두면 부패균이나 병원균은 모두 사멸된다.

조미조림제품 제조의 경우 원료를 조미액에 넣고 가열하여 조리면 원료 중에 존재하는 미생물은 가열살균되고 제품의 평균 수분함량은 약 24 %, 소금농도는 약 9 %가 된다. 미생물이 발육할 수 있는 수분함량 40~50 %보다 훨씬 낮고 소금농도는 발육한계 4~5 %보다 높으므로 미생물 발육을 억제할 수는 없다. 조미 가공식품을 장기간 저장하고자 할 때는 방습용 포장재료로 잘 포장하여 저온 저장하는 것이 가장 안전하다.

9) 해조 가공식품

해조 가공식품은 원료해조류를 건조시키거나 염장, 조미 가공 등의 방법으로 가공하여 직접 식용으로 사용하는 경우와 한천, 알긴산, 카라기난 등과 같이 해조류의 함유성분을 추출 분리하여 새로운 가공을 한 것이다. 우리나라 연안에서 생육하는 해조류의 종류는 약 400종이나 되며, 이 중 일부는 직접 식용, 호료, 해조공업(한천, 알긴산, 카라기난 등)의 원료, 약용, 사료, 비료 등으로 이용되고 있다. 해조류는 식이섬유, 비타민과 무기질의 함량이 풍부하고 열량은 낮으며, 일반 채소류와 비교하여 필수아미노산과 불포화지방산의 함량이 높다. 무기질 중에는 요오드함량이 높으며, 여러 가지 생리활성물질을 함유하고 있어 이를 이용한 건강기능식품 및 음료 개발이나 신약 개발이 활발히 진행되고 있다.

해조류는 건조, 염장 및 조미 공정을 이용하여 제조한 일반 해조 가공제품과 해조류로부터 함유성분을 추출 분리하여 제조한 한천, 알긴산, 카라기난과 같은 해조식품첨가물로 분류할 수 있다.

(1) 미역

미역(sea mustard)은 우리나라에서 생산되는 해조제품의 생산량 중 가장 많은 양을 차지하고 있으며, 미역의 대부분은 양식으로 미역 총생산량의 약 98 % 정도를 차지한다. 미역의 특성은 무기질 및 비타민의 급원, 섬유질을 많이 함유하여 정장작용, 알칼리성 식품, 유해중금속 체내 흡수 억제효과 등이 있다.

미역의 채취 최성기는 2~3월이며, 제조방법에 따라 마른미역, 자건미역, 염장미역, 데친 염장미역 등이 있다.

(2) 김

김(laver)은 미역 다음으로 우리나라에서 많이 생산되는 해조품이며 생산되는 김은 거의 대부분이 양식산 김이다. 양식김의 주요 품종은 방사무늬김(*Prophara yezoensis Ueda*), 참김(*P. teneraKjellman*), 둥근김(*P. huniedai Kuroigi*), 둥근돌김(*P. suborbiculta Kjellman*) 및 모무늬김(*P. seriata Kjellman*) 등이 있다.

김의 채취시기는 1~2월이 최성기이고, 3~4월이 지나면 맛과 품질이 떨어진다. 마른 김은 10매를 1첩, 10첩을 1톳으로 묶는다. 마른 김은 보통 10 % 내외의 수분을 함유하고 있는데 흡습하면 클로로필(chlorophyll)이 분해되고 피코빌린(phycobilin) 색소가 남게 되므로 흑자색에서 적갈색으로 변색된다.

김은 마른 김, 조미김의 형태로 많이 이용된다. 조미김의 원료는 마른 김으로 한쪽 면에 조미료를 뿌리거나 조미액을 발라서 180~200 ℃에서 5~30초간 굽는 것으로, 조미료는 참기름, 정제식용유, 맛소금을 사용하고 조미액으로는 간장, 미림, 설탕, 향신료 등을 배합하여 김 표면에 발라서 굽는다.

(3) 다시마

다시마(kelp)는 갈조류에 속하며, 원래 북방계 해조이지만 남부 해안에서도 양식이 가능하게 되었으며 미역, 김 다음으로 생산량이 많다. 다시마 특유의 맛성분은 글루탐산(glutamic acid), 아스파르트산(aspartic acid) 등의 유리아미노산과 호박산(succinic acid)과 같은 유기산과 만니톨(mannitol) 등의 당알코올이다. 특히 글루탐산은 감칠맛의 주성분으로 함량은 약 4,000 mg%이고, 만니톨은 5~28 % 함유되어 있다. 다시마 채취의 최성기는 7~9월로 마른 다시마, 조미조림다시마 등의 가공형태로 제조된다.

(4) 한천

한천(agar)은 우뭇가사리 등 홍조류에 함유되어 있는 세포 간 충전물질인 점질성의 복합다당류를 열수로 추출하여 얻은 추출물을 건조시킨 제품이다.

한천이 우리나라에서 처음으로 제조된 시기는 1926년 수산시험장에서 대구시에 한천제조 시험소를 설치하여 제조시험에 성공한 것이 시초이다. 한천은 우뭇가사리 등의 홍조류에서 추출한 수용성 다당류이며 냉수에는 불용성이나 끓는 물에는 가용성이다. 특히 1.5 % 한천 용액은 34~43 ℃로 냉각하면 단단한 젤이 되나 85 ℃ 이하에서는 다시 녹지 않는 독특한 물성을 가지고 있어 식품첨가물, 미생물 배지 및 의약품 등 다양한 용도로 이용되고 있다.

한천의 제조방법은 탈수방법에 따라 자연한천과 공업한천으로 나눌 수 있는데, 자연한천은 겨울의 차가운 냉기로 동결과 해동을 반복하여 탈수 건조하는 방법이고, 공업한천은 동결건조 및 압착하여 탈수하는 방법이다.

한천의 용도는 보수성, 응고성, 점탄성 및 촉감 등의 물성을 이용하는 것이다. 한천의 응고력은 젤라틴의 7~8배나 되며, 젤리제품은 비교적 녹는점이 높고 잘 부패되지 않는다. 젤라틴이 가열이나 장기간 방치하면 성질이 변화하기 쉬운 데 비하여 한천은 가열, 냉각을 반복하여도 가역성 젤을 만드는 특성은 그대로 유지된다. 또한 한천은 0.1 % 정도의 농도로 젤을 형성하는데 한천의 젤 형성능은 한천 분자와 물 분자 간의 수소결합에 의한 망상구조를 형성하기 때문이다. 이러한 젤 형성능은 온도, 농도에 따라 다르며, 1.5 % 한천용액의 응고온도는 약 30 ℃이고 융해온도는 85 ℃ 정도이다. 이를 이용하여 젤라틴의 대용품, 성형제, 보수제, 식품안정제, 물성유지제 등으로 양갱이나 잼, 젤리 제조 등에 많이 이용된다. 그 외 우무요리나 중국요리, 아이스크림이나 요구르트 등의 안정제로 사용되기도 한다. 또한 맥주, 포도주, 청주, 식초, 간장 등의 청정용으로 사용되고 통조림 내용물의 증량제로도 사용된다.

(5) 카라기난

카라기난(carrageenan)은 홍조류의 돌가사리과(Gigartinaceae)에 속하는 해조로부터 뜨거운 물로 추출 정제한 수용성 다당류이다. 같은 홍조류에서 추출한 수용성 다당인 한천에 비하여 젤화 능력은 약하나 점성은 강하다. 카라기난은 무미, 무취의 백색 또는 엷은 황색을 띤 분말로서 60 ℃ 이상의 물에 완전히 용해되며, 그 수용액을 상온으로 냉각하면 점조한 용액 또는 젤리가 된다. 분자량은 일반적으로 10만~80만의 범위에 있으며, 함유하는 각 카라기난의 혼성비율과 결합하고 있는 K, Na 등의 이온 종류에 따라 그 특성이 달라진다. 예를 들면 κ-카라기난은 Ca, Mg 이온과 반응하여 젤화하고 우유단백질과 반응하여 젤리 모양을 갖는다.

표 8-17 주요 카라기난의 성상 비교

성상	κ-카라기난	λ-카라기난	ι-카라기난
구성성분	약 29%	약 45%	약 20%
갈락토스	약 23~28%	약 0~2%	약 20~30%
3,6-anhydrogalactose	약 13~27%	약 30~35%	약 30~32%
황산기	D-galastose-4-sulphate	D-galastose-2-sulphate	D-galastose-4-sulphate
주된 구성당	3,6-anhydro-D-galactose	D-galastose-2,6-disulphate	3,6-anhydro-D-galactose-2-sulphate
용해성			
냉수	팽윤하나 용해하지 않는다. Na염은 가용. K, Ca, NH_4 염은 약간 또는 현저하게 팽윤	모든 금속염은 가용, 용액은 유동성 양호 용해	Na 염은 가용, Ca 염은 thixotropic성 분산액이 됨
열수	70℃ 이상에서 용해	분산하여 점거하게 됨	70℃ 이상에서 용해
냉밀크	불용	가용	불용
온밀크	가용	가온하면 용해	가용
농후한 당액	가온하면 용해	가온하면 용해	난용성
농후한 소금액	냉온 모두 불용성		가온하면 용해
응고성			
양이온의 영향	K 이온에 의하여 가장 강하게 젤화	K 이온에 의하여 가장 강하게 젤화하지 않음	Ca 이온에 의하여 가장 강하게 젤화
gel의 성상	취약하고 이장이 됨	불응고	탄력 있고 이장이 없음
locust bean gum의 영향	상승적 효과가 있음	없음	없음
안전성			
중성~알칼리성	안정	안정	안정
산성(pH 3.5)	용액은 가수분해	용액은 가수분해	gel 상태 안정

카라기난의 원조는 돌가사리과(Gigartinaceae)에 속하는 진두발, 돌가사리 등이다. 원료 중량의 20배 양의 물을 가하여 80 ℃에서 2시간 정도 가열 추출한 다음 3배 양의 90 ℃ 물을 가하여 희석시켜 여과를 용이하게 한다. 이 추출액을 여과하고 여액에 규조토를 여과 조제로 첨가하여 압력기로 가압 여과한 후 원심분리기를 사용하여 미세입자를 제거하여 정제한다.

여과하고 남은 조체(藻體) 찌꺼기는 두벌 끓이기를 하는데 초벌 끓이기 때와 같은 양의 물을 첨가하고 80 ℃에서 1시간 가열 추출한다. 추출액의 여과 및 정제법은 첫 번째와 같다. 두벌 추출에서 남은 찌거기는 다시 세 번째 추출을 하는데 처리법은 전과 동일하고 가수량만 초벌 추출 때의 1/3 양으로 한다. 이렇게 세 번 추출하여 얻은 추출여액에 2.5배 용량의 메틸알코올이나 아이소프로필 알코올을 가하여 카라기난을 침전시킨다. 이것을 여과하고 카라기난을 다시 무수메틸알코올로 정제하고 알코올을 제거한 다음 80 ℃에서 30분간 건조시켜 80 mesh 정도로 분쇄하여 포장한다.

(6) 알긴산

알긴산(alginic acid)은 감태, 모자반, 미역 등과 같은 갈조류에 함유되어 있는 점질성의 다당류이다. 알긴산이 갈조류에서 추출된 것은 1883년 스코틀랜드에서 처음으로 제조되었으며, 1926년 미국에서 알긴산나트륨의 형태로 상업적 생산이 시작되었다.

알긴산은 물에 불용성이나 그 알칼리염은 물에 용해하여 극히 점조한 용액을 만들며 무기산을 첨가하면 다시 알긴산을 석출한다. 알긴산염류 중 Na, K, Li, Hg, NH_4염은 수용성이고 다른 금속염들은 불용성이다. 그러나 물에 불용성인 알긴산의 금속염류 중 Fe, Ni, Co, Cu, Zn, Al 등의 염은 암모니아와 착염을 만들어 용해하게 되고, 암모니아를 휘발시키면 다시 원래의 금속염이 되어 불용성으로 된다. 알긴산 및 그 염류는 거의 모든 유기용매에 대하여 불용성을 띤다. 알긴산염의 용액은 천연호료, 단백질, 전분, 당류, 글리세린 등과는 혼합이 잘 일어난다. 알긴산염 용액은 음(−) 전하로 대전하므로 양(+) 전하를 가진 고분자와 강하게 결합한다. 알긴산 용액은 2가 이상의 금속이온에 의하여 −COOH기 사이에 결합이 이루어져 젤상으로 망상구조를 형성한다. 다른 현탁물질을 포합, 흡착하는 성질이 커서 이러한 성질을 이용하여 용수 처리에서 응집제로 사용한다. 또한 알긴산이 방사성 Sr의 생체 내 흡수를 억제하는 효과가 있다는 것이 알려져 있다. 식품 중의 Sr은 위장에서 흡수되어 혈액으로 들어가 뼈에 축적이 되는데 이때 위장 내에 알긴산이 존재하면 Sr과 결합하여 알긴산 Sr염의 젤을 형성한다. 이는 체내에 흡수되지 않고 분변과 같이 그대로 체외로 배설된다(그림 8-21).

알긴산은 갈조류에 함유되어 있는 성분으로 그 함유량은 갈조의 종류, 채취시기, 생육상

$$Sr^{2+}/\text{intestine} + 2Alg \cdot Na \rightleftharpoons (Alg)_2Sr + 2Na^+$$

불용성
비흡수성
↓
체외 배설

그림 8-21 체내에서 Sr과 알긴산의 반응

소, 조체 부위 등에 따라 다르며 일반적으로 15~35 % 정도이다.

알긴산의 제조공정을 살펴보면 원조를 선별하여 2 cm 정도로 절단한 후 묽은 알칼리 처리와 묽은 산 처리를 하여 알긴산 이외의 성분을 제거하는 동시에 알긴산 추출공정을 쉽게 한다. 일반적으로 원조 중량 10~15배 양의 0.03~0.05 % NaOH 용액에 담그어 50~60 ℃에서 약 1시간 처리하여 원조표피 중의 흑갈색 색소를 용해, 제거한다. 원조는 10배 양의 0.5 % HCl 용액에 담그어 상온에서 약 1시간 처리하여 평형반응이 일어나도록 한 다음 맑은 물로 잘 세척한다. 이러한 전처리에 의하여 원조 중의 laminarin, fucoidan, mannite, 요오드, 색소 등의 성분이 제거된다.

전처리 후 원조는 Na_2CO_3 또는 NaOH 용액으로 처리하여 조체 중의 알긴산을 알긴소다로 바꾸어 물에 용출시킨다. NaOH를 사용하면 알긴산의 해중합(解重合)이 일어나 점성이 떨어지기 쉬우므로 주로 Na_2CO_3를 많이 사용한다. 보통 원조의 10~20배 양의 1.5 % Na_2CO_3 용액을 가하여 60 ℃ 정도에서 약 2~4시간 처리하여 조체를 붕괴시켜 점조한 용액으로 만든다. 점조한 추출용액의 여과를 용이하게 하기 위하여 7~8배 양의 물을 첨가하여 여과한다. 이때 알긴산 추출액은 단백질을 많이 함유하고 있어 부패가 용이하므로 0.2 % 정도의 포르말린을 첨가하여 여과한다.

청정 및 여과를 위하여 묽게 희석한 알긴산 추출액으로부터 섬유질 불용성 잔사를 제거하기 위하여 침강법, 공기부유법, 원심분리법, 규조토 첨가 여과법 등이 사용된다. 일반적으로 많이 사용되는 방법은 공기부유법인데 이 방법은 알긴산 추출액 탱크 밑부분의 파이프 세공으로부터 CO_2 또는 공기를 불어넣어 공기의 미포(微泡)를 잔사 표면에 부착시켜 추출액 상층에 부유시키고 하부로 맑은 추출액을 분취하는 방법이다. 분취한 청정액은 필터프레스(filter press)나 원심분리기로 여과하여 정제한다. 여과액에 적당량의 NaClO 수용액을 가하여 알긴산을 표백한 다음 적당량의 묽은 황산을 첨가하여 알긴산을 응고 석출시킨다. 응고 석출시킨 알긴산 겔은 압착 또는 원심탈수법에 의하여 수분을 제거한 후 수용성의 알긴산나트륨(sodium alginate)으로 바꾸어 제품화한다. 알긴산나트륨을 스크류프레스(screw press)로 압착하여 알코올을 분리시킨 후 열풍건조나 진공건조에 의하여 알코올을 증발시킨 후 80~100 mesh 정도로 분쇄한다.

알긴산의 용도를 살펴보면 불용성이라 식품첨가물로 이용하기 위해서 수용성의 알긴산나트륨으로 이용한다. 알긴산나트륨은 고분자화합물인 동시에 친수성 물질로 증점성, 유화성, 침전 방지작용, 포말 안정성, 보형성, 피막 형성, 이장(離漿) 방지작용, 응교성(凝膠性), 결정석출 방지작용, 응집 침강 촉진효과 등이 있다. 식품 가공용으로는 아이스크림의 안정제, 연유 및 주스류의 점강제, 식육의 결착제, 연제품의 부형제, 맥주, 청주, 간장 등의 청정제, 육의 수분 증발 방지, 산화방지, 염석 등의 현상을 방지하기 위한 피부제, 빵 및 양과자 등에 첨가하여 노화방지제 등으로 이용된다.

용어정리

혈합육(dark meat, red meat)
어류의 체측을 따라 분포하는 암적색의 근육을 말한다. 정어리, 가다랑어 등과 같이 회유성 어류나 활동성이 큰 어류는 혈합육이 많고, 넙치나 도미 같은 활동성이 적은 어류는 적다.

마이오글로빈(myoglobin)
근세포 속에 있는 헤모글로빈과 비슷한 헴단백질로 적색 색소를 함유하고 있어 조류나 포유류의 근육을 붉게 염색하는 물질이다. 마이오글로빈의 생체 내에서의 역할은 근조직 속에 산소를 확보하는 저장체이다.

빙의(glazing)
냉동식품의 냉동 변색을 방지하기 위한 방법으로 어체 표면에 얼음을 적당한 두께로 입혀 어체가 산소와 접촉하여 산화 변색되는 것을 방지하는 저장법이다.

유소현상(油燒現象)
지방을 많이 함유하는 어육을 공기 중에 오래 두면 지방의 자동산화로 인하여 육질이 마치 불에 탄 것과 같이 오렌지색이나 적갈색으로 변색하는 현상을 말한다.

젤(gel)
콜로이드 용액(졸)이 일정한 농도 이상으로 진해져서 튼튼한 그물조직이 형성되어 굳어진 상태를 말한다. 한천(寒天), 두부, 실리카겔 등이 그 예이다. 이들은 콜로이드 입자의 그물조직 사이에 용매인 물 등이 들어가 굳은 것이며, 다시 온도를 올리면 분자운동이나 그 밖의 원인에 의하여 조직이 파괴되어 다시 유동성 액체로 된다.

필렛(fillet)
육류나 어류의 뼈나 지방질을 추려낸 순살코기 상태를 말한다.

단원정리

1. 수산물은 그 종류가 대단히 많고 계획 생산이 어려우며 생산되는 장소와 시기가 국한되어 있다. 어체의 크기, 부위, 계절에 따른 성분의 변화가 많고 축육에 비하여 부패 및 변질이 용이하며 특유한 냄새, 색깔, 맛을 가지고 있다.
2. 수산 냉동식품은 전처리를 한 후 급속동결하여 포장을 한 규격품이며, 간단한 조리로 식탁에 제공할 수 있는 것으로서 소비자에게 인도할 때까지 상품이 −18 ℃ 이하로 보관된 것을 말한다.
3 수산 건조식품은 수산 가공품 중 단순 가공품으로 어패류 및 해조류 등을 천일건조 또는 인공건조하여 수분함량을 감소시켜 세균 발육을 억제, 저장성을 부여한 제품이다.
4. 수산 훈연식품은 어패류에 목재를 불완전연소시켜 발생하는 연기성분을 흡착시켜 독특한 풍미와 보존성을 갖도록 한 제품이다.
5. 수산 염장식품은 어체에 소금 또는 소금용액을 처리하여 세균과 효소의 작용을 억제시켜 저장성을 부여한 것이다.
6. 수산 연식품(fish meat paste products)은 어육에 소금과 부재료를 첨가하여 고기갈이한 후 튀기거나 찌거나 굽는 등의 방법으로 어육을 가열, 응고시킨 것이다.
7. 수산 통조림식품은 수산물을 원료로 사용하여 증자 또는 튀기는 등 가열 조리한 후 통조림용 캔이나 병에 넣고 탈기, 밀봉, 살균, 냉각 등의 공정을 거쳐 제조한 가공품이다.
8. 수산 조미 가공식품은 제품에 저장성을 주는 동시에 독특한 맛을 부여하여 별도의 조리 없이 바로 먹을 수 있도록 조미한 것이다.
9. 해조 가공식품은 원료 해조류를 건조시키거나 염장, 조미 가공 등의 방법으로 가공하여 직접 식용으로 사용하는 경우와 한천, 알긴산, 카라기난 등과 같이 해조류의 함유성분을 추출 분리하여 새로운 가공을 한 것이다.

연습문제

1. 수산물을 농산물이나 축산물과 비교하여 그 특성을 설명해 보시오.

2. 어육의 육색소를 종류를 나열하고 설명해 보시오.

3. 수산 냉동식품에서 어육 표면에 빙의 입히기(glazing)를 하는 목적을 설명해 보시오.

4. 수산물을 훈연(smoking)하는 방법을 들고 설명해 보시오.

5. 어류를 소금에 의한 저장을 할 때 그 방부 원리를 설명해 보시오.

6. 수산 연제품의 종류를 들고 그 제조 원리를 설명해 보시오.

7. 수산 통조림식품의 제조 시 주요 3대 제조공정을 말해 보시오.

8. 해조 가공식품에 생리활성물질이 많이 함유되어 있어 건강기능식품 소재로 이용되고 있는데 그 예를 설명해 보시오.

정답 및 해설

1. 수산물은 그 종류가 대단히 많고 계획 생산이 어려우며 생산되는 장소와 시기가 국한되어 있다. 어체의 크기, 부위, 계절에 따른 성분의 변화가 많으며 부패 변질하기 쉽다.

2. 어류는 그 육색에 따라 적색어와 백색어로 나누어진다. 어류의 단면을 보면 혈합육(dark meat, red meat)은 진한 육색 부분이고, 보통육(ordinary meat, white meat)은 묽은 육색의 근육 부분으로 구성되어 있다.

3. 냉동식품의 냉동 변색을 방지하기 위하여 어체 표면에 적당한 두께의 얼음옷을 입혀 어체가 산소와 접촉하여 산화 변색되는 것을 방지하기 위한 것이다.

4. 수산물을 훈연하게 되면 연기성분이 훈연과정 중 제품에 흡착되어 살균과 건조로 인한 저장성과 기호성을 부여하며 풍미를 향상시키고, 염지 육색이 가열에 의해 안정되어 육색을 좋게 하며 산화방지효과 등을 부여하게 된다.

5. 소금은 어육 염장 시 식염이 가지는 높은 삼투압에 의한 세균세포의 탈수작용으로 세균세포는 정상적인 발육이 억제되고 심한 경우 원형질 분리를 일으켜 사멸하게 됨으로써 어육의 저장성을 향상시킨다.

6. 어육에 소금을 첨가하여 고기갈이공정으로 갈아서 형성된 고기풀을 가열하게 되면 분자 간 가교결합을 형성하여 망상구조를 형성하게 되며, 또한 그물조직 사이에 용매인 물 등이 들어가 굳어 버린 형태인 젤(gel)이 된다.

7. 탈기, 밀봉, 살균

8. 알긴산(alginic acid)이 방사성 Sr의 생체 내 흡수를 억제하는 효과가 있다. 식품 중의 Sr은 위장에서 흡수되어 혈액으로 들어가 뼈에 축적이 되는데, 이때 위장 내에 알긴산이 존재하면 Sr과 결합하여 알긴산 Sr염의 젤을 형성하여 체내에 흡수되지 않고 분변과 같이 그대로 체외로 배설된다.

CHAPTER 9

식용유지 가공

1. 유지 자원

2. 식용유지 가공

유지는 글리세롤(glycerol)과 지방산이 에스터 결합을 한 트리글리세라이드(triglyceride)의 혼합물로써 통상적으로 상온에서 액체인 기름(oil, 油)과 녹는점이 높고 상온에서 고체인 지방(fat, 脂)을 칭한다. 유지는 단백질, 탄수화물과 더불어 3대 영양소 중의 하나이며, 1 g당 9 kcal의 열량을 내는 고칼로리 에너지원이자 인체의 세포막과 피하조직 등을 구성하는 등 생체에서 중요한 역할과 기능을 한다. 영양소로서의 기능뿐만 아니라 식품의 맛과 풍미를 부여하므로 식품 가공 시 중요한 성분이기도 하다.

『식품공전』상의 「식품별 기준 및 규격」에서 식용유지는 다음과 같이 정의하고 있다.

식용유지류라 함은 유지를 함유한 식물(파쇄분 포함) 또는 동물로부터 얻은 원유나 이를 원료로 하여 제조·가공한 것으로 콩기름, 옥수수기름, 채종유, 미강유, 참기름, 들기름, 홍화유, 해바라기유, 목화씨기름, 팜유류, 야자유, 혼합식용유, 가공유지, 쇼트닝, 마가린, 고추씨기름, 향미유 등을 말한다.

식용유지류의 국내업체 수는 2011년 기준으로 670개였으며, 생산량은 약 111만 6,000톤이었다. 이는 전체 식품 품목군의 4.9 %에 해당한다. 식용유지류의 OEM 생산량은 7만 4,450톤(2011년)이었으며, 식용유지의 OEM 생산업체 수는 2011년 기준으로 45개 업체로 조사되었다.

유지류의 1일 섭취량은 2013년 기준으로 식물성 유지류는 8.5 g, 동물성 유지류는 0.2 g을 섭취하는 것으로 나타났으며, 식물성 유지류의 섭취량이 1975년도와 비교하여 2배 이상 증가하였다.

표 9-1 유지류 1일 섭취량 추이

(단위: g)

구분 \ 연도	1975년	1980년	1985년	1990년	1995년	2005년	2008년	2010년	2011년	2012년	2013년
유지류(식물성)	3.1	4.4	6.9	5.6	7.5	7.5	7.7	8.3	8.4	7.8	8.5
유지류(동물성)	0.1	0.1	0.1	0.4	0.1	1.6	0.2	0.2	0.2	0.2	0.2

출처 : 보건복지부 국민건강영양조사

1. 유지 자원

식용유지는 원료의 종류, 구성 지방산의 조성 등에 따라 분류할 수 있다. 식용유지는 원

표 9-2 유지의 분류

유지의 분류			종류
식물성 유지	식물성 기름	건성유	들기름, 해바라기유, 아마인유, 동백유, 잣유
		반건성유	대두유, 참기름, 미강유, 옥수수기름, 면실유
		불건성유	올리브유, 땅콩기름, 피마자유, 동백유
	식물성 지방		야자유, 팜유, 카카오지방
동물성 유지	동물성 기름	해산동물유	어유, 간유, 해수유
		담수산동물유	뱀장어유
		육산동물유	번데기유, 난황오일
	동물성 지방	체지방	우지, 돈지
		유지방	버터

료에 따라 식물성 유지와 동물성 유지로 분류할 수 있으며(표 9-2), 식물성 유지에는 콩기름, 참기름, 해바라기유, 올리브유, 옥수수기름 등이 있고, 동물성 유지에는 돼지기름, 생선기름, 쇠기름 등이 있다.

유지를 얇은 층으로 공기 중에 방치하였을 때 표면에 고체상태의 건조피막을 만드는 정도에 따라 건성유, 반건성유, 불건성유로 나눌 수 있다. 요오드값 130 이상인 유지의 박막이 공기 중에서 고화하는 현상을 유지의 건조라고 하는데 글리세리드가 서로 산화, 중합하여 고분자의 에테르(ether) 불용성 물질을 생성하기 때문이다. 이는 액체유의 휘발에 의한 건조와는 다른 현상이다.

건성유는 리놀레산(linoleic acid), 리놀렌산(linolenic acid) 등의 글리세리드가 주성분이며, 건성을 이용하여 페인트, 인쇄잉크, 유화물감 등의 공업용 원료로 사용된다. 반건성유는 올레산, 리놀레산이 주성분이고 포화지방산을 함유하며 튀김용, 마가린, 쇼트닝 등의 원료로 혹은 윈터리제이션을 거쳐 샐러드기름으로 사용된다. 불건성유는 주로 올레산으로 구성되어 있으며 식용으로 사용되거나 불건조성을 이용하여 화장품, 의약품, 윤활유 등에 사용된다.

- 건성유(乾性油) : 공기 중에 방치하였을 때 표면이 쉽게 건조되는 유지로 요오드값 130 이상인 유지를 말한다. 건성유는 공기 중의 산소를 흡수하여 산화, 중합되면 점성이 증가하고 고화되는 불포화도가 높은 유지이다.
- 반건성유(半乾性油) : 반 정도만 건조되는 유지로 요오드값이 100~130인 유지를 말한다.
- 불건성유(不乾性油) : 건조되지 않는 유지로 요오드값이 100 이하인 유지를 말한다.

식용으로 사용하는 유지는 아래와 같은 성상을 가져야 한다.

① 유지의 주성분은 중성지방이며, 이의 분해산물인 유리지방산 혹은 지방산의 산화 생성물이 들어 있지 않아야 한다.
② 중성지방 이외의 불순물(wax 등)이 함유되어 있지 않아야 한다.
③ 무색 혹은 무색에 가까운 엷은 색으로 투명하여야 한다.
④ 불쾌취가 없어야 한다.

1) 식물성 유지

식물성 유지에는 콩기름, 옥수수유, 올리브유, 팜유, 유채씨유, 홍화유 등이 있다. 세계 식물성 유지류 생산량은 〈표 9-3〉과 같으며, 팜유가 2013년 기준으로 33.5 %로 비중이 제일 높고 다음이 콩기름이 26.3 %, 유채씨유가 15.0 %를 차지한다. 2013년 식물성 유지류의 생산량은 1억 6,200만 톤이었으며 최근 10년간 연평균 4.8 %의 성장세를 보였다. 팜핵유, 팜유, 유채씨유, 콩기름이 높은 생산량 증가를 보인 반면 홍화유는 생산이 감소하였다.

표 9-3 세계 식물성 유지류 생산량

(단위: 천 톤)

구분 \ 연도	2008	2009	2010	2011	2012	2013
코코넛유	3,364	3,290	3,857	3,181	3,319	3,225
면실유	4,819	4,648	4,848	5,187	5,433	5,128
땅콩기름	5,335	4,857	5,616	5,409	5,298	5,177
아마인유	527	507	548	550	585	565
옥수수기름	2,286	2,225	2,288	2,359	2,685	2,856
올리브유	2,688	2,874	3,271	3,341	3,489	2,826
팜유	42,353	43,860	45,769	49,417	52,461	54,385
팜핵유	5,428	5,617	5,579	6,010	6,427	6,695
유채씨유	19,267	21,412	22,842	23,131	24,234	24,688
홍화유	161	139	131	143	153	107
참기름	985	1,035	1,089	1,121	1,145	1,107
콩기름	36,030	36,434	40,689	41,924	41,999	42,659
해바라기씨유	10,938	12,998	12,636	13,374	14,836	12,591
합계	134,181	139,896	149,163	155,147	162,064	162,009

출처: FAO STAT(http://www.fao.org).

(1) 들기름

들깨는 약 40 %의 지방질을 함유하고 있으며, 이 중 리놀렌산이 약 49 %, 리놀레산이 33 %, 올레산이 약 11 % 들어 있고, 요오드값이 189~195로 건성유에 속한다. 들기름은 국내에서는 주로 참기름 대용으로 사용되며 이 밖에 유지용, 페인트, 인쇄용 잉크 등의 원료로 쓰인다. 들기름은 유럽, 미국 등지에서는 주로 공업용으로 많이 사용된다.

(2) 콩기름

콩기름(soybean oil, 대두유)은 세계에서 가장 많이 소비되고 있는 식용유지이며, 우리나라는 원료 콩 전부를 수입에 의존하고 있다. 콩의 유지함량은 16~24 %이며, 일반적으로 추출법으로 제유한다. 콩기름은 리놀레산 함량이 높아 식용유로의 보존성, 안정성이 떨어지기 쉽다. 국내의 콩기름산업은 콩을 수입하여 기름을 직접 추출하는 방식, 원유 상태로 수입하여 가공하는 두 가지 방식으로 나눌 수 있다.

(3) 옥수수기름(옥배유)

옥수수기름(corn oil)은 옥수수전분 제조 시 나오는 배아가 부산물로 얻어지는데, 이를 사용하여 압착법으로 채유하여 제조한다. 옥수수 중 배아는 약 6.7 %를 차지하며, 옥수수 배아는 33~40 %의 지질을 함유하고 있다.

(4) 참기름

참기름은 참깨 종자를 볶은 후 압착하여 채유한 기름으로 토코페롤, 세사몰과 같은 성분을 함유하고 있어 항산화성이 우수하며, 예부터 식생활에 널리 이용되고 있는 식용유지이다. 참깨의 원산지는 고온 건조한 에티오피아, 인도로 추정되며 주요 생산국은 인도, 미얀마, 수단, 중국이다. 참깨 종자는 지방 50 %, 단백질 20 %, 탄수화물 15 %, 리그난을 0.5 % 정도 함유하고 있다. 국내 참깨 생산량은 1988년 5만 2,000톤에서 2012년 9,690톤으로 감소하였으며, 농촌인구의 고령화에 따른 노동력 부족, 연작 피해에 대한 우려로 매년 생산량이 감소하는 추세이다. 2013년 국내 생산량은 약 1만 2,000톤으로 자급률은 13 %에 불과하여 수요량의 대부분을 수입에 의존하고 있다.

가짜 참기름을 판별하는 방법은?

참기름에 콩기름, 채종유 등과 같은 다른 식용유지를 혼입하여 판매 유통하는 것을 방지하기 위하여 지방산 규격을 설정하여 참기름의 기준 규격을 강화한 바 있다[식약청(현 식약처) 고시 제2006-55호, 2006. 12. 1]. 참깨원료의 지방산 중 리놀렌산은 총지방산 중 0.5 %를 초과하지 않으므로 참기름 중의 리놀렌산 함량이 0.5%보다 높을 경우 다른 식용유지를 혼입한 것으로 판단할 수 있다. 에루스산은 유채유에만 존재하는 지방산이므로 참기름에서 에루스산이 검출되면 유채유가 혼합된 것이라 판단할 수 있다.

참기름 중 리놀렌산(linolenic acid) 및 에루스산(erucic acid) 규격

- 리놀렌산 : 0.5% 이하[팔미트산($C_{16:0}$), 스테아르산($C_{18:0}$), 올레산($C_{18:1}$), 리놀레산($C_{18:2}$), 리놀렌산($C_{18:3}$), 아라키돈산($C_{20:0}$) 중 리놀렌산 함량]
- 에루스산 : 불검출

(5) 팜유

팜유(palm oil)는 오일팜(기름야자) 열매의 과육으로 짠 기름으로 세계적으로 수요가 많고 산화 안정성이 우수하여 경제성이 높은 식용유지 중의 하나이다. 팜나무의 원산지는 아프리카 서부의 열대지방이며 현재는 아프리카, 동남아시아 및 중남미 등지에서 생육되고 있다. 팜유는 팜 열매에서 섬유질이 많은 열매의 바깥쪽[펄프층인 중과피(mesocarp)]에서 주로 추출하며 식물성 유지이나 상온에서 고체상태인 것이 특징이다. 튀김기름, 가공유지 등으로 널리 이용되고 있으며, 이 외에도 비누, 세제, 화장품 등 다양한 제품의 재료로 이용되기도 한다.

2) 동물성 유지

(1) 어유

어유(fish oil)는 물고기로부터 추출하는 원료 부위의 종류에 따라 어체유(fish body oil), 간유(liver oil) 등으로 나눌 수 있다. 어유는 고도불포화지방산을 많이 함유하고 있어 산화 안정성이 낮으므로 수소를 첨가하여 주로 경화유 형태로 사용한다.

(2) 우지

우지(beef tallow)는 소의 지방조직을 가열 용출하여 얻는 지방으로 원료의 품질, 처리방법 등에 따라 성상, 성질에 차이가 있다. 우지의 녹는점은 45~55 ℃, 요오드값은 30~60이며, 올레산 40 %, 팔미트산 30 % 및 스테아르산 20~40 % 등으로 구성되어 있다. 45~50 ℃의 저온에서 용출한 우지를 premier jus라 부르며, 용융우지를 30~32 ℃에 방치하여 석출한 결정은 우지 스테아린이라고 하고, 이를 분리한 나머지 기름은 올레오 오일이라고 한다. 우지는 식용, 비누, 양초 등의 원료로 사용되며 식용과 공업용은 엄격하게 구분된다. 식용으로써의 우지는 정제하여 쇼트닝, 과자, 마가린, 라드 배합용, 식용경화유, 식용유화제의 원료 등으로 사용되며, 공업용도로는 사료, 비누, 세제, 계면활성제, 환원 알코올 등의 제조에 사용된다.

(3) 돈지

돈지(lard)는 돼지의 피하조직 등의 지방조직으로부터 용출법으로 분리한 것으로 고체지방으로 널리 사용된다. 돈지는 녹는점이 38 ℃ 이하로 우지보다 낮으며, 요오드값은 50~90이다. 돈지의 지방산 조성은 올레산 50~60 %, 팔미트산 25~30 %, 스테아르산이 10~15 % 등으로 구성되어 있다. 돈지는 녹는점이 낮아 입안 촉감이 좋으며, 쇼트닝성은 뛰어나지만 크림성이 떨어지므로 버터, 마가린 등과 함께 혼합하여 크림성을 보완하여 제과용 등으로 사용된다.

2. 식용유지 가공

식용유산업은 초기 투자비용이 많이 들어가는 장치산업이며, 콩(대두) 등 유지의 원료 대부분을 수입에 의존하기 때문에 수입국의 작황과 환율에 의해 수익성에 많은 영향을 받는다.

국내의 유지 가공업체는 크게 3가지로 분류할 수 있는데, 콩기름을 주로 가공하는 업체, 2차 가공유지제품(마가린, 쇼트닝 등)을 주로 생산하는 업체, 옥배유 제조업체/중소업체 및 OEM 생산방식 업체로 나눌 수 있다. 생산방식에 따라 제조업체의 생산방법이 달라질 수

표 9-4 콩기름 생산방식에 따른 제조공정

구분	원재료	생산방법
콩 처리 가공	대두	대두→정선→조쇄→탈피→가열→압편→추출 증발→탈검→탈산→탈색→탈취→콩기름·박건조→박냉각→분리→분쇄→대두박
자체 정제	조유	수입원료(조유)→탈산→탈색→탈취→콩기름
위탁 생산/PB	조유	수입원료(조유)→탈산→탈색→탈취→콩기름

있는데 대표적으로 콩기름의 가공방법은 〈표 9-4〉와 같다. 원료콩 자체를 처리하여 가공하는 업체와 유지의 원료가 되는 조유를 수입하여 가공하는 업체는 생산공정이 다르다.

『식품공전』상의 식용유지의 제조·가공 기준은 다음과 같다.

① 추출 등의 방법으로 채유한 원유는 탈검, 탈산, 탈색, 탈취의 정제공정을 거치거나 이와 동등 이상의 복합 정제공정을 거쳐야 한다.

② 압착 또는 이산화탄소(초임계추출)로 얻어진 원유는 침전물을 제거하기 위하여 자연정치, 여과 등의 공정을 거쳐야 한다.

③ 미강유의 정제공정 중에 산가를 조절하기 위하여 글리세린을 사용하여서는 아니 된다.

④ 압착 또는 이산화탄소(초임계추출)로 얻어진 참기름과 들기름에는 다른 식용유지를 일절 혼합하여서는 아니 된다.

⑤ 제조공정 중 사용된 추출용제, 이산화탄소 및 수산화나트륨 등은 『식품첨가물공전』의 사용기준에 적합하게 처리하여야 한다.

1) 유지의 추출

다양한 동식물성 원료로부터 유지를 추출하는 방법에는 대표적으로 융출법, 압착법, 추출법 등이 있다. 융출법은 동물의 지방조직으로부터 유지를 분리하고자 할 때 주로 사용되는 방법이며, 식물성 유지의 추출 시에는 거의 이용하지 않는다. 식품 종자의 종류별 채유수율은 〈표 9-5〉와 같다.

(1) 융출법

융출법은 주로 동물성 유지를 추출해 내고자 할 때 사용되는 방법으로 건식법과 습식법이

표 9-5 식품 종자의 채유 수율

식물 종자	채유 수율(%)
콩기름	18
참기름	47
팜유	45
옥수수기름	45
해바라기씨유	25
코코넛유	63

있다. 동물성 유지 원료를 가열하여 내용물을 팽창시키고 세포막을 파괴하여 세포 속에 들어 있는 유지를 세포 밖으로 용출시키는 방법이다. 건식법은 가열을 통하여 유지를 용출시키는 방법이며, 습식법은 물이나 증기로 가열하여 유지를 용출시키는 방법이다.

① 건식법

원료를 직화로 가열하거나 열풍 혹은 이중솥에서 가열하여 유지를 용출해 내는 방법이다. 동물성 유지 추출에 이용되며 고래기름, 간유(liver oil) 등의 유지원료를 용출할 때 이용된다. 건식법으로 용출해 낸 지방은 단백질을 소량 함유하여 독특한 냄새와 짙은 색깔을 띠게 되기도 한다. 이러한 이유로 건식법은 근육조직을 함유하지 않는 지방조직 원료의 지방 용출 시에 주로 사용된다.

② 습식법

습식법에는 물의 끓는점 이하 온도에서 용출하는 저온법과 고압하에서 용출하는 고온법이 있는데 저온일수록 양질의 유지를 얻을 수 있다. 정어리, 청어 등의 어유를 채취할 때 주로 쓰이는 방법으로 원료를 잘게 썰어 소량의 물 혹은 소금물과 함께 탱크에 넣고 압력을 가해 148 ℃에서 가열 처리하면 기름은 위에 모이고 아래로는 물 층이 모여 유지가 분리된다. 습식법은 세포 파괴가 쉬우며, 채취시간이 짧고 채유 수율도 높은 편이다.

(2) 압착법

압착법은 식물성 원료로부터 유지를 분리할 때 주로 사용하는 방법으로 원료를 압편, 파쇄한 것을 가열하여 압착 채유하는 방법이다. 압착법은 탈지박에 상당한 기름(탈지박의 약

4~7 %)이 흡착되어 남아 있으며, 추출법과 함께 사용함으로써 채유 수율을 증가시킬 수 있다. 압착에 사용되는 착유기는 회분식(batch)과 연속식(continuous) 압착기로 나눌 수 있다. 대규모 생산 시에는 연속식 압착기를 사용하여 연속적인 처리가 가능하며, 추출법의 예비압착 단계로도 적용된다.

(3) 추출법(침출법)

추출법은 유지 원료를 추출장치에서 휘발성 유기용제를 처리하여 원료 중의 유지성분을 추출하는 방법이다. 즉, 원료에 적절한 용매를 가하여 유지를 추출한 후 여과, 증류하여 유지와 용제를 분리하여 용제를 회수함으로써 유지를 얻는 방법이다. 압착법은 탈지박 속의 유지성분을 3~6 % 이하로 낮추는 것이 어렵지만, 추출법은 탈지박의 잔류 유지성분을 0.5 % 이하로 낮출 수 있어 추출효율이 좋은 방법이다. 압착법에 비하여 불순물이 적은 유지를 얻을 수 있으며 깻묵에 남는 유지는 0.5~1.5 % 정도이다. 추출하는 용매는 다음과 같은 요건을 만족시키는 것이 좋다.

① 인화, 폭발의 위험이 적을 것
② 기화열과 비열이 적어 회수하기 쉬울 것
③ 끓는점이 낮고 비열 및 증발잠열이 적을 것
④ 유지 이외의 물질을 추출하지 않을 것
⑤ 가격이 저렴할 것
⑥ 유지 이외의 물질을 용출하지 않을 것
⑦ 독성이 없고 깻묵에 나쁜 맛과 냄새를 남기지 않아 사료나 기타 용도로 사용할 때 이용 가치를 저하시키지 않을 것
⑧ 추출장치를 부식시키지 않을 것

추출용매로는 n-헥산(normal hexane, 끓는점 65~69 ℃)이 많이 이용되며, 이 외에 헵탄(heptane), 아세톤(acetone), 펜탄(pentane) 등이 이용된다. 추출법은 비용이 많이 들지만 채유 수율이 높아 최근에 와서 많이 이용되는 방법이다. 원료 중의 유지함량이 20 % 정도일 경우 추출법이 좋으나 그 이상일 경우 압착법이 유리하다.

2) 유지의 정제

채유 후 정제하지 않은 원료유지(조유, crude oil)에는 섬유질, 단백질, 인지질, 유리지방산, 냄새성분, 색소, 흙이나 먼지 등의 다양한 불순물이 들어 있다. 이 불순물들은 원유의 색을 어둡게 하고 발연점을 낮추어 가열 시 거품이 생기는 원인이 된다. 식용유지로 사용하기 위해서는 이러한 불순물들을 제거하는 공정을 거치게 되는데 이를 유지의 정제라고 한다. 정제공정을 통하여 유지의 품질을 향상시켜 양질의 유지를 제조할 수 있다. 카우프만(Kaufmann) 등은 식용유지의 정제 단계를 〈표 9-6〉과 같이 5단계로 구분하였다.

(1) 불용물질 제거

원유에 원료의 조직이 혼입되어 있으면 수분함량이 많을 경우 효소가 작용하여 가수분해가 일어나 유리지방산 함량이 증가할 수 있다. 이는 유지의 산패 원인이 되므로 불용성 물질을 제거하는 공정이 필요하다. 압착 또는 추출을 통하여 얻은 원유의 불용물질을 제거하는 방법으로는 탱크에 장시간 방치하여 불순물을 침강시키는 침전법, 여과법, 원심분리법 등이 있다. 이 중 인건비 절감, 연속 처리 등을 위해 원심분리법이 많이 사용된다.

(2) 탈검

탈검(degumming) 공정은 유지 중의 인지질(phospholipid), 레시틴(lecithin), 단백질, 탄수화물 등의 콜로이드성 불순물인 검질(gums)을 제거하는 공정이다. 탈검은 산에 의한 방법, 수화에 의한 방법, 흡착법 등이 있다. 이러한 검질은 유화성이 강하여 탈산공정 중 유지의 손실이 많아진다. 콩기름의 탈검공정으로부터 레시틴을 얻을 수 있는데 이는 유화제로서 식품 가공분야 외에 페인트, 섬유, 화장품 제조 등 다양한 분야에 사용된다.

(3) 탈산

탈산(deacidification)은 원유에 들어 있는 유리지방산을 제거하는 공정으로 이때 탈검에서 제거되지 않은 미세 입자, 인지질, 기타 불순물(검류, 미량의 중금속류)도 대부분 함께 제거된다. 원유에는 유리지방산이 0.5 % 이상 들어 있으며, 특히 미강유에는 10 % 정도 들어 있어 이를 제거하기 위하여 탈산공정을 거치게 된다. 유리지방산이 많을수록 끓는점과

표 9-6 식용유지 정제의 5단계

단계	목적	처리방법
불용물질 제거(desludge)	유지 중의 불용성 물질 제거	여과 또는 원심분리
탈검(degumming)	유지 중의 가용성 물질 제거	산 첨가, 수화(hydration), 흡착제 사용 등
탈산(deacidification)	유리지방산 제거	알칼리 처리 또는 증류
탈색(decolorization)	색소물질의 제거	흡착제, 화학 처리 또는 열 처리
탈취(deodorization)	휘발성 물질의 제거	진공, 수증기 증류 등

발연점이 낮아져 유지를 가열할 때 쉽게 타거나 증발하는 현상이 발생한다. 이와 같이 유리지방산은 유지의 품질 저하를 일으키므로 제거하는 공정이 필요하다. 탈산방법에는 알칼리 정제법, 미셀라(micella)법, 증기법 등이 있다. 알칼리 정제법은 일반적으로 가장 많이 쓰이는 방법으로 NaOH 용액으로 유리지방산을 중화하여 비누(saponification)로 만들어 제거하는 방법이다. 원유와 알칼리 용액이 혼합기에 일정 비율로 주입되면 약 65 ℃ 정도로 가열되어 고속 원심분리기에 의해 정제된 기름과 비누성분이 분리된다. 이후 10~20 %의 뜨거운 물을 가해 혼합하면 비누성분이 물에 녹게 되어 이를 원심분리기로 분리하고 유지는 진공건조기를 이용하여 탈수하여 정제한다.

(4) 탈색

정제되지 않은 유지 중에는 다양한 색소물질(chlorophylls, carotenoids, anthoxanthins 등)이 들어 있는데 열이나 흡착 등의 방법을 통해 이를 제거하는 공정을 탈색(decolorization, bleaching)이라고 한다. 탈색방법은 활성백토, 활성탄을 이용하는 흡착법, 과산화물을 이용한 산화법, 혐기상태에서 가열에 의한 방법 등이 있는데 흡착법이 가장 많이 이용된다. 감압하에서 유지가 70~80 ℃일 때 탈수한 후 흡착제를 1~2 % 첨가한 다음, 다시 감압시켜 80~130 ℃에서 10~20분간 가열 처리를 하고 가압여과기로 여과한다.

(5) 탈취

탈취(deodorization)공정은 유지 정제의 최종 단계로 유지로부터 바람직하지 못한 풍미나 냄새의 원인이 되는 물질을 제거하는 공정이다. 유지의 불쾌취는 저급 카보닐 화합물, 저급지방산, 저급알코올, 경화제, 흡착제 등으로부터 유래된다. 냄새성분은 대부분 휘발성 성분으로 감압수증기 증류(vacuum steam distillation) 방식으로 제거하는데, 진공상태에서 유지에 가열증기, CO_2, 수소, 질소 등을 불어넣어 알데하이드나 케톤 같은 휘발성 물질을 제거한다. 탈취공정에 의해 휘발성 또는 비휘발성 냄새성분이 대부분 제거되며, 유리지방산 함량은 0.05 % 이하로 낮아지게 된다.

(6) 윈터리제이션

윈터리제이션(winterization)은 유지가 겨울철 등 저온에서 혼탁해지는 것을 방지하기 위해 낮은 온도에 방치하여 녹는점이 높은 물질을 유지로부터 분리하여 제거하는 공정으로 dewaxing이라고도 한다. 탈취 전 0~6 ℃에서 18시간 정도 방치한 후 생성된 결정을 여과하거나 원심분리하여 제거한다. 샐러드유, 병·통조림용 기름 등의 제조 시 윈터리제이션공정을 거치게 되며, 유지의 지방산 조성에 따라 결정 형성 특성이 달라지므로, 냉각온도와 냉각속도, 교반속도 등 여러 가지 요인을 고려하여 실시한다.

3) 유지 가공품

(1) 경화유

리놀레산 또는 올레산에 수소첨가반응을 시키면 최종적으로 포화지방산인 스테아르산이 생성되는데 이러한 과정에서 생성된 유지를 경화유라고 한다. 수소 첨가를 통하여 경화유를 만드는 목적은 다음과 같다.

① 유지의 녹는점 상승 : 가소성, 경도를 부여하여 물리적 성질을 개선
② 고체지방량의 증가
③ 산화 안정성 개선(글리세리드의 불포화결합에 수소를 첨가하여 산화 안정성을 개선함) 및 열 안정성의 향상
④ 색깔, 냄새, 맛의 개량 등을 통하여 사용용도에 맞는 제품을 얻음

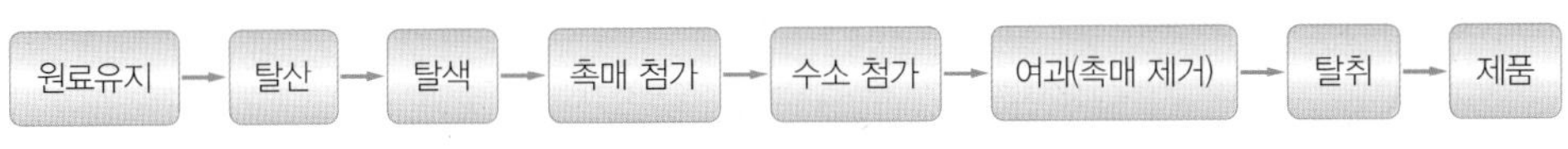

그림 9-1 경화유 제조공정

(2) 마가린

마가린(margarine)은 프랑스의 화학자 메주 무리에가 개발한 것으로, 정제된 동식물성 유지에 경화유를 가하고 유화제를 가하여 버터 상태로 만든 유중수적형(W/O)의 에멀션이다. 미국에서는 1875년부터 대량 제조되어 버터의 대용품으로 이용되기 시작하였다. 『식품공전』에는 마가린류를 "식용유지(유지방 포함)에 물, 식품, 식품첨가물 등을 혼합하고 유화시켜 만든 고체상 또는 유동상인 마가린과 저지방 마가린(지방 스프레드)을 말한다"라고 정의하고 있다. 마가린은 지방함량이 80 % 이상이어야 하며, 마가린의 배합원료는 〈표 9-7〉과 같다. 마가린 제조 시 발효유를 첨가하면 풍미가 좋아지고, 비타민의 산화를 방지하는 효과가 있다.

- 배합 : 정제된 동식물성 유지에 유제품, 소금, 비타민 A, 유화제, 보존료, 착향료 등을 가한다.
- 조합 및 유화 : 배합한 원료에 수용성 성분을 용해시킨 용액을 혼합하면서 W/O형 에멀션을 만든다[유지에 배합원료성분을 용해하여 60 ℃ 정도에서 보관한 후 수용성 성분을 용해시킨 용액을 교반하면서 첨가하여 유중수적형(W/O) 에멀션을 만든다].
- 급냉 : 유화액을 급냉시켜 가소성, 퍼짐성, 탄력성을 가진 제품을 제조한다. 급냉과정은 높은 가소성을 부여해 주어 냉장고에 보관하여도 퍼짐성이 우수하여 딱딱하지 않으며,

표 9-7 마가린의 배합원료 예시

원료	함량
유지	80~82%
물 또는 발효유	16~20%
우유 고형분	0~2%
소금	0~2%
유화제	
Monoglyceride	0.2~0.5%
Lecithin	0.1~0.3%
보존료	0.01~0.05%
산화방지제(BHA 등)	0.01~0.02%
향료	0.001~0.002%
착색료(β-카로틴 등)	0.06~0.1%
비타민 A	1.5만~3.0만 IU/450 g

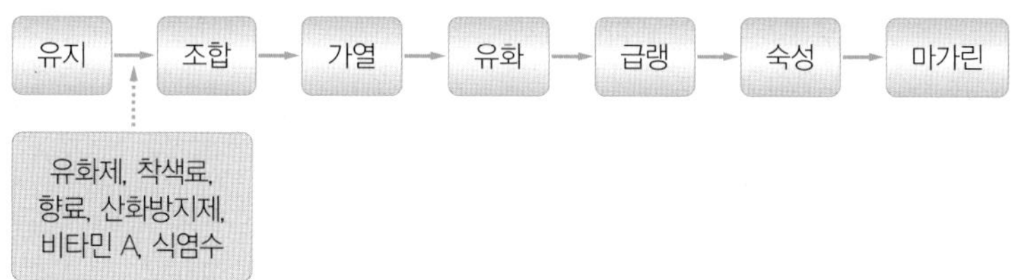

그림 9-2 마가린 제조공정

여름철에도 잘 녹지 않게 해준다.

- 숙성 : 마가린의 녹는점보다 10 ℃ 낮은 온도에서 2~5일간 숙성 후 충전하여 포장한다.

(3) 쇼트닝

쇼트닝(shortening)은 식용유지를 그대로 또는 이에 식품첨가물을 가하여 가소성, 유화성 등의 가공성을 부여한 고체상 또는 유동상의 것을 말한다.

쇼트닝은 쇼트닝성, 크림성 등이 있어 제과, 제빵용으로 많이 사용한다. 쇼트닝성이란 비스킷, 쿠키 등을 제조할 때 제품이 잘 부서지기 쉽도록 하는 성질을 말하는데, 이는 밀가루 사이에 쇼트닝이 혼합될 때 가루 주위를 덮어 가루 사이를 차단하거나 글루텐과 녹말이 굳는 것을 방지하므로 부서지기 쉬운 성질을 가지게 한다. 크림성이란 버터크림 등의 제조 시 공기를 잘 부착시키도록 하는 성질로서 빵의 결을 좋게 해준다.

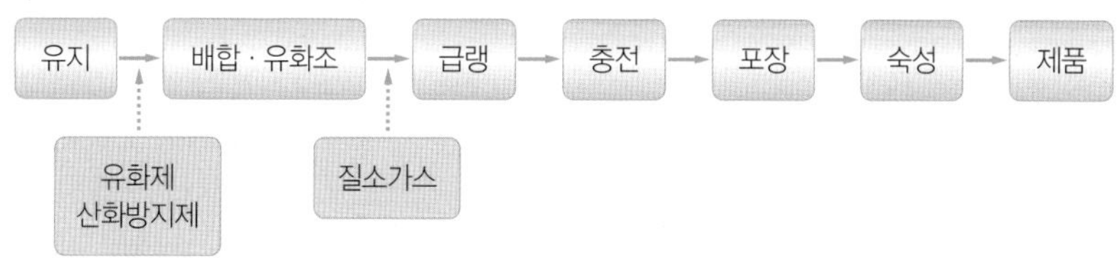

그림 9-3 쇼트닝 제조공정

(4) 마요네즈

마요네즈(mayonnaise)는 면실류, 옥수수기름, 콩기름과 같은 식물성 오일(65~75 %), 달걀노른자위(8~10 %), 식초(5~15 %) 및 약간의 소금, 설탕 및 후추 등을 넣어 수중유적형(O/W)으로 유화시켜 만드는 소스류의 일종으로, 상온에서 반고체의 상태를 형성한다. 노른자

유화(emulsification)

두 가지의 섞이지 않는 액체를 강력히 교반하여 한 개의 액체가 아주 작은 방울 상태로 안정하게 다른 액체에 분산되어 에멀션(emulsion)을 형성하게 하는 조작이다. 미세한 공 모양의 입자로 분산되어 있는 액체를 분산상이라 하며, 다른 액체를 연속상이라 한다. 기름이 물속에 분산되어 있는 형체를 수중유적형(O/W) 에멀션(oil-in-water emulsion)이라 하며, 기름 속에 물이 미립자 형태로 분산되어 있는 형태를 유중수적형(W/O) 에멀션(water-in-oil emulsion)이라고 한다.

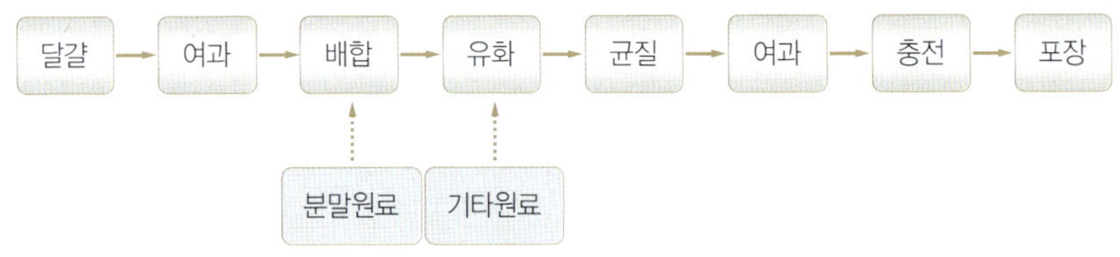

그림 9-4 마요네즈 제조공정

위에 함유된 레시틴의 유화작용으로 유지를 안정화시켜 제조한다. 마요네즈는 혼합 이후 살균공정이 없으므로 위생시설이 완비된 공장에서 제조하여야 하며, 일반 신선식품보다 유통기간이 긴 편으로 신선한 원료의 사용, 제조공정에서 세균의 오염 방지 등의 주의가 필요하다. 마요네즈를 제조할 때 기름의 양이 많거나 교반이 충분하지 않을 경우 분리현상이 일어날 수 있다.

4) 기능성 식용유지

유지는 1 g당 9 kcal의 열량을 내는 영양소로서 식품의 기호성과 깊은 관계가 있으나 과다한 섭취로 인하여 각종 성인병, 비만 등의 건강문제를 유발할 수 있다. 이에 따라 유지 섭취로 인한 건강상의 문제를 줄이고 열량은 낮추면서 고유의 풍미는 살릴 수 있는 유지제품에 대한 관심이 증가하고 있으며, 다양한 기능성을 가지는 식용유지에 대한 개발이 활발히 이루어지고 있다.

(1) 중쇄지방질

중쇄지방질(medium chain triglycerides, MCT)은 탄소 수가 8~10개 사이의 이중결합이

없는 지방산으로 자연계에 널리 분포되는 장쇄지방질(long chain triglycerides, LCT)에 비해 여러 가지의 특성을 지니고 있다. 탄소 길이가 짧아 장에서 흡수가 빠르며 장쇄지방질에 비해 열효율이 높고 체지방이 축적되지 않는다. 중쇄지방질은 상온에서 무색 투명한 액상으로 비교적 점도가 낮고 산화에 상대적으로 안정하다.

중쇄지방질은 장쇄지방질과 달리 소장에서 그대로 흡수되기도 하며, 가수분해되어 흡수된 중쇄지방질은 혈관을 타고 그대로 이송되어 약 4배 정도 빠른 속도로 흡수되어 이용된다. 따라서, 지방질의 소화 흡수가 어려운 환자에 대해 영양원으로 이용되거나 유아식, 미숙아의 영양원으로 이용되기도 한다. 지방에 녹는 성분을 용해시키는 용매나 운반체로 이용되기도 하고 향료, 스테로이드 및 방향제 등의 베이스로 이용되어 화장품, 제약산업에도 이용된다.

(2) 대체유지

대체유지(fat replacers)는 유지 고유의 기능을 가지면서 유지 부분은 일부 혹은 대부분을 다른 물질로 대체하여 칼로리를 많이 낮춘 물질로써 주원료가 천연 유지가 아닌 것이 특징이다. 대체유지는 어떤 성분을 기본으로 하는 물질인가에 따라 탄수화물, 단백질, 지방질 소재 등으로 만들어지며 종류에 따라 물리적 특성과 열량이 다르므로 이러한 특성을 고려하여 적절한 용도로 사용할 수 있다. 지방질 소재 대체유지의 예로 살라트림(salatrim, short and long acyl triglyceride molecule), 수크로스 폴리에스터(sucrose polyester)가 있다. 살라트림은 장쇄지방질과 6~12개의 탄소로 구성된 단쇄지방질 분자 간의 에스터 교환에 의해 생성된 구조화 중성지방이며, 열량은 5 kcal/g으로 기존 유지의 절반 정도이다. 살라트림은 콩기름, 채종유 등의 천연식물성 유지를 원료로 하여 제조되며, 높은 산화 안정성을 가지고 있다. 수크로스 폴리에스터로서 미국에서 상품화되어 이용되고 있는 올레스트라(oletra)가 있는데 이는 식물성 유지 중의 장쇄지방산을 에스터 화합물로 한 것으로 칼로리가 0이며, 기존 유지와 유사한 발연점, 인화점을 지니면서 열에 안정하고 산화 안정성이 좋다.

용어정리

유지

유지는 글리세롤(glycerol)과 지방산이 에스터 결합을 한 트리글리세라이드(triglyceride)의 혼합물로써 통상적으로 상온에서 액체인 기름(oil, 油)과 녹는점이 높고 상온에서 고체인 지방(fat, 脂)을 칭한다.

유화

두 가지의 섞이지 않는 액체를 강력히 교반하여 한 개의 액체가 아주 작은 방울 상태로 안정하게 다른 액체에 분산되어 에멀션(emulsion)을 형성하게 하는 조작이다.

윈터리제이션(winterization)

유지가 겨울철 등 저온에서 혼탁해지는 것을 방지하기 위해 낮은 온도에 방치하여 녹는점이 높은 물질을 유지로부터 분리하여 제거하는 공정으로 dewaxing이라고도 한다. 탈취 전 0~6℃에서 18시간 정도 방치한 후 생성된 결정을 여과하거나 원심분리하여 제거한다.

탈검(degumming)

유지 중의 인지질(phospholipid), 레시틴(lecithin), 단백질, 탄수화물 등의 콜로이드성 불순물인 검질(gums)을 제거하는 공정이다.

경화유

액체 상태의 유지에 수소를 첨가하여 불포화지방산을 고체상태의 포화지방산으로 만든 기름으로 수소첨가유라고도 한다. 불포화지방산의 2중결합에 수소가 첨가되어 녹는점이 상승하여 고체상이 된다.

단원정리

1. 『식품공전』에 따르면 식용유지는 다음과 같은 제조·가공 기준을 거쳐 제조되어야 한다. ① 추출 등의 방법으로 채유한 원유는 탈검, 탈산, 탈색, 탈취의 정제공정을 거치거나 이와 동등 이상의 복합 정제공정을 거쳐야 한다. ② 압착 또는 이산화탄소(초임계추출)로 얻어진 원유는 침전물을 제거하기 위하여 자연정치, 여과 등의 공정을 거쳐야 한다. ③ 미강유의 정제공정 중에 산가를 조절하기 위하여 글리세린을 사용하여서는 아니 된다. ④ 압착 또는 이산화탄소(초임계추출)로 얻어진 참기름과 들기름에는 다른 식용유지를 일절 혼합하여서는 아니 된다. ⑤ 제조공정 중 사용된 추출용제, 이산화탄소 및 수산화나트륨 등은 『식품첨가물공전』의 사용 기준에 적합하게 처리하여야 한다.
2. 식용유지의 정제는 크게 불용물질의 제거, 탈검, 탈산, 탈색, 탈취의 공정 순으로 이루어지며 유지의 종류에 따라 윈터리제이션공정이 추가된다.
3. 식용으로 사용하는 유지는 다음과 같은 성상을 가져야 한다. ① 유지의 주성분은 중성지방이며, 이의 분해산물인 유리지방산 혹은 지방산의 산화생성물이 들어 있지 않아야 한다. ② 중성지방 이외의 불순물(wax 등)이 함유되어 있지 않아야 한다. ③ 무색 혹은 무색에 가까운 엷은 색으로 투명하여야 한다. ④ 불쾌취가 없어야 한다.
4. 쇼트닝성이란 비스킷, 쿠키 등을 제조할 때 제품이 부서지기 쉽도록 하는 성질을 말하는데, 이는 밀가루 사이에 쇼트닝이 혼합될 때 가루 주위를 덮어 가루 사이를 차단하거나 글루텐과 녹말이 굳어지는 것을 방지하므로 부서지기 쉬운 성질을 갖게 한다. 크림성이란 버터크림 등의 제조 시 공기를 잘 부착시키도록 하는 성질로서 빵의 결을 좋게 해준다.
5. 중쇄지방질은 탄소 수가 8~10개 사이의 이중결합이 없는 지방산으로 자연계에 널리 분포되는 장쇄지방질에 비해 여러 가지의 특성을 지니고 있다. 탄소 길이가 짧아 장에서 흡수가 빠르며 장쇄지방질에 비해 열효율이 높고 체지방이 잘 축적되지 않는다. 중쇄지방질은 상온에서 무색 투명한 액상으로 비교적 점도가 낮고 산화에 상대적으로 안정하다.

1. 유지의 추출방법으로 적절하지 않은 것은?
   ① 추출법　② 증류법　③ 용출법　④ 압착법

2. 유지의 정제공정 중 탈산은 유지 중의 어떤 물질을 제거하기 위한 것인가?
   ① 글리세린　② 포화지방산　③ 유리지방산　④ 스테롤

3. 마요네즈 제조 시 유화 기능을 갖는 성분에 대하여 설명해 보시오.

4. 유지를 추출하는 용매가 갖추어야 할 요건에 대하여 설명해 보시오.

5. 유지 정제 공정 중 Winterization을 실시하는 목적으로 적절한 것은?
   ① 액체성 지방의 제거　② 고체성 지방의 제거
   ③ 유지에 존재하는 수분의 제거　④ 유지의 냄새 제거

정답 및 해설

1. ② 용출법은 주로 동물성 유지 채취에 이용되는 방법이며, 압착법과 추출법은 식물성 유지 채취 시 이용한다.

2. ③ 탈산공정은 유지 중의 유리지방산을 제거하는 공정으로 주로 알칼리 정제법이 많이 사용되며, NaOH 용액으로 유리지방산을 중화하여 비누(saponification)로 만들어 제거하는 방법이다.

3. 마요네즈 제조 시 노른자위를 가하면서 교반하는데, 이때 노른자위 중의 인지질인 레시틴(lecithin)이 유화제로서의 역할을 한다.

4. 유지를 추출할 때 사용하는 용매는 다음과 같은 특성을 갖추는 것이 좋다.

① 인화, 폭발의 위험이 적을 것
② 기화열과 비열이 적어 회수하기 쉬울 것
③ 끓는점이 낮고 비열 및 증발잠열이 적을 것
④ 유지 이외의 물질을 추출하지 않을 것
⑤ 가격이 저렴할 것
⑥ 유지 이외의 물질을 용출하지 않을 것
⑦ 독성이 없고 악취를 남기지 않고 깻묵에 나쁜 맛과 냄새를 남기지 않아 사료나 기타 용도로 사용할 때 이용 가치를 저하시키지 않을 것
⑧ 추출장치를 부식시키지 않을 것

5. ② 윈터리제이션은 면실유와 같은 식물성 유지가 저온하에서 혼탁해지는 것을 방지하기 위해 유지로부터 고체성 지방을 제거하는 공정이다.

CHAPTER 10

기호식품 가공

1. 차

2. 커피

3. 음료

4. 알코올 음료(주류)

5. 물

1. 차

차나무(*Comellia sinensis* L.)의 어린 잎을 따서 만든 음료로 세계적으로 가장 많이 음용되고 있으며, 크게 녹차(green tea)와 홍차(black tea)로 구분된다. 차나무과(Theaceae)에 속하는 상록활엽의 교목 또는 관목의 잎을 재료로 한 것으로 잘 다듬어진 찻잎, 찻가루나 찻덩이를 말한다. 오늘날에는 소비자의 취향, 기호, 건강상의 이유로 차 대신 다른 재료를 넣어 마실 수 있는 상품도 다양하다. 대용차로는 감잎차, 두충차, 둥글레차, 솔차, 모과차, 생강차, 유자차, 인삼차 등이 있다.

우리나라에는 삼국시대 말기 중국으로부터 불교문화의 도입과 함께 차가 전래되어 신라 말기와 고려시대에 매우 번성하였으나 조선시대에 불교문화의 쇠퇴와 함께 일반인들의 관심 밖으로 밀려나고 학자와 승려들에 의해 그 명맥을 유지해 왔다. 최근 들어 건강과 미용 등의 이유로 다시 주목받고 있다.

차나무는 연평균 기온이 14℃ 이상이고 강수량이 1,400 mm 이상인 곳에서 잘 자란다. 배수가 잘 되고 보수력이 강한 산 중턱의 경사지가 재배지역으로 알맞다. 중국, 한국, 일본 등에서 생산되는 온대산 차나무(*C. sinensis*)는 녹차용으로 알맞고, 인도, 스리랑카 등지에서 재배되는 열대산 차나무(*C. assamica*)는 홍차 제조용으로 알맞다.

1) 차의 분류

차의 종류는 생산지와 채엽시기에 의해 구분하기도 하지만, 제조방법에 따라 〈그림 10-1〉과 같이 분류하기도 한다. 찻잎의 채엽시기에 따라 첫물차, 두물차, 세물차로 나누거나 봄차, 여름차 등으로 구분하기도 하고, 체질(screening)에 따른 형태의 크기로 구분하거나 향미의 차이, 기계제품 또는 수제품 등에 따라 나누기도 한다.

녹차를 가공할 때 중국식은 화열에 의하여 제조하는 반면 일본식은 증기로 가열함으로써 찻잎에 들어 있는 효소를 불활성화시켜 고유의 녹색을 보존한다. 녹차는 발효시키지 않은 비발효차인 데 비하여, 우롱차는 찻잎을 햇볕에 쪼여 약간 시들게 하여 산화작용으로 향기가 나도록 한 다음 볶은 반발효차에 속한다. 홍차는 찻잎을 시들게 하여 잘 문질러 잎 속의 산화효소작용에 의해 잎 성분이 산화를 일으켜 말린 발효차이다.

(1) 발효 정도에 따른 분류

찻잎 중에 가장 많이 함유되어 있는 성분은 폴리페놀(polyphenols) 성분으로, 이 성분이 찻잎에서 존재하는 산화효소의 작용에 의해 색과 맛, 향 등이 변화된다.

- 비발효차 : 차를 제조하는 과정에서 열 처리를 통해 산화효소를 불활성화시켜서 녹색 그대로를 유지하는 것이 특징으로, 증기로 찌는 증제차와 솥으로 덖는 덖음차 등이 이에 속한다.
- 반발효차 : 햇볕이나 실내에서 시들리기와 교반을 하여 찻잎의 폴리페놀성분을 10~65 % 발효시켜 만든 차로 우롱차나 포종차를 가리킨다. 우롱차는 50~60 %가량 발효 정도가 높은 차를 일컫는데, 지금은 발효 정도가 낮은 차류를 포함해서 모두 우롱차라고 한다.
- 발효차 : 발효 정도가 85 % 이상으로 떫은 맛이 강하고 등홍색의 수색을 나타내는 차이다.

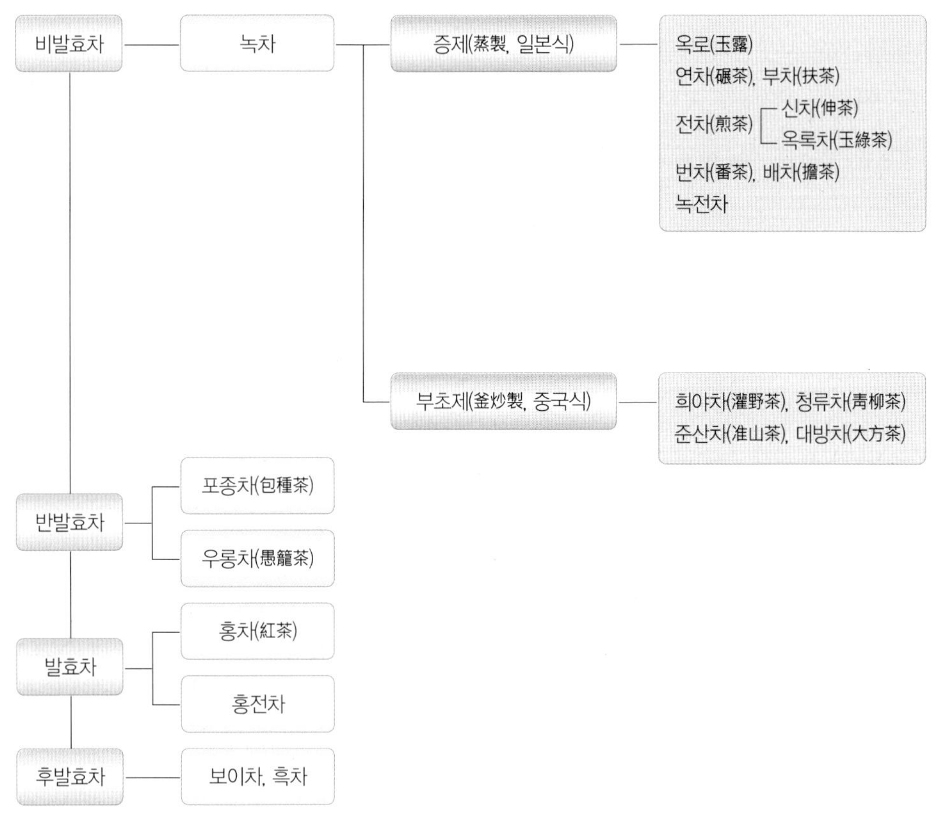

그림 10-1 발효 정도에 따른 차의 종류

• 후발효차 : 녹차의 제조방법과 같이 효소를 파괴시킨 뒤 찻잎을 퇴적하여 공기 중에 있는 미생물의 번식을 유도해 다시 발효가 일어나게 만든 차를 말한다.

(2) 채취시기에 따른 분류

녹차는 보통 우전, 세작, 중작, 대작으로 나눈다. 우전은 곡우(매년 4월 20일) 전에 나온 차라는 뜻이다. 세작은 우전 다음에 어린잎으로 차를 만드는데 잎은 보통 4월 말 정도까지 수확한다. 중작은 세작과 대작의 중간이며 5월 중순까지 딴 찻잎으로 만들고 녹차 고유의 은은한 맛과 향을 느낄 수 있어 대중화된 차이다. 대작은 제일 큰 잎인데 채엽기간은 5월 말까지가 보통이고, 조금은 억세고 커서 잘 만들지 않으면 녹차의 풍부한 맛을 내기가 어려운 차이다. 보통 우전과 세작을 만드는 데 주로 관심을 기울이기 때문에 대작은 구하기가 힘들고 거의 유통이 되지 않는다.

(3) 색상에 따른 분류

보통 차의 제조공정과 제품의 색상에 따라 백차, 녹차, 황차, 우롱차, 홍차, 흑차의 6가지로 분류하고 있다. 차문화가 가장 다양하고 일반화되어 있는 중국의 차분류를 기준으로 한 것이다.

• 백차 : 백차는 솜털이 덮인 차의 어린싹을 그대로 건조시켜 만든 차로서 찻잎이 은색의 광택을 낸다. 백차는 향기가 맑고 맛이 산뜻하며 여름철에 열을 내려 주는 작용이 강하여 한약재로도 많이 사용된다. 특별한 가공과정을 거치지 않고 그대로 건조시키면서 약간의 발효만 일어나도록 하기 때문에 제조방법이 가장 간단한 차이다.

• 녹차 : 찻잎을 따서 바로 증기로 찌거나 솥에서 덖어 발효가 되지 않도록 만든 비발효차이다. 중국과 일본 등이 주요 녹차 생산국으로 중국에서는 덖음차가, 일본에서는 증제차가 주로 생산되고 있다. 우리나라는 덖음차가 주류를 이루고 있으며, 증제차는 전체 생산량의 25 % 정도를 차지한다. 또한 열 처리과정에서 증기로 찐 다음 덖음차와 같이 말아진 형태로 만든 옥록차도 생산되고 있는데 이는 증제차의 산뜻한 맛과 덖음차의 고소한 맛이 조화된 새로운 형태의 녹차이다.

• 황차 : 황차는 찻잎의 색상과 우려낸 수색 그리고 찻잎 찌꺼기의 세 가지 색이 모두 황색을 띤다. 황차는 녹차와는 달리 찻잎을 쌓아 두는 퇴적과정을 거쳐 습열상태에서 찻

잎의 성분 변화가 일어나 특유의 품질을 나타내게 된다. 녹차와 우롱차의 중간에 해당되는 차로서 찻잎 중의 엽록소가 파괴되어 황색을 띠고, 성분 변화로 인해 쓰고 떫은 맛을 내는 카테킨성분이 약 50~60 % 감소되므로 차의 맛이 순하고 부드럽다. 또한 당류 성분과 단백질의 분해로 당성분과 유리아미노산이 감소되어 단맛이 증가하고 고유의 풍미를 형성하게 된다.

- 우롱차 : 우롱차는 중국의 남부 푸젠성[福建省]과 광둥성[廣東省], 그리고 타이완에서 생산되고 있는 중국 고유의 차이다. 녹차와 홍차의 중간으로 발효 정도가 20~65 %이며 반발효차로 분류된다. 이러한 반발효차는 기름기가 많은 요리에 잘 어울리는 제품으로, 중국음식을 먹을 때 우롱차를 함께 마시면 입안을 산뜻하게 해주고 느끼한 맛을 없애 주며 소화를 돕는 작용을 한다.
- 홍차 : 홍차는 발효 정도가 85 % 이상으로 떫은 맛이 강하고 등홍색의 수색을 나타내는 차이다. 전 세계 차 소비량의 75 %를 차지하는 차로서 인도, 스리랑카, 중국, 케냐, 인도네시아가 주생산국이며, 영국과 영국 식민지였던 영연방국가에서 많이 소비된다. 홍차도 처음에는 녹차나 우롱차와 같이 잎차 형태로 생산되었으나 티백의 수요가 늘어남에 따라 티백용 파쇄형 홍차가 주류를 이루게 되었다. 그렇지만 고급차로는 여전히 정통 잎차가 생산되고 있다. 인도의 다즐링(dazzeling), 중국의 치먼[祁門], 스리랑카의 우바(Uva) 홍차가 세계 3대 홍차로 꼽히며, 찻잎 그대로 우려 마시는 스트레이트티와 밀크를 첨가시켜 마시는 밀크티 형태가 있다.
- 흑차 : 중국의 윈난성[雲南省], 쓰촨성[四川省], 광시성[廣西省] 등지에서 생산되는 후발효차로서 찻잎이 흑갈색을 나타내고 수색은 갈황색이나 갈홍색을 띤다. 차가 완전히 건조되기 전에 퇴적하여 곰팡이가 번식하도록 함으로써 자연스럽게 곰팡이에 의한 후발

우롱차(烏龍茶)

홍차(紅茶)

녹차(綠茶)

그림 10-2 여러 가지 차(茶)

효가 일어나도록 만든 차이다. 처음 마실 때는 곰팡이 냄새로 인해 약간 역겨움을 느끼기도 하지만 반복해 마시다 보면 독특한 풍미와 부드러운 차맛을 느낄 수 있다. 체내의 기름기 제거효과가 강하여 기름진 음식과 잘 어울린다. 기름기가 많은 광둥요리를 먹을 때 함께 마시는 얌차가 유명하다.

2) 차의 성분

채엽시기가 늦어질수록 타닌과 카페인 함량은 증가하였다가 약간 감소하는 경향이 있다. 단백질과 펙틴 함량은 감소하며, 가용성 성분은 증가한다. 차의 성분은 기상조건뿐만 아니라 품종, 시비 관리 등에 따라 성분함량이 달라진다. 녹차에는 특히 비타민 C가 많은 데 비하여, 홍차에는 비타민 C가 거의 들어 있지 않다. 녹차는 타닌의 쓰고 떫은 맛을 주체로 하여 카페인의 온화한 쓴맛, 유리아미노산의 감칠맛과 당의 단맛 등이 조화를 이룬 특유의 구성으로 독특한 맛과 향을 낸다.

차에 들어 있는 타닌은 카테킨(catechin)류와 갈레이트(galate)의 에스터 혼합물이며, 녹차의 쓰고 떫은 맛이나 홍차의 적색을 나타내는 역할을 한다. 따라서 타닌함량이 많을수록 홍차를 제조할 때 유리하다. 홍차의 경우 찻잎의 성분이 산화되면 테아루비틴(thealubitin)이라는 적색 또는 갈색의 색소와 테아플라빈(theaflavin)이라는 등적색의 색소성분으로 되어 홍차의 독특한 색과 맛을 낸다.

차에 들어 있는 퓨린염기는 카페인, 테오필린(theophylline), 테오브로민(theobromine) 등이 알려져 있다. 주요한 성분은 카페인이며, 테오필린은 차에서만 볼 수 있다. 차를 우린 물이 처음에는 맑았던 것이 시간이 지나면 혼탁하게 되는 것을 cream down 현상이라고 한다. 이는 카페인과 타닌성분이 결합하여 온도가 낮아짐으로써 석출되는 것으로 알려져 있다.

(1) 폴리페놀

찻잎 중의 카테킨은 일조량에 따라 합성되는 양이 다르므로 온도와 일조량에 따라 함량이 다르다. 기온이 낮은 첫물차는 카테킨함량이 적어 녹차 제조에 적합하고, 반면 일조량을 많이 받은 여름철 찻잎은 떫은 맛이 강하므로 우롱차나 홍차 제조에 적합하다. 또한 네 가지 카테킨 중 쓴맛을 내는 유리형 카테킨은 계절에 따라 큰 변화가 없으나, 쓰고 떫은 맛을 내는 에스터형 카테킨은 첫물차보다 두물차와 세물차에서 그 함량이 월등히 높아진다.

(2) 카페인

빛깔이 없고 비단실처럼 결정을 이루는 카페인은 알칼로이드의 일종으로 세포핵의 유도체로 알려져 있다. 찻잎 중의 카페인은 원두커피나 마테차에 비해 함량이 많지만, 차를 우려낼 때 60~70% 정도만 우러나 차 한 잔을 마실 때 카페인 섭취량은 커피의 반 잔 정도가 된다. 찻잎에는 커피에 함유되어 있지 않은 카테킨과 테아닌(theanine) 성분이 있어 카페인 흡수가 저해되고 생리적 작용이 억제되기 때문에 신경과민 등 커피와 같은 부작용은 적다.

(3) 타닌산

타닌산(tannic acid)은 차의 어린순보다도 쇤 잎에 많으며 맛이 떫다. 타닌산은 흡수성이 강하고 공기 속의 산소를 흡수하여 산화되면 각종의 색소로 변하면서 떫은 맛을 잃게 된다.

(4) 아미노산

차잎 무게의 약 25%는 식물성 단백질이다. 이 단백질은 차를 가공하는 도중에 그 일부분이 분해되어 아미노산이 된다. 아미노산의 50~60 %를 차지하는 것이 테아닌으로 차 맛의 주체를 이루고 있다.

(5) 엽록소

찻잎에는 평균 0.6%의 엽록소가 있으며, 철이 함유된 엽록소(chlorophyll)는 피를 맑게 하고 간장의 도움으로 적혈구의 증식을 촉진하는 것으로 알려져 있다. 이 밖에도 엽록소에는 방취와 상처의 지혈효과가 있다.

(6) 무기질

- 망간 : 망간은 조골작용, 번식작용과 철이 혈액의 헤모글로빈을 합성할 때에 필요한 물질로 어린이의 성장에 필수적이다.

• 요오드 : 인체에 결핍되면 갑상샘증, 비만증, 탈모증에 걸리기 쉽다. 녹차의 어린잎에는 다량의 요오드가 함유되어 있으며 그중의 50~60 %는 열수에 녹는다.
• 불소 : 불소는 엷은 황록색의 기체인데 치아의 법랑질을 형성하는 성분이다. 찻잎에는 불소가 함유되어 있다.
• 칼륨 : 쌀밥을 주식으로 하는 사람들에게 결핍되기 쉬운 것이 칼륨이다. 칼륨은 근육의 수축작용과 관련성이 있으며 근육의 긴장을 높여 준다. 나트륨과 균형을 유지함으로써 고혈압의 원인이 되는 나트륨의 해를 줄여 준다.

3) 차의 기능성

차에 들어 있는 폴리페놀 물질인 에피갈로카테킨갈레이트(epigallo-cathechin gallate, EGCG)는 모세혈관을 강하게 하는 비타민 P의 효과, 항산화작용, 항균작용을 나타낸다. 이에 따라 차의 약리효과로서는 항암효과뿐만 아니라 혈중 콜레스테롤함량을 낮춤으로써 고혈압과 동맥경화 예방에 효과가 있으며, 혈당을 낮추어 당뇨병 억제에도 효과가 있는 것으로 알려져 있다. 이외에도 노화 억제, 알칼리성 체질 개선, 비만 방지, 중금속·담배의 니코틴·식중독 등의 해독작용, 충치 예방과 구취 제거, 숙취 제거, 피로 회복, 항염작용과 항균작용, 변비작용과 천식 방지, 강심작용, 이뇨작용 등에 대한 연구가 많이 이루어지고 있어 건강 기능성 식품으로 주목받고 있다. 이와 반대로 차는 치아 표면에 얼룩을 만들거나 너무 많이 마시는 경우 식물성 식품에 들어 있는 철의 흡수를 나쁘게 하여 빈혈이 생길 수도 있다. 빈혈 발병률이 높은 아이들에게는 차를 많이 마시지 말도록 하고 있다.

표 10-1 차의 기능과 관련 성분

기능	성분
1차 기능 (영양성)	• 비타민 : 비타민 C, 비타민 E, 프로비타민(β-카로틴) 등 • 무기질 : 칼륨, 인, 미량 필수원소 등
2차 기능 (기호성)	• 맛 : 테아닌, 유리아미노산(감칠맛), 카테킨(떫은 맛), 카페인(쓴맛) 등 • 향기 : 터펜, 알코올, 카보닐, 에스터 등 • 색 : 플라본올, 테아플라빈, 카테킨산화물, 클로로필 등
3차 기능 (생체 조절 기능성)	• 폴리페놀(카테킨, 카테킨산화물, 플라본올), 카페인, 다당류 • 항산화 비타민(비타민 C, 비타민 E, β-카로틴), 사포닌 • γ-아미노뷰티르산(γ-aminobutyric acid) • 미량 필수원소[아연, 망간, 플루오르, 셀렌(셀레늄) 등]

4) 차의 제조

녹차를 제조할 때는 제조방법에 따라 중국식인 배건차(焙乾茶)와 일본식인 증건차(蒸乾茶)로 구분한다. 대부분 대량 생산이 쉬운 증건차를 기계로 생산하고 있으며, 고소한 향보다 풋내가 짙은 증건차의 결점을 보완하기 위하여 볶은 현미를 섞은 현미차가 많이 제조된다. 타이완에서는 증건하여 제조한 녹차의 향을 돋우기 위하여 정향을 섞은 화차가 유명하다.

홍차를 제조할 때에는 산화효소(polyphenol oxidase)의 작용에 의해 카테킨류를 산화, 중합시켜 제조한다. 차나무 잎을 환기시키면서 약간 건조하면 잎이 부드러워지고 과실과 유사한 향기가 생기는 동시에 산화효소의 활성이 커진다. 습도 95 % 이상과 온도 20~25 ℃의 조건에서 1.5~3시간 발효시킨 후 예비건조시킨 다음에 수분함량이 4~5 %가 되도록 본건조를 실시하여 제품화한다.

우리나라에서는 차의 생산량이 적어 주로 차를 재배하는 생산지에서는 열풍건조에 의하여 1차 가공을 한 다음 가공공장으로 운송하여 재제(refining) 가공을 실시한다. 그리고 녹차 또는 홍차를 추출한 후 캔음료로 제조하거나 이를 농축한 다음 건조시켜 인스턴트차를 생산하기도 한다.

표 10-2 각종 차의 제조법 및 특징

분류	제조법 및 특징
증제차	•찻잎을 100 ℃ 정도의 수증기로 30~40초 정도 찌면 찻잎 중의 산화효소가 파괴되어 엽록소의 녹색이 그대로 유지되고 부드러운 증제차가 된다. •증제차의 형상은 비늘과 같은 침상형으로 차의 맛이 담백하고 신선하며 녹색이 강하다.
옥록차	•증제차와 마찬가지로 먼저 생잎을 수증기로 찐 다음 덖음차와 같이 구부러진 모양으로 만든 차이다. •담백한 맛과 구수한 향이 특징이며 엽록소의 파괴가 적어 녹색이 강한 편이다.
덖음차	•생잎 중의 산화효소를 파괴시키기 위해 솥에서 덖어서 만들기 때문에 풋내가 적고 구수한 맛이 특징이다. •수제로 만든 차는 기계로 만든 차보다 녹색이 떨어지며 열 처리시간이 길기 때문에 수색이 황녹색을 띠고 고소한 향은 있으나 맛이 담백하다. •반면에 기계로 제조된 것은 위생적이고 녹색이 강하며 맛이 진한 특징이 있다.
현미녹차	•증제차에다 볶은 현미를 혼합하여 만든 차로서 녹차의 산뜻한 맛과 볶은 현미의 구수한 맛이 조화되어 누구나 부담 없이 마실 수 있다.
말차	•차광 재배한 찻잎을 증기로 찐 다음 건조시켜 맷돌과 같은 말차 제조용 기계를 사용해 아주 미세한 가루로 만든 차이다. •떫은 맛이 적고 아미노산과 엽록소가 많아 가루차 그대로 물에 타서 마시거나 차빵, 차국수, 차아이스크림 등 여러 가지 식품 소재로 이용되고 있으며 비타민 A나 토코페롤, 섬유질 등을 그대로 섭취할 수 있어 영양 가치가 높다.

2. 커피

커피(coffee)는 열대지방 상록의 관목에서 얻은 열매를 볶아서 원두로 사용하며, 에티오피아 원산의 아라비카(arabica)종과 콩고 원산의 로부스타(robusta)종이 주요 생산품종이다. 커피의 어원은 아랍어 카와(kawha)에서 유래한 것이라는 주장도 있으나 언어학자들은 커피가 발견된 에티오피아의 지역 이름인 카파(Kaffa)에서 유래했다고 보고 있다.

커피는 열대작물 중 설탕 다음으로 중요하며, 브라질에서 세계 수확의 1/2 이상이 생산된다. 그 밖에 콜롬비아, 아프리카, 하와이, 멕시코, 아라비아, 푸에르토리코, 코스타리카, 서인도 등에서 생산되며, 가공과 소비는 미국이 가장 많다.

커피는 수확 후 정제를 마친 생콩으로 여러 공정을 거쳐 레귤러 커피(regular coffee)라고 하는 분쇄품을 제조한다. 생두(green coffee)는 암녹색의 딱딱하고 탄력이 있는 섬세한 조직을 가지며 가열반응(roasting, 볶기)에 의해 열분해, 팽창 등 조직 변화가 일어나면서 색과 풍부한 향을 가진 볶은 콩(roasted coffee)이 된다. 이 가열반응은 갈변이 시작되면 짧은 시간에 진행되므로 각각 생두의 품질 특성에 따라 적절한 조절이 중요하다.

1) 커피콩

커피나무는 꼭두서니(Rubiaceae)과에 속하는 2~3 m 높이의 작은 관목으로 보통 5, 6년 자란 후에 열매를 맺는다. 하얀 꽃이 피고 6개월 후에 체리 크기의 열매를 만드는데, 이것이 익으면 검붉게 변한다. 커피콩은 커피나무의 붉은 열매에서 과피와 과육을 제거하면 나오는 씨앗을 건조시킨 것으로, 커피의 맛과 향기의 원천이다.

커피콩의 화학적 조성은 품종, 재배지역, 기후, 숙성 정도 및 저장조건 등에 따라 크게 영향을 받는다.

커피콩은 수백 종이지만, 현재 상업적으로 재배하는 주요 품종은 아라비카(*coffea arabica*)종의 마일드종(mild)과 브라질종(brazil), 로부스타(*coffea robusta*)종이 세계 3대 커피종이며, 리베리카(*coffea liberica*)종도 있다. 로부스타종은 아라비카종에 비하여 풍미는 떨어지지만 재배가 쉽고 수확량도 많아서 블렌드용으로 사용되며 추출물의 함량이 많아 인스턴

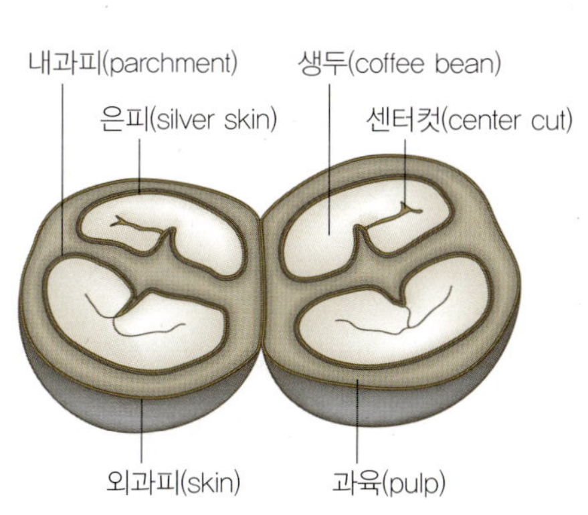

그림 10-3 커피열매의 구조

표 10-3 커피콩의 분류와 특성

분류	특성
아라비카(arabica)종	• 커피 총 생산량의 75 % 차지 • 마일드(mild) : 에티오피아 고산지대, 맛과 향이 좋음 • 브라질(brazil) : 맛이 강한 편, 배합 커피의 원료 • 700 m 이상 고지에서 생산 • 카페인 적음
로부스타(robusta)종	• 커피 총 생산량의 25 % 차지 • 아프리카 콩고에서 재배 • 인스턴트 커피의 주원료 • 300 m 이상 고지에서 재배
리베리카(liberica)종	• 리베리카, 수리남, 가나 등의 평지에서 재배 • 향미가 떨어지고 쓴맛이 강함

트 커피용으로도 주로 사용된다.

커피나무의 열매는 붉게 익으면 수확하여 과피와 과육을 없애고 두 쪽으로 된 씨앗을 분리하여 정선한 뒤 건조하는 공정을 거친다.

2) 로스팅

배전이라고 하며 맛과 향기를 만들어 내는 과정으로서 볶는 온도와 시간, 속도, 균일한 혼합이 중요한 요소이다. 로스팅 기술은 800가지 이상의 휘발성 화합물이 어우러져 향기성분을 만들어 내며 커피 생산회사와 소비자의 기호에 따라 결정된다.

(1) 공정

커피콩에 뜨거운 열을 가해 볶으면 조직 내부의 온도가 상승하여 조직이 팽창하고 황갈색으로 변한다. 회전 드럼 로스터 안에서 220~230 ℃로 4~15분간 볶거나 급속 로스터에서 1.5~6분간 볶아 커피콩의 중심부 온도가 200 ℃까지 상승하면 흑갈색으로 변화한다. 내부 온도가 220~230 ℃가 되면 로스팅을 중단하고 물을 분사하거나 대량의 찬 공기로 냉각시키는데, 이때 향 손실을 막기 위해 아라비아검이나 설탕 등으로 코팅을 한다. 로스팅공정은 온도와 순환방법에 따라 3~20분 소요되며 아주 짧은 순간에도 품질이 변화하므로 커피의 맛과 향을 좌우하는 결정적인 단계라고 할 수 있다.

가장 많이 쓰이는 로스터는 드럼 로스터로서 직화식, 반열풍식, 열풍식이 있다. 드럼 로스터는 복사열과 대류에 의해 볶으며 드럼 안에서 회전하면서 볶은 후 냉각판으로 옮겨 찬 공기로 식히는 방식으로 비교적 경제적이며 균일하게 로스팅되는 장점이 있다. 유동층 로스터는 커피콩이 가열된 공기 중에서 자유롭게 움직이므로 열 교환효과가 높아서 시간이 짧게 걸린다.

표 10-4 로스팅의 종류와 특징

구분	로스팅 정도	특징
약	라이트 로스트(light roast)	테스트용
	시나몬 로스트(cinnamon roast)	계피색 정도의 색상
중	미디엄 로스트(medium roast)	커피의 독특향 향기가 남
	하이 로스트(high roast)	약간의 신맛, 쓴맛이 강해짐
	시티 로스트(city roast)	신맛이 없어지고 쓴맛과 달콤한 향이 남
강	풀시티 로스트(fullcity roast)	아이스커피용
	프렌치 로스트(french roast)	에스프레소용
	이탈리안 로스트(italian roast)	터키커피에 이용

(2) 물리·화학적 변화

커피콩은 볶기 전에는 향이 없거나 약하다. 볶는 동안 수분이 10~12%가 제거되고 탄수화물이 부분적인 탄화, 캐러멜화, 아미노카보닐(aminocarbonyl) 반응에 의해 색이 갈변하게 되며 클로로겐산과 결합되어 있던 카페인이 분리된다. 또한 이산화탄소, 카페올과 같은 방향성 물질이 생성되고 미각성분은 증가하며, 용해도가 커진다. 커피콩의 크기는 열로 인해 1.5~5배 팽창하고 다공성이 되며, 색은 녹색에서 갈색으로 변한다.

볶은 분쇄커피의 가용성 성분은 품종, 로스팅방법, 온도, 분쇄 입도에 따라 다르며 로부스타종은 아라비카종보다 가용성 성분이 2% 정도 더 많다. 볶은 커피봉을 가늘게 분쇄하면 가용성 성분의 양이 증가하며 추출액에는 실제 가용성 성분의 65~70% 정도가 용출되고 나머지는 커피 찌꺼기에 남는다.

볶은 커피의 신맛은 클로로겐산, 옥살산, 사과산, 구연산, 주석산과 같은 유기산 성분에서 기인한다. 단맛은 환원당, 캐러멜 등이 내며, 쓴맛은 알칼로이드인 카페인과 트리고넬린(trigonelline), 카페산(caffeic acid), 퀸산(quinic acid) 등의 유기산과 페놀화합물에서 기인

한다.

커피의 휘발성 향기성분은 600종 이상이 확인되었으며, 아세트산(acetic acid), 아세트알데하이드(acetaldehyde), 아세톤(acetone), 메틸-에틸-아세트알데하이드(methyl-ethyl-acetaldehyde), 아세틸 디아세틸(acetyl diacetyl), 프로피오닐(propionyl), 푸르푸랄(furfural), 푸르푸릴 알코올(furfuryl alcohol), 피리딘(pyridine), 메틸 메캅탄(methyl mercaptan), 푸릴 메캅탄(furyl mercaptan) 등이 있다. 향기성분은 공기 중에 노출시켜 놓으면 수일 안에 커피의 맛과 향기를 모두 잃게 된다.

3) 블렌딩

전 세계 70여 개국에서 재배되고 있는 커피 원두는 국가명·산지명·품질 등급에 따라 다양하고 로스팅방법에 따라서도 맛과 향이 결정된다. 커피를 블렌딩(blending)하는 이유는 특성이 각기 다른 원두의 장단점을 파악하여 서로 보완하고 보다 조화롭고 균형 잡힌 독특한 맛과 향의 커피를 만들기 위해서이다.

대표적 블렌딩 커피인 모카자바(mocha java)는 예멘 모카 1/3과 자바 아라비카 2/3를 배합해서 자바 아라비카의 맛과 향기를 살리면서 예멘 모카의 장점을 더해 새로운 맛을 창조한 것이다.

블렌딩을 할 때는 고객의 기호도, 커피콩의 공급 여건, 가격, 품종별 특성을 고려하여 향이 풍부하면서 품질을 높일 수 있도록 배합한다.

4) 커피의 성분

커피는 단백질, 탄수화물, 지방 함량이 낮고, 카페인, 타닌(주로 클로로겐산), 오일, 질소화합물 등 100여 가지의 성분이 들어 있다. 주된 수용성 유기산은 클로로겐산으로 볶은 커피 중량의 4 % 정도이며 전체 유기산의 2/3 정도로 신맛과 약간 쓴맛을 나타낸다. 클로로겐산은 폴리페놀화합물의 일종으로 항산화작용을 하며, 로스팅 중 30 % 이상이 파괴된다. 이외에도 초산, 피루브산(pyruvic acid), 카페산, 구연산, 사과산, 주석산 등이 존재한다. 신맛은 볶음 정도에 따라 크게 달라지며 아라비카종은 유기산이 많고 신맛이 강해 pH 4.9~5.1이며, 로부스타종은 pH 5.2~5.6이다. 커피에는 수백 개의 휘발성 화합물이 존재하며 황화합

표 10-5 생두와 원두의 구성성분(%)

성분	생두(green bean)	원두(roasted coffee)
헤미셀룰로스	23.0	24.0
셀룰로스	12.7	13.2
리그닌	5.6	5.8
지방	11.4	11.9
회분	3.8	4.0
카페인	1.2	1.3
수크로스	7.3	0.3
클로로겐산	7.6	3.5
단백질	11.6	3.1
트리고넬린	1.1	0.7
환원당	0.7	0.5
미지의 화합물	14.0	31.7

물이 주요한 성분으로 알려져 있다. 트리고넬린(trigonelline, N-methylnicotinic acid)은 생두에 1.1 % 존재하는데 50 % 정도는 로스팅과정에서 파괴된다.

카페인은 60여 종 이상의 식물에 천연적으로 존재하는 메틸잔틴(methylxanthines)계 화합물의 하나이다. 커피의 카페인함량은 원두의 종류, 입자의 크기, 침출방법에 따라 다르게 나타난다. 카페인은 무색, 무취의 약간 쓴맛이 나는 물질로 과다하게 복용하면 중독증상이 나타나지만 적정량을 복용하면 체내의 신진대사를 촉진시키는 역할도 하기 때문에 음료수는 물론 진통제, 거담제 등에도 널리 쓰이고 있다. 카페인이 체내에 흡수되면 중추신경계를 자극하여 신경전달물질의 생성 및 분비를 촉진하므로 각성효과나 피로 해소 등의 효과가 있다. 평균 1잔의 드립(drip) 커피 170 g에는 108~180 mg의 카페인이 함유되어 있다. 인스턴트 커피는 60~90 mg, 디카페인 커피는 6 mg 이하의 카페인이 들어 있다.

5) 커피의 종류

(1) 원두 커피

대부분의 유럽인들은 볶은 커피를 이용하는데 이것을 원두 커피라고 하고, 분쇄한 것을 레귤러 커피라 한다. 분리한 커피콩을 5일간 천일 또는 인공 건조시켜 수분을 12%가량으로 만들고 빛깔, 향기 등이 변하지 않도록 한 후 크기, 중량, 빛깔 등을 기준으로 등급을 매긴 다음 가공에 들어간다. 원두를 로스터에 넣어 220 ℃ 전후의 온도로 가열하여 볶은 다음 빨리 냉각시킨다. 볶는 동안 향미가 생성되고 이어서 당이 캐러멜화되고 단백질도 분리된다. 볶은 커피는 실온이나 공기 중에서 10~14일 후에는 변질되며, 물에 의한 추출을 용이하게 하기 위하여 분쇄한다. 이때 볶는 과정에 따라 연한 볶음(american roast, 산미와 쓴맛이 강하고 오래 보존할 수 있으며 천연의 맛이 있다), 중간 볶음(medium roast, 독일 스타일로 향기, 맛, 빛깔이 좋고 부드러운 맛을 느낄 수 있다), 강한 볶음(french roast, 지방성분이 표면으로 스며 나와 오래 보관할 수 없으나 카페오레, 비엔나 커피 등 주로 어렌지 커피메뉴에 알맞다. 즉, 커피 가공품 재료로 많이 사용된다)으로 나눌 수 있으며, 커피 가공 시 로스팅의 정도에 따라 맛과 향이 다르다.

(2) 인스턴트 커피

인스턴트 커피는 뜨거운 물을 부어 음료로 할 수 있도록 한 가용성 커피분말이다. 분말을 만드는 데 사용하는 커피콩은 주로 로부스타를 사용한다. 커피원두를 볶은 후 분쇄한 다음 150~180 ℃, 10~20 kg/cm^{2}의 고압에서 6~8단의 다단식 추출법에 이용해 1~2시간 추출한 후, 분무건조나 동결건조하여 수분함량이 3 % 정도가 되도록 만든 제품이다.

국내에서 생산되는 인스턴트 커피의 종류로는 냉동건조커피, 과립커피, 분무건조커피 등이 있으며, 배전두나 분쇄커피도 시판되고 있다. 냉동건조커피는 최고급 품질로 분무건조한 것보다 더 고급이다. 분무건조된 인스턴트 커피를 다시 미분쇄하여 습기를 가한 후 냉각 건조시킨 커피를 그래뉼 커피(granule coffee, 과립커피)라고 하는데 물에 녹는 속도도 빠르고 찬물에도 잘 녹아 아이스커피용으로 많이 쓰인다. 인스턴트 커피는 5.0 % 이하의 수분, 11.0 % 이하의 회분, 2.0 % 이상의 카페인, 5.0 mg/kg 이하의 중금속을 가지도록 규정하고 있으며 열탕에 30초 이내에 용해되어야 한다.

(3) 디카페인 커피

디카페인 커피(decaffeinated coffee)는 배전하기 전에 대부분의 카페인을 제거한 커피를 말한다. 초기 디카페인 커피는 휘발성이 높은 용매 methylene chloride, ethyl acetate, CO_2를 사용해서 카페인을 제거하였으며, 이때 용매는 배전과정 중에 완전히 제거된다. 최근에는 초임계유체추출법(supercritical fluid extraction)을 사용하는데 카페인이 97 %까지 제거된다.

(4) 자동판매기용 커피와 캔커피

미리 끓인 커피는 향기를 쉽게 상실하므로 끓인 커피를 즉시 공급하는 것이 무엇보다도 중요하다. 자동판매기용 커피의 원리는 먼저 커피를 미분쇄하여 물을 투과하는 종이에 한 컵에 사용될 분량만큼 포장한다. 연결된 봉지에 포장된 것을 두루마기로 감아 두었다가 버튼을 누르면 하나씩 떨어져 끓이는 장치에 들어가고 뜨거운 물을 부어 가용성 물질을 추출한다. 끓이는 데는 약 6초가량 소비되는데 이것이 일회용 컵에 채워진다. 캔커피는 커피 추출액을 얻기까지의 공정은 원두커피와 같으며 추출액에 설탕 또는 이성화당, 유제품(시유, 연유, 가당연유, 탈지분유, 전지분유 등) 등을 적당하게 가한 후 통조림 살균방법으로 살균한 후 제품으로 한다. 특히 살균 시 pH의 변화, 향기성분 손실 등에 주의하여야 한다. 커피 분말은 향성분이 산화되기 쉽고 휘발성 물질이 쉽게 휘발되므로 진공 또는 불활성 가스를 이용하여 저장하여야 한다.

(5) 기타

에스프레소(espresso)는 이탈리아어로 'pressed out'이란 뜻으로 완전히 배전된 원두커피로 만들며 보통 커피보다 2배 많은 양의 커피를 사용한다. 카페 모카(caffe mocha)는 에스프레소와 핫초콜릿을 섞은 것이고, 카페 라떼(caffe latte)는 우유를 에스프레소와 섞은 것이다. 카푸치노(cappuccino)는 에스프레소 위에 거품낸 우유를 얹은 것이다.

3. 음료

음료(beverages)는 크게 청량음료와 기호음료로 구분할 수 있다. 청량음료는 탄산 또는 유기산을 함유하고 있어서 마실 때 청량감과 갈증 해소감을 주며 알코올을 함유하지 않은 음료를 말한다. 발포성 음료(탄산음료)와 비발포성 음료로 구분된다. 기호음료는 음료 중에 특수한 성분이 들어 있어 사람들의 기호를 만족시키는 음료로서 각종 커피, 차 등이 포함된다.

1) 탄산음료

탄산음료(carbonated beverages)는 탄산가스를 함유하고 있는 음료를 총칭하며 그 안에 함유되어 있는 탄산가스 때문에 마실 때에는 청량감을 준다. 일반적으로 설탕을 일정 양의 물에 용해시킨 다음, 향료를 첨가하고 기호에 따라 산미료 또는 무기염류를 첨가하여 혼합한 후 탄산가스를 주입한 것으로서 알코올을 함유하지 않은 음료를 가리킨다. 탄산음료는 무향과 착향 탄산음료로 나눌 수 있는데 감미료, 신미료, 착향료 등을 음용수에 적당히 배합하고 탄산을 함유한 착향 탄산음료가 대부분이며 콜라, 사이다가 대표적인 탄산음료이다. 감미료로는 설탕과 이성화당, 저칼로리용으로 아스파탐, 스테비오사이드 등이 이용되고, 산미료에는 구연산, 주석산, 사과산, 젖산 등이 사용된다.

탄산음료의 일반적인 제조공정도는 〈그림 10-4〉에서 보는 바와 같다. 물 처리, 향료 배합, 설탕 용해, 유기산 첨가 등 첨가물의 조합기술과 선택이 중요하며, 청량음료는 구성성분 중 80 % 이상이 물이기 때문에 품질에 영향을 주는 것은 물이라 할 수 있다.

그림 10-4 탄산음료의 제조공정

표 10-6 탄산음료의 종류

구분	종류	설명
무향 탄산음료	천연 광천수	광물질과 탄산가스를 함유하는 천연수
	인공 광천수	광물질과 탄산가스를 인공으로 첨가하여 만든 음료
	인공 탄산수	물에 탄산가스만 넣은 음료(토닉워터 등)
착향 탄산음료	합성향료 사용 음료	합성향료를 넣은 것(콜라, 사이다 등)
	천연향료 사용 음료	천연향료를 넣은 것(데미소다 등)

(1) 소다수

소다수는 탄산가스와 무기염류를 함유한 무향 탄산음료이며, 천연의 광천수와 인공적으로 제조된 것 등이 있다. 인공적인 것은 음료수에다 탄산가스를 포화시켜 만든다. 소다수의 이름은 탄산가스를 만들 때에 중탄산소다를 사용한 데서 붙여진 이름이며, 같은 의미로 탄산수라고도 한다. 소다수는 감촉이 부드럽고 거품이 일어나야 하며, 그 위에 가스의 지속성이 있는 것이 좋은 제품이다.

(2) 콜라

콜라는 콜라나무(cola tree)의 열매로 만든 것으로 콜라나무의 열매는 4~10개의 종자를 가지고 있는데, 이 종자에는 카페인과 콜라닌이 함유되어 있다. 콜라는 종실 추출액에 주석산, 구연산 등의 산미료와 향료, 색소, 유화제, 안정제 등을 첨가하여 가열살균한 후 냉각하여 고압으로 탄산가스를 넣은 것을 말한다.

(3) 토닉워터와 사이다

소다수에다 레몬, 라임, 오렌지 등의 엑기스와 당분을 배합한 것이다. 시고 산뜻한 풍미를 가지고 있으며, 무색 투명한 색깔을 하고 있다. 사이다의 어원은 사과과즙을 발효시킨 알코올 술을 말하는데, 우리나라에서는 물에 탄산가스를 혼합하여 설탕, 향료, 산, 색소 등을 넣어 가공한 것을 말한다.

2) 과실음료

과실음료(fruit juice)는 과즙음료와 과육음료가 있다. 과실음료는 신선한 과일을 그대로 즙을 짜서 만든 것과 과일을 가열하여 얻은 진한 색의 즙액을 이용한 것이 있으며 생과일에 가까운 풍미를 가진다. 농축과즙은 진공상태에서 저온, 고온으로 용량을 감소시켜 저장한 후 마실 때 희석하여 이용한다. 이때 희석된 정도에 따라 과즙음료, 희석과즙음료 등으로 나눈다.

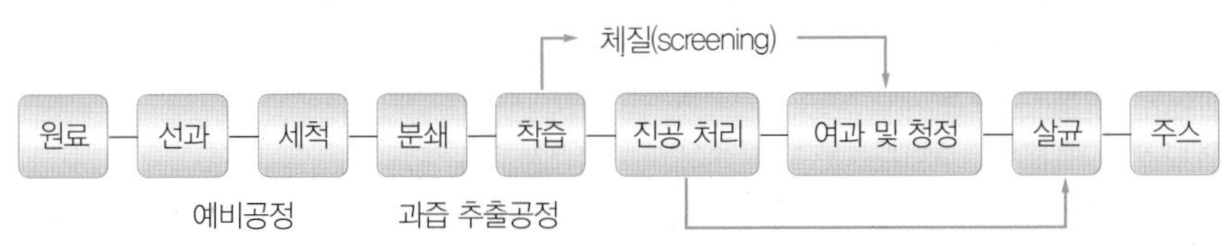

그림 10-5 주스의 제조공정

표 10-7 과실음료의 종류

구분	종류	설명
과즙음료	천연과즙	과즙 함유량 100 %인 음료
	과즙음료	과즙 함유량 50 % 이상 100 % 미만
	희석과즙음료	과즙 함유량 10 % 이상 50 % 미만
과육음료	100 % 과육음료	100 % 과육을 넣은 음료
	희석과육음료	넥타류

3) 기능성 음료

오늘날에는 탄산음료, 영양음료, 기호음료와 같은 형태의 범주를 벗어나 새로운 형태의 음료를 찾게 되었다. 예를 들어, 스포츠 음료는 원래 선수의 영양 및 수분 공급을 생리적 측면에서 해결하기 위하여 개발된 것이다. 그러나 이 음료가 새로운 형태의 음료로서 커피에 못지않게 많은 사람들이 즐겨 찾기 시작하면서 기능성 음료(functional beverage)로 자리를 굳혀가고 있다.

(1) 스포츠 드링크와 이온음료

스포츠 드링크는 체내의 체액 균형을 유지시킴으로써 탈수 방지와 동시에 운동 기능을 효율적으로 지속시킬 수 있는 음료라고 할 수 있다.

이온음료(sports beverage 또는 isotonic beverage)는 체액에 가까운 전해질용액인 Na^+, K^+, Ca^{2+}, Mg^{2+}, Cl^-을 포함하는 용액을 주성분으로 한다. 탄산가스 함량이 청량음료에 비하여 낮은 1~1.3 %이며, 6~8 %의 포도당과 120 mg/250 g 수준의 Na염을 첨가한 제품이다. 첨가하는 당류는 포도당, 말토덱스트린, 설탕이 사용되며, 설탕은 흡수속도가 느린 단점이 있다. 이온음료는 흡수속도가 빠르고 포도당 등의 당류 첨가로 피로 회복에 도움을 주며, 땀에 의한 탈수를 막고 영양 공급이 가능하다.

(2) 비피더스활성 음료

비피더스균은 장내 운동을 증진시킴으로써 설사나 변비에 효과가 있고 유해한 병원균의 감염과 장내 부패세균의 증식을 억제하고 비타민을 합성하며 면역력이 높아지는 특수한 기능을 가지고 있다. 음료로는 이 비피더스균을 증식시키는 대두올리고당을 이용하여 당도가 낮은 두유제품과 유제품이 있다. 노년기로 가면서 장내 기능의 활성이 약화될 때 단백질 보급과 동시에 피로 회복 및 체력 강화를 위한 음료이다.

4) 전통음료

곡류, 과일류, 채소류를 이용한 전통음료(traditional beverage)는 우리 입맛에 맞고 영양적으로나 약효적 특징이 있는 훌륭한 음료이나 산업적 활성화가 잘 이루어지지 않아 자원의 적절한 이용 및 외화 절약의 의미에서도 전통음료 개발이 필요하다. 현재 몇몇 유통업체에서 전통음료의 재료를 반가공의 상태로 판매하고 있거나 계절에 관계없이 변질의 염려가 없는 완제품도 판매하고 있다.

(1) 화채

화채는 여러 종류의 과일과 꽃을 다양한 모양으로 썰어서 꿀이나 설탕에 재웠다가 오미자국이나 꿀물, 과일과즙, 한약재료 달인 물에 띄우거나 다른 재료를 더하여 맛을 낸다.

(2) 식혜

식혜는 엿기름가루를 우려낸 물에 밥을 넣고 따뜻한 온도를 유지하면서 일정 시간을 삭혀서 끓여 식힌 국물을 그릇에 담고 밥알을 띄워 만든다. 다 삭은 것을 끓여서 밥알을 걸러 내고 물만 먹는 것을 감주라고 한다. 최근에는 엿기름이 간편하게 티백으로 상품화되어 나온 것이 있다. 식혜, 감주 등이 대표적이며 호박식혜, 연잎식혜, 고구마감주 등이 있다.

(3) 수정과

수정과는 생강, 계피, 통후추를 넣고 끓인 물에 설탕을 넣고 단맛을 낸 다음 손질한 마른 곶감에 호두살을 넣어 곶감쌈을 만들고 이를 띄워 만든다. 가을에 잘 말려 두었던 곶감으로 만든 수정과는 한겨울에 뜨거운 방에서 먹는 달고 차가운 겨울철 음료이며, 곶감수정과, 배숙, 가련수정과, 잡과수정과 등이 있다.

(4) 기타 다류

각종 약재, 과일 등을 가루를 내거나 말려서 또는 얇게 썰어 꿀이나 설탕에 재웠다가 끓는 물에 타거나 직접 물에 끓여 마시기도 한다. 달이는 차는 여러 가지 재료를 장시간 찬물에 넣고 끓여 그 맛이 나오게 한 차로, 인삼차, 두충차, 구기자차, 계피차, 오매차, 당귀차, 박하차, 영지차, 쌍화차, 유자차, 모과차, 대추생강차, 곡차, 율무차, 옥수수차 등이 있다.

4. 알코올 음료(주류)

알코올 음료는 알코올 성분이 1 % 이상인 음료를 말한다. 제조법에 따라 양조주, 증류주, 양조주와 증류주에 향료나 색소를 첨가한 혼성주가 있다. 알코올 음료의 원료로는 쌀, 보리, 옥수수, 감자류 등의 전분질 원료와 포도당 등의 당류, 포도나 사과 등의 당질 원료가 있다. 알코올 음료의 향미는 전분 이외의 성분에 의해 형성되는 향기성분 외에 국균이나 효모 등 미생물의 종류에 따라서 향미가 다르게 생성된다.

1) 발효주

발효주(양조주)는 전분이나 당분을 발효하여 만든 술로서 과실주, 맥주, 소주, 청주 등으로 구분한다. 증류주는 발효된 술 또는 액즙을 증류하여 얻게 되는 술로서 소주, 위스키, 브랜디, 럼, 보드카 등이 있다. 혼성주는 알코올에 향기·맛·빛깔에 관련된 약재, 주류끼리 혼합하여 제조하며 합성청주나 감미 과실주 등이 있다. 발효주는 알코올 발효에 따르는 휘발성 향기에 관계가 있는 여러 성분 이외에 맛과 관계가 있는 당분, 아미노산, 비휘발산을 2~8 % 정도 함유하고 있어 맛과 향미가 뛰어나다.

원료 중에 발효법이 직접 이용될 수 있는 발효성 당인 경우에는 단(單)발효법에 의해 제조된다. 그러나 원료가 전분질인 경우에는 일단 당으로 전환하고(당화) 발효시키는 복(複)발효법에 의해 제조된다. 이 경우, 당화와 발효를 단계적으로 시행하는 것을 단행 복발효법이라 하고, 위의 두 과정을 동시에 진행시키는 방법을 병행 복발효법이라고 한다.

표 10-8 제조법에 의한 주류의 분류

구분			종류
발효주 (fermented, 양조주)	단발효주		포도주, 과실주
	복발효주	단행복발효식	맥주
		병행복발효식	청주, 탁주, 소홍주
증류주(distilled)		곡주	소주, 진, 위스키, 보드카, 고량주
		당밀	럼
		과실	브랜디
혼성주(compounded)		재제주	백주, 홍주
		합성주	합성청주, 감미 포도주
		약주	매실주, 인삼주
		리퀴르	curacao, absinthe, peppermint

(1) 포도주

포도주는 포도 표면에 존재하는 효모에 의해 발효되고, 포도주의 600가지 이상의 물질이 맛·향·색을 좌우하며, 레스베라트롤(resveratrol), 안토시아닌(anthocyanin) 등은 대표적인 생리활성물질이다. 포도주는 색상에 따라 레드 와인, 로제 와인, 화이트 와인으로 분류되며, 포도의 즙과 함께 적포도의 껍질과 씨를 같이 발효시켰느냐의 여부에 따라 색이 결정된다. 알코올 함량은 12~14 % 정도이다. 와인의 원료로 쓰이는 포도는 식용 포도에 비해 알갱이가 작고 촘촘하며 껍질이 더 두껍고 당도와 산도가 동시에 높아야 한다. 또한 당분을 알코올과 탄산가스로 분해시킬 수 있는 천연효모(wild yeast)의 양이 많아야 한다. 당도는 알코올량, 산도는 와인의 향과 맛을 결정한다.

① 원료

과즙의 당분이 15~20 %, 산량 0.6~1.0 %, 수분은 약 75 %의 것이 좋다. 과즙 중의 당분량은 설탕을 가하여 20~24 %로 되게 하는 것이 좋다.

② 제조방법

포도의 과경을 제거하고 파쇄한다. 잡균의 번식을 방지하기 위해서 포도를 으깸과 동시에 메타중아황산칼륨($K_2S_2O_5$)을 100~200 ppm(분해되어 50 %의 SO_2로 전환)이 되도록 첨가한다. SO_2가 20 ppm 이상이면 세균에 대한 살균효과가 있지만, 효모는 저항력이 강하므

표 10-9 포도주의 종류와 특징

종류	특징
적포도주	붉은색 혹은 검은색의 포도를 사용한다. 발효 중에 과피에 함유되어 있는 타닌이 용출하므로 떫은 맛이 강하다.
백포도주	붉은색 포도의 과피를 제거하거나 청포도를 원료로 한다. 떫은 맛이 없다.
생포도주	발효가 완전하게 끝나서 당분이 1% 이하인 포도주를 말한다.
감미포도주	발효를 불완전하게 한 것 혹은 알코올 농도가 높은 브랜디를 첨가하여 발효를 정지시킨 것으로서 당분이 많다.
발포성 포도주	백포도주에 당을 첨가해서 재발효시켜 탄산가스를 많이 포함하도록 한 것을 말한다.

로 발효에 지장이 없다.

포도에는 일반적으로 효모가 부착되어 있기 때문에 과즙은 자연적으로 발효하지만, 변패를 방지하기 위해서 현재는 순수배양한 포도주 효모(*Saccharomyces ellipsoideus*)를 2~10 % 접종하고 있다. 적포도주는 개방 탱크에서, 백포도주의 경우는 밀폐된 술단지를 사용하여 발효용 마개를 장치한 후 발효시켜서 향기성분의 손실과 산화에 의한 갈변을 방지한다. 주 발효는 적포도주에서는 20~25 ℃에서 7~10일간, 백포도주는 15 ℃에서 2일간 발효시킨다. 적포도주는 주 발효가 끝난 후에 과피를 제거하고 당분이 없어질 때까지 더 발효시킨다. 이것을 후발효라고 한다. 방치하여 침전을 제거하고 저장해서 숙성시킨다.

③ Malo-lactic 발효

포도주의 저장 중에 젖산균이 증식하여 포도주 중의 사과산이 젖산과 탄산가스로 변하는 현상을 malo-lactic 발효라고 부른다. 이것에 의해서 산미가 적어지고 맛이 좋아지기 때문에 포도주의 제조상 중요한 공정이다.

(2) 맥주

맥주는 보리 싹인 맥아의 전분을 amylase로 당화하고 홉을 첨가하여 효모로 발효한 알코올 음료이다. 맥주는 사용하는 효모의 종류에 따라서 상면발효맥주와 하면발효맥주로 나눌 수가 있다. 상면발효효모인 *Saccharomyces cerevisiae*를 이용하는 상면발효방식은 영국에서, 하면발효효모인 *Saccharomyces carlsbergensis*를 이용하는 하면발효방식은 독일을 기점으로 유럽·미국·일본·한국 등에서 행해지고 있다. 한편 맥주는 색조에 따라서 농색맥주와 담색맥주로 대별할 수 있다.

표 10-10 제조법에 따른 맥주의 분류

구분	종류
발효법	상면발효맥주, 하면발효맥주
양조법	드라이, 디허스크, 아이스맥주
살균 여부	생맥주, 보통맥주
알코올 함량	무알코올성 맥아음료, 비알코올성 맥아음료, 라이트맥주(저알코올, 저탄수화물 맥주)

① 원료

원료 보리는 발아가 잘 되고 전분함량이 많으며 단백질함량이 적고 알이 큰 것이 좋다. 맥주에 독특한 쓴맛과 향기를 부여하는 hop은 줄기가 덩굴지는 자웅이주의 숙근식물이며 수정이 안 된 암꽃을 건조하여 사용한다. 쓴맛을 내는 물질은 홉에 함유되어 있는 휴물론류가 맥아즙이 끓는 과정에서 이성화하여 생긴 아이소휴물론류이다.

② 맥아의 제조

보리의 전분은 효모에 의해서 이용되지 못하므로 먼저 맥아로 만들어서 필요한 효소가 합성 또는 활성화되지 않으면 안 된다. 원료 보리를 정선하여 물에 담가서 발아에 필요한 수분을 흡수시킨 후 7~8일간 발아시킨다. 보리알의 길이에 대해서 뿌리의 길이가 1.5~2배, 싹이 3/4 정도 자랐을 때에 발아를 끝내며 이를 녹맥아라고 한다. 약 45%의 수분이 함유되어 있으며, 그 이상의 생장이나 효소작용을 정지시키고 저장성을 부여하기 위해서 배조를 하게 된다. 제맥공정을 통해서 맥아 중의 당과 아미노산이 반응하여 갈색의 멜라노이딘 색소를 생성하고 맥아의 특유한 색깔과 향기를 가지게 된다.

③ 맥아즙 제조

배조한 맥아를 분쇄하여 물을 가하고 62~65 ℃로 가온한다. 맥아 중의 α-amylase와 β-amylase에 의해서 전분이 당화되는 동시에 단백질은 단백질 분해효소에 의해서 분해된다. 당화가 끝나면 여과하여 홉을 첨가해서 끓인다. 홉은 맥주에 독특한 쓴맛과 향기를 부여하는 것 외에도 맥아즙 중 단백질의 응고를 촉진하고 혼탁을 방지하는 역할을 하며 살균작용도 한다. 끓인 후 홉 찌꺼기를 제거하고 냉각시킨다.

④ 발효

맥주의 발효공정은 주 발효와 후발효로 나뉜다. 냉각된 맥아즙을 주 발효조에 넣은 후 온도 5~7 ℃에서 하면효모를 1.5×10^7/mL 정도 접종한다. 통상 효모를 첨가하고 나서 3일째까지 가장 왕성한 출아증식이 이루어지고, 4~5일째에 효모 수는 $5\sim7 \times 10^7$/mL에 달한다. 효모의 수가 최대일 때를 전후해서 발효가 왕성하게 일어나며, 이 시기는 3~4일 계속된다. 그 후 효모는 응집 침전한다. 발효가 최고에 달하면 온도도 현저히 상승하기 때문에 서서히 냉각한다.

하면발효에서는 8~10 ℃ 이하로 유지해야 하며, 발효종료 시에는 4~5 ℃로 한다. 맥아 진액 농도 10~14 %의 맥주는 8~12일 정도에 주 발효를 끝내는 것이 좋다. 주 발효가 끝난 발효액에서 침전한 효모를 분리한 후 후발효조로 옮긴다. 후발효는 0~2 ℃의 저온에서 잔존 진액의 재발효와 숙성이 일어나며 맥주는 서서히 맑아진다.

(3) 약주·탁주

탁주(생막걸리)는 우리나라 고유 술로서 찹쌀, 멥쌀, 밀가루 등으로 제조되어 왔으나 요즘에는 주로 잡곡으로 만든다. 발효할 때에 알코올 발효 이외에 젖산균 발효도 일어나며 알코올은 6~8% 정도로 도수가 낮다. 쌀전분을 원료로 하여 누룩(*koji*)의 미생물 효소작용에 의한 당화공정과 알코올 발효공정을 거쳐서 알코올로 전환되어 숙성하여 만든다. 쌀전분과 누룩으로 담금을 실시할 때 미생물 중 곰팡이(*Absidia*속)의 amylase에 의해 쌀전분은 당분으로 분해되고, 발효성 당은 효모(*Saccharomyces cereviaise*)에 의해 알코올로 전환된다. 약주와 탁주는 이 두 가지 공정을 여러 미생물들의 생화학적 효소반응에 의해 만들어지는 병행 복발효의 순수한 발효주이다. 1980년대 후반에 쌀막걸리 생산이 허용되면서 후발효로 인한 탄산가스의 발생을 억제하고 보존기간을 연장하는 기술의 개발을 통한 품질 향상과 플라스틱 용기의 도입으로 상품성이 제고되었다.

2) 증류주

증류주는 알코올 발효액과 찌꺼기를 증류시켜서 만든 알코올 도수가 높은 술을 말한다. 증류주의 원료는 거의가 발효주이며, 이것은 다시 원료의 발효형식에 따라 3종류로 나뉜다.

표 10-11 원료의 발효형식에 따른 증류주의 분류

원료의 발효형식	종류
단발효주를 원료로 하는 것	브랜디, 럼
단행 복합주를 원료로 하는 것	위스키, 보드카, 진
병행 복합발효주를 원료로 하는 것	소주, 고량주

(1) 단발효주를 원료로 하는 것

① 브랜디(brandy)

브랜디는 과일주를 증류한 알코올 농도 40~50 %인 술의 총칭이다. 단순히 브랜디라고 하면 포도브랜디를 말한다. 증류한 술을 술통에 넣어서 숙성시키는데 보통 5년 정도 숙성시킨다. 예로 프랑스의 코냑(konjak)이 있으며, 작은 잔에 따라 마시거나 칵테일의 원료로서 널리 애용되고 있다.

② 럼(rum)

럼은 고구마, 당밀 또는 사탕수수를 발효시켜 증류한 것으로 알코올 도수는 40%이며, 숙성시키는 과정에 따라 흰색 또는 황갈색을 띤다. 증류 시에 나무의 잎이라든지 나무의 껍질을 사용하여 향을 가하는 것이 특징이며, 대개 코코넛주스, 라임주스, 파인애플주스, 콜라 같은 다른 음료와 섞어 마신다.

(2) 단행복합주를 원료로 하는 것

① 위스키(whisky)

위스키는 영국, 캐나다, 미국을 중심으로 발달해 온 증류주로서 보리 혹은 옥수수를 원료로 하여 맥아로 당화시킨 후 효모에 의해 알코올 발효를 해서 단식 증류기로서 증류한 것을 떡갈나무 통에 넣어 숙성시킨 알코올 농도 40~50 %의 술이다. 증류액은 fusel oil이라든지 알데하이드를 다량으로 포함하고 있기 때문에 음료에는 적당하지 않지만 저장 중에 산화되어 특유한 향과 풍미가 생겨난다.

위스키는 맥아만을 원료로 한 몰트 위스키(malt whisky), 옥수수 및 보리, 호밀, 밀 등에 맥아를 첨가하여 제조한 그레인 위스키(grain whisky), 두 개를 혼합한 블렌디드 위스키

(blended whisky)가 있다. 오늘날 대부분의 위스키는 블렌디드 위스키에 속한다. 위스키에 보통 10~50 % 몰트 위스키를 섞는데, 품질이 고급일수록 몰트 위스키의 비중이 높다.

② 보드카(vodka)

보드카는 러시아의 증류주로서 알코올 도수는 40~60 %이며, 증류 직후의 맛이 거친 그레인 위스키를 백화탄층에 천천히 통과시키면 특유의 향미를 가진 술이 된다.

③ 진(gin)

진은 그레인 위스키에 노간주나무 열매(juniper berry) 등의 방향성분을 첨가한 후 증류하여 만든 술이다. 알코올 농도는 37~50 %이며, 영국과 네덜란드 등지에서 많이 만든다.

(3) 병행 복합발효주를 원료로 하는 것

① 소주

한국과 일본 특유의 증류주이다. 전분 또는 당질원료를 발효시켜 증류해서 만든 술이며, 20~35 %의 알코올을 함유하고 무색 투명하다. 소주는 주세법상이나 제조방식에 의해 희석식 소주와 재래식 소주로 구별된다. 희석식은 고구마, 옥수수, 보리 등의 전분을 발효시킨 후 연속식 증류기로 증류할 때 불순물을 거의 다 제거하고 얻은 95 %가량의 알코올을 20~30 %로 희석한 것이다. 증류식 소주는 간단한 증류기로 증류한 제품이며, 원료 및 알코올발효 부산물 중 휘발성 물질을 불순물로 함유하기 때문에 특이한 향미를 가진다.

② 고량주

고량주는 중국에서 생산되는 증류주로서 주원료는 고량이지만 옥수수도 쓰인다. 당화원료로는 누룩을 쓰고 있는데, 여기에는 *Aspergillus* 외에 *Rhizopus*나 *Mucor* 등이 혼합되어 있다. 중국, 타이완 등지에서 애용되며 알코올 도수는 대개 40~63 %이다.

5. 물

물은 우리 몸 안에서의 중요한 역할 때문에 6대 영양소의 하나로 꼽힌다. 우리 몸은 적당량의 수분을 가지고 세포 내외에 정상적인 분포를 이루며 건강을 유지하고 있다. 수분 분포를 보면 체수분은 체중의 50~70 % 정도를 차지하고 있다. 성인은 하루에 약 0.9~1.5 L의 물을 마시게 되는데 이는 음료, 액체식품, 식사 중 마시는 물이나 야채, 과일 등의 형태로 섭취한다. 개인별로 운동량이나 기후, 염분 섭취량 등에 따라 수분의 섭취량도 큰 차이를 보인다.

수분의 흡수는 대단히 빠르며, 곧바로 혈액으로 들어가 신장에서 노폐물의 배설 기능을 담당한다. 사람에게서 물의 배설은 주로 뇨를 통하여 이루어지며, 그 외에 배설이나 호흡, 피부에서 일어나는 불감 증발 수분량도 체수분의 주요 배설경로라 할 수 있다.

1) 물의 기능

우리 몸은 많은 물로 이루어져 있을 뿐만 아니라 몸속에서 중요한 기능을 맡고 있다. 신체 내 모든 작용과 활동에 물이 관여하고 있다.

- 영양소 공급과 노폐물의 체외 방출 : 물은 체내의 좋은 용매이다. 즉, 입속에서 음식물을 용해하고 소화되기 쉬운 상태로 만들며, 소화관 안에서는 소화작용을 받아 분해하고 적절하게 흡수되도록 한다. 또한 신체의 모든 대사작용은 물이라는 매체 안에서 일어나며, 물은 세포막을 자유롭게 통과하면서 그 기능을 수행한다. 혈액과 림프에 공급되는 영양소는 체순환을 따라 세포와 조직에 운반되고 동시에 조직에서 생성된 노폐물, 이산화탄소, 암모니아, 기타 전해물 등을 받아들인다.
- 체온 조절 기능 : 체온을 일정하게 유지하는 데는 물이 중요한 작용을 한다. 심한 운동이나 노동으로 열이 발생하면 체온이 높아진다. 이때 피부를 통하여 땀을 방출함으로써 물의 기화열을 이용해 열을 발산하여 체온을 조절한다.
- 체조직의 구성 : 체수분의 많은 양은 세포 내 액으로 체조직을 이룬다. 물론 조직의 종류에 따라 수분함량은 차이가 큰데, 수분이 가장 적은 치아에는 10 %, 지방조직에는 20 %, 골격조직에는 26 %, 근육에는 75 %가량이 들어 있다. 이러한 수분은 각 조직을 이루는 세포를 만들고 미세구조를 형성하여 대사작용을 가능하게 한다.
- 기타 : 체수분으로서 타액이나 소화액 같은 원활액의 역할을 하며, 장내의 수분은 변비를 막고 배설이 쉽도록 돕는다. 관절활액은 외부 충격의 영향을 줄이는 쿠션 역할을 하여 관절을 보호한다. 또 신경조직은 물에 잠겨 있어 자극 전달이 원활하게 이루어지고, 물에

함유된 전해질은 화학반응의 기질이 되고 삼투압을 형성하여 세포의 형태 유지와 활동을 돕는다.

2) 물의 종류

- 생수 : 지하수를 처리한 보존음료로 시중에 시판되는 일반적인 생수를 말한다. 제조과정은 지하수 등을 취수하여 저장탱크에 저장한 후 모래여과장치에서 여과를 거치고 이온교환수지와 UV살균 처리를 하여 용기에 주입한다.
- 수돗물 : 하천이나 저수지의 지표수 등을 원료로 정수 처리를 거친 후 수도관을 통해 일반 가정에 공급하는 물이다. 엄격한 품질 관리로 위생상 안전한다고 할 수 있다.
- 정수기물 : 수돗물 등을 물리, 화학, 생물학적 과정으로 처리한 물로, 정수방식에 따라 자연 여과식, 필터 여과식, 이온교환수지식, 역삼투압식 등이 있다.

용어정리

폴리페놀(polyphenol)

벤젠고리(C_6H_6)의 수소 중 하나가 하이드록시기(−OH)로 치환된 물질을 페놀이라고 하는데, 하이드록시기를 2개 이상 갖고 있는 물질을 폴리페놀이라고 부르며, 녹차에 들어 있는 카테킨류가 대표적인 폴리페놀화합물이다.

타닌(tannin)

식물에 널리 분포하며 수용액은 수렴성을 가지는 화합물의 총칭이다. 여러 가지 폴리페놀류가 중합한 복잡한 구조의 고분자 물질(분자량 600~2000)이다. 화학구조는 불분명한 것이 많다.

에스터(ester)

산과 알코올에서 물을 분리하여 축합생성하는 화합물 및 이에 해당하는 구조를 가진 화합물을 말하며, RCOOR′, −CO−O−을 에스터결합이라고 한다.

산화효소(polyphenol oxidase)

산소 분자를 전자수용체로 사용하여 기질을 산화하는 반응을 촉매하는 효소를 총칭한다.

당화

전분을 산 또는 효소로 가수분해하여 감미의 환원당으로 교체하는 것을 말한다.

배조

맥주 제조 시 녹맥아의 수분을 가열 및 건조 처리를 통해 제거하여 녹맥아의 생장을 중지시키고 맥아 특유의 향기와 맥주에 필요한 색소를 가지게 하는 과정을 말한다.

단원정리

1 차의 종류는 제조방법에 따라 분류되며 발효 정도나 채취시기, 색상에 따라 세부적으로 분류가 가능하다

2 녹차의 경우 타닌의 쓰고 떫은 맛을 주체로 하여 카페인의 온화한 쓴맛, 유리아미노산의 감칠맛과 당의 단맛 등이 어우러진 것이 특징으로 독특한 맛과 향을 내며 이는 채엽시기에 따라 성분의 함량이 달라진다.

3 커피는 로스팅공정을 통해 수분이 제거되고 탄화, 캐러멜화, 아미노카보닐반응에 의해 색이 갈변하며 방향성 물질이 생성되어 맛과 향이 좋아진다.

4 알코올 음료는 제조법에 따라 양조주, 증류주, 혼성주 등이 있으며 알코올 음료의 향미는 전분 이외의 성분에 의해 형성되는 향기성분이나 미생물의 종류에 따라 향미가 다르게 조성된다.

5 양조주는 전분이나 당분을 발효하여 만든 술로서 과실주, 맥주, 소주, 청주 등으로 구분한다. 발효법에 따라 단발효법과 복발효법으로 나뉘며 복발효주는 당화와 발효의 과정에 따라 단행 복발효법과 병행 복발효법으로 분류할 수 있다.

6 포도주는 포도 표면에 존재하는 효모에 의해 발효되며 레스베라트롤, 안토시아닌 등의 생리활성물질이 풍부한 양조주로 제조 시 잡균 번식을 위해 $K_2S_2O_5$를 100~200 ppm 정도 첨가하여 살균한다.

1. 발효 정도에 따른 차의 분류와 특징을 적어 보시오.

2. 차의 기능과 관련 성분에 대해 설명해 보시오.

3. EGCG에 대해 설명해 보시오.

4. 커피의 주요 품종에 대하여 설명해 보시오.

5. 로스팅(roasting)에 대하여 설명해 보시오.

6. 배전과정 중 물리·화학적 변화에 대해 설명해 보시오.

7. 커피의 주요 성분을 나열해 보시오.

8. 인스턴트 커피에 대해 간단히 설명해 보시오.

9. 탄산음료를 분류하고 간단히 설명해 보시오.

10. 탄산음료의 감미료와 산미료의 종류를 나열해 보시오.

11. 과실음료에 대해 간단히 설명해 보시오.

12. 이온음료의 체내 역할에 대하여 설명해 보시오.

13. 알코올 음료의 정의에 대해 설명해 보시오.

14. 알코올 음료(주류)의 분류에 대해 설명해 보시오(제조법에 의하여).

15. 포도주 제조 시 잡균의 번식을 방지하기 위해 첨가하는 것은 무엇인지 설명해 보시오.

16. 맥주의 제조에 관여하는 효모에는 무엇이 있는지 설명해 보시오.

17. 증류주에 대해 설명해 보시오.

1.

- 발효 정도에 따라 비발효차, 반발효차, 발효차, 후발효차로 분류됨
- 비발효차 : 증제차와 덖음차가 있으며, 산화효소를 파괴시켜 녹색을 유지시킴
- 반발효차 : 햇볕이나 실내에서 시들리기와 교반을 하여 10~65 % 정도 발효시켜 만든 차
- 발효차 : 발효 정도가 85 % 이상, 떫은 맛이 강하고 등홍색을 나타냄
- 후발효차 : 효소를 파괴시킨 뒤 찻잎을 퇴적하여 미생물 번식을 유도해 다시 발효시킨 차

2.

- 1차 기능(영양성) : 비타민 C, 비타민 E, 프로비타민, 무기질(K, P, 미량 필수원소 등)
- 2차 기능(기호성) : 맛(테아닌, 유리아미노산, 카테킨 등), 향기(터펜, 카보닐, 에스터 등), 색(플라본올, 테아플라빈, 클로로필 등)
- 3차 기능(생체 조절 기능성) : 폴리페놀, 카페인, 비타민, 사포닌, γ-아미노뷰티르산 등

3.

- EGCG(epigallo-cathechin gallate)
- 차에 들어 있는 폴리페놀물질
- 비타민 P 효과, 항산화, 항균작용, 혈중 콜레스테롤의 함량을 낮춰줌

4.

- 아라비카 : 커피 총생산량의 75 %, 마일드와 브라질로 분류, 카페인 함량 적음
- 로부스타 : 커피 총생산량의 25 %, 아프리카 콩고에서 재배, 인스턴트 커피의 주원료
- 리베리카 : 리베리카, 수리남, 가나 등의 평지에서 재배, 향미가 떨어지고 쓴맛이 강함

5.

- 배전과정, 볶는 온도와 시간, 속도, 균일한 혼합이 중요한 요소임
- 220~230 ℃/4~15분 또는 급속 로스터에서 1.5~6분간 볶음
- 커피콩의 중심부가 150 ℃로 상승하면 팽창음을 내고, 200 ℃가 되면 흑갈색으로 변함
- 로스터 : 드럼 로스터(직화식, 반열풍식, 열풍식)
  - 복사열과 대류에 의해 볶으며 드럼 안에서 회전하면서 볶은 후 냉각판으로 옮기는 방식

6.

- 수분이 10~12 %가 제거되고 탄수화물이 탄화, 캐러멜화, 아미노카보닐반응에 의해 색이 변화하며 클로로겐산과 결합되어 있는 카페인 분리
- 이산화탄소, 카페올 같은 방향성 물질 생성, 미각성분의 증가 및 용해도 증가
- 커피콩의 크기는 1.5~5배 팽창하고 다공성이 되며, 갈색으로 변화

7.

- 단백질, 탄수화물, 지방 함량이 낮고, 타닌(주로 클로로겐산), 오일, 질소화합물 등 100여 가지 성분을 함유
- 클로로겐산 : 볶은 커피 중량의 4 % 정도, 전체 유기산의 2/3 정도로 신맛과 쓴맛을 가짐
- 트리고넬린 : 생두에 1.1 % 존재, 50 % 정도는 로스팅 과정에서 손실

8.

- 뜨거운 물을 부어 음료로 할 수 있도록 한 가용성 커피분말
- 커피온도를 볶은 후 분쇄한 다음 150~180 ℃, 10~20 kg/cm^{2}에서 다단식 추출법에 의해 추출한 후, 분무건조나 동결건조하여 수분함량 3 % 정도 되게 함

9.

- 탄산음료는 무향 탄산음료와 착향 탄산음료로 나눌 수 있는데, 감미료, 신미료, 착향료 등을 음용수에 적당히 배합하고 탄산을 함유한 착향 탄산음료가 대부분이며 콜라, 사이다가 대표적임

10.

- 감미료 : 설탕, 이성화당, 아스파탐, 스테비오사이드 등
- 산미료 : 구연산, 주석산, 사과산, 젖산 등

11.

- 과일을 그대로 즙을 짜서 만든 것과 과일을 가열하여 얻은 진한 색의 즙액을 이용한 것이 있음
- 희석된 정도에 따라 과즙음료, 희석과즙음료로 나눔

12.

- 이온음료는 체액과 유사한 전해질과 흡수 능률이 고려된 운동음료로 체내의 체액 균형을 유지시키고, 갈증 해소, 탈수 방지 및 운동 기능을 효율적으로 지속시킬 수 있음.

13.

- 알코올 음료 : 알코올 성분이 1 % 이상인 음료

14.

- 제조법에 따라 양조주, 증류주, 혼성주(양조주와 증류주에 향료, 색소 첨가)로 나뉨
- 양조주는 발효방법에 따라 단발효주와 복발효주로 나뉨. 양조주에는 포도주, 맥주, 청주 등이 있고, 증류주에는 소주, 위스키, 보트카, 럼 등이 있으며, 혼성주에는 백주, 홍주 등이 있음

15.

- $K_2S_2O_5$
- 100~200 ppm 첨가

16.

- 상면발효효모 : *Saccharomyces cerevisiae*
- 하면발효효모 : *Saccharomyces carlsbergensis*

17.

- 증류주 : 알코올 발효액과 찌꺼기를 증류시켜서 만든 알코올 도수가 높은 술
- 증류주의 원료는 거의 발효주이며, 원료의 발효형식에 따라 3종류로 나뉨(단발효주, 단행 복합주, 병행 복합발효주)
- 브랜디, 럼, 위스키, 보드카, 진, 소주, 고량주 등이 있음

| 참고문헌 |

강우원, 김미향, 오상룡. **식품재료학**. 보문각 (2007)

강창기, 고준수, 권일경, 김거유, 박구부, 박승용, 박재인, 이성기, 채영석, 최면, 최일신. **축산물의 과학**. 유한문화사 (2001)

강창기, 박구부, 성삼경, 이무하, 이영현, 정명섭, 최양일. **식육 생산과 가공의 과학**. 선진문화사 (1996)

고양숙, 강혜연. 제주지역 초·중학교 학생들의 끼니별 나트륨섭취 실태 조사. **한국영양학회지**, 47(1), 51-66 (2014)

고영숙, 전은례, 정난희. 광주·전남 일부지역 초등학생의 채소류 섭취에 대한 인식. **한국식품영양과학회지**, 42(2), 223-233 (2013)

고정삼. **쉬운 식품가공학**. 유한문화사 (2012)

고정삼. **식품가공학**. 유한문화사 (2006)

고정삼. **식품산업의 이해**. 유한문화사 (2002)

고정삼. **식품생물산업**. 유한문화사 (2004)

구재근. **수산식품화학**. 바이오사이언스 (2011)

국민건강교육학회. **식품기사 산업기사 필기 기출문제해설**. 시대고시기획 (2013)

금동혁 외. **수확 후 공정공학**. 씨아이알 (2008)

김거유, 김세헌, 김완섭, 김철현, 남명수, 문용일, 배인휴, 오세종, 윤성식, 이수원, 이원재, 전우민, 하월규. **최신 유가공학**. 유한문화사 (2011)

김관우, 민경찬, 유영균, 위성언, 조득문. **식품화학**. 광문각 (2007)

김귀영, 양영숙, 윤재영, 이춘자, 전정원, 정외숙, 최영희. **발효식품**. 교문사 (2009)

김기중. **열대과일 100가지 맛여행**. 지오북 (2013)

김기찬, 황인국, 김현영, 송항림, 김홍식, 장금일, 이준수, 정헌상. 국산 장려콩으로 만든 두유의 Mineral, Oxalate 및 Phytate 함량과 품질특성. **한국식품영양과학회지**, 39(8), 1149-1155 (2010)

김두진, 김영휘, 김정숙, 배태진, 최형택, 현재석, 홍종만. **식품가공저장학**. 지구문화사 (2007)

김성업, 오기원, 이명희, 이병규, 배석복, 황정동, 김명식, 백인열, 이정동. 참깨 원산지 및 재배지역에 따른 리그난 함량 변이. **한국작물학회지**, 59(2), 151-161 (2014)

김영미, 김용욱. 콩의 열처리 중 효소, 트립신 저해제, 탄닌 피트산의 함량 변화. **한국식품과학회지**, 30(5), 1012-1017 (1998)

김우정, 이수용, 목철균. **식품가공학 기초이론**. 효일 (2012)

김우정, 차보숙, 이수용. **식품가공저장학: 원리와 응용**. 효일 (2011)

김은실, 김병기, 정철원. **식품가공학**. 문지사 (2000)

김일성 외. **식품과 건강**. 신광문화사 (2004)

김일성, 이광원, 이재철, 정동옥. **영양과 건강**. 신광문화사 (2005)

김재욱, 박계인. **식품가공 실험실습법**. 향문사 (1992)

김재욱, 박상기, 김정호. **식품가공학**. 문운당 (1999)

김재욱, 조성환, 지의상, 차원섭. **농산식품가공학**. 문운당 (2001)

김정목, 김중배, 정동옥. **식품학**. 동화기술 (2011)

김정목, 정동옥, 장형수, 장기. **식품가공저장학**. 신광문화사 (2003)

김진수, 김인수, 김혜숙, 강경태, 염동민, 하진환, 허민수. **농·축산 식품가공학**. 효일 (2008)

김희승, 윤재영, 이서래. 대두의 조리 가공에 따른 Phytate 함량 및 단백질 소화율. **한국식품과학회지**, 26(5), 603-608 (1994)

나학규, 송재찬, 유재철, 권장안, 남상출, 이명희. **식품제조기계**. 서울교과서 (2010)

노봉수 외. **식품가공저장학**. 수학사 (2009)

노봉수, 이승주, 백형희, 윤현근, 이재환, 정승현, 이희섭. **생각이 필요한 식품재료학**. 수학사 (2011)

농촌진흥청 국립농업과학원. **2011 표준 식품성분표**. 교문사 (2012)

박건영. **10년 전 내 몸으로 되돌리는 장 테라피**. 왕의서재 (2009)

박구부, 강종옥, 김병철, 김수민, 김언현, 김일석, 김용곤, 김진성, 김진형, 문성실, 문윤희, 박범영, 박창일, 신택순, 이근택, 이민석, 이무하, 이석, 이성기, 이정일, 이한기, 전우민, 임지영, 정구용, 주선태, 진상근, 최양일, 최일신, 허선진, 황인호. **식육과학**. 선진문화사 (2004)

박승용. **우유 생산과 가공**. 유한문화사 (2003)

박승용, 김용곤, 김종원. **축산물의 가공 : 식육이론과 처리기술**. 유한문화사 (2000)

박영호, 장동석, 김선봉. **수산가공학요론**. 형설출판사 (2003)

박원종, 박희용, 이승기, 이경행. **식품가공이해**. 효일 (2006)

박준걸 외. **바이오 시스템 기계공학**. 씨아이알 (2008)

박춘남, 김종근. **가공식품 세분화 시장 보고서: 두부편**. 한국농수산식품유통공사 (2013)

박춘남, 김종근. **가공식품 세분화 시장 보고서: 장류편**. 한국농수산식품유통공사 (2013)

박현진, 이철호. **식품저장학**. 고려대학교출판부 (2008)

박형기, 오홍록, 하정욱, 문윤희, 문영덕, 김안규, 오동환, 김언현, 강종옥, 이정우, 김천제, 신현길, 박창일, 이근택, 정구용, 정승희, 최성희, 진구복. **식육·육제품의 과학과 기술**. 선진문화사 (2003)

백인열 외. **알콩달콩, 우리 콩 이야기**. 기역 (2011)

서윤석, 정영진. 충남지역 초등학생의 채소와 과일 섭취 행동 변화 단계에 따른 비타민과 무기질 섭취상태 비교. **한국영양학회지**, 41(7), 658-666 (2008)

성종환, 문광덕, 김종국, 여생규. **최신 식품가공학**. 형설출판사 (2007)

손태화, 성종환, 강우원, 문광덕. **식품가공학**. 형설출판사 (2003)

송재철, 박현정. **식품가공·저장학**. 효일 (2004)

송재철. **식품재료학**. 교문사 (1992)

식품과학기술교수연구회. **식품기사 산업기사**. 수학사 (2014)

식품생명과학연구회. **식품기사 필기시험문제**. 크라운출판사 (2013)

식품의약품안전처. **식품공전**. 식품의약품안전처 (2013)

식품의약품안전처. **식품공전 해설서**. 식품의약품안전처 (2012)

식품의약품안전처. **식품 및 식품첨가물 생산실적 분석보고서**. 식품의약품안전처 (2012)

식품의약품안전처. **식품위생감시 매뉴얼**. 식품의약품안전처 (2006)

식품의약품안전처 위해예방영양정책식품기준첨가물기준과. **두부 건강하게 먹는 법**(PDF). 식품의약품안전처 (2012)

식품의약품안전처. **축산물의 가공기준 및 성분규격**. 식품의약품안전처 고시 제2014-7호. 식품의약품안전처 (2014)

신성균, 이석원, 이수정, 주난영, 최남순. **식품가공저장학**. 파워북 (2010)

신해헌, 김기연, 김정숙, 서종권, 성태수, 황수정. **식품가공저장학**. 지구문화사 (2009)

안용근, 김동우, 노영희, 손천배, 오만진, 오현근, 이연정, 정인창, 조효현. **식품가공·저장학**. 효일문화사 (1999)

안용근, 박진우, 손규목, 신두호, 정영철, 김재근. **건강기능식품**. 광문각 (2004)

양철영, 이치호, 구본순. **축산물의 과학과 이용**. 형설출판사 (2011)

양철영. **수산식품제조실무**. 세진사 (2002)

오만진, 손종록, 정재홍, 금종화, 이가순, 오준세, 이규희, 이상덕. **농산식품가공학**. 선진문화사 (2007)

오문헌, 지의상, 차원섭, 황성연. **식품저장학**. 진로 (2007)

왕순남, 최성원, 허남윤, 백무열, 이한승, 김창남. 포장두부의 가공공정에서 미생물 분석 및 안전성 평가. **한국생명과학회 생명과학회지**, 19(4), 486-491 (2009)

유미경. **된장 인사이드**. 이담북스 (2009)

유영상. 실천 **영양학**. 광문각 (1998)

윤정의. **식품저장학**. 세진사 (1997)

윤창주 감수, 화학용어사전편찬회. **화학용어사전**. 일진사 (2009)

윤홍선. 과일·채소류 저온유통설비 현황 및 개선방향. **설비저널**, 32(7), 10-15 (2003)

이경애, 김미정, 윤혜현, 송효남. **식품가공저장학**. 교문사 (2004)

이경애, 변광의, 구난숙, 김미정, 김미라, 윤혜현, 송효남. **식품학**. 파워북 (2008)

이경혜, 오문헌. **농산식품가공학**. 석학당 (2013)

이경혜, 오문헌. **식품가공학**. 석학당 (2009)

이경혜. **수산식품가공학**. 진로 (2013)

이규봉, 이지호. **한국음식**. 광문각 (2003)

이근보, 양종범, 고명수. **쉬운 식품분석**. 유한문화사 (2006)

이무하, 김대곤, 김일석, 김전환, 박승룡, 배인휴, 진상근. **축산식품 즉석 가공학**. 선진문화사 (2001)

이병대, 박천세, 김지용, 이영기, 김병광. **식품가공기술** I·II. 서울교과서 (2010)

이병대, 박천세, 김지용, 이영기, 김병광. **편의식품가공**. 서울교과서 (2011)

이상희. **음료학개론**. 새로미 (2012)

이성갑, 김동수. **수산식품가공이용학**. 광문각 (1999)

이종호, 조한용, 권오천. **조리원리와 실제**. 기문사 (2003)

이희진, 안강모, 한영신, 정상진. 채소와 과일, 생선 섭취 강조 영양중재교육이 아토피 피부염 영유아의 중증도 변화에 미치는 효과. **대한지역사회영양학회지**, 18(5), 515-524 (2013)

장학길, 유병승. **식품가공저장학**. 라이프사이언스 (2008)

장학길, 이영택. **식품가공학**. 신광출판사 (2004)

장학길. **식품재료학**. 신광출판사 (2001)

전도근. **100세 쇼크**. 북포스 (2011)

전문진, 권석태, 이철호, 임번삼. **현대의 생물공학과 생물산업**. 아카데미서적 (2003)

정강현, 임지순, 오문헌, 김종국. **식품가공학**. 문운당 (2007)

정대희. 세계 팜유산업 동향. **세계농업, 제146호**. 한국농촌경제연구원 (2012)

정동효, 심상국, 노봉수, 황재관, 김철호. **식이섬유의 과학**. 신광문화사 (2004)

조규태, 홍성철, 정현철. **농산물 품질관리사: 농산물유통론**. 시대고시기획 (2014)

조규태, 홍성철, 정현철. **농산물 품질관리사: 수확 후의 품질관리론**. 시대고시기획 (2014)

조규태, 홍성철, 정현철. **농산물 품질관리사: 원예작물학**. 시대고시기획 (2014)

조미진, 정아람, 김현정, 이나리, 오세욱, 김윤지, 전향숙, 구민선. 신선편의 샐러드와 유기농 채소류의 미생물학적 품질 및 식중독 미생물 오염도. **한국식품과학회지**, 43(1), 91-97 (2011)

조영수, 차재영. **기능성 식품학**. 동아대학교 출판부 (2004)

조은자. **한국전통식품연구**. 성신여자대학교출판부 (2008)

조재선, 황성연. **식품재료학**. 문운당 (2011)

주현규, 강현기, 허태련, 박원종, 김동우. **식품가공학**. 유림문화사 (2004)

질병관리본부. **국민건강영양조사**. 보건복지부 (2013)

차광웅. **식품기사 필기 6개년 기출문제**. 군자출판사 (2013)

최문희, 김민주, 전영진, 신현재. 주스제조 장치에 따른 채소 및 과일 주스의 품질 변화. **한국생물공학회지**, 29(3), 145-154 (2014)

최호형. **미생물학**. 아카데미서적 (2004)

통계청. **한국통계연감**, 제59호, 통계청 (2013)

한국농수산물유통공사. **가공식품 세분화 시장 현황조사: 식용유시장**. 한국농수산식품유통공사 (2011)

한국석유관리원 경영기획처 기획예산팀, 장은정. **팜유의 개요 및 관련 현황** (2014)

한국식품과학교수협의회. **식품(산업)기사: 실기**. 지구문화사 (2008)

한국식품과학교수협의회. **식품(산업)기사-상**. 지구문화사 (2008)

한국식품과학교수협의회. **식품(산업)기사-하**. 지구문화사 (2008)

한국식품과학회. **식품과학기술 대사전**. 광일문화사 (2004)

한국식품기술사협회 교육교재편찬위원회. **최신 식품기술사**. 석학당 (2012)

한국식품연구원. **식재료 품질규격 Guide**. 다다아트 (2010)

한국콩박물관건립추진위원회. **콩**. 고려대학교출판부 (2005)

한국콩연구회. 한국콩연구회소식, Vol. 317 (2013)

한명규. **최신 식품가공학**. 형설출판사 (2002)

허태련. **식품과학**. 유한문화사 (2008)

홍윤호. **기능성 식품학**. 전남대학교출판부 (2003)

홍진숙, 박혜원, 박란숙, 명춘옥, 신미혜, 최은정, 정혜정. **식품재료학**. 교문사 (2012)

홍태희, 김기연, 김창렬, 서종권, 오창환, 정용진. **식품재료학**. 지구문화사 (2011)

황재희, 박정은. **식품재료학**. 효일 (2011)

菅原龍幸. **食品加工學**. 建帛社 (2012)

國崎直道. **食品加工學實習·實驗**. 恒星社厚生閣 (2008)

小川 正, 的場輝佳. **新しい食品加工學**. 南江堂 (2011)

五明紀春, 品川弘子, 前田安彦, 吉田企世子, 古我可一. **食品加工學**. 學文社 (1997)

倉田忠男, 松本信二. **食品加工學**. 朝倉書店 (1997)

Aberle, E.D. Forrest, J.C. Gerrard, DE. Mills, EW. *Principles of Meat Science* (4th ed). Kendall Hunt Pub. Co. (2012)

Arranz S, Saura-Calixto F, Shaha S, Kroon PA. High contents of non extractable polyphenols in fruits suggest that polyphenol contents of plant foods have been underestimated. *J Agric Food Chem*, 57: 7298-7303 (2009)

Bechtel, P.J. (ed). *Muscle as Food*. Acacemic Press (1986)

Cagno RD, Coda R, Angelis MD, Gobbetti M. Exploitation of vegetables and fruits through lactic acid fermentation. *Food Microb*, 3: 1-10 (2013)

Carpita NC, Gibeaut DM. Structural models of primary cell walls in flowering plants: consistency of molecular structure with the physical properties of the walls during growth. *The Plant J*, 3: 1-30 (1993)

Cocate PG, Natali AJ, Oliveira A, Longo GZ, Alfenas RC, Peluzio MC, Santos EC, Buthers JM, Oliveira LL, Hermsdorff HH. Fruit and vegetable intake and related nutrients are associated with oxidative stress markers in middle-aged men. *Nutrition*, 30: 660-665 (2014)

Fraga CG. *Plant phenolics and human health*. John Wiley & Sons (2010)

Heldman DR, Hartel RW. *Principles of food processing*. Springer Science & Business Media (1997)

Hervert-Hernández D, García OP, Rosado JL, Goñi I. The contribution of fruits and vegetables to dietary intake of polyphenols and antioxidant capacity in a Mexican rural diet: importance of fruit and vegetable variety. *Food Res Int*, 44: 1182-1189 (2011)

Keikotlhaile BM, Spanoghe P, Steurbaut W. Effects of food processing on pesticide residues in fruits and vegetables: a meta-analysis approach. *Food Chem Toxico*, 48: 1-6 (2010)

Kotovicz V, Wypych F, Zanoelo EF. Pulsed hydrostatic pressure and ultrasound assisted extraction of soluble matter from mate leaves (*Ilex paraguariensis*): Experiments and modeling. *Sep and Purif Techol*, 132: 1-9 (2014)

Leong SY, Oey I. Effects of processing on anthocyanins, carotenoids and vitamin C in summer fruits and vegetables. *Food Chem*, 133: 1577-1587 (2012)

Linden G, Lorient D. *New ingredients in food processing*. CRC Press (1999)

Lunelli FC, Sfalcin P, Souza M, Zimmermann E, Prá VD, Foletto EL, Jahn SL, Kuhn RC, Mazutti MA. Ultrasound-assisted enzymatic hydrolysis of sugarcane bagasse for the production of fermentable sugars. *Biosys Eng*, 124: 24-28 (2014)

Mattila P, Hellström J. Phenolic acids in potatoes, vegetables, and some of their products. *J Food Com Anal*, 20: 152-160 (2007)

Mayer AM. Polyphenol oxidase in plants and fungi: going places? a review. *Phytochemistry*, 67: 2318-2331 (2006)

Nelson, D.L. Cox, M.M. *Lehninger Principles of Biochemistry*, 5th edition. W. H. Freeman and Company (2010)

Nguyen-The C. Biological hazards in fruits and vegetables-risk factors and impact of processing techniques. *LWT-Food Sci Technol*, 49: 172-177 (2012)

Nicoli MC, Anese M, Parpinel M. Influence of processing on the antioxidant properties of fruit and vegetables. *Trends in Food Sci Technol*, 10: 94-100 (1999)

O'Shea N, Arendt EK, Gallagher E. Dietary fibre and phytochemical characteristics of fruit and vegetable by-products and their recent applications as novel ingredients in food products. *Inno Food Sci Emer Technol*, 16: 1-10 (2012)

Papareschi A, Eppolito H. *Fruit and vegetable consumption and health*. Nova Science Publishers Inc. (2009)

Price J. F., Schweigert, B. S. (ed). *The Science of Meat and Meat Products* (2nd ed). Food & Nutrition Press, Inc. (1978)

Rodrigues S, Fernandes FAN. *Advances in fruit processing technologies*. CRC Press (2012)

Rosa LA, Alvarez-Parrilla E, González-Aguilar GA. *Fruit and vegetable phytochemicals*. Wiley-Blackwell (2010)

Sabaté J. *Vegetarian nutrition*. CRC Press (2001)

São José JFB, Andrade NJ, Ramos AM, Vanetti MCD, Stringheta PC, Chaves JBP. Decontamination by ultrasound application in fresh fruits abd vegetables. *Food Control*, 45: 36-50 (2014)

Scardina PG. *Fruit juices: properties, consumption and nutrition*. Nova Biomedical Books (2009)

Sila DN, Duvetter T, Roeck AD, Verlent I, Smout C, Moates GK, Hills BP, Waldron KK,

Hendrickx M, Loey AV. Texture changes of processed fruits and vegetables: potential use of high pressure processing. *Trends in Food Sci Technol*, 19: 309-319 (2008)

Singh, G. *The Soybean: Botany, Production and Uses.* CABI (2010)

Sinha NK, Hui YH, Evranuz EÖ, Siddiq M, Ahmed J. *Handbook of vegetables and vegetable processing.* Wiley-Blackwell (2010)

Sinha NK, Sidhu JS, Barta J, Wu JSB, Pilar Cano M. *Handbook of fruits and fruit processing.* Wiley-Blackwell (2012)

Smith DS, Cash JN, Nip WK, Hui YH. *Processing vegetables.* Technomic Publishing Co. (1997)

Swatland, H. J. *Structure and Development of Meat Animals.* Prentice-Hall, Inc. (1984)

Tiwari BK, Brunton NP, Brennan CS. *Handbook of plant food phytochemicals.* Wiley-Blackwell (2013)

Tiwari U, Cummins E. Factors influencing levels of phytochemicals in selected fruit and vegetables during pre- and post-harvest food processing operations. *Food Res Int*, 50: 497-506 (2013)

Watson RR, Preedy VR. *Bioactive foods in promoting health: fruits and vegetables.* Academic Press (2010)

Watson RR. *Vegetables, fruits, and herbs in health promotion.* CRC Press (2001)

Wootton-Beard PC, Ryan L. Improving public health?: The role of antioxidant-rich fruit and vegetable beverages. *Food Res Int*, 44: 3135-3148 (2011)

Wu H, Zhu J, Diao W, Wang C. Ultrasound-assisted enzymatic extraction and antioxidant activity of polysaccharides from pumpkin (*Cucurbita moschata*). Carbohydr Polym, 113: 314-324 (2014)

Xu Z, Howard LR. *Analysis of antioxidant-rich phytochemicals.* Wiley-Blackwell (2012)

Zhang B, Huang W, Li J, Zhao C, Fan S, Wu J, Liu C. Principles, developments and applications of computer vision for external quality inspection of fruits and vegetables: A review. *Food Res Int*, 62: 326-343 (2014)

| 찾아보기 |

/ㅂ/

/ㅅ/

/ㅇ/

/ㅈ/

/ㅊ/

찾아보기_영문

저자 소개

박원종
충남대학교 졸업
건국대학교 농학박사
현재 공주대학교 식품공학과 교수

이승기
건국대학교 졸업
건국대학교 농학박사
현재 공주대학교 생물산업기계공학 교수

강윤한
경북대학교 식품공학과 학사, 석사
경북대학교 식품공학과 박사
현재 강릉원주대학교 식품가공유통학과 교수

김종국
경북대학교 식품공학과 학사
경북대학교 식품공학과 석사, 박사
현재 경북대학교 식품외식산업학과 교수

윤광섭
경북대학교 식품공학과 학사
경북대학교 식품공학과 석사, 박사
현재 대구가톨릭대학교 식품공학과 교수

이진만
경북대학교 식품공학과 학사, 석사
경북대학교 미생물학과 박사
현재 호서대학교 식품공학과 교수

최성희
건국대학교 축산학과 학사
University of Illinois 석사
University of Illinois 박사
현재 선문대학교 식품과학과 교수

허상선
경북대학교 식품공학과 학사
경북대학교 식품공학과 석사, 박사
현재 중부대학교 식품생명과학과 교수

강복희
경북대학교 식품공학과 학사
경북대학교 가정교육과 석사
식품기술사
현재 호서대학교 식품기능안전연구센터

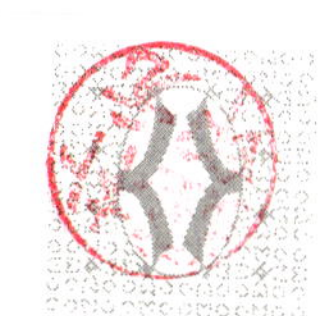

기초가 탄탄한 **식품가공학**

2023년 2월 15일 초판 5쇄 발행
2015년 8월 31일 초판 1쇄 발행

지은이 박원종 · 이승기 · 강윤한 · 김종국 · 윤광섭
이진만 · 최성희 · 허상선 · 강복희

발행인 이 영 호
발행처 **수 학 사**
10881 경기도 파주시 회동길 56 기한재 1층
출판등록 1953년 7월 23일 제2020-000143호
전화번호 031) 946-4642(代) 팩스 031) 944-1457
http://www.soohaksa.co.kr
디자인 북큐브

정가 27,000원

ISBN 978-89-7140-397-6 (93570)